国際政治・日本外交叢書 ⑰

検証 インドの軍事戦略

緊張する周辺国とのパワーバランス

長尾 賢 著

ミネルヴァ書房

はしがき

1　本書の狙い

昨今、インドの台頭が話題になり始めている。インドは、どのような大国になるだろうか。中国に似るだろうか。アメリカに似るだろうか。どのような軍事戦略を採用するだろうか。そもそも大国化することで軍事戦略はどう変わるだろうか。本書は、このような疑問を背景としてインドの軍事戦略を理解しようとした取り組みの一環である。

実は、このような研究は日本では珍しいものである。それはインドと軍事戦略という、日本ではあまり研究されていない二つの分野を同時に追求した研究だからだ。日本語で得られる資料はきわめて少なく、実は、欧米各国での研究もあまり進んでいない。インドというとその歴史や宗教には注目が集まってきたが、世界レベルで軍事的影響を与える国としては見なされてこなかったからだ。

しかし、今日の日本にとって、インドの戦略研究は間違いなく、喫緊の重要性がある。なぜなら、まず、インドは急速に台頭しており、日本を含む世界全体の情勢に影響し始めているからだ。日本の国家戦略の中にどう位置付けるか、考えなくてはならない。そしてもう一つは、中国の力を背景にした外交に対してどう取り組むべきか考えた時にも、インドとの連携は日本にとって有力な選択肢になるからだ。

なぜ中国との外交にインドが重要なのであろうか。中国の強圧的な外交の背景には、冷戦後アメリカの海軍力が低下する一方、中国の海軍力は急速に増強され、ミリタリーバランスが変化していることがある。軍事的な自信を深めるに伴って、中国の外交は強硬になってきているのだ。だから中国が過度に軍事的な自信を深めない方がいい。アジア全体のミリタリーバランスをどう維持するか、問われているのである。そこでインドの軍事力の近代化に注目が集まる。もし中国と国境問題を抱えるインドが急速な軍事力の近代化をとげれば、中国の軍事力は日米だけでなくインドにも備えなければならなくなり、分散する。結果、インドの軍事力の近代化は、アジア全体のミリタリーバランス維持に良い影響をもたらすのではないかと、期待が高まってきているのである。

問題はインドが軍事的な自信を深めた場合、どのような国になるのか、である。インド洋には各国のシーレーンがある。インドは、東南アジア、中央アジア、中東、アフリカ東岸を結ぶ交通の要衝にある。インドの周辺には多くの小さな国々がある。もしインドが、強大な軍事力を背景にした強硬な外交に訴えた場合、その影響は大きい。だから、不安は尽きない。インドの軍事行動についてよく研究しておく必要があるのだ。

インドの将来の軍事行動を類推する際、参考になる資料は、過去の軍事行動である。インドの軍事行動にはどのような特徴があるのか。情報を集め、その特徴を把握することが必要である。そこで、本書は一九四七年以降のインドの軍事行動を一つ一つ、できるだけ多く把握しようとした。それは全部で二八に分けることができた。そして、それを他国の軍事行動と比較して、その共通点を探ってみた。

その結果、興味深い仮説ができた。インドの軍事行動には、アメリカの軍事行動と共通点があるのではないか、というものだ。インドとアメリカは別の国だ。でもよくみると、共通点がある。インドは、高い山脈で外界と隔離された南アジアだけでみれば、圧倒的な大国である。アメリカが世界の超大国であるように、大国としての軍事力運用法を身につけなければならなかったはずだ。そう考えれば、共通の環境が、共通の戦略をもたらした可能性はある。その共通点とは、両国は、大国として経験を重ねるにしたがって、武力の行使を最小限に抑えようとする、という傾向である。

本当にそんなことが起きているのか。もしそうなら、なぜそうなるのか。本書は解き明かそうとした。そして検証するために、アメリカが第二次世界大戦、ベトナム戦争、湾岸戦争を経験する中で起きた戦略の変化と、インドが第三次印パ戦争、スリランカ介入、カルギル危機を経験する中で起きた戦略の変化を比較することになった。その検証結果は、圧倒的な大国になればなるほど、戦争で得られる利益は少なくなるため、軍事行動を程よく抑えてコストを下げる方が合理的である、というものだ。本書の研究は、この課題をより詳細かつ論理的に証明しようとし、結果として学習院大学の博士号（政治学）を授与されることとなったものである。

この研究からは、もしインドが南アジアの大国として経験してきたことを生かすならば、インドは軍事力の行使に慎重な大国になる可能性を指摘し得る。もちろん未来は常に変化するから、一〇〇％の予測は不可能である。しかし、もしインドが穏やかで責任ある大国になるならば、日本にとって比較的信頼できる、非常に有力なパートナーになるかもしれない。本書が日印関係に資するものになることを強く期待するものである。

2　本書の使い方

前述のように、本書は博士論文「インドの戦略の発展―大国としての軍事力運用法―」を元にしているため学術書の体裁をとっている。ただ今日、インドの軍事研究は、単に学術研究として終わるものではない。より実務的な形で必要とされており、研究者は、実務に役立つ情報を提供する社会的責任を負っている。本書についても、実務家が役立つ情報、そして関心のある人に広く提供できるよう配慮したものになるよう工夫を試みた。その結果、本書は、いろいろな角度から部分読みができる、いわば事典のような役割を果たせるようになっている。その工夫はまだまだ不十分かもしれないが、次のような形で使うことを想定したものである。

まず全体を通して読む場合であるが、三〇〇ページもあると途中で論理を忘れやすい。そこで、もし長いと感じた時、または内容を忘れてしまった時、各章の初めと終わりには簡単な要約がついていて、論理の流れを再度追うことができるようになっている。

次に学術的な研究を部分読みによって素早く把握したい場合であるが、その場合は、序章と第五章を読むとわかるようになっている。

また、インドの歴代二八の軍事行動について知りたい人は、第一章に、二八すべて短く解説してあり、目次も詳細に記しているため、知りたい時に知りたいところだけ読むことができる。

さらにインドの三つの戦争、第三次印パ戦争、スリランカ介入、カルギル危機について詳しく知りたい人はそれぞれ、第二章、第三章、第四章である。戦前の状況から、軍事作戦、戦後の状況について、軍事面と外交面に分けて、記してある。

そして、インドの陸軍戦略、海軍戦略、軍備の国産化戦略、核戦略について知りたい人は、第二章、第三章、第四章において、それぞれ戦前、戦後として分けて記述しているので、その部分だけつなげて読むことができる。つなげて読むとインド陸軍史、海軍史、空軍史、軍備の国産化戦略の歴史、核戦略の歴史として読み直すことができるし、目次でもそれぞれのページについて記してある。加えて第五章においては、現在のインドの軍事戦略を考えることに有用な、数々の図表を載せてある。陸海空軍の配備位置やドクトリン等、できるだけわかりやすく記したつもりだ。

最後に、インドの将来の陸軍戦略、海軍戦略、空軍戦略、さらには警察軍（準軍隊）、軍事行動についての指揮系統等に関心をもつ読者にとっては、最後の終章がその部分を扱っている。このようにテーマを決めて部分読みすることで、本書は短い時間でインドの軍事戦略を把握することができる、いわば本と事典の役割の両方を同時に追求したものである。

このような工夫をしたのは、今、日本とインドが安全保障上の連携を強化しつつある中で、本研究が、研究者のみならず実務者、関心ある人全般に少しでも多く読まれ、インドの軍事戦略の理解を助け、日本の安全保障にわずかでも貢献できることを切に願っているからである。日印関係に栄光あらんことを！　強く望むものである。

二〇一四年九月一五日

長尾　賢

検証 インドの軍事戦略——緊張する周辺国とのパワーバランス 目次

序章　軍事戦略を分析する枠組み

本書は、経済発展著しいが、日本ではまだあまり研究されていないインドの軍事力について分析する試みである。その分析項目にはインドの通常核戦力、技術、諸外国との軍事的な関係等が含まれるが、特にインドが多くの実戦に直面する中で、その状況に対応する形で発展させてきた戦争対処の戦略を分析する。そして戦争対処の戦略を証明するために、以下の仮説を検証する。

①非対称戦における勝敗は、古典的な戦争における勝敗に比べ長期的な軍事動向上の変化を起こさない。そのため非対称戦では勝っても成果が小さい

②非対称戦に直面した大国にとって明確な勝利を達成することは、古典的な戦争において明確な勝利を達成するのに比べ困難である

③非対称戦に直面した大国にとって不明確な勝利の追求する戦略は、明確な勝利を追求する戦略に比べ、成果の割にコストを抑えることができる効果的な戦略となる

本章では、なぜこの仮説が登場したのか、その着想、前提条件、概念定義、理論的考察について説明し、その上で本書の構成について記述するものである。

一　本研究の着想

本書仮説の着想は、インド軍事を研究する際に、これまでのインド研究にみられる、他国にはみられないインドの特徴「インドらしさ」という視点から説明するだけでは納得できない部分があり、別の視点から研究しようと思ったことがきっかけである。ウィリアムソン・マーレー、マクレガー・ノックス、アルヴァン・バーンスタインも指摘しているが、「政治、イデオロギー、地理といった要素が、国家独特の戦略文化を形成する」(1)ため、特に独自性が強いとみられがちなインドについては、他国の軍事を説明しようとしてきた理論は当てはまらず、独自の行動をとるという見方がかなり強く打ち出されてきた。その一例は、インドが一九七一年の第三次印パ戦争以外、他国において大規模な軍事介入をしていないという、いわば防御的な戦争対処の戦略を採用してきた説明として、マハトマ・ガンジーの非暴力運動と、その弟子で初代首相であったジャワハルラル・ネルーの軍隊嫌いの影響を指摘する意見が非常に多いことである(2)。

確かに、インドではネルー、インディラ・ガンジー、ラジブ・ガンジーとネルー家が長年首相を務め、その政治手法はどちらかといえば個人とその取り巻きが大きな影響力をもってきたため、インドの戦争対処の戦略形成においてもネルー家の影響力が大きいことは間違いない。しかし、インドは政権交代が何度か起き、ネルー家の人物が首相をすべて独占してきたわけではなく、国民会議派以外の政権も存在する。また伝言ゲームのようなもので、必ずしも後継者がガンジーやネルー家の考え方を正確に受け継いでいるとはいえないはずである。実際、ネルー首相は核兵器に否定的な考え方をもっていたにもかかわらず、その娘インディラ・ガンジー首相はインド初の核実験実施を決定することになった。つまりガンジーやネルーの思想のインド軍事への影響を極端に大きく解釈するべきではないようにも思われる。特に軍事というものは、戦争という他国との戦いに勝つことを想定しなければならないのであるから、他国の常識にある程度合わせた軍事的合理性の側面がなくてはならない分野である。ウィリアムソン・マーレー、マクレガー・ノックス、アルヴァン・バーンスタインも先ほどと同じ書籍の中で「異なる国家間の戦略の形成プロセスには類似点も多い」と指摘している(3)。

そのため、インドの独自性を強調する軍事研究は、何か重要な部分を指摘し忘れているのではないか、インドが実は他国と共通した思考をもって非常にすぐれた力量を発揮したり、逆に失敗したりしているにもかかわらず、インドだから特別に起きたこととして十分な評価を受けなかったり、逆に他国の教訓になったりしていない部分があるのではないか、という疑問をもったのである。ここから単純明快に全世界普遍的な軍事的合理性から説明できるインドの側面を明らかにし、インドとの安全保障関係を深める日本にとっても教訓にしたいと考えた。そのためにはどこか他の国と比較して共通点を探ることが近道である。

では、世界のどこの国の状況をインドと比較するべきかと考えた際に、地政学的特性に注目してみると、インドはまず、南アジアの中心に位置し、その南アジアは高い山脈で大陸と隔てられ、インド洋にも隔てられているため、カイバー峠等の限られた地域以外、基本的に外界と隔離された世界を形成しやすいことがある。インドの歴史をみれば、イギリスは近代においてインド洋を経てインドに侵入し、中国は一九六二年にヒマラヤ山脈を越えてインドに侵入したが、この二つの事例以外の侵入者、アレキサンダー大王からムガル帝国までインドへの侵入ルートは常にカイバー峠経由であった。カイバー峠に比べ、インド洋やヒマラヤ山脈は軍事作戦を実施するには乗り越えなければならない過酷な自然条件があり不適と考えられるためであろう。その点で南アジアは、大陸とは一定程度切り離された独立した世界を形成しやすい地域であるといえる。

また、インドは、南アジアの中で中心に位置しており、他のすべての南アジア諸国と国境を接しながらなおかつ圧倒的に大きい。例えば、二〇一三年現在インドは一国で南アジア全体の国防支出の約八割を占める(4)。このような地政学的な環境から南アジアで戦争が起きるとすれば強いインドと弱い周辺国・勢力との間で起きる。つまりインド軍事を研究する場合には、強い者と弱い者との戦い（非対称戦）における戦略の変遷について研究する必要があり、非対称戦に直面している他の国の軍事との類似点が見つかる可能性がある。

非対称戦は、第二次世界大戦後アメリカが直面してきた戦争である。アメリカは、朝鮮戦争、ベトナム戦争、レバノン紛争、グラナダ侵攻、リビア空爆、パナマ侵攻、湾岸戦争、ソマリア介入、ボスニア・コソボ紛争、九・一一後の対テロ戦、イラク戦争、リベリア介入等を経験してきたが、戦争をする際、ほぼ常に自国より弱い敵と戦ってきたといえるからである。つまり、地政学的な状況と直面する戦争の性質のみで判断すれば、インドが南アジアで置かれた状況とアメリカが世界で置かれた状況には一定の共通点があると考えられる。しかも両国は民主主義国である点でも共通であり比較しやすいといえる。

そこから、アメリカが圧倒的な大国になっていく中で、非対称戦を経て形成してきた戦争対処の戦略から仮説を立て、その仮説が、インドの戦争対処の戦略形成を説明できるかどうか検証することで、インドがアメリカと同じく実戦経験を生かしてきた国であるか否かを調べることができると思われる。また印米間で共通であるということは、その他の国にも適用可能な理論を発見する可能性もあり、意義あるものと考えられよう。

本章は、このような研究を進めていく上で、必要な概念上の事項をまとめたものである。以下、まず、本書において前提となる条件、概念の定義をまとめ、その上で、既存の研究との関係も明らかにしながら、本書で検証すべき仮説を提示する。

二　本書における議論の前提条件

軍事上の研究を進める際に重要な概念、軍事的合理性の前提はリアリズムである。そのため、本書でもリアリズムにおいて前提となっている根本的な部分は継承する必要がある。土山實男によるとリアリズムの前提は以下の八

つである。(5)

第一に、「リアリストの課題は……国家の安全はいかにして得られるか、にある」。

第二に、「国際体系には国家を超える権威や権力は存在しない（すなわちアナーキーである）」。(6)

第三に、「国家を一個の人間のような人格であると仮定している」。

第四に、「自衛の体系をアナーキーの必然的帰結と見る」。

第五に、国家は「自国の安全強化に高い優先順位がおかれる」。

第六に、国家は「国家の相互不信を重視する」。

第七に、国家は「安全強化と不安のパラドクスを重く見る」。

第八に、国家は「冷静な利害計算に立って外交・軍事政策を行う」。

これらの前提は本書でも基本的には継承される。ただ、二点修正を行う。

一点目は、冷静な合理的な利害計算に立って外交・軍事政策を行うことに関係する。冷静かつ合理的な計算からは、弱い者は強い者に逆らわないとするのが基本であるが、実際には激しく抵抗することがある。このような弱い者から強い者に攻撃を仕掛ける場合を研究したT・V・パールの研究では、開戦の時点では勝算があると判断していた、として説明しているが、(7)実際には勝算が立たないように見える場合でも激しく抵抗する例がある。そのため、弱い者は必ずしも勝算が立たなくても抵抗することがあることを前提にした研究を行う。

もう一点は非国家アクターも国家アクターと同じように扱うことである。リアリズムにおいては、国家を一つの単位として分析するため、非国家アクターは目立たない。しかし、本書が扱う戦争では、明らかに国家とはいえない勢力も含まれる。例えばアルカイダのような組織も国家と同等の組織として合理的な判断をするアクターとして説明を試みるのである。このような条件をつけると、例えば、テロリストのような非国家主体も、本当に、国家のように合理的な判断をするのか、というような反論が生じる。自爆テロリストは自らの命さえ失ってもよいのだから、到底合理的な損得勘定ではないという指摘である。しかし、テロリストとの交渉を研究したウィリアム・ザートマンとその研究チームは、テロリストはある条件では交渉できるとしているし、[8] 自爆テロの合理性について研究したロバート・A・ペープは、そこでは詳細なデータから自爆テロの合理性を導き出している。[9] ここからいえることは、テロリスト一人一人は合理的ではない場合もあるかもしれないが、自爆テロ部隊を指揮しているテロ組織の上層部は、少なくとも軍事的合理性に近い観点から、作戦を遂行している可能性があることである。本書でも、このような非国家アクターの合理性を前提に分析するものである。

三　本書で使用する概念の定義

(一) 戦争とは何か

戦争の研究では紀元前四世紀から五世紀に登場した「孫子の兵法」が最も古い戦争研究書籍として有名である。その孫子は「戦争は国家の大事である。死活が決まるところで、存亡の分かれ道……」とし、ありとあらゆる力を注ぐことを述べ、かなり広く定義している。[10]

一九世紀のカール・フォン・クラウゼヴィッツは、より厳密に戦争を定義しており、「戦争は一種の強力行為であり、その旨とするところは相手に我が方の意志を強要するにある」[11] としている。また「異なる手段をもってする政治の継続」[12] とも述べている。この考え方に特徴的にあらわれているのは、「物理的強力行為（物理的強制）」という概念である。[13] クラウゼヴィッツは「物理的強力行為」に対局する考え方である「精神的強力行為（精神的強制）」を挙げ、これは戦争ではないことを指摘している。[14]

しかし、九・一一が起きて以降、テロの問題は一種の「戦争」として広く注目されるようになり、オバマ大統領も二〇一〇年にテロ未遂事件があった際に、「我々は国際テロ組織アルカイダと戦争状態にある」と述べている。[15]

テロを長年研究してきた佐渡龍己はテロを「精神的強力行為」による戦争の存在として指摘している。[16] さらに、本書ではインドを事例にとるわけであるが、古代インドの戦略家であるカウティリアは、「戦争」と「平和」を厳密に区別していない。[17] これも、戦争の概念を広めにとる必要性を示唆するものである。

では、戦争をどのように定義したらよいのか。概念は、使うからこそ意味があると考えると、より一般的な感覚で整理してみることが理想である。そこで次の三つに定義するのがよいであろう。

まず、戦争は戦闘を伴うことである。最もわかりやすい例は、核抑止と戦争の比較である。核抑止は、核兵器を使用する可能性を示すそのもので、相手の意志を変える。しかし、実際に核兵器が使用されたわけではない。つまり核抑止は戦争ではない。しかし、戦闘の有無だけで戦争を定義すると、今度は犯罪と戦争は区別がつかなくなる。一般にテロは犯罪であり、警察が対処するべきものであるが、特に九・一一以後、テロは戦争と見なされる場合もある。

そこで、第二の定義が必要である。それは、戦争は大規模である、という定義である。九・一一後、テロも戦争と呼ばれるようになったのは、一回のテロ事件の死者が三〇〇〇人近くに達し、全世界的な軍事作戦を展開したため、犯罪と呼ぶには規模が大きすぎることがある。つまり規模が戦争かそうでないかを決める重要な判断材料になる。しかし、上記二つの定義をもってしても、まだ区別がつかない問題がある。それは治安と戦争の差である。国内で大規模な騒乱が起きた場合、それは治安問題であろうか、それとも戦争であろうか。

そこで第三の定義が必要である。それは戦争が対外行為であることである。九・一一はニューヨークでテロが起きたわけであるが、その犯人はアフガニスタンで訓練を受けているので、グローバルな問題である。そのため戦争と見なされる。アメリカ国内には国内だけのテロ問題もあり、例えばキリスト教過激派によるオクラホマの連邦ビル爆破事件があるが、このような問題は戦争とは見なされない。つまり、国内で戦闘が行われた場合は、治安問題であり、対外的な行為が戦争にあたる（図序-1）。

図序－1　戦争の概念図

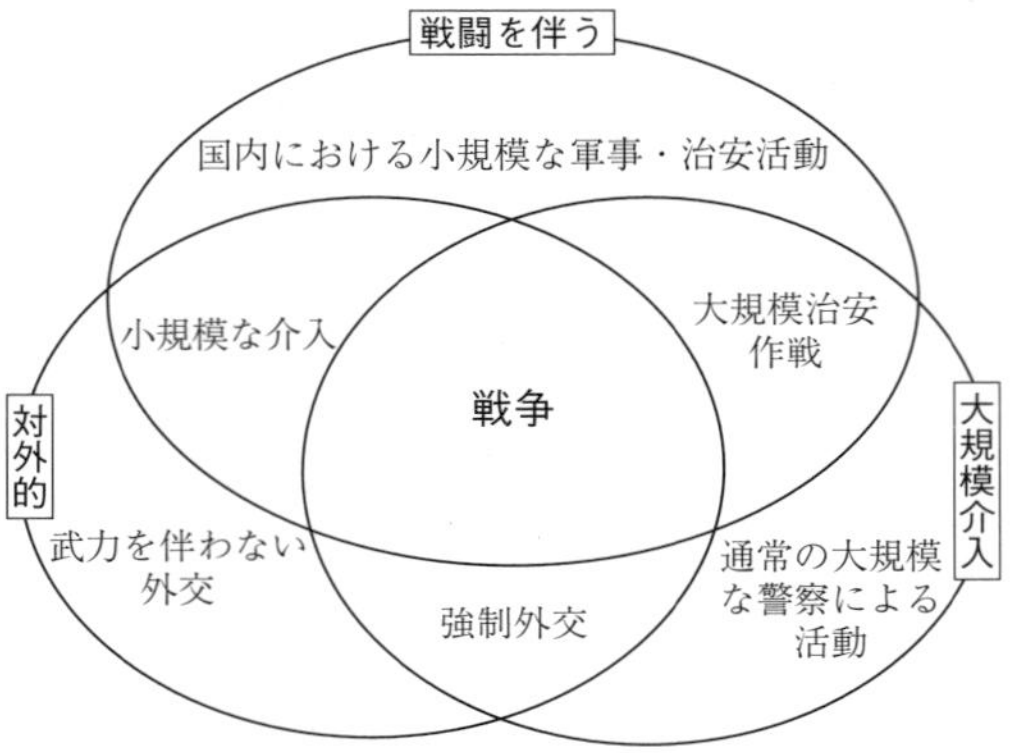

出典：筆者作成。

では内戦はどうであろうか。アメリカで civil war といえば南北戦争であるが、南北戦争における南部連合には独自の政府や領土、一定程度組織だった軍隊等あり、独立の実態があったといえる。同じことを、朝鮮半島で考えてみると興味深いのは、韓国、北朝鮮とも独立の実態があるといえることである。つまり内戦とは、国家の中で、二つ以上の国家的な組織が登場して争う戦争を指す傾向があり、内戦は対外的な様相が強いとも考えられるのである。もし本当に二つの勢力の実態が不明確になった場合、それは内戦とは呼ばなくなり、ここでいえば、低強度紛争等、他の概念をもって説明するべきものとなる。

（二）戦争の変化とは何か

本書で述べる戦争の変化とは、強い者と強い者の戦い（古典的な戦争）から強い者と弱い者の戦い（非対称戦）への変化である。

特に九・一一以後注目されるようになった非対称戦のような戦争の研究は、実際には、かなり古くから存在する。例えば、フランス革命の時に生まれた恐怖政治を意味するテロリズムといった言葉や、ナポレオンがスペインを攻めた際のゲリラ戦（小さな戦争という意味）[18]等は、非対称戦研究に結び付く概念である。帝国主義時代や第二次世界大戦の後には、多くの植民地で独立戦争が戦われ、反乱鎮圧（counterinsurgency）の研究が進んだ。冷戦がはじまると核抑止下での軍事作戦の限定化についての議論が行われ、ベトナム戦争が行われると不正規戦の議論が盛んになった。そして、一九八〇年代から国際テロリズムの議論が盛んになり、冷戦後は民族紛争や内戦の議論と共にテロの問題が議論された。最終的に九・一一後、テロが戦争としてより大きくクローズアップされつつある。このような戦史の中で、英語の戦争（war）を使う概念としては、核戦争・通常戦争（nuclear/conventional war）、総力戦（all-out war）[20]、全面戦争・限定戦争（total/limited war）[19]、内戦（civil war）、代理戦争（proxy war）、革命戦争（revolutionary war）、正規戦・不正規戦（regular/irregular war）[21]、麻薬戦争（drug war）、グローバルな対テロ戦争（global war on terror）、古い戦争・新しい戦争（old/new war）[22]または古典的な戦争（traditional war）、国家間産業戦争・冷戦下の紛争・人々の中の戦争（interstate industrial war, conflict under Cold War, war amongst people）[23]、戦争以外の軍事作戦（military operation other than war）[24]等の概念があるし、英語のwarをつかわない概念としては高・中・低強度紛争（high/middle/low intensify conflict）[25]や直接侵略・間接侵略（direct/indirect invasion）[26]、非対称戦（asymmetric warfare）、第四世代の戦争（4th generation warfare）[27]、フルスペクトラム作戦（full spectrum operation）[28]、通常作戦・準通常作戦（conventional/sub conventional operation）[29]、効果ベースの作戦（Effects-Based Operation）[30]等もある。さらに九・一一後の軍事作戦は非常に限定的ながら脅しの域を超えているため、「脅しと戦争の間」[31]等という言葉も登場しつつある。[32]

これらの概念で共通しているのは、性質の違う二つ以上の戦争があることである。その二つの定義の共通性を見れば、どのような戦争が違う戦争として捉えられているかがわかる。

一つは強い者同士が戦う、古典的な戦争である。[33]この戦争は当事者は国家同士で力に一定程度のバランスがある戦争である。その結果として、主体は正規軍で正規戦（陣形をもつ）を行うことが多く、決戦があり、戦争と平和の区別が明確で比較的短期であり、戦争の帰趨を決める最も重要な要因は軍事的なものとなる。

もう一つの戦争は、強い者と弱い者が戦う、非対称戦である。この戦争においては、当事者の片方は国家とは限らない。弱い側は、弱いが故に様々な手段を考えて弱い部分を補おうとするため、正規戦、不正規戦、戦争以外の手段も含めた戦いとなる。結果、軍事的な動きだけが対象とはいえず、戦争と平和の区別がつき難く、比較的長期に続きやすい戦いとなり、非対称戦は捉えどころのない「戦争」になりやすいものである。最も単純化していえば、古典的な戦争でない「戦争」はみな非対称戦であるといえ、戦争の当事者間に圧倒的な力の差があるかどうかが二つの戦争を分けるところである（昨今、非対称戦という用語が日本でも散見されるようになっているが、しばしば戦法が非対称であることに注目し、不正規戦の概念とほぼ同じような概念として使われている場合がある。しかし、もし戦法そのものが非対称であることを非対称戦とすると、飛行機と歩兵が戦えば非対称戦であるのかどうか、といった議論になりかねず、最終的にはすべての戦争が非対称戦になりかねない。そこで本書では、非対称戦の概念が本来趣旨としたであろう、明らかに力の差がある当事者間の戦争を他の戦争と区別したところに注目し、戦法の非対称性は定義から外すこととした）。

では圧倒的な力の差とはどの程度の差であろうか。国家の力は、政治家のリーダーシップや官僚制度の組織化の度合い、地理的な条件、文化的な要素等も含んで戦争に反映される。そのため強い、弱いというのは、捉える側の感覚である。例えばアメリカとベトナムはどちらが強いかといえば、普通はアメリカと答えるが、結果からみればベトナムの方が強かったのかもしれない。そう考えると強いか弱いかという判断は難しい。この問題に直面した研究者の一人、Ｔ・Ｖ・パールは、この問いに対する答えとして、まず、リーダーシップ等数値に表わし難い力を考慮から外した上で、力（power）の差を資源（resources）として捉え、労働力人口、国内総生産（ＧＤＰ）、一人当たりの国内総生産、工業力、技術力、軍事力の総合的な力等を挙げて説明している。[34] このような考え方は、第二次世界大戦のような総力戦を遂行する際の力を比較したものと考えられるが、ある程度一般的な見方を反映したものと考えられる。本書でもこのような一般的な感覚を重視し、かつより単純化した比較として、戦争の当事者間の人口、領土面積、国内総生産を比較し、それに軍事的な側面（国防費、兵力、保有武器等）を付加してハードパワーを比較することにする。

では、古典的な戦争と非対称戦を分ける線、「圧倒的」な差とはどの程度の軍事力、経済力の差なのだろうか。先ほど引用したＴ・Ｖ・パールや、イワン・アレギュイン・タフトは、人口、軍隊、鉄鋼の生産量、国内総生産等が二倍以上差のある関係にあるものを「非対称」として規定している。[35] これも正確な判別が難しいところであるため、実際の事例から一般的な見地を把握するのがいいであろう。例えば、冷戦下、アメリカとソ連は対称的な関係とみられていた点から考えると、米ソの一九四六年の国内総生産の差は、つまり四対一（米一兆三〇五三億ドル、ソ三三二七億ドル）であり、四倍もの差があっても対称的だとみられていたことになる。[36]しかし、領土の面積でみれば、ソ連はアメリカの倍以上の大きさ（米九六二万九〇九一㎢、ソ二二四〇万二二〇〇㎢）であり、人口においてはほぼ同数（米一億四一九四万人、ソ一億七三九〇万人）である点を考えても、領土の面積、人口、国内総生産の三つの要素の内一つが五対一程度であっても非対称とはみられていないようである。そこで本書では、面積、人口、国内総生産の三つを比較し、その内二項目以上で五対一以上離れており、かつ軍事力の面で差のある関係を非対称な関係と定めることにする。

(三) 戦略とは何か

① 戦略の定義

では、戦略とは何だろうか、この概念はしばしば混乱をもたらす。戦略という言葉は非常に広く使われているからである。例えば、現在では経営戦略等の軍事や国際政治以外の言葉も戦略として使う。

戦略という言葉は軍事に起源のある概念と考えられるが、この戦略の研究者たちは、中国における戦略の概念を初めて紹介した人物として孫子を挙げ、ヨーロッパでもペルシャ戦争の頃には概念上登場してきたとしており、英語の戦略（strategy）の語源はギリシャ語の「ストラテゴス（strategos）」「ストラテギア（strategia）」に由来するといわれている。[37]そして、昔から戦略という言葉の意味内容が曖昧であったことを指摘している。[38]その定義は、特に近代になって活発に理論化されており、数えられないほどの定義が生まれた。

例えば、クラウゼヴィッツはその著書『戦争論』の中で「戦略における目的は、結局は講和に直接つながるところの事項」[39]とし、「戦略の旨とするところは、戦争の目的を達成するために戦闘を使用するにある」[40]としている。

この定義の特徴は、フリードリヒ大王やナポレオンのような政治指導者でも軍事指導者でもある人物によって統一された形で戦争が遂行される場合よりも、政治家と軍人がそれぞれ役割分担をして戦争遂行を行う場合が増える中で、戦略という両者にまたがる概念をどのように定義するべきか苦心の中で生まれたものである。

より厳密な定義としては、普墺・普仏戦争を指揮したモルトケの定義があり、「戦略とは、見通し得る目的達成のために一将帥にその処分を委任されたところの諸手段の実際的適用である」[41]「戦略にできることは、与えられた手段でとりあえずは達成可能な最高の目標に向かい、努力することだけである」[42]としてクラウゼヴィッツよりも政治的な要素を排し、できるだけ純粋に軍事的な概念として戦略という言葉を使用している。

一方、リデル・ハートはその逆で、より政治的な要素を重視した定義を掲げている。リデル・ハートの定義では戦争指導全般を指す大戦略と軍事全体をさす軍事戦略とに分けて概念を使用している。その内、大戦略とは換言すれば「戦争政策」[43]であり、その役割は「一国または一連の国家群のあらゆる資源を『ある戦争のための政治目的』――基本的政策の規定するゴール――の達成に向けて調整しかつ指向すること」[44]としている。またその特徴として、「戦略が見通し得る地平線の限界は戦争に限られているが、他方、大戦略の視野は戦争の限界を超えて戦後の平和にまで伸びている」[45]こと、さらに、一般的に戦略爆撃とよばれる敵の工業地域に対する爆撃は「大戦略爆撃」とよぶべきであると主張している[46]。一方、戦略については、「政略上の諸目的を達成するために軍事的手段（複）を分散し、適用する術である」[47]というものである。リデル・ハートは、大戦略よりは、戦略を中心に研究し、戦史に基づく研究から勝利のための方策としての「間接的アプローチの戦略」を主張した。

さらに冷戦が始まると、抑止[48]や強制外交[49]といった概念が登場し、戦争をするためではなく、戦争をしないための戦略の概念が出てくる。例えばトマス・シェリングは「私がここで用いる戦略という概念は、効率的に力を行使することではなく、潜在的な力を利用することと関係している」[50]と書いているし、アレキサンダー・ジョージやロバート・ペープ等、「強制」という概念を用いて研究した研究者の戦略の定義は厳密にいえば違いがあるものの、

おおむねトマス・シェリングの定義に近いものである。(51)

このように多岐にわたる戦略が登場するため、現在ではリデル・ハート以上に戦略を多くの段階に分けて考える傾向にある。その一例は防衛大学校・防衛学研究会編『軍事学入門』で杉之尾宜生がまとめた定義であり、戦略・戦術という形で国家戦略、軍事戦略、作戦戦略、戦術の四つの段階に分けて以下のように定義している。(52)

まず、「国家戦略とは国家の目標の達成、特に国家の安全を保証するために、平戦両時を通じて国家の政治的、軍事的、経済的、心理的諸力を総合的に発展させ、かつこれらを効果的に運用する方策をいう」「国家戦略は国家安全保障を核心として政府レベルで策定される」としている。

次に「軍事戦略とは戦争の発生を抑制、阻止するため、およびいったん戦争が開始された場合は、その戦争目的を達成するため、国の軍事力やその他の諸力を準備し計画し、運用する方策をいう」とし、「戦力整備（造兵）、教育訓練（練兵）、戦力運用（用兵）は軍事の基本的な三機能要素であり、軍事戦略、作戦戦略、戦術の各レベルにある基本機能要素である……これらを時期的にも地域的にもすべて統合して武力戦の全体を制御運営するためのソフトウェアが軍事戦略であるといえる」としている。

三段階目の「作戦戦略とは、作戦目的を達成するため、高次の観点から大規模に作戦部隊を運用する方策をいう。国家戦略、軍事戦略が平戦両時を対象とするのに対し、作戦戦略は有事における軍事戦略のうち特に戦闘場面を念頭にした戦闘力の用い方、部隊の行動方針、勝利獲得の方策や策略等をいい、陸海空の軍種別の戦略、三軍の統合作戦、与国との連合戦略等に細分される」

最後に「戦術は目標を達成するための実務的、具体的な戦力の運用方法といえる」として戦略・戦術を総括している。このような四段階の見方の定義には若干わかり難い部分を含むものの、複雑化した戦略概念を整理するものとしては実務上の価値があると考えられる。例えば防衛省と外務省では単に「戦略」といった場合、指す戦略が違

表序－1　本書の扱う戦略の範囲（灰色部分）

	レベル	主体	時	分野
国家戦略 国家安全保障戦略	国家レベル	政治家，軍人他	平時及び戦時	国家安全保障全般
軍事戦略	国家レベル	政治家，軍人	平時及び戦時	軍事 （造兵，練兵，用兵）
戦争対処の戦略	国家レベル	政治家，軍人	戦時	軍事 （造兵，練兵，用兵）
戦術	軍レベル	軍人	戦時	軍事 （造兵，練兵，用兵）

出典：筆者作成。

う場合がある。四段階の戦略概念に当てはめれば，防衛省では前述の防衛大学校・防衛学研究会がまとめた定義と同じ三段階が戦略に当たるが，外務省では上二段階の戦略だけを指し，作戦戦略を「戦術」と認識している場合があるからである(53)。このように戦略というのは一つの国家の行政組織の中ですら認識が違う定義であるが，四段階に分けることで戦略の定義の違いも含め理解しやすくなっている（表序－1）。

では本書ではどのように定義するべきであろうか。本書が目指すのは，インドの戦争における戦略の変化について，その戦争に直面した場合に選択した戦略と，その戦略決定前後で，インドの軍事動向がどのように変わったのかについて分析するものである。つまり戦略は二段階ある。

一段階目の戦略は，前述の戦略であれば，カール・フォン・クラウゼヴィッツやリデル・ハート，トマス・シェリングの戦略の概念，四段階に分けた定義からいえば作戦戦略の部分に当たるものである。ただ，ここで注意すべきは，その主体である。作戦戦略という呼称からは，軍人だけを対象としているような印象を受けるが，抑止や強制外交戦略のような要素も含め，政治家と軍人の両方が総合した形で戦争においてどのような決定をするか，戦争に対する対処戦略ともよぶべきものを本書では，単に戦略と呼称する。

二段階目はリデル・ハートなら「大戦略」と呼称し，四段階に分けた定義からは「軍事戦略」にあたるものである。戦時平時を問わず，戦争に勝っため、または抑止するために遂行される長期的な軍事にかかわる行動を指すが、詳細は次項（一九頁）に示す。

なお、本書では、国家戦略・国家安全保障戦略については軍事の範囲から大きく逸脱する概念であるため扱わないこととする。

② 戦略決定の思考過程

前述のように本書では、戦略を二段階に分けて使用するが、その一方、戦争対処の戦略は、どのような思考過程を経て決定されるものなのだろうか。本書の目的に沿えば、軍事作戦を計画・遂行する政治指導者、軍人の側の立場に立って検討するべきものである。軍隊には教範があり、その思考過程を何度も繰り返して徹底的に訓練するものであるが、このような軍事作戦立案の思考過程の基礎的な部分は、近代に欧米式軍隊制度を輸入した日本やインド等各国において共通性があるものと考えられる。そこで筆者が陸上自衛隊において受けた軍事作戦立案における思考過程も参考にしながら考えてみると、まず国際情勢などを加味した戦争遂行上の大きな目的・目標を定め、その目的・目標達成にかかわる地域や戦力の状況をまとめ、その状況の下で敵味方の可能な行動を比較検討して判断するのが軍隊式戦略思考過程の一例であると考えられる。

実際には、大きな目的（例えば、戦争をするのか、武装解除をするのか、相手はだれか等）はわかっていても、目標を具体化する作業（例えば、どの都市を占領するか、どの程度武装解除するのか等）と状況を把握する作業（例えば、どの程度の軍を投入できるか）は、目標の実現可能性と同時並行的に検討されることになると考えられる。状況の把握には兵站的特性、地形・気象、住民の状況、敵の戦力、時間的余裕等を考慮することになろう。そしてその上で敵が可能な行動を予測（例えば、敵は攻撃してくるか防御するか、するならどこで攻撃・防御するか、敵が武装解除に応じるか抵抗するか等）して、戦争の推移を予測することになり、結果、我が方どのような行動をとるか判断することになる。目標の達成が可能である状態、つまり勝利を予想できる状況であれば実施するが、目標の達成が不可能な場合、つまり敗北が予想される状況ならば、対策を施して勝算を立ててから実施するか、中止する場合もある（図序－2）。

図序－2　戦略決定の思考過程

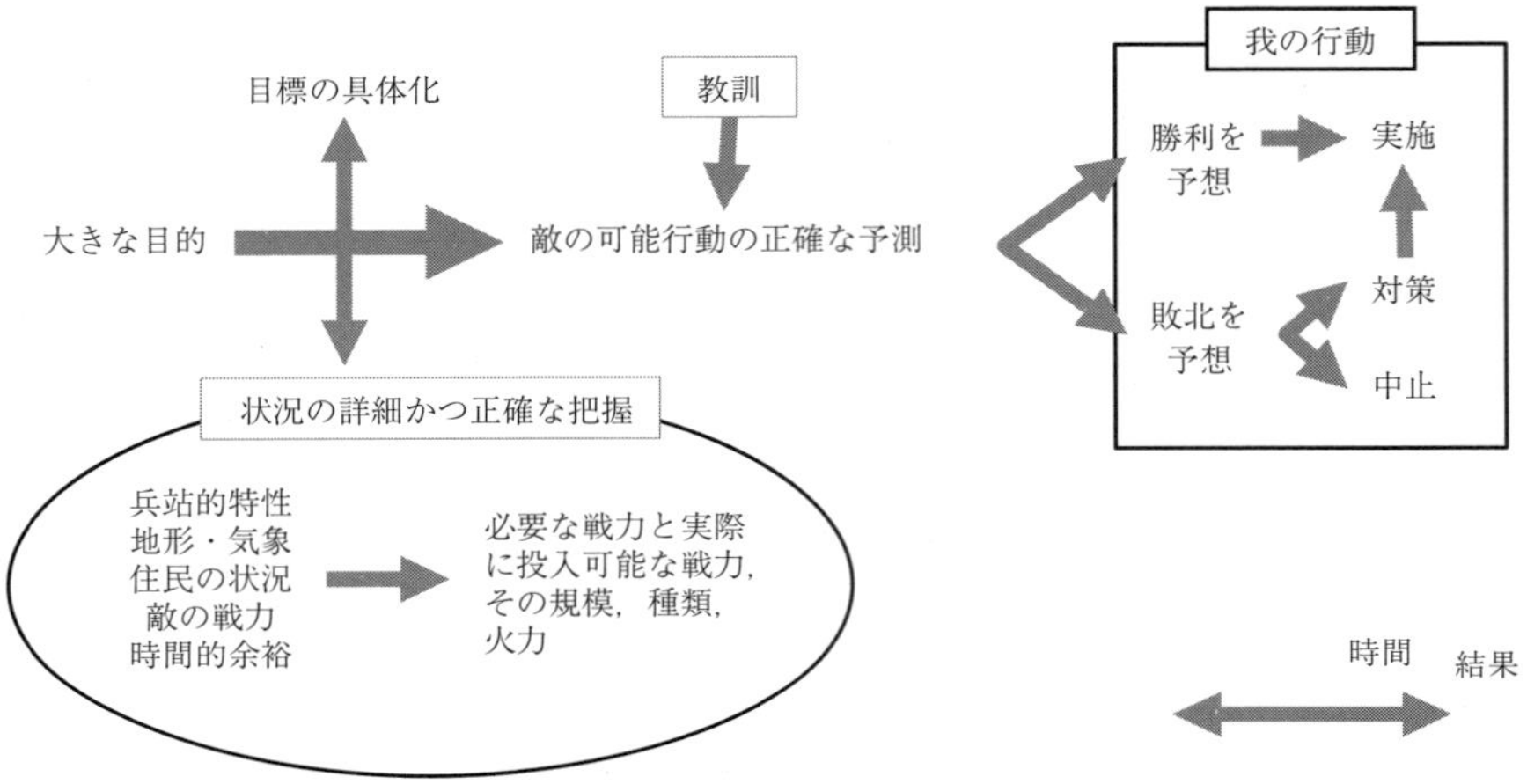

出典：筆者作成。

そのため軍事作戦立案においてその作戦が優れていたかは、目的・目標は具体的に定まっていたか、状況は詳細かつ正確に把握していたか、そして、敵が可能な行動についてどの程度正確に予測していたのかが重要になる。それらはみな変数となって戦争の推移を決めるが、特に敵の可能行動の分析はセンスが問われる分野で最も変数となり得るといえる。そのため、例えば経験から来る教訓のようなものがあったとすれば、特に敵の可能行動の予測の部分において生きると考えられる。

③　戦略の目的＝勝利とは何か

本書は、戦争の性質に合わせて戦略が変化することを議論するものであるが、この戦略が何から何に変化することかという問いに、前述の戦略の思考過程は大きく関係する。前述の戦略の思考過程では、常に勝利が予想できる戦略のみが採用され、その場合勝利とは大きな目的を達成できるかどうかであり(54)、より詳細にいえば、具体的に定めた目標を達成できるかどうかである。そのため、どのような勝利を追求するかで戦争対処の戦略の中でもいくつか種類が登場する可能性がある。

例えばゴードン・L・クレイグとアレキサンダー・L・ジョージは著書『軍事力と現代外交』で「全面戦争においては、各国は敵国の無条件降伏という完全勝利を目指す。全面戦争の例としては全面戦争として開戦されなかったが次第にそうなった第一次世界大戦と、最初からほぼ全面戦争であった第二次世界大戦がある」[55]と書いているし、G・ジョン・アイケンベリーは戦後安全保障諸問題を調査研究するために設立された小委員会が一九四二年四月にはすでに「欧州大戦が再度、勃発した理由は一九一八年にドイツを『絶対的敗北』にまで追い込めなかったからに他ならない」と結論づけたことを引用し、第二次世界大戦の勝利について「今回の勝利は、非の打ちどころがなかった」とも書いている。[56]つまり勝利を追求する戦略の中で、特に第二次世界大戦の戦略は曖昧性を排した究極の勝利を追求した戦略であり、完全勝利という概念を使用して完全勝利と完全勝利ではない勝利とを分けて説明しているのである。

このような完全勝利を追求する戦略は、特にナポレオン戦争において決戦戦略＝敵野戦軍の撃滅——敵国の完全な打倒を追求する戦略——がとられて以来、[57]追求されるようになり、第二次世界大戦で実際に実現したといえるが、問題は、第二次世界大戦以後、完全勝利を予測できるような戦争が生起していないことである。例えば、冷戦は、全面核戦争における勝利を追求した点においては完全勝利を追求する戦略を採用したともいえるが、核戦略で基本になるのは、核戦争に至らないための抑止力であって相手を無条件降伏に追い込むための戦略ではない。また、国際連合等の組織も整えられ、国際社会が介入するようになったことから考えても、戦争が完全勝利で終わるケースが非常に少なくなっている。朝鮮戦争も米中の全面戦争に発展してワシントンや北京を占領するまで発展してはいない。前述に引用したT・V・パールも、非対称戦においては勝利は明確でないと指摘している。[58]そのため完全勝利か否かという問いは、第二次世界大戦後の戦争における戦略を説明する概念としては不足しているといえる。

そこで実際の戦争の事例を用い一般的に使う言葉の概念の感覚から逸脱しすぎない範囲で戦略を区分しなおす必要がある。例えば第一次世界大戦、第二次世界大戦、朝鮮戦争やベトナム戦争、湾岸戦争における戦略を比較した場合、どのような差があったのであろうか。

先ほどのG・ジョン・アイケンベリーの引用をみると、完全勝利の戦略については、その戦争の再発が防止されているか、という観点が含まれている。再発すれば、その結果次第で、前の戦争の勝利が覆されてしまうかもしれない。そう考えると再発可能性を考えることは勝敗に直接かかわる部分である。

それぞれの戦争をみてみると、第一次世界大戦は一九一九年の時点では状況が覆される可能性はなかったと考えられるが、二〇年後には覆されるような状況が再び誕生してしまったといえる。一方、第二次世界大戦は終戦時も状況を覆される可能性はなく、その後七〇年近くたっても再発可能性は低い。朝鮮戦争は、停戦時、アメリカ軍は状況を覆すだけの戦力を保持していたといえる。ベトナム戦争も、アメリカ軍は撤退したが、アメリカ軍は状況を覆すことができるだけの戦力を保持している。湾岸戦争においては、イラク軍は状況を覆す戦力はないが、多国籍軍が撤退すれば、クウェートを再び侵攻する戦力は保持していたといえる。(59) そのため、アメリカ軍は撤退できず、その後小規模な軍事作戦が断続的に継続し、最終的には二〇〇三年のイラク戦争につながることになったといえる。

こうしてみてみると、状況を覆す可能性をいつの時点で判断するのかという点は戦争の結果を分ける点になる。終戦・停戦直後の時点で判断すれば、第一次世界大戦と第二次世界大戦は状況が覆える可能性が低いが、朝鮮戦争、ベトナム戦争、湾岸戦争では状況が覆る可能性を残していたといえる。その後二〇年先まで判断すれば、第二次世界大戦だけが再発可能性のない戦争で、残りすべてについては状況が覆る可能性のある戦争である。第二次世界大戦後の戦争における戦略を区分けするという本書の趣旨からすれば、終戦・停戦直後の時点で状況が覆る戦力が残っているかどうかという観点から判断するのが妥当であると考えられる。第一次世界大戦と第二次世界大戦は勝利が明確であり、朝鮮戦争、ベトナム戦争、湾岸戦争は勝敗がより不明確であるといえる。

前述の議論から、第二次世界大戦後の戦争を説明する戦略の概念として、本書では次の二つに定めることとする。終戦・停戦直後の段階で、敵に状況を覆すことが可能な戦力を残さない明確な勝利を追求する戦略と、終戦・停戦直後の段階で、敵に状況を覆すことが可能な戦力を残している不明確な勝利を追求する戦略である。そして、目標を達成できるかどうかが、結果としての勝敗を分ける。

（四）軍事戦略（長期的な軍事動向）とは何か

本書二つ目の戦略、軍事戦略について前述の定義から考えてみると、次の戦争に備えた、または次の戦争を抑止するための長期的な計画であるといえる。つまり戦争が（抑止も含めて）目的で軍事戦略は手段であり、結果、直前に行われた過去の戦争の影響を受けやすいが、本来あるべき姿は将来の戦争に備えることである。その分野は軍事に限ったものであるが、軍事三要素、戦力整備（造兵）、教育訓練（練兵）、戦力運用（用兵）がすべて含まれる。

国によってはこのような軍事戦略を公文書で公表しており、アメリカの場合は『アメリカ国家軍事戦略』という文書を出していて、そこには定義らしきものがある。例えば二〇一一年の文書では、「この文書の目的は二〇一〇年の『国家安全保障戦略（*National Security Strategy*）』で明示された国益を確保し、かつ二〇一〇年の『四年ごとの国防見直し（*Quadrennial Defense Review*）』で示された国防上の目的を達成するための軍事的な手段を提示するものである」[60]とし、一九八六年のゴールドウォーター・ニコルズ法に基づいて、軍として大統領と国防長官に軍事的アドバイスを提供するものとしている。ただ、これらの文書は実務的な文書であって、学問的に軍事戦略を定めるものではないため、軍事戦略の範囲を明確に規定してはいない。例えば、二〇一一年の文書の三つのテーマの二つ目は同盟関係の深化や新たな多様なグループとの協力関係構築についてであるが、これは外交と軍事が重複する部分であろう。

アメリカ以外の国の公文書をみてみると、例えば日本には防衛計画の大綱と中期防衛力整備計画がある。大綱が大枠を示し、中期防衛力整備計画で五年間をめどとした防衛力整備の計画を示すものとなっている[61]。インドにおいても戦力整備については、一五年、五年、一年という形で計画を立てている[62]。ただ、こういった計画は戦力整備の話を中心にしており、軍事戦略の一部を示す文書であるとしても、軍事戦略そのものではないと考えられる。

また、インド国防省は『インド陸軍ドクトリン』[63]『インド准通常作戦ドクトリン』[64]『海洋の自由な使用―インド海洋軍事戦略―』[65]『インド国防省年次報告書』[66]『インド空軍の基本ドクトリン二〇一二』[67]等を公表している。特に『海洋の自由な使用―インド海洋軍事戦略―』については「軍事戦略」という呼称を用いている。[68]だが、これも前述の定義にあたるインドの軍事戦略の一部は示していても全体を示す文書ではないといえる。このようにみてもそもそも軍事戦略は戦略以上に長期で広い範囲を含むため捉えどころが無い曖昧なものといえよう。

では学問的な軍事戦略を導き出すにはどうすればよいであろうか。アメリカが国防政策決定過程で述べた概念は軍事戦略の思考過程の一端について説明しており、参考になる。それはアメリカで二〇〇一年に公表された『四年ごとの国防見直し』において九・一一後のテロ時代における軍事力整備の考え方として「脅威ベース」にかわる「能力ベース」の考え方であるが、[69]これは九・一一後、従来想定できない脅威に対応するためには、事前に脅威（仮想敵国）を想定して対処するという形の考え方で軍事力を整えるのではなく、テロや海賊等も含めたあらゆる事態を想定して、それに対応する一定の能力を整えるべきだというものである。この考え方に基づけば、本書の軍事戦略において焦点を当てるのはむしろ旧来型の国家間関係の観点であり、脅威ベースの考え方に基づいて軍事戦略を捉えることが一つの方法である。インドにとっては、パキスタンを含めた南アジア域内各国との間で起きる軍事問題にどう対処するのかという問題と、アメリカ、日本、ソ連（ロシア）、中国等の南アジア域外の国に対する軍事的な対処法をどう考えるのかが、軍事戦略とよべるものであろう（中国については国境を接した隣国であるが、インドと中国は高い山脈で隔てられており、民族的、歴史的にもつながりが薄いためインドの国益の範囲としての域外にあると考えられる）。

ただ、他国に対して戦争に突入する前から相手を仮想敵であると公言する国は少ない。また公言していても、その発言の中に登場した国だけが仮想敵であるとはいえない。またその国の軍事行動から類推したとしても、その行動がその国の意志を反映した形での行動なのか、そもそもその国の軍事的な能力からそのような行動にならざるをえなかったのか、それとも別の理由があるのか、わからない場合もある。

このように考えてみると、その国の軍事戦略というものをはっきりと把握することは非常に難しい。ただ、軍事戦略を少なくとも一部分反映した形の一〇年から二〇年程度の長期的な国別軍事動向を把握することはできる。そこで本書では、軍事戦略の理解に資する長期的な軍事動向についてまとめることにする。

ではどのようなものが軍事戦略を示す長期的な軍事動向といえるであろうか、二つ考えられよう。軍事的な動向と外交的な動向である。軍事的な動向としては、まずその国の軍事行動全般を分析する必要がある。例えば活発に軍事行動を行っているか、どの地域に軍事行動を行っているか、軍事行動を行った先はどの国の影響力の強い国か等である。また陸海空軍の戦力の整備とその構成（例えば師団数、機甲・機械化部隊の数、艦艇の総数、艦艇の大型化の度合い、空母と潜水艦の比率、空軍の人員と戦闘爆撃機の数のバランス、新型機の導入状況とその比率等）やドクトリン（特に防勢的防勢か攻勢的防勢か、限定攻撃か全面攻撃か等）、そして部隊の配備位置（ここで扱うのはあくまで平時の部隊編成と配備位置についてであるが、それでもその国の意図を示す）等にも注目する必要がある。これらの軍の動向は、どの国と戦う事を想定しているかを示すからである。ただ、軍はある特定の国だけを対象に備えるものではなく、複数の敵や問題に同時に対処するための基盤として整備する場合があるので、その点を注意して分析する必要がある。さらには、その国の軍備の国産化の動向に注目する必要がある。なぜなら兵器開発は、その国がどのような兵器を欲しているのかを示すと同時に、その国の外交上の独立性も示す。そのため独立性を強く示した時期とそうでない時期とで、その国の軍事戦略は変わってこよう。そして核戦力動向も重要である。核戦力の整備は、複雑な通常戦力の整備に比べ単純であるので、比較的明確に対象となる国を特定できる分野である(70)。

もう一つは外交的な動向である。外交といっても軍事戦略を分析するのであるから安全保障面に注目すべきであり、同盟、安全保障関連の条約・合意等の締結や共同演習は考慮されるべきであるが、そのような比較的明瞭な国家間関係だけでなく、より不明瞭な関係にも注目する必要がある。その中で特に興味深いのは武器取引とその結果としての武器体系の依存である。武器取引と武器体系の依存は以下の三点で軍事動向を反映したものである。

第一に武器は最新の精密機器であるにもかかわらず荒っぽく使用するため、故障が頻繁に起き、専属の整備部隊や軍需産業が修理しながら使用し続けるものである。しかし、インドのように軍需産業が十分育っていない国では、十分な支援体制を自前で準備できず外国に依存することになる。しかも武器の取引は、武器自体の機密性が高いこともあって透明性の低い取引であり[71]、市場や相場といったものがないため[72]、政治的なひいきが反映される。つまり武器取引は諸外国との戦略的な関係が反映されやすく、軍事動向の把握に役立つのである。

第二に、武器の受給国は供給国を容易には切り替えられない、という特徴があるため、武器取引の関係はその国の長期的な関係を反映させやすいことである。なぜかというと武器は武器供給国の規格・ドクトリンに基づいて開発・生産されているため、インチとメートル法等の度量衡の違いから始まって、一部部品が共通であったりする等整備して使用する観点からみれば、武器の供給国を統一しないと稼働率が下がってしまう可能性があるからである。例えば、インドのようにイギリス製、フランス製、ソ連製の戦闘爆撃機が配備されている場合、イギリス製戦闘爆撃機の部隊をソ連製の戦闘爆撃機が配備されている基地に移動させる場合は、イギリス製の戦闘爆撃機の整備に習熟した整備部隊を一緒に移動させる必要があるだけでなく、イギリス製の戦闘爆撃機用の弾薬や予備の部品を新しい基地にどのように供給するかを考えなくてはならない。すべてソ連製の戦闘爆撃機で構成されていればこのような問題は起こらない。武器体系が複雑になればなるほど、整備や補給も複雑になり、稼働率が落ちる可能性が出てくるのである。

またドクトリンとの関係では、例えば同じ戦車でも設計思想が国によって大きく違う点が挙げられる。アメリカの戦車の重量は最も新しいＭ一戦車から、より古いＭ六〇戦車、Ｍ四八戦車とも五二～六三ｔである。一方、ロシア製の戦車の重量はＴ九〇戦車、Ｔ八〇戦車、Ｔ七二戦車なら四一～四六ｔである。アメリカ製の三つの戦車は主砲から砲弾を発射し有効射程も長い。一方ロシア製の三つの戦車は主砲の有効射程は若干短いが、主砲から砲弾だけでなく射程の長い対戦車ミサイルを発射する[73]。さらにアメリカの戦車はロシアの戦車砲弾を使用できないが、ロシアの戦車はアメリカの戦車砲弾を使用できる[74]。つまり、アメリカならアメリカの、ロシアならロシアのドクトリンに基づいた設計思想があり、それは新しく兵器を開発する際にも引き継がれているものと考えられる。

当然、このような違いは、運用法に影響する。重い戦車は装甲が厚いので戦闘においては突破力を生かす作戦が可能で、射程が長ければ遠くから敵を狙う作戦も考えられる。しかし、重い戦車が通れる道路、橋、トンネル等に制限が出るため作戦可能な地域がより限定される。また作戦可能な地域は補給の問題からも制限を受けるが[75]、後続の補給部隊が使う道路を傷め難い軽い戦車、敵の砲弾を使用できる戦車は、より補給面の制限を受けないことになる。つまりこのようなアメリカ、ロシアそれぞれの設計思想の違いは実施可能な作戦の範囲を決める。そこで武器を受領した軍隊の指揮官・兵は、与えられた武器の使い方を学び、訓練を行って運用法に改良を加えていく。その改良が、次第に習熟し、優れたマニュアルが作られて大量の指揮官・兵が訓練を受けると、より大きなレベルであるドクトリン全体に影響するようになる。そのプロセスには何年もかかるのである。

そのため、もしロシア製戦車を使っていた部隊に新しいロシア製戦車を配備したとしても、設計思想にある程度共通性があるので運用上の変更は比較的少なくて済む。逆に、ロシア製戦車をアメリカ製戦車に切り替えることになれば、運用上の変更は大きく、何年もかけて運用法を確立させてからでないと十分な能力発揮ができない。つまり新しい魅力的な武器を販売しているからといって、簡単に武器の供給国を切り替えるわけにはいかないのである。その点で、武器取引はその国の長期的な関係を反映させているといえる。ちなみにインド陸軍の場合、創設当初、イギリスの影響があって西側式のドクトリンに基づいて編成されてきたが、途中からソ連製の装備が多数入った。しかも戦車を大量に配備するソ連式のドクトリンを受け入れる予算的な余裕が無かったことから[76]、西側式のドクトリンにソ連製装備を組み込んでいる[77]。このような状態でも能力発揮しているのは、インド陸軍の軍人たちが時間をかけて運用法を改良し続けてきた結果である。

第三に武器体系の依存は戦争の遂行に直接影響するため、開戦・終戦の決断にも大きな影響がある。典型的な例としては、一九六五年に起きた第二次印パ戦争におけるパキスタンの状況が挙げられる。当時、アメリカはパキス

図序－3　軍事戦略を導き出すための概念図

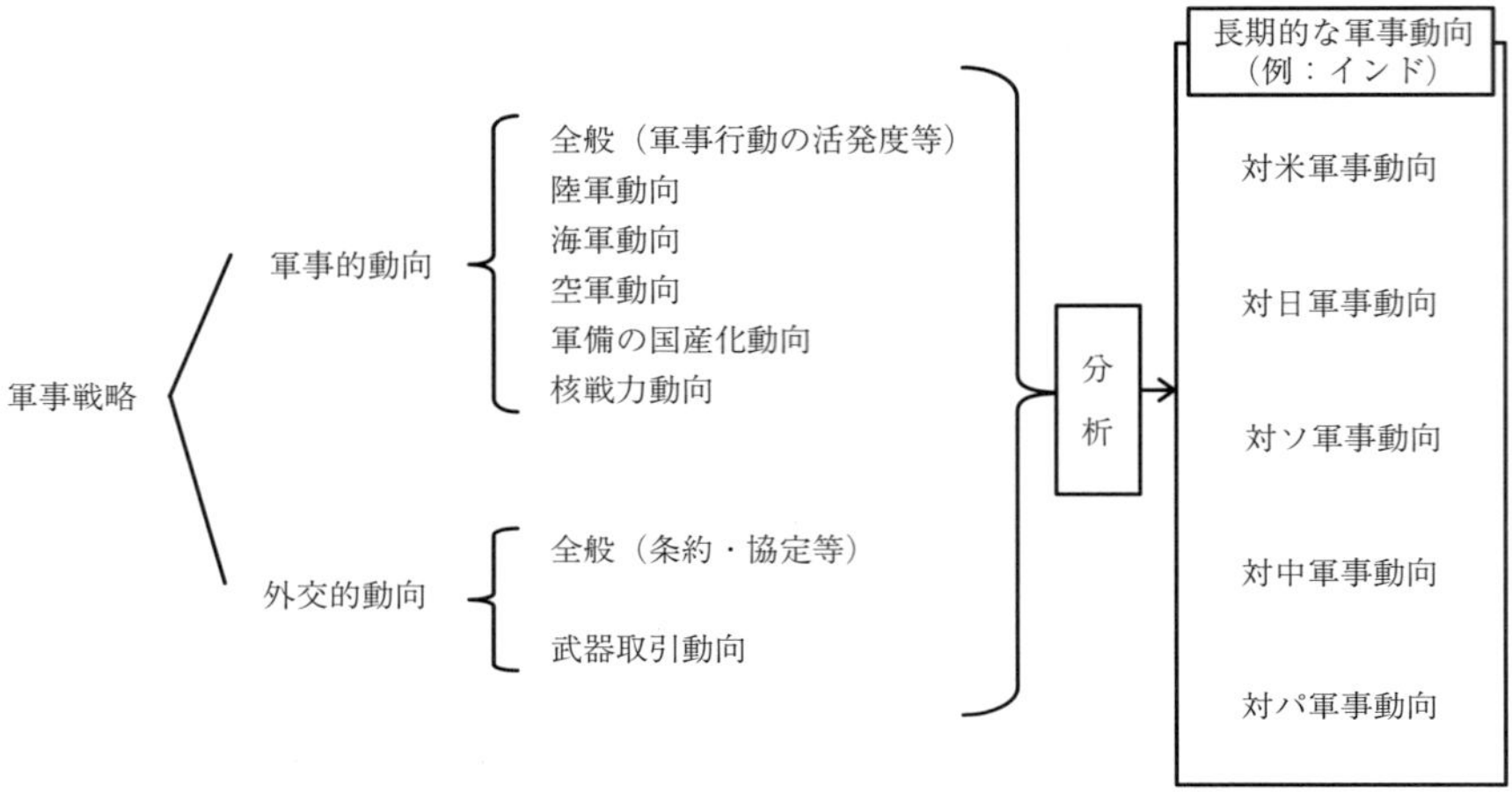

出典：筆者作成。

タンへの武器援助合意において、弾薬及び修理部品の供給は軍事作戦一カ月分という制限を設けていた[78]。そのため、一九六五年に第二次印パ戦争が始まってアメリカが印パ双方に武器禁輸措置をとると、特にアメリカ依存の武器体系を構築していたパキスタン[79]は弾薬・修理部品が不足し、戦闘の継続が困難になった。この戦争は、インド側でも弾薬、修理部品の前線への輸送体制に問題があったため、双方の弾薬・修理部品の不足から戦闘が自然消滅していったのである[80]。

この事例は、武器の供給国が受給国の決断に大きな影響力を与え得る事を示している。武器の受給国が、武器の供給国の支援なしに実施できる軍事作戦は、短期間で達成可能な限定的な範囲にとどまり、それ以上長期の戦争を想定する場合は、武器の供給国に相談してから実施しなくてはならないことになるからである。現在インドの武器体系の七〇％以上がロシア製であり、インドが軍事作戦を開始するかどうかを決断する際には、ロシアの動向が重要な要因となる事を意味している[81]。

ここから、武器体系の依存関係は、単に商売上の問題ではなく、より長期的な戦略的関係を示し、かつその国の短期的な軍事作戦実施の決断にも影響する重要情報である。A国の武器取引だけでなく、A国に敵対する国に対する武器取引はどのような情勢であるか、A国の周辺の国に対してはどのような情勢であるか等、詳しくみる必要がある。もしA国の隣国C国に活発に武器を供給しているH国があるとすれば、H国はA国と直接戦ってはいなかったとしても、A国にとって潜在的な脅威になり得る場合があるといえよう。

以上から、本書では、軍事戦略をはっきり示すことはできないが、その要素となる軍事動向についてまとめ、一〇年から二〇年程度を念頭に置いた国別の長期的な軍事動向を示すことにする（図序－3）。

図序－4　インド軍の戦略の変化に関する連関図

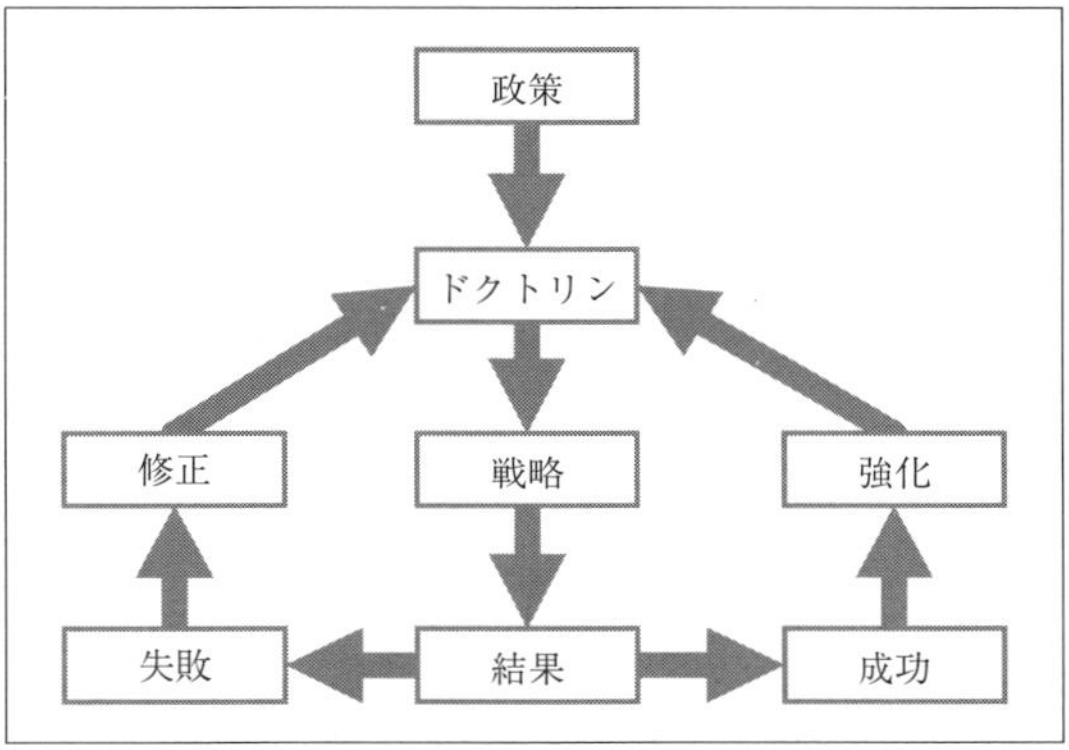

注：「強化」という表現は若干わかり難いが，既定路線をさらに推し進めるという意味で解釈できる。
出典：Integrated Headquarters Ministry of Defence（Navy）Government of India, *Freedom Use of Sea : India's Maritime Military Strategy*（2007）, p. 6 より筆者が引用・翻訳。

（五）四つの変化（長期的な軍事動向、戦争、戦略、結果）の関係

インド海軍が発表した『海洋の自由な使用―インド海洋軍事戦略―』には、インド（陸海空）軍統合ドクトリンからの引用として、ドクトリンや戦略の発展についての過程を連関図にしているが、そこでは、政策に基づいて戦略を考える際の基盤となるドクトリンが形成され、そこからそれぞれの戦争における戦略が採用され、その結果、戦争の結果が成功であれば強化されてドクトリンに反映され、失敗であれば修正されてドクトリンに反映され、再び戦争における戦略を決めるプロセスが描かれている（図序－4）。

このインド軍の考え方は、本書の課題である戦争の変化によって戦略の変化がどのようにして起きるのか、そこに

図序－5　本書における戦略の変化に関する連関図

（1）長期的な軍事動向の変化からみた連関図

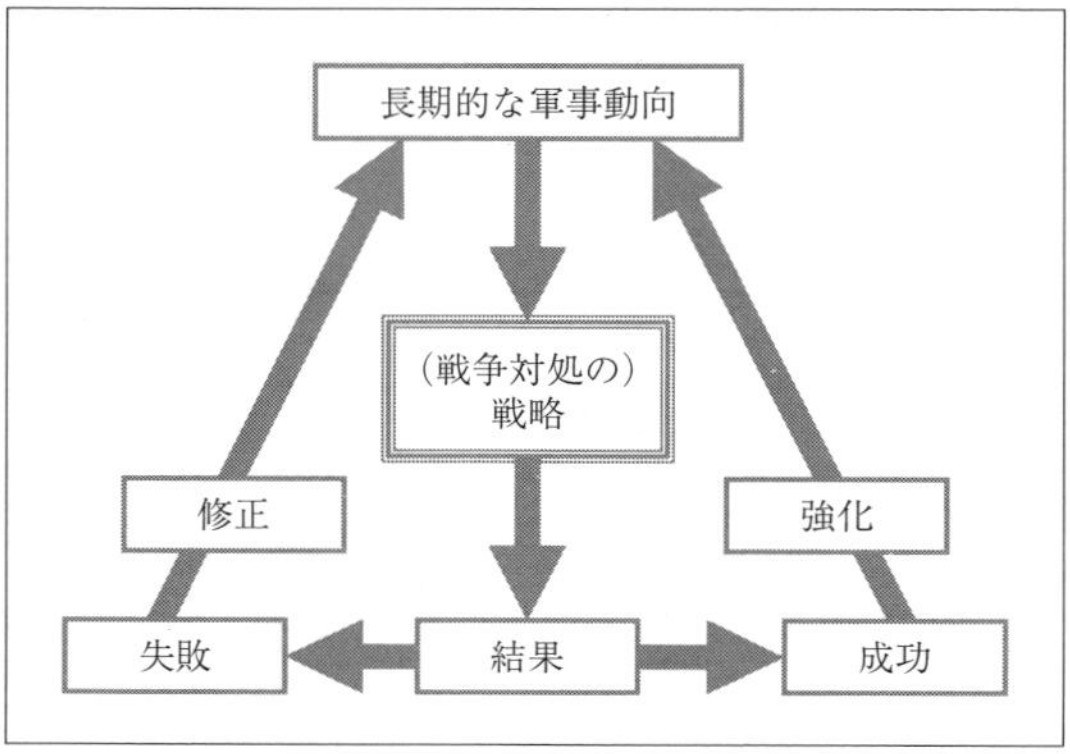

（2）戦略の効果からみた連関図

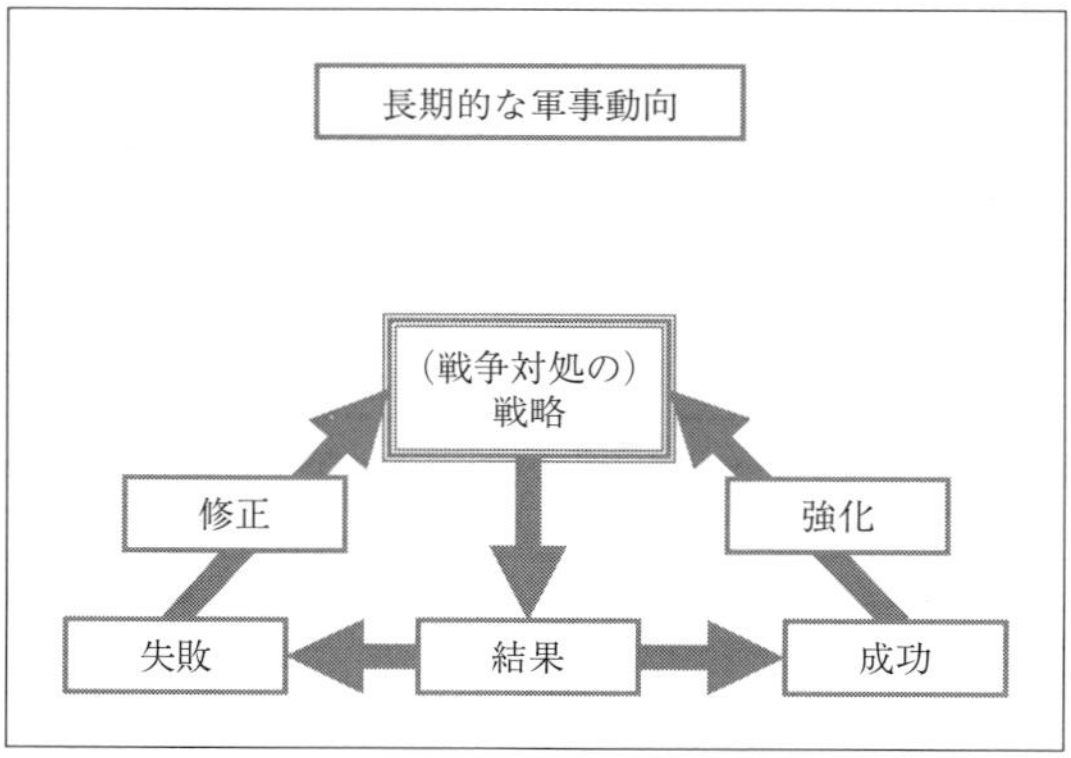

出典：筆者作成。

戦争の結果の変化や長期的な軍事行動上の変化がどうかかわるのかを説明する上で参考になる。本書における戦略という概念は、この戦略の概念とほぼ一致しているし、政策及びドクトリンという概念は本書では長期的な軍事動向上の重要部分として含めているからである。ただ、この概念図は、結果の成功や失敗が戦略そのものに直接与える影響を無視し、すべてドクトリンを通した間接的な影響としてまとめている。実際には、ドクトリンとして明確な形式を整えていなくても、次の戦争における戦略の決断においてあたえる教訓のようなもの（例えば、実際に出すよりも多くの損害を出すと予測する傾向のような、戦略を採用する際の思考に対する影響等）が直接的に影響を与えているものと考えられる。

そのため、実態に即した視点に立てば、戦争対処の戦略は、前の戦争時に採用した戦略の結果が成功ないしは失敗であったことによって二つの意味で影響を受けるといえる。一つは、長期的な軍事動向に対する影響で、前の戦争における戦略が成功ないし失敗であったことによって、陸海空軍等の体制の転換が図られる。その結果として次

図序－6　第一段階の古典的な戦争

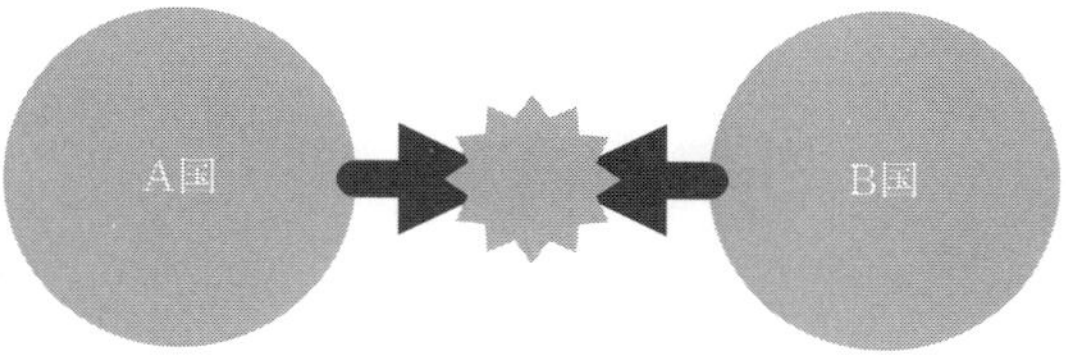

出典：筆者作成。

図序－7　第一段階において明確な勝利を追求する戦略に至る思考過程

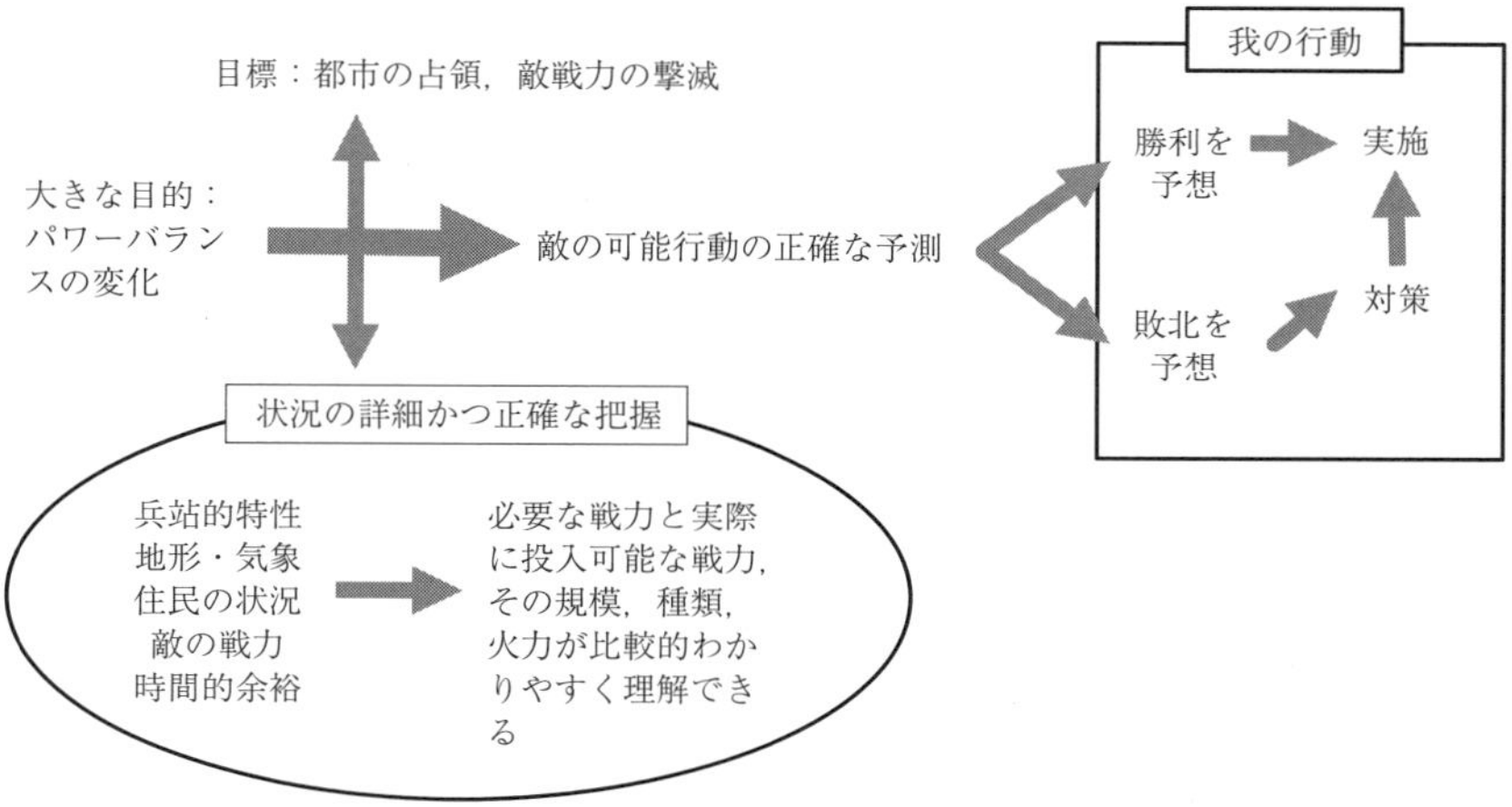

出典：筆者作成。

の戦争に直面した際、戦争対処の戦略を決断する際の背景的状況を形作り、影響を与える。もう一つは、戦争に直面した際の戦略選択の決断に直接与える影響である。前に成功した戦略は、さらにその路線を強化して再び採用される可能性があるし、失敗していれば修正される可能性がある。図序－5はそれを表したものである。

この考え方を基本として、長期的な軍事動向上の変化、戦争そのものの性質の変化、戦略の変化、そして戦争の結果の変化の四つの変化からアメリカが、古典的な戦争である第二次世界大戦から、朝鮮戦争、及びベトナム戦争、湾岸戦争といった非対称戦に直面する中での戦略の変化を説明すると、以下の三段階の変化を指摘できる。

① **第一段階**（図序－6、序－7）

まず、第一段階として、A国は、アメリカでいえば第二次世界大戦のような古典的な戦争、強い者と強い者との戦いに直面する。

このような戦争においてA国は、この戦争が国家の命運を左右するパワーバランスを変化させる戦争であることを認識し、しかも状況の分析から勝算があることも認識して、結果、明確な勝利を追求する戦略を採用する。アメリカの場合は一九四一年当時の陸海空の軍事力では必ずしも明確な勝算を立てることは難しい状況にあったが[82]、国力の差、例えば、一九四一年当時の英米ソのGDPの合計と日独伊のGDPの合計を比較すると英米ソは約二・五倍であり[83]、そこから勝算を立てることができた。結果、アメリカは、旗色が悪くなった日本やドイツから、中立国であるスイスやスウェーデン、またはソ連等を通じ講和の要請が来ても応じることなく、日本やドイツが無条件降伏するまで戦争を継続した。つまり、これ以上ないほど明確な勝利、完全勝利を追求した戦略を採用したのである[84]。

戦争の結果、第一段階の戦争ではA国は明確な勝利をおさめ、圧倒的な大国になるのである。

② **第二段階**（図序－8、序－9）

第一段階の戦争において明確な勝利をおさめたため、第二段階の戦争が起きる長期的な軍事動向上の状況が生まれる。圧倒的な大国になったA国はそれまでのように自国が直接攻撃を受けた場合のみが軍事行動の理由ではなくなり、周辺国等自国の国益にかかわる他国B～G国における軍事動向により強い関心を抱くようになる。同時に、A国はB～G国のような小国ではなく、より強い大国（ここではH国のみを対象としているが実際には複数いることが多い）との関係にも強い関心を抱くようになる。

一方、B～G国も圧倒的に強くなったA国に対する対抗策を考える。一つはB～G国自身の戦略上の選択肢の多様化を模索する。通常戦力整備はその基盤であるが、それだけではなく、A国に対抗するため核兵器の保有や、テロ等の不正規戦による対抗戦略の構築、A国内の反政府武装勢力への支援等の戦略上の転換が起きる。

図序－8　第二段階の非対称戦が起きる構図（A国は長期的な軍事動向上積極的な状態）

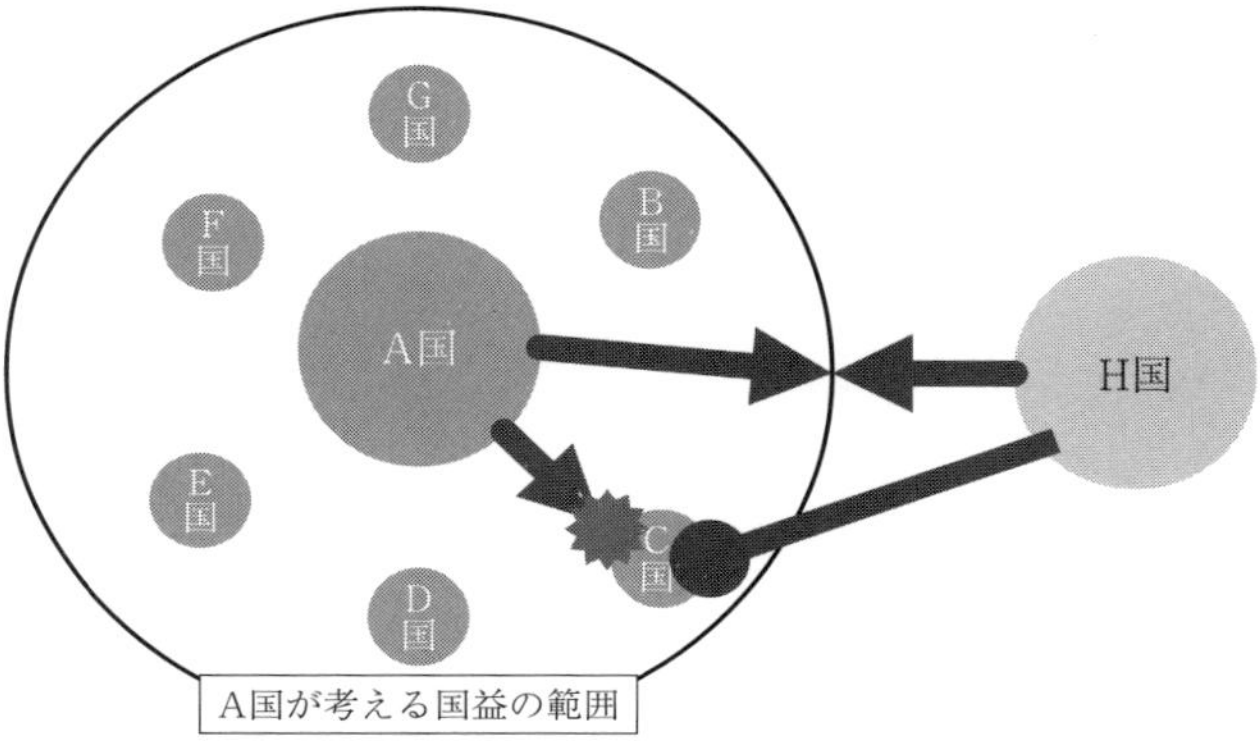

出典：筆者作成。

図序－9　第二段階において明確な勝利を追求する戦略に至る思考過程

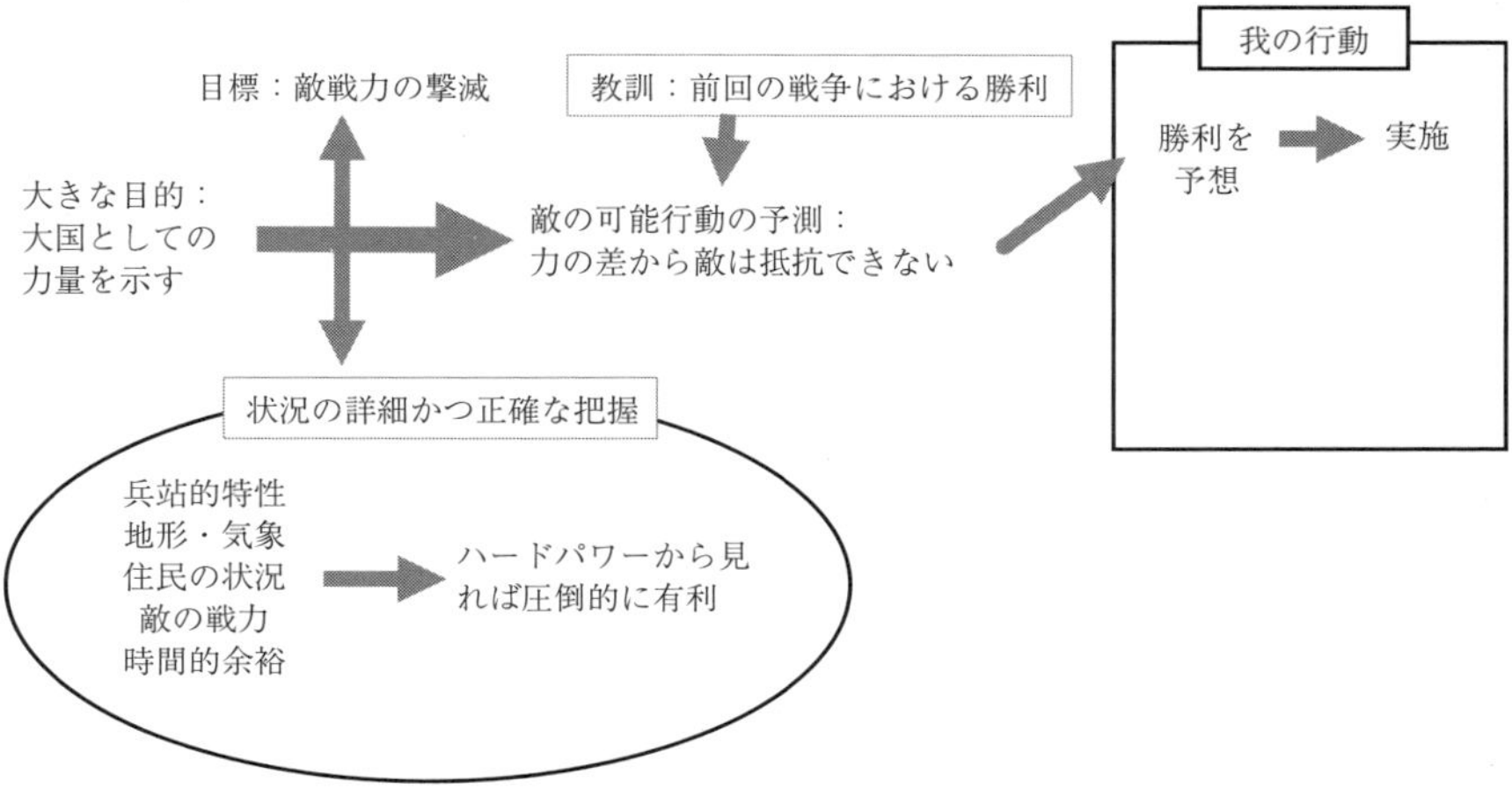

出典：筆者作成。

もう一つは「同盟」の模索である。特にA国にとって危惧されるのは、H国のような別の大国がB～G国に介入してくることである。H国から軍事援助を受けたり、H国から武器を輸入したり、H国の軍隊が使う軍事基地を提供したりしてつながりを強める。(85)

その結果、周辺国（B～G国）との関係をめぐって、より強い国H国との勢力争いが起こり、A国はH国と関係を深めつつある国（この場合C国）に対して軍事力を派遣する事を検討するようになる。つまり長期的な軍事動向上の積極性が出たといえる状況である。

具体的には第二次世界大戦時の戦争の状況と、第二次世界大戦に勝利した後の戦争（朝鮮戦争とベトナム戦争）を指している。第二次世界大戦（第一次世界大戦もであるが）でアメリカはアメリカの国益上重要なイギリスを支援するために参戦することを決断するのに時間がかかり、結局参戦したのは、日本の真珠湾攻撃の後になったが、第二次世界大戦後の朝鮮戦争やベトナム戦争では、その地域が「戦略の中心地と当然のように考えられていたヨーロッパから遠く離れていた」(86)にもかかわらず、以前より素早く介入を決断し介入したといえる。その重要な原因として、共産主義が次々と広がっていくことを懸念したドミノ理論があるが、これは朝鮮戦争やベトナム戦争が米ソ中の冷戦における勢力争いとして起きた側面を示し、第二次世界大戦時よりも大国対決型の積極的な介入をしていることを意味している。(87)

そこでA国は軍事作戦を立案するわけであるが、軍事作戦検討の結果、第二段階でもA国は明確な勝利を追求する戦略をとる。なぜなら、第二段階では強弱関係がはっきりしているため、圧倒的に勝利できると予測するからである。そのような状況からA国は、敵の可能行動を予測する際に、すでに結果がわかっているのだから敵は抵抗しないで屈服するのではないかと考えるほど楽観視する。しかも前回の戦争では明確な勝利を追求して明確に勝利したため、その戦略が間違っていてもそのことに気付き難い。

ところがC国はあくまで抵抗する。A国があまりにも圧倒的に強いため、通常戦力により対抗するとしても、正面からの衝突を慎重に避けるし、テロ等の不正規戦による対抗戦略を実施する。また、もし核兵器を保有していればその脅しを利用したり、A国内の反政府武装勢力への支援等によってA国を内部から揺さぶる戦略も追求する。そしてH国への援軍も要請する。その結果、A国は予想外の抵抗に苦戦し、結果として状況を打開するためにエスカレーションを起こしていくようになる。

具体的には、朝鮮戦争であれば、開戦時、アメリカ軍の中にはアメリカが（国連軍として）参戦しただけで北朝鮮にとって致命傷であるので、北朝鮮がアメリカ軍に対し激しく抵抗するはずがないと考えていた者もいた。そのため、当初派遣されたアメリカ軍は小規模な部隊であったが、二十分くらい砲撃して、アメリカの参戦を知らせれば解決するように考えていたといわれている。しかし米砲兵隊に遭遇した北朝鮮軍の戦車部隊は米軍の砲撃を無視してそのまま突進し、米軍の小部隊は惨敗、韓国への攻撃を継続した。[88] その結果、アメリカ軍は大軍を朝鮮半島に派遣し、物理的に北朝鮮軍を止めなければならないことを自覚したのである。しかも誤算はその後も続いた。

当初の北朝鮮の攻撃を防ぎきった国連軍は反撃に出て、北朝鮮に奪われた三八度線より南の領土を奪還するだけでなく、韓国軍の北進に合わせ三八度線を越えて北に侵攻した。これは、予想外の動き、中国を参戦させる結果となった。[89] その結果、状況は長期にわたって打開できなくなり、国連軍を率いるマッカーサー元帥は状況を打開するために、トルーマン大統領に、敵の兵站になっている中国東北部（旧満州）地域に核兵器を使用する提案をしたのである。

これと同じことはベトナム戦争においてもみられ、アメリカのベトナムへの介入は次第にエスカレーションを起こし、当初軍事顧問団で足りると考えていたが、次第に兵力を増やしていき、途中から北ベトナムを爆撃し、敵の補給ルートとなっているホーチミン・ルートを遮断するためのカンボジア、ラオスでの軍事作戦を開始するなどしていった。何か明確な勝利を証明できるものを模索して軍事作戦をエスカレートさせたといえるが、結局「名誉ある撤退」となった。[90]

これらの事例は軍事作戦立案時の敵の可能行動の予測が外れ、予想外の苦戦に陥り、その状況を打開するためにエスカレーションを起こしていったが、状況を最後まで打開できなかったため勝利できず、力の差からいえば不明確な敗北の状態に陥ったといえるものである。

③ **第三段階**（図序-10、序-11）

第二段階の非対称戦で勝利できなかったこと、不明確な敗北を喫したことによって、A国の長期的な軍事動向に変化を生じさせ、以前よりも消極的になる。まず、A国は大国（H国）との融和策を考える。具体的には、ベトナム戦争後米ソ間ではデタントの時期となるし、米中接近も図られた[91]。中ソ対立を利用してソ連の封じ込めを図るアメリカは、ベトナムを軍事的に支援していた中国と協力することを決めたわけであるが、これはベトナム戦争の苦戦がもたらした結果といえる。

また、A国は以前なら介入したであろう国益上関心のある地域（ここではH国に接近するB国）に対し軍隊を派遣しようとは思わなくなる。アメリカは朝鮮戦争とベトナム戦争で苦戦し始めて以後、北東アジアから東南アジアにかけて大規模に軍事力を送りこんだ戦闘を行っていない。一九六八年にはプエブロ号拿捕事件で米兵一名が死亡、一九六九年には北朝鮮がアメリカの海軍のEC一二一偵察機を撃墜し米兵三一名殺害され、一九七六年にはポプラ事件が起きて二名の米兵が殺害されたが、アメリカは攻撃する姿勢はみせても実際に攻撃を行うことはなかった[92]。これらの軍事動向は、以前に比べれば長期的な軍事動向上消極的な状態といえよう。

しかし、A国が長期的な軍事動向上消極的になっても圧倒的な大国であることは変わらない。そのため、A国にとって国益と考えている範囲が変わらない。その中において、A国自身、またはA国の同盟国や友好国（D国）に対して外の大国（H国）の支援を受けたB国やC国によって攻撃が行われ、A国は再び非対称戦に直面するのである。具体的には、イラクがクウェートに侵攻したことはこれに当たる。

第三段階の非対称戦においては、A国は、第二段階での苦戦の教訓を生かした戦略をとる。

図序－10　第三段階の非対称戦が起きる構図（A 国は長期的な軍事動向上消極的な状態）

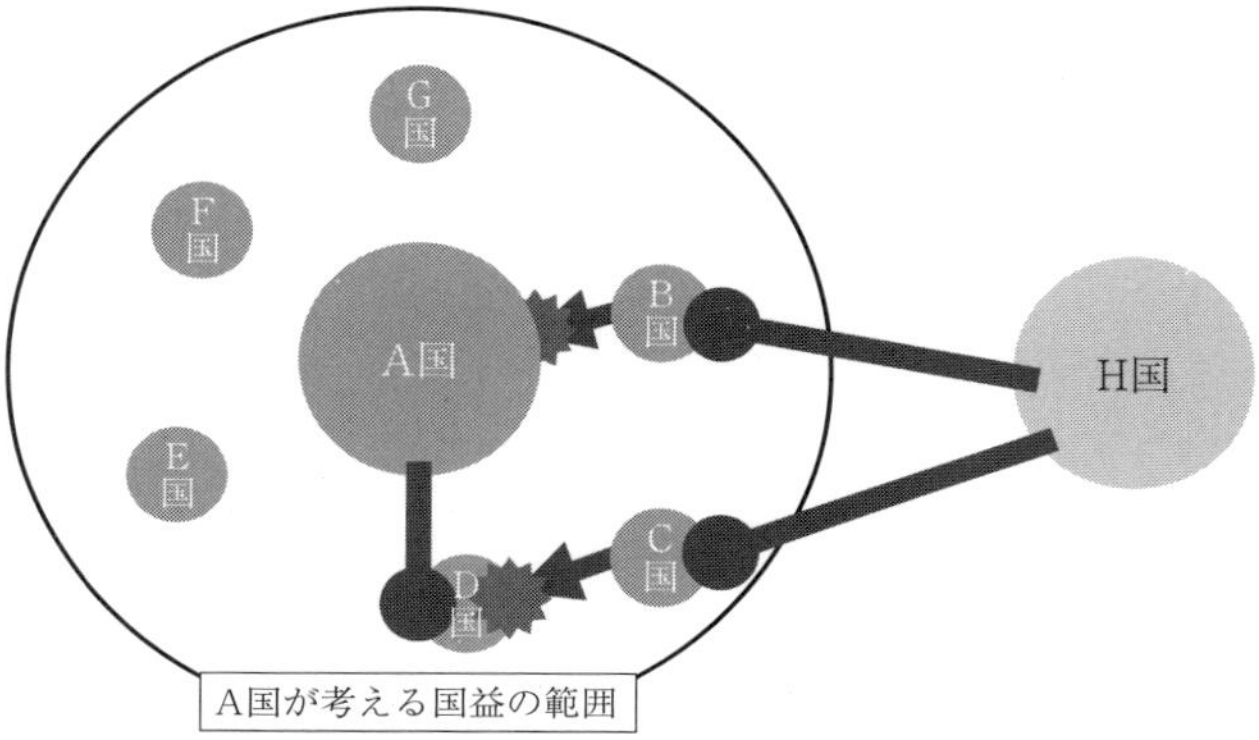

出典：筆者作成。

図序－11　第三段階における不明確な勝利を追求する戦略に至る思考過程

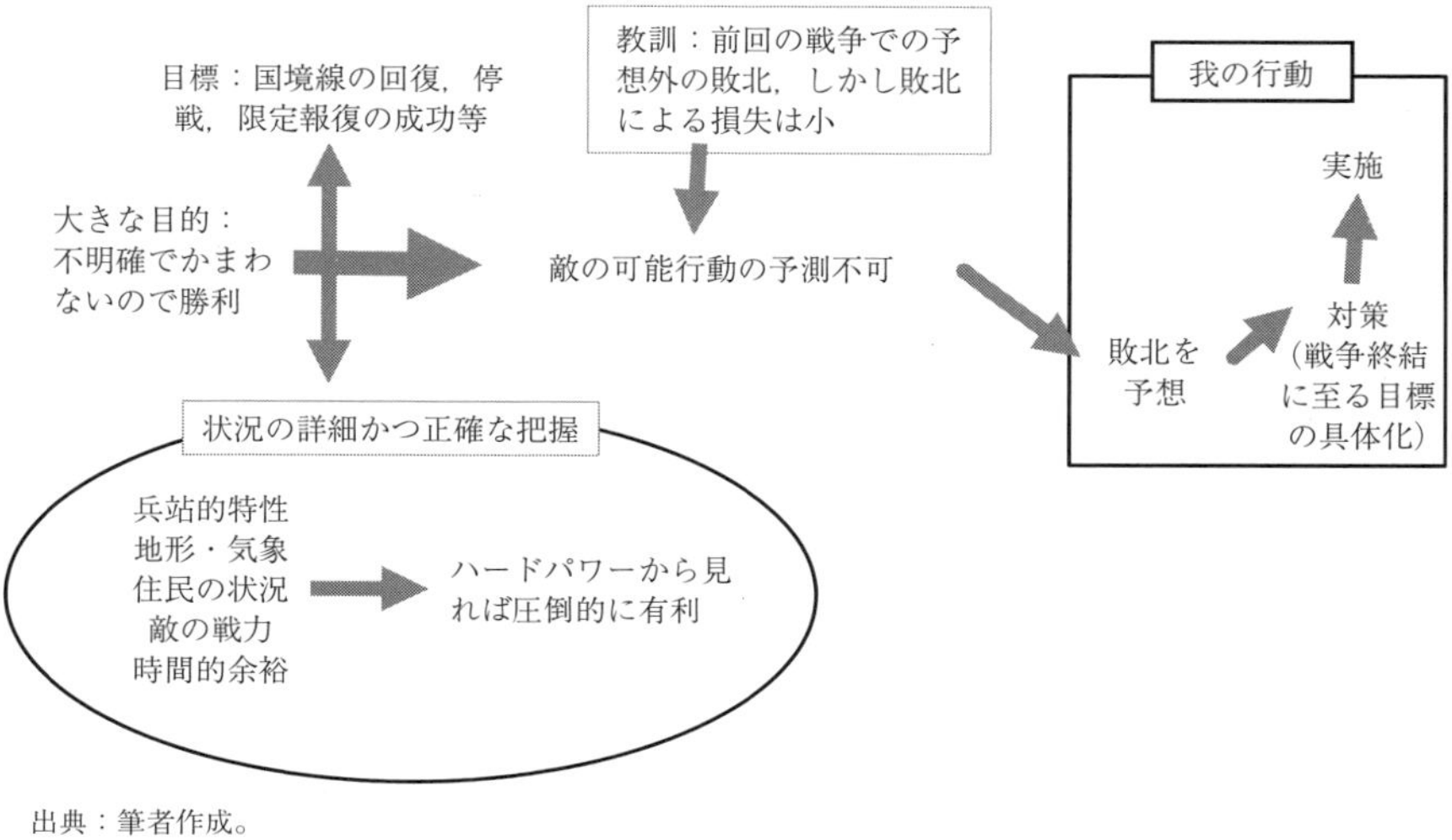

出典：筆者作成。

アメリカにとって湾岸戦争はこの第三段階の非対称戦に当たるが、その特徴は、アメリカ軍がかなり大きな犠牲を覚悟して戦争に臨んだことである。開戦前の集計では一万六〇〇〇〜一万八〇〇〇名の戦死者を出すとの見解があったし、多国籍軍の指揮をとるノーマン・シュワルツコフ米総司令官はディック・チェイニー米国防長官に戦死者五〇〇〇名と述べているし、パウエル米統合参謀本部議長は死傷者、行方不明者の合計を三〇〇〇名として報告している。これらの数字は実際の戦死者が一四九名であった事を考えると驚くべき数字である。(93)

また、軍事作戦をクウェート解放だけに絞ったことも特徴的である。(94) これは朝鮮戦争と対比させると興味深い対比をなしている。アメリカは、イラク本土を攻撃して後々の問題の種を除去するのではなく、とりあえずイラクの蛮行に対してそれを元の状態に戻すだけにしたのである。このことについて当時、イギリスのマーガレット・サッチャー首相は「私がその場にいたら、違う結論を出していたであろう。戦闘をやめる前に、やるべきことはきちんとやるべきだ」(95)と非難し、多国籍軍を率いたシュワルツコフ総司令官も「正直申しますと、私は進軍を続けるべきだと言ったのです。イラク軍は潰走状態にあり、追撃を加えれば、さらに莫大な打撃を与えることが出来た」(96)と発言、後に撤回することになった。湾岸戦争での目標をクウェート奪回だけに絞ることは、とられたものをとり返しただけである。イラク軍の戦車、装甲車、火砲は平均七九％撃破していたが、これも精鋭の大統領警護隊だけをみれば平均二〇％撃破したに過ぎない。(97) つまり再発の危険性を抱えたままである。なぜアメリカはここで停戦したのだろうか。

それについて陸上自衛隊で戦史を研究している木田秀人は一九九九年に出版した研究の中で以下の理由が考えられると指摘している。まず、クウェート解放のための武力行使という一線を越えて、それ以上に攻めれば、大義なき戦争に陥る危険性があったこと。英仏は長期化を嫌っており、米軍単独での作戦になる可能性があったこと。米軍単独で作戦を強行すれば、かえってアラブ諸国を反米の元に再結集させる可能性があったこと。そしてイラクの政権を倒しても、次の政権の面倒を長期にみることになれば、ゲリラ等によって米兵の犠牲が増える可能性があったことである。そしてそのような事態はアメリカにとって「ベトナム戦争の悪夢の再現」であったこと、である。[98]

このようにみてみると、A国の第三段階の非対称戦における戦略がみえてくる。第三段階の非対称戦においては、A国は、軍事力による戦闘における勝利だけでなく、敵が予想外の手段で激しく抵抗することを考慮して、結局A国が敗北する可能性を考える。そのため、何とかして勝利を手中に収めようと、特に、敵の可能行動の予測が外れない範囲で収まるよう、戦争終結に至る目標の具体化（湾岸戦争ならクウェートの奪還）に努力する。その結果、明確な勝利の追求ではなく、不明確な勝利を追求する戦略を採用することになり、目標達成と同時に戦争を早期に切り上げA国は不明確ながら勝利するのである。

不明確であろうとも勝利したA国は再び、長期的な軍事動向上積極的な活動をするようになり、国益の範囲に外から大国（H国）が介入することに対しては対決的姿勢をとるようになる。そのため必要と考えれば国益の範囲への軍事行動も辞さない姿勢をみせるようになるが、一方で深入りしないようにする努力がはらわれるため、長期的な軍事動向上バランス型の行動をとるといえる。

具体的には、湾岸戦争の後、アメリカの軍事戦略は中国に対抗する形での海軍主力の太平洋への移動（航空母艦半分、原子力潜水艦の六〇％配備）[99]し、二〇一一年の『アメリカ国家軍事戦略』でも太平洋を「優先（priority）」としており[100]、また、台頭した中国との小国をめぐる影響力競争を活発化させ、民族紛争やテロ組織等への対処として軍事作戦を以前よりは積極的に実施している事である。これはベトナム戦争後の融和的な軍事戦略に比べるとより対決型であるが、アメリカは軍事介入が「ベトナム化」することを常に警戒しており、ベトナム戦争に大規模介入した時のような積極性は無く[101]、アメリカの長期的軍事行動としてはバランス型といえる。

以上が長期的な軍事動向、戦争、戦略、結果による三段階の変化である。

四　理論的考察——戦争の性質の変化でなぜ戦略が変化するのか

（一）長期的な軍事動向の変化からの説明

このような変化はどのようにして起きるのであろうか。本書の焦点は第一段階と第二段階では明確な勝利を追求する戦略を採用したのに、なぜ第三段階の非対称戦では不明確な勝利を追求する戦略を採用したのか、という点である。当然のように明確な勝利の方が明確であるので、勝利としてまわりに印象づけるものが大きいわけであるから不明確な勝利とは最善の状態ではない。その原因の一つとして考えられるのは、長期的な軍事動向上の変化から説明できると考えられる。A国が非対称戦は長期的な軍事動向上、明確な勝利を必要としないと判断したことになる。つまり長期的な軍事動向上、重要でないというわけである。なぜか。

本書のように長期的な軍事動向上の変化から戦争対処の戦略の変化を説明しようとする研究は少ないと思われるが、国際政治学の国家間関係を説明した理論との共通点は多く存在する。特に国際政治学のリアリズム研究における基本の一つ、力関係が国際政治を規定するという考え方であり、そのパワーバランスが変化する場としての戦争が存在することである。パワーバランスの変化とは、本書では、戦争によってその国自身のパワーが強くなることと同時に、「同盟」関係（「同盟」としているのは、必ずしも法的な同盟を指しておらず、敵味方関係全般を指しているからである）が変化して、その国と味方する勢力が入れ替わってパワーに変化が起きることを指す。例えば、ロバート・ギルピンは「覇権戦争」という概念を使っている。その定義は、どの国家または国家群が、支配、統治するか決める戦争である。(102) ギルピンがいっているのは、世界規模の話であるが、ある特定地域だけを例に説明すれば本書の第一段階の戦争は覇権戦争に近いものである。A国はこのような戦争では明確に勝利しなくてはならない。

しかし、パワーが突出してきたA国に対し、小国は対応を模索する。ケネス・ウォルツによれば、A国が支配的な力を持ち始めた時、その周辺の弱小国は連携し、勢力均衡を模索する。[103]つまり第二段階におけるC国がH国との連携を模索したのは、それに当たるといえる。

問題はその後である。本書ではA国はC国に軍を派遣して不明確ながら敗北し、第二段階から第三段階への移行が起きる。この現象はパワーバランスからするとどう説明できるのだろうか。ギルピンから説明すると、ベトナム戦争のような戦争は覇権国がその覇権の維持にコストがかさみ、次第に凋落していく過程の中で起きる一例である。[104]このような説明は、ソ連のアフガニスタン侵攻を例にとるとわかりやすい。ソ連は、経済力が弱く、アメリカとの軍拡競争の負担に耐えられなくなりつつあり、ポーランド等の東欧における民主化運動と相まって、アフガニスタンにおける苦戦が大きく響いた。その点で、ソ連がアフガニスタンで経験した非対称戦は、ソ連が凋落するきっかけとなったといえる。

しかし、本当に、第二段階の非対称戦は、パワーバランスに大きな変化を与える戦争なのだろうか。ギルピンはベトナム戦争のような戦争は死活的に重要な何かを争ったものではない、とも指摘している。[105]少なくともベトナム戦争の後、アメリカはまだ「覇権国」であるから、つまり第二段階の戦争は、パワーバランスの変化を与えていないともいえるのである。

もしパワーバランスに変化が起きないのであれば、戦争における戦略の変化、つまり明確な勝利を追求せずに不明確な勝利を追求するようになることは、長期的な軍事動向上の変化から説明できる。例えばリアリズムから説明を試みれば、利益とコストの内、特に利益、期待効用効果から説明できる。つまり古典的な戦争である第一段階の戦争では、A国はB国を倒して地域で圧倒的な地位を築ける可能性がある。それに対して非対称戦である第二段階、第三段階ではA国は勝っても負けても大国のままであるので、期待される効用がないことになる。ここから、A国にとって非対称戦は負けてもいい戦争とまではいえないものの、勝利するために全力を尽くすほど重要な戦争ではないことになる。

これと同じ議論が冷戦時代のアメリカで研究された核戦略研究及び限定戦争の研究でみられる。ほとんど重要性のない些末な危機がエスカレーションの結果、核戦争に至るという事態をいかにして避けるべきか、という議論である。[106] 例えば、第二次世界大戦においてイギリスが陥落するのに比べたら、韓国や南ベトナムが陥落するのはアメリカにとって些末な危機の可能性がある。なぜならイギリスが陥落すればドイツはヨーロッパの強国（ここでは英仏伊露等を指す）のほとんどを傘下におさめ事実上統一することができる。ヨーロッパは世界政治の中心地であり、アメリカにとっても重要性が高く死活的な国益になり得るものである。一方、韓国が陥落してもまだ日本の基地があってアメリカにとってアジア展開の拠点をすべて失うわけではない。韓国が陥落すれば、次は日本へ攻撃をかけやすくなることは事実であるから、最終的にはアメリカの死活的な国益とかかわるようになるかもしれないが、それは日本が陥落してから後のことであろう。アメリカがベトナム戦争を始めた動機の一つのドミノ理論からいえば、このような些末な危機もみな結局は死活的に重要な国益にかかわるため、些末な危機に該当するものは存在しないという見方もあるかもしれないが、実際には重要度に差がある。これを本書に当てはめれば、古典的な戦争に比べ、非対称戦はA国にとって死活的な国益を争っておらず、長期的な軍事動向上の影響力が小さいことを指摘できるかもしれない。

また、本書は基本的にリアリズムから議論を進めるものであるが、利益と損失という観点からいえばプロスペクト理論[107]からも説明できるかもしれない。プロスペクト理論では、既存のリアリズムの損得計算は利益と損失を同等に扱っている部分を批判し、実際には人間は期待する利益以上に失うものを恐れる傾向がある事を指摘した理論である。その理論では利益を求めるか、損失を恐れるかを分ける参照基準点がある。

この参照基準点は様々な影響で動く。例えば現状認識は直接的な影響がある。現状認識がどこにあるかということは、どの程度の損失があるかを計算する基準となるものである。例えばA国にとってB国はかつて自国領だったとすれば、A国にとってB国が独立した隣国として存在し続けることそのものが損失である。しかし、B国が独立してすでに何十年も経過している場合、A国はB国が独立していることそのものを「現状」と捉えるかもしれない。つまりプロスペクト理論ではその国の国民が現状をどこに置くかで、損得勘定が変わる。また期待も影響を与える。期待が高くなると求めるものが高くなり、実際の状況とのギャップが起きるからである。例えば、上記第二段階を説明すれば、A国の国力が増している時は、A国は、自国だけが領土ではなく、小国B～G国も含めてまるで自国の領土のようにふるまうかもしれない。したがって、B～G国に対してH国から介入がある時にA国はこれを損失と捉える、というように説明できる。

さらに、プロスペクト理論では、歴史の教訓も大きな影響を与えると指摘されている[108]。特に直近の戦争は次の戦争にとって歴史の教訓として影響を与える可能性が高い。本書でいえば、第二段階の戦争の次に第三段階の戦争が起きるため、第二段階の戦争は第三段階の戦争に影響を与えることになる。第二段階で不明確な敗北を喫したのにパワーバランスに変化が起きなかったことは、第三段階の戦争を遂行する際に、意識しているか否かにかかわらず、前提となっている可能性がある。

このようにみてみると、本当に非対称戦の勝敗がパワーバランスに変化を起こさないのであれば、これらの既存の理論からインドの戦争対処の戦略の変化を説明できることになる。問題は、本当に非対称戦の勝敗はパワーバランスの変化を起こし難いのか、という最初の問題に帰結する。インドの場合はインドの実例をもって検証する必要があろう。

(二)　戦略の効果からの説明

次に、A国が明確な勝利を追求する戦略から不明確な勝利を追求する戦略に転換した理由として考えられるのは、明確な勝利を追求する戦略が第二段階の非対称戦において効果を上げなかったからであると考えられる。なぜ第一段階の古典的な戦争では明確な勝利を達成できているのに、第二段階の非対称戦では明確な勝利を達成できていないのであろうか。

まず指摘すべきは、強い者が弱い者に敗れるという現象は、最近になって増加している現象であることである。例えば、第二次世界大戦を考えてみれば簡単であるが、ドイツに攻め込まれた国々、チェコ・スロバキア、ポーランド、デンマーク、ノルウェー、ベルギー、オランダ等は、明らかにドイツより弱かった。だからドイツが勝ったのである。リアリズムの議論の出発点はこのような総力戦において強いことを前提に、総力戦において強い軍事力をつくるにはどうしたらよいかという観点から、重工業等に力点を置いた強弱関係を計算する傾向があるといえる。しかし、第二次世界大戦後、植民地の独立戦争等も増加し、ベトナム戦争のように弱い者が強い者を打ち負かすことが増えている。

これについて研究したイワン・アレギュイン・タフトは、強い者と弱い者の戦争での勝敗は、かつては強い者が勝ったが、現代になるにつれて弱い者が勝つようになってきたとデータから証明している。本書とタフトの議論とでは非対称戦の定義が違うが、それでも従来、弱者といわれる国や組織が、戦争においてより勝つ確率が上がっている現象を示すものとしては共通するものがある。

ではなぜか。一つの考え方は、不正規戦（ゲリラ戦）が増えたことである。ヘンリー・A・キッシンジャーが書いているように「ゲリラ戦の基本式は単純であり、同時に、それに対処するのは難しい。すなわち、ゲリラ軍は敗北から免れる限り勝利する。通常戦争を行う軍隊は決定的に勝たない限り敗北し、膠着状態はほとんど起こらない」[109]という状態になる。

ではなぜ不正規戦が増えたか。タフトの図（図序-12）をみるとゲリラ戦（小さな戦争）という言葉が誕生したとされる一九世紀のナポレオン戦争以後一貫して弱い者が強い者に勝利する場合が増加し、特に冷戦下では半分以上になっている。その傾向についてリデル・ハートは「核抑止力は巧妙な形式での侵略に対しては抑止力としての使用に適しないし、また抑止力を発揮しえない[110]」ため、「我が方が爆撃兵器の『大量効果』を開発すればするほど、敵側の新ゲリラ方式の戦略の進展をますます援助する[111]」ことを指摘している。そして、その戦略の変化に対抗する戦略が十分開発されていないとも指摘している[112]。ここからいえば、その戦争に合った戦略が採用されなかったために、予想される利益よりもコストが上回ったという観点からの指摘であり、逆にいえば、効果的な戦略が開発され得る、という指摘になる[113]。

前述のタフトも戦略から説明しようとしている。しかしリデル・ハートと若干違い、野蛮な方法（例えばゲリラを撃滅するため、ゲリラを支援しているとみられる村を焼き打ちする等の手段を指し、英領インドにおけるイギリス等の実施例は少なくない。現在の核の抑止力のように、都市に核兵器を投下して無差別に人を殺害することによって抑止力を担保する方法もこれと同じ発想に当たるものである）に注目して、その効果が落ちていることが、弱い者の勝利の増加を招いていると指摘している。

図序－12　２倍以上力の差のある両者間の戦争における強者の勝敗率

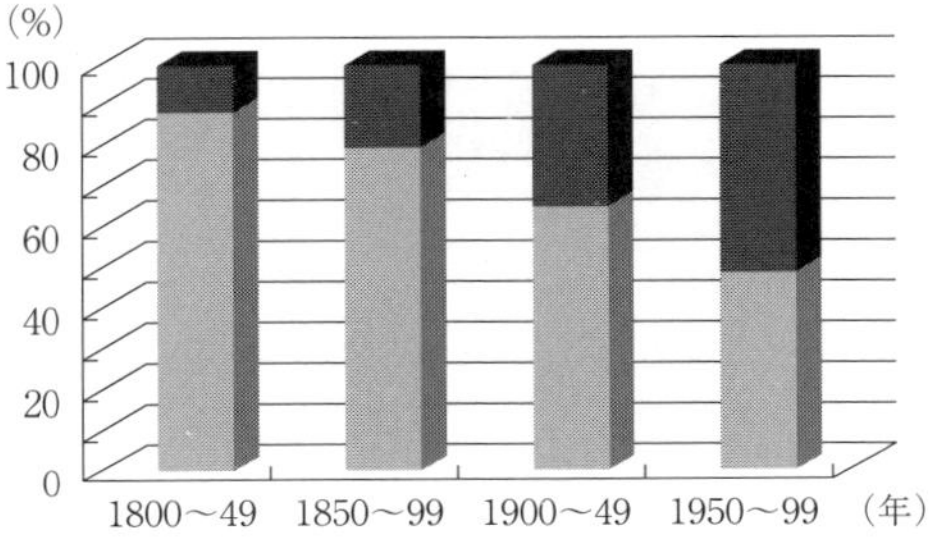

出典：Ivan Arreguin Toft, *How Weak Win Wars?* (Cambridge University Press, 2005), p. 4.

タフトの議論では戦争のアクターとその戦略的アプローチとして四種類の組み合わせで説明した。強い者の直接的なアプローチと間接的なアプローチ、弱い者の直接的なアプローチと間接的なアプローチである。強い者の直接的アプローチとは正規戦等の物理的な強制を指し、強い者の間接的なアプローチとは戦略爆撃や港湾の封鎖、または野蛮な方法による精神的強制を指す。弱い者の直接的アプローチとは物理的強制を指し、弱い者の間接的アプローチとは不正規戦を指す。そして、歴史的事例を検証した結果、強い者と弱い者が両方とも同じアプローチ（直接対直接、間接対間接）を選択した場合、強い者が勝つ。違うアプローチを選択した場合、弱い者が勝つことを証明した。ただ、タフトは同時に、歴史的には野蛮な方法が不正規戦に効果的であったことを発見したが、民主主義国家では世論がその手段に対する反対が強いため実施できないか、実施しても途中で中止される等徹底しないことも発見した。また、全体主義国家も野蛮な方法を実施すると、国際社会から制裁を受けるようになったことも指摘し、このような理由から、今日、野蛮な方法を採用するコストが高まり、戦略としての効力を失いつつあり、弱い者が強い者に勝つ傾向を生んでいると指摘している。(114)

しかし、このような野蛮な方法が不正規戦に対抗するために効果がある、ないし効果があったという指摘に対し、リデル・ハートは批判的である。それはリデル・ハートによれば、ゲリラ戦略のような強い敵に正面から立ち向かわず、比較的卑怯な作戦を連発する戦略が「はるかに上回る厳しい敵の報復を挑発した」(115)（前述の意図的に行われる野蛮な方法のことも含むものであると考えられる）ことによって、「愛国の仮面の下に私怨を晴らさせ」(116)、その地域に『法及び秩序』の軽視を生じさせ、それは不回避的に侵略者が去った後も継続した」(117)ためである。その事例としてアラビアのロレンスが行った作戦の後のパレスチナ、スペイン内戦後のスペイン、第二次世界大戦後のフランスを例に戦後の無秩序を挙げて、ゲリラ戦略とその報復の結果起きた長期にわたる後遺症について指摘している。(118)つまり、野蛮な方法はその地域に壊滅的な後遺症を招いてしまうため勝利といえるような状況になり難いとの指摘であり、「われわれの敵の『偽装された戦争』活動に対してそれと同様な逆攻勢運動で対抗することがいかに誘惑的なものに見えても、さらに巧妙かつ先見の明のある対抗戦略を案出し推進するほうがより賢明であろう」(119)として、ゲリラ戦略とその報復、他国のゲリラ戦を支援し合う戦略を批判している。

どちらにしても、野蛮な方法は今日選択肢の一つでは無くなりつつある。ギル・メノンのように、今日でも先進諸国は第三世界で野蛮な方法を用いているという指摘もあるが、(120)すでに前述戦争の分析で指摘した理論、特にベトナム戦争後発達した低強度紛争、戦争以外の軍事作戦、第四世代の戦争、人々の中の戦争、スペクトラム作戦、準通常作戦等々の研究は、そのほとんどが、不正規戦においては野蛮な方法ではない方法を指南している。それは、民心を掌握することが必要だという指摘である。例えば、ルパート・スミスは「人々が敵なのではない。敵は人々の中にあり、軍事及び他の力の使用目的は敵と人々を引き離し、後者の支持を獲得することである」[121]と書いているし、前述のタフトも最終的には、アメリカが採用するべきは民心掌握に基づく戦略だと述べている[122]。民心掌握とは、現地を軍事的に制圧するだけではなく、住民に治安を提供し、インフラ開発を進め、行政サービスや雇用を生み出す経済的な事業等と一体となって政策を進めて、反乱やテロを生み出さないような環境整備を行うことである。

このような研究は、特に国家対武装勢力の戦いの際の武装勢力の兵の教育訓練（練兵）に注目しているものと思われる。戦争の最も根幹となるものは歩兵であるが、基礎的な訓練を三カ月も受ければ一定の練度を確保できる[123]。もし銃の撃ち方と整備の仕方、命令に従って組織的に行動する等の単純な訓練だけでよければより短い訓練期間で済むかもしれない。つまり、使い方を習熟するまで何年もかかる戦車や戦闘爆撃機等の高度な兵器と違い、あまり長い訓練期間は必要ではない。そのため不正規戦対策における特徴は、正規軍がその強力な軍事力を用いて大量の武装勢力のメンバーを殺害したとしても、地域住民の中に武装勢力に志願する者が多くいれば、短期間で補充されることを意味している。しかも武装勢力のように地形を利用しての敵を待ち伏せたり、爆弾を仕掛けたりする戦術を行う場合、敵がどの道を通るのかといった情報が欠かせないし、しばしば街やジャングル等に潜伏する関係から、地域住民が提供する隠れ家や地形の情報も欠かせない。つまり地域住民の支持が国家にあるのか、武装勢力にあるのかで戦局そのものに影響が出るといえる。

ところが、民心掌握というのは、そもそも外国軍にとって難しい部分がある。例えばイラク戦争では、イラクを攻撃して占領してから反乱・テロに直面する。このような状況で多少インフラを整備しても民心を獲得できるのだろうか。敵国で外国軍が民心を掌握するのはそもそも難しいといえる。国を愛する国民は、政府軍に反対していても、外国軍が侵入してくれれば、自国の政府軍を応援する気になるかもしれない。そもそも外国軍というだけで不利なのである。しかも、そもそも住民サービスを提供して民心掌握をするには治安回復が必要で、治安回復するためには民心掌握が必要だというジレンマが存在する。

結局のところ、不正規戦に陥った場合の効果的な戦略は、現時点では存在しないことになる。しかしこれらの議論に共通しているのは、戦争の勝利を区分けしていないために、みな明確な勝利を目指していることである。例えば、大国が小国に対する戦争で明確な勝利を追求すれば、小国の正規軍は武装勢力に変化して不正規戦を実施して抵抗するようになる。武装勢力との戦いにおいて武装勢力がほとんどテロや攻撃を行わないようになるまで明確な勝利を求めれば、コストが高まるのは当然である。そこから、そもそも明確な勝利を追求しない戦略をとり、小国が武装勢力に変わる前の段階で戦争を止める方がいいのではないかという指摘ができる。また、最初から武装勢力が相手でも、武装勢力撃滅以外の何かしらの達成可能な目標をみつけること（またはある条件を付けてそれが前提とならないならば早期に撤退してしまうこと）ができれば、武装勢力を撃滅するまで長期に戦う必要はない。

第三段階の発想の元となった湾岸戦争はその典型例である。湾岸戦争でアメリカを中心とする多国籍軍はクウェートを奪還したが、イラクを占領しなかった。これでよかったのであろうか。イラクの戦力はまだ温存されており、その後、シーア派やクルド人の反乱に対して十分対処することができた。繰り返し行われる挑発にアメリカは何度もイラクを爆撃することになった。そして最終的には、イラク戦争でイラクを占領することになった。だとしたらアメリカは湾岸戦争の時にイラクを占領しておけばよかったのだろうか。

しかしその後をみるとそうではない気がする。アメリカはイラクで大規模な反乱に直面して、かなり苦戦した。結局はある程度体裁を整えて撤退することができたが、そもそもイラク占領の意義は問われることになったといえる。ここからみれば、湾岸戦争における軍事作戦をクウェート奪還に止めておいたことはよかったのだといえる。

同じ指摘はインドでも共通して指摘し得るものであろうか。

五　仮説と構成

前述の議論から、戦争が変化すると戦略が変化するといえるかどうかは、以下の三つの仮説の検証を必要とする。

① 非対称戦における勝敗は、古典的な戦争における勝敗に比べ長期的な軍事動向上の変化を起こさない。そのため非対称戦では勝っても成果が小さい。

② 非対称戦に直面した大国にとって明確な勝利を達成することは、古典的な戦争において明確な勝利を達成するのに比べ困難である。

③ 非対称戦に直面した大国にとって不明確な勝利を追求する戦略は、明確な勝利を追求する戦略に比べ、成果の割にコストを抑えることができる効果的な戦略となる。

それぞれの仮説をインドの事例に当てはめ、なぜそうなったのかという検証も行い、仮説がもし真であるならば、インドは実戦の中で、アメリカと比べても遜色ない非対称戦に対する戦略を発展させてきた実戦経験豊かな民主主義大国であることを証明することができる。

また、本書の主題ではないものの、印米の戦略の発展には一定のパターンがあることも証明できるとすれば、なぜイスラエルは二〇〇六年のレバノン攻撃に際して不明確な勝利を追求したのか、そこにはレバノン紛争の時の教訓が影響したのか、なぜロシアは二〇〇八年のグルジア侵攻において不明確な勝利を追求したのか、チェチェンやアフガニスタンにおける軍事作戦からの教訓があったのか、というように、状況の似通った他の国の戦略の決定も説明できることが期待される。同時に、印米の戦略決定に影響を与えた要因とそのプロセスの詳細が証明されることで、印米の場合とは若干違う状況の事例、例えば、民主主義大国ではなく、ベトナム戦争では勝者の側にいたはずの中国が一九七九年にベトナムに対して行った戦争における戦略は、なぜ不明確な勝利を追求するものになったのか、中国は朝鮮戦争やベトナム戦争からどのような教訓を得たのか、といった応用的な事例についても、違いを発見・比較し、戦略の採用について説明するための理論の基礎になる可能性もある。この点で本書の研究は、インドの軍事研究を目的としながら、単にインドの軍事研究に留まらず、戦略理論の研究としても意義がある。

本書は次章以降次のように論を進める。まず第一章においては、独立後インドが行った軍事行動をできるだけ多く挙げ、その中から序章の定義に当てはまる適切な事例三つを抽出する。そして第二章、第三章、第四章においてそれら三つの事例それぞれについて、戦争前後の長期的な軍事動向上の変化と、戦争そのものにおける戦略の効果について事実関係をまとめる。そして第五章においてそれらの事実関係を比較・分析し仮説を検証する。このように第一章から第五章まででインドの過去と現在を分析した上で、終章においてインド軍事力の将来について、その潜在性と注目点をまとめることにする。

第一章　インドの戦争——事例の抽出

この章では、インドがこれまで行った戦争とそれに類する軍事行動について分析し、注目するべき事例の抽出を行う。まず、インドが一九四七年独立後直面してきた戦争とそれに類する軍事行動について、比較的広く解釈し、網羅的に二八の事例を取り上げ、その二八の軍事行動がどのようなものであったのか、概観する。次に、その二八の軍事行動を戦争として定義してよいものか否か、序章の定義である戦闘を伴う、規模が大きい、対外的な軍事行動であるという三つの観点から分析する。最後にその戦争について、古典的な戦争から非対称戦への変化がどこで起きているのか、序章の定義である戦争当事者間の面積、人口、ＧＤＰが五倍以上の差があるか否かについて分析し、本書に適した事例を抽出する。

一　インドの戦争とそれに類する二八の軍事行動

一九四七年の独立後、インドが直面してきた戦争とそれに類する軍事行動を時系列に挙げると以下のようになる。これらの事例は、インド独立後の同種の問題を完全に網羅したものではないが、ほとんどの戦争とそれに類する軍事行動を網羅しており、インドの直面する戦争の性質の変化を分析するには有用である（図１－１）。

①　ジューナガール併合（一九四七年）[1]

独立インドが最初に直面した問題は、カルカッタやパンジャブ州を中心にした激しい暴動で数十万から百万近い

図1－1　南アジア地域図

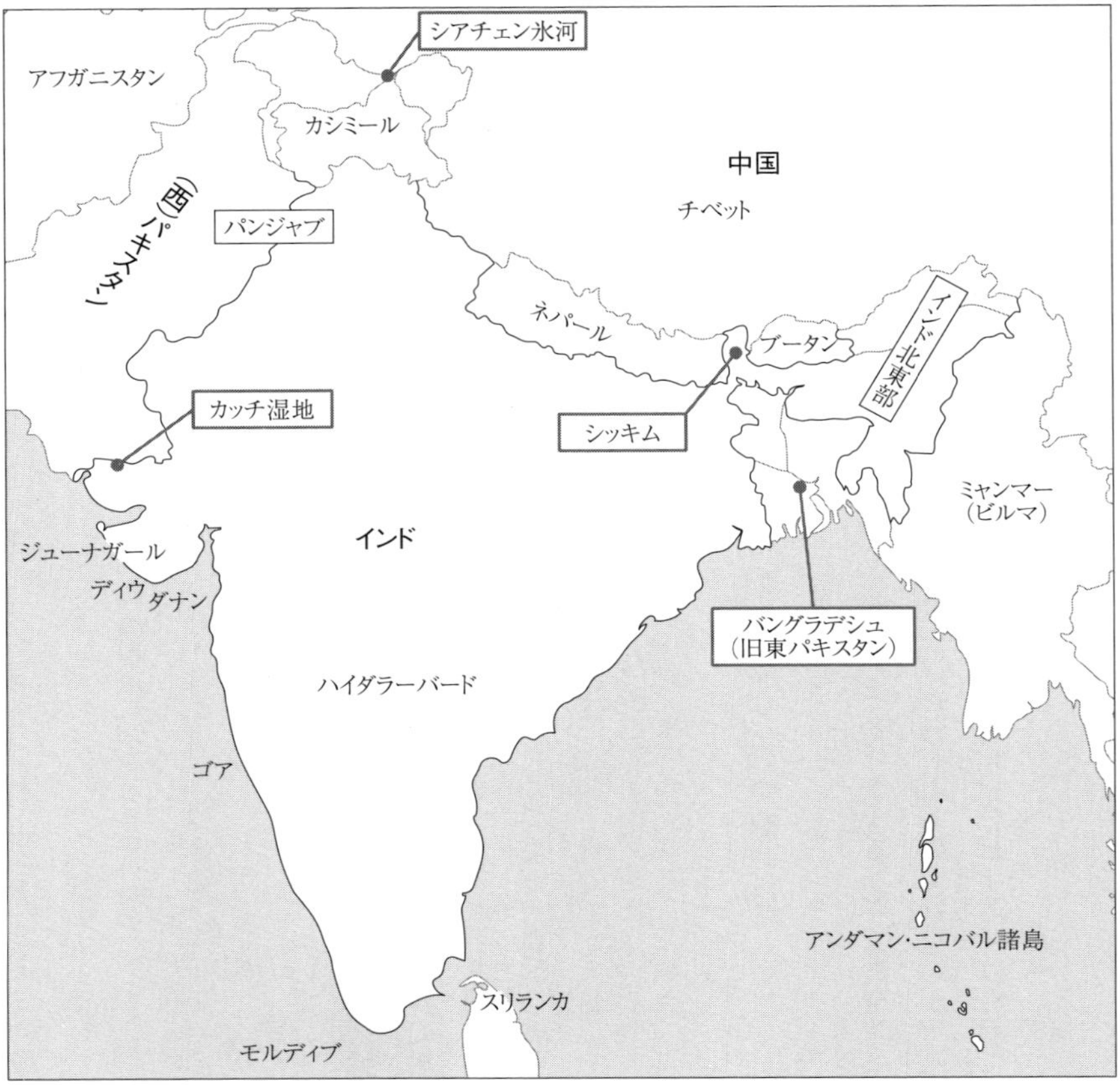

出典：筆者作成。

死者を出し、一〇〇〇万人が難民となる激しい殺戮の中で、印パに分かれて独立したことに起因する。各藩王国は印パどちらに帰属するのか決めなくてはならなくなった。

その中の一つジューナガールでは、イスラム教徒の藩王がパキスタンへの帰属を表明した。しかし、この藩王国の住民の多くはヒンドゥー教徒で、また、交通という点でもインド側とのつながりが多く、独立後まもないパキスタンから支援することは難しい位置にあったため、藩王の決断は非現実的であった。その結果、ジューナガールの一部地域は藩王の決断に抵抗し、最終的にはインド軍が派遣され、藩王はパキスタンに亡命、住民投票が行われ、一九四七年一一月ジューナガールはインドに併合された。

②　第一次印パ戦争（一九四七〜四八年）(2)

ジューナガールと同じく決断を迫られたカシミールの藩王は、決断を先延ばしにし続けていた。カシミールにおいては、藩王はヒンドゥー教徒であったが、住民の主流はイスラム教徒であったからである。また、交通という点においても、インドとはほぼ全くつながりがなく、一度パキスタン側にでてからインド側に至る道路でつながっているだけであった。そのため経済的な結びつきという点でもパキスタン側との結びつきが強かった。しかし、藩王が決断を渋っている最中の一九四七年九月、パキスタン側よりパキスタン北西部からアフガニスタンに広がって住むパシュトン人を中心に編成された武装勢力が侵入し、藩王国軍を破って進撃を開始した。この武装勢力は素行が悪く、カシミールの都市バラムーラ陥落の際の激しい略奪と人身売買等が伝えられた。

このような武装勢力の侵入にショックを受けた藩王は、一〇月二四日、インドへの帰属に合意し、軍の派遣を要請、インド陸軍は、軍二八機と民間一二〇機の輸送機を利用して素早く展開した(3)。数の上では武装勢力の方が上回っていたものの、インド軍は防衛に成功した。インド軍は地形上の制約、ハイダラーバードの動向等から、一九四七年冬に攻勢を停止することを検討したが、インド首相ジャワハルラル・ネルーの意向もあり、パキスタン正規軍が大規模に介入したこともあって、結局攻勢にでることになった。戦局は徐々にインド側に傾いていたが、一九四八年一月終わりから、ネルー首相が国連の仲介を受け入れたことにより戦闘が徐々に鎮静化し、一二月の停戦を迎えることになった。インド国内には、戦局がインドに傾く中で停戦したことが問題を長びかせることになったと指摘する専門家もいる(4)。

③　ハイダラーバード併合（一九四八年）(5)

ハイダラーバード藩王国は、大きな藩王国であり、藩王とその支配層はイスラム教徒であったが、住民の八五％

はヒンドゥー教徒であった。周辺各国は次々とインドへの帰属を表明する中、ハイダラーバードの藩王は独立を希望したため、インド南部の内陸に巨大な独立国が存在する形となった。その中で、藩王国内では、大規模な農民反乱がおこり、国内は不安定化、藩王はイスラム教徒の権利を守るための民兵組織を創設することになった。ところがこの民兵組織は急速に力をつけ、パキスタンへの帰属を希望するようになり、パキスタンから武器援助を受けるようになった。このような不安定な環境の中、一九四八年九月一三日インドは軍事行動を開始、二方向から大規模に侵攻し、一〇〇時間で全土を占領した。藩王は、全責任を民兵に押し付ける形で降伏、初代ハイダラーバード州知事になることで決着した。

④ インド北東部の独立運動（一九五六年〜）(6)

インド北東部には二〇一四年現在、ナガランド、ミゾラム、マニプール、アッサム、トリプラ、メガラヤ、アルナチャル・プラデシュの七つの州があるが、すべての州で独立運動・テロ活動があり、最近でも活動している。また、西ベンガル州の北部ダージリン地区でも独立運動がある。

その中でも特に、ナガランド、ミゾラム、マニプール、アッサムの武装勢力に対して大規模な作戦が実施されてきた。

ナガランドは、一九四四年には日本軍のインパール作戦が行われた英領インドの辺境地域であった。一九四七年のインド独立時からナガランド独立の動きがあったが、次第に激化し、一九五六年にインド軍が投入された。一九五七年の合意で穏健派が独立要求を取り下げたが、強硬派は武装闘争を続け、一九六三年にインド政府はナガランド州の創設を認めたが、それでも戦闘は続いた。そのため、インド軍はさらに増強されていった。しかし、もともと弓矢程度の武器しかない地域における武装闘争は中国とパキスタンによる近代的な武器の供給とその運用法の教育・訓練に大きく依存していた。そのため、一九七一年の第三次印パ戦争で、東パキスタンにおける拠点を失うと武装勢力のかなりの部分が停戦に合意した。一部の強硬派武装勢力は中国にいた残余部隊と合流し、ミャンマーに拠点を置いて抵抗したが、一九七九年を境に中国はインドにおける分離独立運動への支援を停止したとみられ、(7)インド、ミャンマー両軍の作戦もあり、二〇〇三年までには停戦している。

ミゾラムでは一九六〇年になり一部独立運動の高まりがみられ、一九六六年には武装闘争を開始した。この運動も中国とパキスタンの支援への依存度が高く、一九七一年の第三次印パ戦争と、一九七九年の中国の支援の停止によって大きな影響を受けた。ミゾラムの武装組織のリーダーはよく組織を掌握しており、一九八六年に武装勢力とインド政府との間で合意が成立し、鎮静化した。

マニプールにおいても一九六〇年代後半に武装闘争が開始された。パキスタンからの支援も得始めたが、その矢先一九七一年の第三次印パ戦争が起き、一時沈静化した。しかしその後、パキスタンはマニプールの武装組織に対する支援を本格化、中国も支援を行い、毛沢東主義に基づく武装組織を再編成した。またバングラデシュやミャンマーに拠点を構築した。この結果一九八〇年には本格的な戦闘に突入したが、マニプールにインド軍が投入され、武装勢力の指導部のほとんどを逮捕・殺害したため、活動は低調となった。その後一九九〇年代に入ると、ナガランドとマニプールの武装勢力間で抗争となったが、これは密貿易の権利をめぐるもので、現在でも断続的に続いており、インド軍も民生支援による作戦を実施している。

アッサムでは流入する大量の移民に反対する立場から、一九六七年ごろから独立運動が高まっていた。特に一九七一年の第三次印パ戦争後になると移民が増加し、中央政府はこれを選挙に利用したため、一九七九年から戦闘となった。パキスタンはこれを支援した。一九八五年には中央政府と独立派の間で移民の選挙権について合意したが、戦闘は止まらなかった。その間にアッサム州からの分離独立を目指すボドランドやコーチの独立運動も高まった。しかし、インド軍は何度か大規模な作戦を実施し、武装組織は周辺国、特にブータンに拠点を移した。また、九・一一アメリカ同時多発テロが起きると、これらのテロ活動に対する国際社会の見方が厳しくなり、活動が低調になった。さらに、二〇〇三年に行われたブータン国内における大規模な掃討作戦によって、大きな打撃を受けている。[8] 二〇一四年現在活動は継続しているものの低調である。[9]

これらのインド北東部における分離独立運動の原因には多くの共通性がある。一つは、インド独立時に独立を希望したナガランドがそうであったように、もともと辺境であったため外界との交流が少なく、民族的にインドの他の地域と違う点がある。そのため、もともと自らがインド人であるという意識が希薄で、インド各地及びバングラデシュから流入する大量の移民に対する反発が不安定化する原因の一つとなっていることである。二つ目は、山岳部で民族も複雑で、キリスト教徒が多い等、宗教上も違いが多い。[10] そのためイギリスはこの民族的な複雑性を自らの統治に利用し、民族間の衝突を高めた経緯がある。その結果、この地域で活動する武装組織は、数が多く、連携、分裂を繰り返し、大変複雑な状態となっている。また三つ目の特徴は、その国際性にある。武装組織の拠点はバングラデシュ、ミャンマー、ネパール、ブータン等の周辺国だけでなく、イギリスやタイ等にもあり、中国やパキスタンの国家レベルの支援を受けていることが大きく影響している。そのため、インドの一地域の反乱でありながら、しばしば国際的な対応が必要となる。一九七一年の第三次印パ戦争、二〇〇三年のブータンにおける作戦、数度実施されたミャンマーにおける作戦は国際的な対応の一例でもあり、大きな影響を与えている。

⑤ ゴア併合（一九六一年）[11]

一九四七年にインドとパキスタンが独立した時点でも、フランスとポルトガルは小さな植民地を維持していた。フランス領のポッディチェリーやチャンダーナ等と、ポルトガル領のゴア、ダナン、ディウの三カ所である。フランスはこれらを逐次返還したが、ポルトガルは返還しなかったため、ゴア内ではインドとの統合を求めるデモが起こり、ポルトガル軍の鎮圧後、インドからの物資流入が停止される等、断続的に緊張関係が続いている状態にあった。最終的にインドは軍事作戦を準備したが、国連やアメリカの警告を受け二度にわたり作戦を延期していたため、奇襲性もなくなり、ポルトガル軍も軍人の家族等の避難を終え、作戦に備えていた。一九六一年一一月一八日、インド軍は陸上三方向から侵攻するとともに、海軍が周辺の島々を占領、ポルトガル海軍艦艇を撃破して海上から封鎖した。いくつかの拠点でポルトガル軍は激しく抵抗したものの、陸上作戦でインド軍はゴアの住民に支援されており、作戦開始から三六時間でゴアは陥落した[12]（ダナン、ディウも陥落）。

⑥　**印中戦争（一九六二年）**

一九四九年中華人民共和国が成立した際、印中関係は非常に良好であった。ネルーが推し進める非同盟諸国の結集という考え方の中では、中国とインドの協力が中核をなすものだったからである。

しかし、印中間には領土紛争と、[13]チベットをめぐる問題があった。インドの立場は、中国が清朝時代にイギリスと結んだ条約を受け継いだものであり、チベットの領有を中国に認めるものであるが、中国がチベットを占領し、その後暴動を鎮圧する中で、ダライ・ラマはインドに亡命、両国間は次第に険悪になっていった。そしてこうした経緯の中、西はカシミールのラダク地域の一部（西部）、東は現在のアルナチャル・プラディッシュ州（東部）に双方が領有権を主張する地域ができた。

ネルー印首相は、インド軍を縮小し、特に、印中国境地帯で使用する部隊の創設等を拒否していたため、インドは国境を守る十分な戦力を保有していなかった。ところが、ネルー首相は、一九六一年五月には西部で、一一月には正式に東部で、国境地帯への軍事的展開を進める政策（forward policy）をとる。十分な兵力を保有していないのに、その兵力を相手の前面に並べたてた結果、中国側はさらなる兵力の増強を行い、状況は悪化した。

ちょうどアメリカがキューバ危機の最中にあった一九六二年一〇月一九日、中国は東西両方の係争地で侵攻を開始した。インド軍はまるで準備が整っておらず、数、装備、補給でも圧倒的に劣っており、援軍として平野部から向かった部隊は高山病にかかり戦闘には耐えられず苦戦し、特に東部ではまずい指揮が目立った結果、総崩れとなった。

状況の悪化により、海空軍も投入しての全面戦争が準備され[14]、危機感が強くなったネルー首相は、非同盟政策の事実上の放棄を意味する、アメリカへの大規模な軍の派遣を求め[15]、その結果、ケネディ米大統領は、空母エンタープライズを中核とする第七艦隊をベンガル湾に派遣することになった。

一一月二一日、中国軍は突然、一方的に停戦を宣言、一〇日後までに、西部では一九六〇年に主張していた線、東部ではインド側の主張するマクマホン・ラインの北部まで撤退し、事実上戦闘は終結する。そこが以後、実効支配線（Line of Actual Control）とよばれることになり、今日まで領土紛争が続くことになるのである。

⑦ **カッチ湿地国境紛争（一九六五年）**(16)

インドは中国に敗れた後、国防費を倍増させ、米英ソ等から軍事援助を受け、大規模な軍拡を開始した。その最中、印パ国境未確定地域カッチ湿地で武力衝突が発生した。

一九六五年四月、パキスタン軍の部隊が国境を警備していたインドの警察を攻撃したため、双方が旅団レベルの軍を投入しての戦闘となった。戦闘は拡大し、四月二四日には、パキスタンが当時新型の米国製戦車（M四七、M四八）を保有する部隊を投入した。

そもそもカッチ湿地は、モンスーンの時期になると水没してしまうため、そこが海であるか陸であるかで国境が異なり、印パ間で領土紛争となった経緯があり、水没後、戦闘は困難となる地域である。そのため四月二七日、モンスーンが近づくとともにインド軍が撤退、戦闘は終結することになった。そしてイギリスの仲介により六月に正式に停戦した。

この戦闘は、パキスタンにとって、自国の最新戦車を備えた部隊とインド軍の実力を測る実験材料となった。そのため一九六五年の第二次印パ戦争の前哨戦と考えられている。

⑧ **第二次印パ戦争（一九六五年）**(17)

一九六五年五月、カシミール・インド側管理地域においてパキスタン側から約七〇〇〇名の武装勢力（パシュトン人）が侵入し戦闘が始まった。五月一五日、インド軍は、武装勢力排除のためカシミールでパキスタン側へ侵攻、七月一日に一度撤退したが、武装勢力の侵入が激しくなり、八月二四日に再び侵攻した。これに対しパキスタン軍も九月一日カシミールでインド側に侵攻し、このときから両空軍も投入された。ここまではカシミール内で戦闘が行われていた。

しかし、パキスタン軍の侵攻は成功しつつあったため、九月六日、インド軍はカシミールより南のパンジャブ州でパキスタンへの侵攻を開始し、戦線は拡大し始める。インドの攻勢に直面したパキスタンはカシミールに侵攻させた部隊を戻し、ラホールやシアルコット正面で両軍が攻防を繰り返した。ここではパキスタン軍が一挙に一〇〇両以上の戦車を失い、第二次世界大戦以来最大の戦車戦が展開される等、大規模な戦闘となった[18]。パキスタン軍は海軍を投入し（インドは投入せず）、印パ全域で空軍、空挺部隊を投入して攻撃が繰り返されたが、九月九日以降、戦場での消耗や米英の武器禁輸、前線への補給能力の不足等による予備部品や弾薬の不足が深刻となり、戦闘は自然消滅の形となっていった[19]。

九月二二日には国連による停戦が発効したが、散発的な戦闘が続き、一九六六年一月からソ連の仲裁でタシケント会議を行い、一月一〇日共同宣言を採択、二月二五日に両軍の撤退が完了して戦争は終結した。

⑨　ナトゥラ事件及びチョーラ事件（一九六七年）[20]

一九六五年の印パ戦争時には、中国は印中国境の緊張を高めパキスタンを支援したが、その後、ソ連が印パ両国を仲裁し第二次印パ戦争は正式に終結に向かう中においても、印中国境での緊張状態は断続的に続いていた。ナトゥラ事件とチョーラ事件はその延長線上で起きた。一九六七年九月一一日、シッキム藩王国に駐留していたインド軍がナトゥラ付近で国境フェンスを構築していたところ、中国軍から発砲を受け、応戦、五日間にわたり交戦した。さらに同年一〇月一日、シッキム藩王国のチョーラで三〇㎝の土地をめぐって中国軍がポイント一五四五〇の国境ポストにいるインド軍を包囲、両者の交渉が行われたが交渉の場において交渉当事者が交戦し、エスカレートして両軍が交戦した。戦闘は中国側に有利とみられていたが、中国側が撤退し、焦点となった高地はインドのものとなった。

⑩ 毛沢東主義派の蜂起（一九六七年〜）[21]

インド独立時から共産ゲリラ自体は存在したが、一九六七年七月、中国共産党の機関紙『人民日報』が「インドにとどろく春雷」として報道し脚光を浴びた運動が毛沢東主義派の武装蜂起である。インド北東部に近い西ベンガル州ダージリン地区ナクサルバリから始まったためナクサライトともよばれることが多い。当初は共産主義過激派の貧農を救うため地主を襲撃して土地を取り上げる武装蜂起であった。ナクサルバリの蜂起は一九六七年の三月か四月ごろに始まり、八月には鎮圧されていたが、すでに五〜六月には他五州の農村部にも広がっており、一一月にはそれぞれの運動の代表が会合をもち、一九六八年五月には統一組織を設立した。運動は当初中国から支援を受けているものと考えられた。

この統一組織は、武装闘争にどの程度重点を置くかで対立し、すぐに分裂、一部は崩壊、一部は議会に参加した。また一九七九年以後は中国からの支援も無くなったと考えられる。しかし、このような状況の中でも、あくまで武装闘争を貫く派閥、人民戦争団が結成された。この人民戦争団は特に極貧層の間で支持を獲得していたが、特に、インドの経済発展に伴って、経済発展に取り残された人々の支持を集めるようになり、一九六七年に登場した当時の貧農を救う組織から、グローバル化に反対し本格的革命を目指す組織に転換していった。

一九九〇年代になると人民戦争団は襲撃、暗殺等多くのテロ攻撃を行うようになり、二〇〇〇年以降この運動はさらに活発になり[22]、二〇州の二二三地区で活動、二〇〇四年と二〇〇九年にインド政府が、インドの安全保障上最大の問題、というような表現を使ってその深刻度を説明するまでになった[23]。また、スリランカのタミル人武装勢力タミル・イーラム解放のトラ（Liberation Tigars of Tamil Eelam: LTTE）等との連携も進め、武器や軍事ノウハウの取得に努め、武器の生産も行うようになりつつある[24]。

二〇一〇年四月には一回の待ち伏せで、十分な訓練を受けているはずの警察軍七五名が殺害される事件が起きたが、インド政府はこの運動の鎮圧のために軍隊を投入することには消極的であり、警察軍が主体となって、軍は航空機やヘリコプターをもって支援するという体制をとっている。これはインド政府が、毛沢東主義派の軍事的な能力が高まりをみせつつある中でも治安は警察軍に担当してほしいと考えていること（軍も積極的でないこと）[25]、また、軍事作戦主体の鎮圧ではなく、運動の背景にある貧困や社会的不公正等の問題の解決に力を入れた解決策を模索しているからと思われる。

毛沢東主義派の武装蜂起では約三〇年で一万四〇〇〇人が死亡したと考えられている。[26]

⑪　第三次印パ戦争（一九七一年）[27]

インドでは、一九六二年に中国に敗北して以後軍拡が続いていたが、さらに一九六八年から一九六九年の「緑の革命」の成功等により国家の歳入も増え、軍事力の強化は順調であった。一方、パキスタンでは、一九六五年の第二次印パ戦争以後むしろ不安定になりつつあった。もともとパキスタンでは、西パキスタンの指導者が政治の中枢を握っており、第二次印パ戦争の負担もあって、東パキスタンで自治権拡大運動が高まっていった。

このような状況の中、一九七〇年の選挙で東パキスタンの政党が第一党になったにもかかわらず、議会開催が延期されると、東パキスタン独立を求める武装蜂起に発展した。パキスタン軍はこれを激しく弾圧し、避難民がインドに殺到すると、インドは亡命政府を受け入れるとともに武装化を支援した。印パ両軍の小競り合いも増加し、難民の流入も九三〇万名を超え、インドは「人口的侵略及びインドの安全保障上の脅威」に対処するため軍事介入を検討した。

避難民がインドに出始めたのは一九七一年三月であり、四月二八日には、インド政府首脳部は軍事介入を決断していた。当初の軍事作戦は、避難民を帰郷させるために国境地帯を占領するという限定的なものであった。ところがインド軍はこの作戦開始時期の延期を要請した。その理由としては、モンスーンの時期であり作戦遂行が難しかったこと、作戦計画の立案や補給品等の準備期間の必要性、そして、中国の介入の可能性を危惧したことがある。冬になればヒマラヤ山脈が凍り、中国は介入し難い。

軍事作戦を延期する間に状況は変化していった。インドはソ連と印ソ平和友好協力条約を結び補給品を確保するとともに、中国が介入する可能性も減じることができた。さらに一〇月の軍事演習でインド軍の実力が予想以上に高いことがわかったため、インドは作戦内容を変更し、東パキスタン全土の占領を計画するに至った。

一二月三日、パキスタン軍が西パキスタンよりインド本土に爆撃を開始したのを契機として、インド軍は作戦開始、西パキスタン正面では防勢をとりながら東パキスタンで攻勢に出た。そして東パキスタンで決着がつくにつれて空軍を西に移動させ、一二月一五日には西パキスタンでも侵攻を開始した。西パキスタンでの攻勢は、一六日に東パキスタンでダッカが陥落したため、一七日の停戦指令とともに終了したが、東パキスタン全土を占領し、一〇万名近い捕虜を得る大勝利となった。

この戦争においては、ソ連は軍事顧問団等の形でインドを強く支援、中国はパキスタンを支持、アメリカも空母エンタープライズを中心とする第七艦隊をスリランカ沖に派遣しインドに圧力を加えた。しかし、結局のところこの戦争の結果生まれたバングラデシュを一九七二年八月の時点で八七カ国が承認し、インドの大義名分が国際的に承認された形となった。(28)

⑫ インド核実験(一九七四年)(29)

一九六二年の印中戦争と一九六四年の中国の核実験は、インドに強い衝撃を与えた。その後インドは、米英ソの「核の傘」に入ろうとしたが、これも拒否された。さらに一九七一年の第三次印パ戦争において、インドは南アジアの大国としての自信を深めると同時に、アメリカが核兵器を搭載した空母機動部隊を派遣してきたことは、核による暗黙の威嚇を受けたと認識していた。(30) しかも核拡散防止条約(NPT)が一九七〇年に施行され、核不拡散体制の強化で中国のみが核保有国として認められる方向性が定まりつつあった。こうした状況の中、一九七四年インドは核実験を行った。この核実験は、核保有能力を証明する一方で、核兵器の保有・配備までには至らない状態を維持する慎重な政策であった。

⑬　**シッキム併合（一九七五年）**(31)

シッキム藩王国は独自の国旗や通貨をもっていたが、経済的にも軍事的にもインドに依存した国家であった。また、その地理上の位置はネパールとブータンの間に位置し、インドの本体部分とインド北東部をつなぐ、鶴の首のような細い地域の北側に位置していたため、インドの対中国を意識した国防上の要衝であった。

そのシッキムで一九七三年ごろに始まった民主化運動は反乱へとつながり、インドへの統合を求めるようになった。そのため、藩王はインドに救援を求めたが、かえってインドの強い圧力の下、住民投票が実施されることとなり、その結果インドへの併合が決まった。

中国はこの動きに対して、当初の反乱にインドが深くかかわっていることを指摘、一九七五年から七六年にかけて印中国境でも衝突が起き死傷者が出、二〇〇六年までシッキム併合を認めなかった。

⑭　**シアチェン氷河国境紛争（一九八四年）**(32)

第三次印パ戦争の後、シムラで会談した印パ両国は合意をとりまとめたが、全く無人のシアチェン氷河がどちらに帰属するのか明確に定めていなかった。ただ、一九八〇年代より登山者がパキスタン側よりシアチェン氷河を旅行していることがわかったため、インドも観光を募集した。しかし、パキスタン軍が高山対策の装備を購入し、訓練プログラムも開始したことを受けて、インド軍はこの地域を占領する作戦「メグドット作戦」を開始し、ほぼ同時にパキスタン軍部隊も派遣され、戦闘となった。両国は、砲撃戦、歩兵戦を展開したが、マイナス四〇度に達する寒さの中、戦局は進展せず、凍死、病死、事故死が死傷者全体の八〇％以上を占め、補給も少ない状況だったため、次第に戦闘が起きなくなっていった。

⑮　**パンジャブ州独立運動（一九八四〜九二年）**(33)

パンジャブ州は印パ分断独立直前に、イスラム教徒中心のパキスタン側パンジャブ州とヒンドゥー教徒、シーク教徒中心のインド側パンジャブ州に分かれた経緯がある州である。この州では、主に都市部に住むヒンドゥー教徒と地方に住むシーク教徒が暮らしていたが、次第に、シーク教徒の間で、ヒンドゥー教徒に州全体を乗っ取られるという危機感が高まり、対立が生じつつあった。その中で、シーク教徒を中心とする地方政党と、インディラ・ガンジーに率いられた中央政府は対立するようになり、中央政府は、一部のシーク教徒を支援して既存のシーク教徒政党を排除する作戦をとった。その作戦はうまくいきつつあったが、中央政府の予想に反し、その支援した政党が独立武装闘争を開始した。

ヒンドゥー教徒を対象とした武装蜂起に対し、中央政府は軍を投入した。シーク教徒の武装組織は、シーク教徒の聖地に立てこもり、それを排除するための作戦、ブルー・スター作戦が実施された。この作戦では多数の死者をだし、寺院も大きな損傷を受け、それを報じたBBC放送をみたシーク教徒の兵士達（インド軍の八～一〇％がシーク教徒）が次々と反乱をおこし、インディラ・ガンジー首相も、シーク教徒のボディガードに暗殺され、その報復にヒンドゥー教徒がインド各地でシーク教徒約三〇〇〇人を殺害する等、殺戮がエスカレートした[34]。このような経緯の中、パンジャブ州ではますます武装組織への支持が集まり、特に市街地におけるテロ活動が活発になったが、このようなテロ活動は、州を基盤とする警察の管轄の区分を利用して州外の拠点を利用しており、シーク教徒のアメリカやカナダ等の海外のコミュニティからの資金や、パキスタンの支援等にも支えられてさらに激しくなっていった。

このような状況の中、治安担当は軍から警察主体へ変更となり、次第に対処能力を上げた。特に同じシーク教徒の聖地をめぐる大規模な作戦、ブラック・サンダー作戦においては、逮捕者は少なかったものの、綿密な計画の実施により宗教施設や民間人の被害を抑え、シーク教徒の感情を逆なでしない効果的な聖地奪還作戦を実施した。また、効果的なパトロールの方法や、住民間のネットワークの構築、住民保護対策、メディアの利用等でも効果的な治安対策を構築した。特に治安当局間の連携が進み、警察主体の作戦の一方で、軍による国境封鎖作戦であるラクシャク作戦を二度実施した。このような作戦が最終的な決定打となり、シーク教徒の反乱はほぼ鎮圧されることになった。

⑯　対パキスタン核施設攻撃計画（一九八四〜八六年）[35]

一九八一年イスラエルがイラクのオシラク原子炉を爆撃すると、一九八二年には、『ワシントンポスト』紙に、パキスタンの核施設に対してインドが爆撃を計画しているという記事が出た。ちょうどアフガニスタンにおける反ソ連ゲリラを支援していたこともあり、パキスタンではインド、イスラエル、ソ連が協力してパキスタンの核施設を攻撃するという危機感が高まり、一九八四年にはパキスタンの大統領自身が自ら『ウォールストリートジャーナル』紙のインタビューで、インドがパキスタンの核施設を攻撃しようとしていると警告した。これに対し、インドは、攻撃の可能性を否定する一方で、パキスタンがカシミールに影響を与えようと軍事演習を行っていると非難し、状況は悪化しつつあった。しかもアメリカも、インド空軍が配備し始めていたジャギュア戦闘爆撃機（低空で敵地に深く侵入できる戦闘爆撃機）の配置、訓練等の状況から、インドが攻撃を行う可能性があるとの判断を下し、インドが攻撃した場合、パキスタンの報復を容認する発言を行った。これに対し、印ソ両国が状況を悪化させる発言であるとアメリカを非難し、非難合戦が続いた。パキスタンは一九八五年にも同様の主張をし、一九八六年にはソ連の攻撃が近いと警告した。しかし何も起こらなかった。

⑰　ファルコン作戦とチェッカーボード演習（一九八六〜八七年）[36]

一九八六年、インドのアルナチャル・プラデシュ州付近の印中国境スムドロング・チュでの中国軍の侵入と部隊増強が伝えられると、インド軍は山岳師団の一個旅団を派遣した。これがファルコン作戦である。中国軍は停止したが、インド軍はさらに、チェッカーボード演習という、インド北東部平野部にいた動員できるすべての陸軍及び空軍を動員して印中国境での戦闘に備える演習を計画した。演習の大半は図上演習だったが、この演習の動向を含め一九六二年の印中戦争に酷似した状況から、米ソ両国は印中両国が戦争に突入するのではないかという強い危惧を抱いた。結局この演習はすぐ中止されたが、その原因として、ラジブ・ガンジー印首相の北京訪問、米ソ両国による抑制の要請、ブラスタクス演習の実施等が指摘されている。また、インドではこの演習が強制外交として効果を上げたとする肯定的評価もあり、[37] その証拠として、この時期以後、印中両国は外交的に接触するようになったことを挙げている。[38]

⑱ ブラスタクス演習（一九八七年）[39]

一九八六年一一月インドは九個歩兵師団、三個機甲師団、一個航空襲撃師団、三個戦車旅団を投入して一年以上かかるブラスタクス演習を印パ国境で開始した。この演習とともに、海軍も上陸演習を実施した。その動きに対してパキスタンも反応した。パキスタンは毎年、対インド打撃戦力の主力となる二つの機甲軍団の演習を実施していたが、この年は、演習後の一九八六年一二月になっても通常配置には戻らずインドのパンジャブ州を攻撃するように配置につけた。インドは、当初パキスタンの動きに対しては反応を示さないでいたが、一九八七年一月に入り、パンジャブ州の防備を強化するトライデント作戦を準備、緊張がさらに高まった。結局、印パ両首脳は、直接コンタクトをとり、一九八七年二月から三月にかけて両軍は撤退し、危機はおさまった。

この作戦は、インドが新しいドクトリンを形作る実験として、軍事的能力を試す演習を実施したという軍事的側面が指摘されている。なぜなら当時のスンダルジーインド陸軍参謀長は一九八三年にディビジャイ演習という、小規模だがブラスタクス演習に非常によく似た演習を実施したことがあり、インド軍の戦車部隊を利用したドクトリンの改良を進めてきた人物だからである。一方でパキスタンは、インドのパンジャブ州におけるシーク教徒の反乱への支援や核兵器開発を行っている最中であり、これらの対する強制外交としての意味合いを考えると、演習ではなく作戦としての側面が強いともいわれる。どちらにしてもインドのドクトリンは、以後、この演習を基本に据えたものとなり（スンダルジー・ドクトリンとよばれる）、パキスタンもこれに対して攻勢的なドクトリンを形作った（リポスト・ドクトリンとよばれる）。また、この演習によって、パキスタンのシーク教徒の反乱支援に対するインドの強い意志を示すことができたと評価する意見もある一方で、[40] この演習が原因で、パキスタンが核の兵器化を加速したとするマイナス面を指摘する見方もある。[41]

⑲　スリランカ介入（一九八七〜九〇年）

スリランカでは、シンハラ人の政府によるタミル人の権利剝奪が続き、一九七六年ごろから、タミル人の独立運動が始まりつつあった。そして一九八三年にスリランカの首都で起きたタミル人虐殺後、武装蜂起となった。

国内にタミル人を多く抱えるインドは、当初地方政府レベルでこの武装勢力を支援していた。しかし、一九八三年以後は、中央政府の情報機関も加わって武器の供給や訓練を実施し始めた。さらに一九八七年スリランカ政府軍がタミル人支配地域に対する食糧や燃料の供給を停止すると、インド空軍による救援作戦を実施した。

このような状況の中で、スリランカ政府はインド政府と協議し、一九八七年七月に協定を締結し、スリランカ政府軍に代わって、インド軍がタミル人武装勢力の武装解除を実施することになった。ただ、この協定は締結当初から問題があった。決定は主に首相と外務省主導で進められ、タミル人武装勢力やインドの情報機関の意見は反映されなかった。この原因としては、首相の権力基盤を強化するためにインドに住むタミル人の支持獲得や、インド洋安全保障上重要であるスリランカ政府が、アメリカやイスラエルとの関係を強化していることへの対抗措置の必要性等、スリランカ北部のタミル人の人道的問題とは直接かかわらない様々な思惑があったためでもあるが、インドの政府機関同士の連携が不十分だったためでもある。結果として、当事者が十分納得していない協定となった。

協定締結から四八時間後にはインド軍が平和維持軍（ＩＰＫＦ）としてスリランカ北部に入り、タミル人武装勢力を武装解除することとなった。しかし、タミル人武装勢力の内、タミル・イーラム解放のトラ（ＬＴＴＥ）は武装解除に激しく抵抗した。ＬＴＴＥのテロは激化し始め、一〇月にＩＰＫＦはＬＴＴＥ武装解除のための本格的な戦闘に突入した。しかし、インドで訓練を受けたＬＴＴＥは自動小銃や地雷等の使用法にたけており、インド陸軍は戦車、装甲車、重砲等を急速に増強し、海軍は港湾の封鎖や砲撃支援を実施、空軍は戦闘ヘリを投入して空爆する等、大規模な戦闘を展開せざるを得なくなった。その結果、当初六〇〇〇名派遣されていた兵力は、一九八八年一一月には六万名に達し、軍の兵站能力だけでなく、国営民間航空も動員した大規模な輸送によってその兵力を維持することになった。これは当初インドが想定した規模をはるかに上回るものであった。

スリランカでは新政権が誕生し、ＩＰＫＦに撤退を要請、同時にＬＴＴＥと交渉して武器を供給し始めた。その結果、一九八九年九月インド・スリランカ両政府は共同声明で撤退を表明、一九九〇年三月に撤退を完了した。その後、スリランカにインド軍を展開させることを決めた当時の首相ラジブ・ガンジーは、ＬＴＴＥの自爆テロで暗殺され、インドは屈辱的な敗北感を味わうことになった。

⑳　**モルディブ介入（一九八八年）**(42)

インド南部の独立国モルディブではアブドル・カユーム大統領が政権をとっていたが、一九八〇年、一九八三年と二度のクーデター騒ぎがあった。そのモルディブに一九八八年一一月二日夜、スリランカで内戦を戦う組織の一つタミル・イーラム人民解放機構（ＰＬＯＴＥ）のメンバー一五〇名から二〇〇名程度が上陸し、クーデターに着手した。このクーデターでは、カユーム大統領は難を逃れ、国際空港もモルディブ治安部隊の手に残ったままだった。そのため、モルディブはまず、スリランカ、次にアメリカ、三番目にインドに支援を要請し、その結果、アメリカが情報提供する中でインドが軍を派遣する格好となった。

三日、インドは増強された空挺一個大隊を国際空港に空輸して大統領を救出するとともに、哨戒機一機とフリゲート艦二隻も派遣した（「カクタス作戦」）。犯人側は、船で、モルディブの文部大臣を含む多数の人質とともに逃げたが、アメリカの情報支援の下、インド海軍の二隻の艦艇と一機の哨戒機が追いついた。交渉が行われ、犯人側はスリランカ首都への入港と国際チーム介入を求めたが、モルディブ政府もスリランカ政府も拒否した。交渉決裂により、インド軍艦艇は砲撃を開始、犯人側は砲撃停止を要求して人質一人を殺害したが、砲撃は継続され、犯人側の船はエンジンルームに火災が発生して停止し、六日犯人グループは降伏した。人質は解放され、犯人は逮捕、モルディブ当局に引き渡され、犯人が乗っとった船は七日転覆した。

㉑　ネパール経済制裁（一九八九～九〇年）(43)

ネパールは、インドと中国の間にあるが、インド側に平野で開けており、中国チベット自治区とは山岳で隔てられた国である。そのため、一九六七年までは、インドとネパールは道路で結ばれていたものの、ネパールと中国は全く道路でつながっていなかった。

インドとネパールは一九五〇年に平和友好条約を結んでおり、それに付随する文書の中で、ネパールがインドを通って武器を輸入する場合は、インド政府の同意を必要とすることとなっていた。さらに一九六五年にも同様の取り決めを行った（一九八九年まで存在そのものが秘匿されていた）。

ところが、一九六七年に中国とネパールの間で道路が完成、一九八八年六月にネパールは中国から武器・弾薬を輸入したため、六五年の取り決めをめぐってインドとネパールが争うこととなったのである。インド側の主張は、道路がすべてインドとつながっていた場合の「インドを経由する」の意味は、すべての武器取引についてインドと協議するというものであると主張したからである。そしてインドはネパールが中国からこれ以上武器を輸入しないよう要請し、ネパールはこれを断った。

ちょうどその時、インドとネパールの貿易に関する二つの条約の期限が迫っていた。インドはそれらの条約を延長せず、一九八九年三月、インド・ネパール間にある二一の貿易ルート、一五の通商ルートは二カ所を除いて閉鎖され、事実上経済制裁となった。このことについて国際的な批判もあったものの、インドは断固として決行した。

ネパールでは都市部を中心に石油製品等の物価が急上昇し、一九八九年後半には、ネパールのパンチャーヤット王政への批判が高まり、大規模な民主化運動へ発展した。この運動は拡大の一途をたどり一九九〇年四月パンチャーヤット王政は崩壊し、暫定内閣が誕生することになった。

暫定内閣の首相は六月にはインドを訪問、非公式だった一九五〇年及び一九六五年の取り決めを公式な取り決めとして尊重し、両国の国防関連事項について事前に話し合うことを公式に確認するとともに、両国関係は一九八七年以前の状態に戻ることを確認した。二つの貿易条約についても一九九一年一二月に新たな条約を締結し、これに代わった。

この経済制裁は、スリランカ、モルディブへの派兵と並び、インドがその力を南アジア全域に誇示している一つの事例となったのである。

㉒ カシミール・インド管理地域における武装蜂起（一九八九年～）(44)

カシミール・インド管理地域において、本格的にテロ活動が起き始めたのは一九八九年からである。背景には、独立当初あったカシミールの特権が、徐々に奪われていく中で、一九八三年に行われたカシミール議会選挙における不正が明らかになり、住民の間に失望感が広がったことがある。結成されたジャム・カシミール解放戦線（ＪＫＬＦ）は、一九八八年ごろから爆弾テロを開始、特に一九八九年は前年の六倍に急増し、印内相の娘を誘拐し逮捕された主要メンバー五人の釈放を達成する等、活動は本格化した。

パキスタンは、この武装勢力の活動を政治的に支持するとともに、武器や訓練を通じて大規模な支援を開始した。だが、その支援の過程で、一九九五年ごろから、カシミールの独立を求めるＪＫＬＦよりも、パキスタンへの併合を求めるヒズブル・ムジャヒディン（ＨＭ）、ハルカト・ウル・ムジャヒディン（ＨｕＭ）を支援するようになり、さらに、アフガンでソ連軍を撤退させた経験をもつ外国人を中心としたジェイシェ・ムハマンド（ＪｅＭ）、ラシュカリ・タイバ（ＬｅＴ）等を支援するようになっていった。こうした活動の中心となる組織が入れ替わっていく中で武装闘争は過激化、協力しないイスラム教徒や州内のヒンドゥー教徒を殺害し、顔をだしている女性に酸をかける、といった過激な行動が目立つようになった。(45)

インド軍はこの問題に対し、軍及び警察軍における専門部隊を創設し、一九九三年から一九九四年の時期には、一五万人から四〇万人の規模で展開した。(46)また、パキスタン軍による越境砲撃に対しても報復した。(47)さらに印パ実効支配線にフェンスを設置してパトロールを行うようにした。

このような対策の効果もあり、過激化する武装勢力を住民が嫌うようになったこともあって、テロ活動は一九九七年には減少傾向となった。その後一九九九年のカルギル危機の最中に、その混乱に乗じて多数のテロリストの侵入があり、二〇〇一年まで多数の死傷者が出ていたが、二〇〇一年から二〇〇二年に起きた一二月一三日危機（後述㉖参照）の後、急速に減少傾向にある。(48) これは一二月一三日危機の過程でパキスタンが組織への支援を認め、取り締まりを約束したことや、この危機の後二〇〇三年には印パにおける停戦の成立が影響したこと、九・一一後アフガニスタンでアメリカが対タリバン作戦を展開しタリバンに打撃を与えたこと等の結果であると考えられる。(49)

㉓　一九九〇年危機（一九九〇年）(50)

カシミールのインド管理地域で、武装闘争が本格化して以来、パキスタンがこの武装闘争を支援していることに対して、インドはしばしばパキスタンに警告を発してきた。一方、パキスタンでは、インドがカシミールのインド支配地域において「正当な」武装闘争を取り締まっていることを非難していた。(51)

そんな中、一九九〇年四月、パキスタンは、インド側の軍事演習に対抗するためとして、パキスタン側で二つの機甲軍団を国境地域で攻撃準備させ、空軍も警戒態勢に入り、砲兵隊も国境地帯への前進を開始し、インド・パンジャブ州への攻撃準備ともとれる行動を開始した。(52) それに対し、インド側も空軍が警戒態勢に入ったほか、一部の機甲連隊と新型レーダーを国境地帯に配備した。この軍事行動は、五月は気温が高すぎること、六月から七月はモンスーンであることなどから秋まで戦争は起こり難い状況であったものの、両国は事実上の核保有国とみられており、世界的な警戒感を呼び起こす事態であった。(53)

一方で、両国は外交的接触を絶やしておらず、両軍はホットラインを通じて連絡を取り合っており、また、アメリカに対して軍の動きをよく知らせていた。また、アメリカは、印パ以上に核戦争の起きる可能性について懸念しており、そのため、アメリカは、両国への介入を強め、最終的にはロバート・ゲーツ米安全保障担当次席補佐官（後の米国防長官）を長とするチームを送り、説得に努めた。

こうしたアメリカの介入もあり、印パは両軍の動きが戦争に発展しないための信頼醸成措置で協議を開始、軍も通常の体制に戻った。その後一九九〇年危機を境とした信頼醸成措置は両国の核関連施設への攻撃の禁止とその施設のリストの交換[54]や、国境から一〇km以内の飛行禁止等が合意され[55]、進展した。

㉔ 印パ核実験（一九九八年）[56]

一九九八年五月一一日から一三日、インドは核実験を実施、これに引き続きパキスタンも核実験を実施した。インドの核実験は一九九五年にNPTが延長され、包括的核実験禁止条約（CTBT）の成立も現実味を帯びるにつれて加速し、一九九四年以降何度も試みられてきたものである。しかし、これまでは事前に発覚し、アメリカ等からの警告を受けて中止されていた[57]。

なお、一九九八年の核実験に際しパキスタンは、イスラエルがパキスタン核施設に対して先制攻撃することを検討していると国際社会に訴えた。

㉕ カルギル危機とパキスタン機撃墜事件（一九九九年）[58]

一九九九年印パ両国は、ラホール宣言等友好ムードにあったが、その最中カシミール・インド管理地域に五〇〇〇人近い武装勢力の侵入が確認された。当初状況がつかめなかったインド軍は何度かパトロール隊を出して全滅し、事の重大性を認識した。その結果、この武装勢力の中にパキスタンの正規軍が混じっている、ないしは全部が正規軍である可能性が浮上し、インドは空軍も導入して、本格的な軍事作戦を開始したのである。この戦争では、パキスタンは関与を否定していたが、越境砲撃や、インド空軍機の領空侵犯を理由とした撃墜等で武装勢力を積極的に支援していた。そのためインドは、カルギル地区での軍事作戦だけでなく、国境地帯での防備の強化、海軍によるパキスタン封鎖準備等も進め、大規模な軍事的圧力をかけ、アメリカもパキスタンへの圧力をかけ始めた。インド軍の作戦が進展し始め、武装勢力が追い込まれると、パキスタンは、武装勢力に撤退を呼び掛けることに同意し、武装勢力は撤退、一部地域で残った武装勢力掃討が終了した時点でこの危機は一応終了した。

しかし、この危機が終了してから約一カ月後、インドは、カッチ湿地でパキスタンの対潜哨戒機を領海侵犯を理由に撃墜した。撃墜した飛行機を取材するための報道陣を乗せたヘリコプターが現地に近づくと、今度はパキスタン側がミサイルを発射した。ミサイルは遠く外れたが、この撃墜事件は、カルギル危機の延長線上で起きていることから、抑止を目的とした報復的要素が指摘できるものであった。

結局、カルギル危機の後、パキスタンでは首相と陸軍参謀総長の対立が表面化、クーデターが起きる。カルギル危機はパキスタンの戦術的奇襲の成功で始まったといえるが、結局、戦略的にも戦術的にもパキスタン敗北の様相となった。

㉖　一二月一三日危機（二〇〇一～〇二年）[59]

二〇〇一年九月一一日の同時多発テロの後、アメリカのアフガン空爆が迫る中、二〇〇一年一〇月にカシミールの議会が襲撃されるテロ事件が発生し、さらに一二月一三日にはインド国会が襲撃されるというテロ事件が発生した。インド政府は、パキスタン政府に対し、取り締まりを行うとともに犯人五〇名の引き渡しを要求して、軍事行動（パラカラム作戦）に移り、七〇万近い兵力を印パ国境に集結させた。これに対し、パキスタンも軍を動員、二〇〇二年一月には開戦する直前までに至った。この時は、アフガニスタンでタリバン掃討作戦を進めるアメリカの仲介もあり、パキスタンが自国内のテロ組織の存在を認め、取り締まりを約したことでいったん緊張がとけた。その後も両軍は総勢一〇〇万近い兵力を国境に張り付けたままの状態であったが、二〇〇二年五月になって、カシミールのインド側管理地域で連続して軍人とその家族等を狙ったテロが発生し、再び緊張が高まった。しかもこの時には、両軍の準備が整っていたため、より大規模な戦争に発展し、核戦争への発展も危惧された。結局アメリカが再び仲介し、パキスタン側がさらなるテロ対策を行うことを約束しておさまった。インドは一〇月までいつでも攻撃できるよう体制を維持したが、その間事故で死者を出しただけでなく、途中にはパキスタン側から一部地域で限定攻撃も受け、軍事作戦そのものはあまり輝かしいものではなかった。ただ二〇〇二年以降、カシミールのインド管理地域でのテロ活動は徐々に沈静化していくことになった。

㉗ ムンバイ同時多発テロ危機（二〇〇八年）

インド国内では、主要都市を中心にこれまで多くのテロ活動があったが、一九九三年と二〇〇八年のムンバイにおけるテロは大規模なもので、パキスタンがテロ組織を支援していると考えたインドは、パキスタンへの報復攻撃を考えた。二〇〇八年一一月二六日ムンバイ同時多発テロが起きた際の計画については、詳細は定かではないものの、インド軍はパキスタン国内への空爆を検討し[60]、パキスタン空軍は全空軍の七五％を対印国境に集結させ[61]、パキスタン陸軍にも動きがみられた。結局、インドが爆撃を行うことはなかった。

㉘ 国連ＰＫＯ活動・海賊対策への参加[62]

インドは独立以来、大隊規模のグループ、工兵、医療チーム、軍事監視団、オブザーバーやスタッフの一部、ミッション全体のリーダーとして、朝鮮半島、カンボジア、シエラレオネ、ルワンダ、レバノン、エチオピア―エリトリア、コンゴ、スーダン、中央アフリカ、リベリア、モザンビーク、ソマリア、アンゴラ、ナミビア、ブルンジ、ゴラン高原、イラン、イエメン、イラク、クウェート、ボスニア・ヘルツェゴビナ、エルサルバトル、ハイチ等国連の四三のミッションに参加し、延べ人数は九万人を超える[63]。二〇一〇年時点で参加している活動についてはレバノン、コンゴ、ゴラン高原、リベリア、スーダン、コートジボアール、キプロス、東ティモール、ハイチの活動に計八九一九人が参加している[64]。このような国連ＰＫＯ活動においては、例えばコンゴで一九六一年一二月に行われたインド空軍による敵飛行場爆撃等に従事したことがあるが、ほとんどは戦闘任務ではない。国連平和維持活動に参加したインド軍兵士は二〇〇九年から二〇一一年五月までの三年だけで八人が死亡している[65]。また、二〇〇八年より海賊対策へも軍艦を派遣、撃沈した例もある。

二　インドの戦争の分析

前述のインドの軍事行動の中で、戦争とよべるものは何か、序章の定義に基づくと戦闘の有無、規模、対外的行動であるかどうかが判断基準となる。以下、それぞれ分析することとする。

(一) 戦争か否か——七つの戦争の抽出

① 戦闘を伴う

戦争は戦闘を伴うものである。上記の内、例えば一九七四年と一九九八年の核実験、一九七五年のシッキム併合や一九八九年のネパールに対する経済制裁は戦闘を含まないものである。また、一九八四年から一九八六年にパキスタンが、自国核施設がインドの攻撃を受けると何度も警告した事例、一九八六年から一九八七年のファルコン作戦とチェッカーボード演習、一九八七年のブラスタクス演習等の強制外交もまた戦闘を含まない事例である。また、一二月一三日危機の場合は、侵入したテロ組織による大規模テロが複数回あり、特に二〇〇一年一〇月のカシミール議会襲撃事件と一二月のインド国会襲撃事件、二〇〇二年五月の襲撃事件は、それぞれ大きなテロ事件である。また、七月から八月にかけてパキスタン軍が小規模な侵入事件を起こし、これを撃退した。この戦闘にはインド空軍の二機の戦闘爆撃機が参加した点では戦争らしい側面もあるが、一つの監視所をめぐる戦闘であり、小競り合い程度である。戦争に当たる戦闘として扱うべきものではない。つまり一二月一三日危機も戦争ではない。

また、平和維持軍は本来、戦闘を行うための投入ではない。特に、国連を中心とする活動は、若干の戦闘を伴っていたとしても、戦争の概念からは除外するべきである。しかし、インドとスリランカの合意に基づいて介入したスリランカの事例については、非常に大規模な戦闘となっており、明らかに戦争の一種類として捉えるのが妥当で

表１－１　インドの軍事行動における投入兵力一覧

名　称	陸	海	空	規模
ジューナガール併合	１個旅団			小
第一次印パ戦争	２個師団		戦闘機68，爆撃機２～３，輸送機120	大
ハイダラーバード併合	１個師団 ５個旅団		戦闘機16，輸送機（爆撃目的）２，偵察機数機	大
北東部の独立運動	４個師団		航空支援	大
ゴア併合	１個師団 １個特殊旅団	数隻	戦闘爆撃機部隊	小
印中戦争	３個師団	準備	偵察・空輸のみ	大
カッチ湿地国境紛争	２個旅団			小
第二次印パ戦争	12個師団		ほぼ全軍（700機保有）	大
ナチュラ事件 チョーラ事件	２個大隊 ２個大隊			小
毛沢東主義派の蜂起	主に警察軍 （陸軍は後方支援）		ヘリ20機 （偵察・輸送）	小
第三次印パ戦争	19個師団	空母１，巡駆フ21，潜４	約600機	大
シアチェン氷河国境紛争	計10000人以下		偵察・輸送	小
パンジャブ州独立運動	最大６～８個師団			大
スリランカ介入	５個師団相当	戦闘艦艇＋輸送艦	輸送機＋民間	大
モルディブ介入	１個大隊	フ２，哨戒機１	戦闘爆撃機２，輸送機３	小
カシミール・インド管理地域における武装蜂起	配備７個師団 RR５個師団			大
カルギル危機	２個師団規模 全軍準備	全軍準備	戦闘，他全軍準備	大

注：表記については，次ページ付属表及び同注を参照。
出典：筆者作成。

あろう。

②　規模が大きい

軍事作戦の規模は何から比較するべきか、という問題は、戦闘に投入される軍隊の規模からみるとわかりやすい。そこでまとめたのが表１－１である（なお表記については以下にある付属表参照）。

前述の二八の事例の中で戦争かそうでないかを判断する際に難しい判断を迫られる軍事行動として、第一次印パ戦争、ハイダラーバード介入、カルギル危機がある。この三つの軍事作戦は「戦争一

付属表　インド陸軍の規模の目安

名称	単位	人数	構成組織の目安	指揮官の階級	旧日本軍の場合（参考）
総軍	戦略単位	112万9900	インド陸軍全体	大将	広い正面を独立して作成 例：支那派遣総軍
方面軍	戦略単位	平時のインドには無い	2～3個野戦軍	平時のインドには無い	一方面を独立して作成 例：北支派遣軍 中支派遣軍
野戦軍（コマンド）	戦略単位	15～23万	2～3個軍団	中将	独立して数カ月作戦可能な補給能力がある
軍団	戦略単位	4～9万	2～3個師団	中将	戦闘だけを指揮する単位で補給能力が無い
師団	戦略単位	（戦闘要員）15000 （支援要員）8000	3個旅団	少将	独立して1～2カ月作戦可能な補給能力をもつ
旅団	戦略単位に含める場合もある	3000	3個大隊	准将	戦闘だけを指揮する単位で補給能力が無い
連隊	インドの歩兵部隊では維持管理単位で連隊区をもちリクルート等を行う。連隊長は軍人とは限らない。歩兵においては戦闘単位ではないが，戦車や砲兵は連隊編成である。				戦闘だけを指揮する単位で補給能力が無い
大隊	戦術単位	900	6個中隊	大佐，中佐	独立して1～2日作戦可能な補給能力がある
中隊	戦術単位	135	3個小隊	中佐，少佐	
小隊	戦術単位	35	3個分隊	少佐，大尉，中尉，少尉	
分隊	戦術単位	10	最小単位	下士官クラス	

注：インド軍の作戦レベルの編成は，表のような人数を基準として算定した。これは歩兵部隊を基準としており，例えば戦車・砲兵等ではより人数が少ない。ただ，これは定数であり，実際の人数は状況による。

インドの歩兵は，連隊単位（連隊区に区切り）で兵員の募集や維持管理を行い，その中で大隊を編成して戦闘部隊として各部隊に配属するシステムとなっている(66)。

2010年時点でインド陸軍には88人の中将と290人の少将がいる(67)。

RRとは，ラシュトリア・ライフルズというインド陸軍の編成した反乱対策専門部隊。

巡＝巡洋艦，駆＝駆逐艦，フ＝フリゲート艦。水上戦闘艦は排水量が大きい順に，戦艦，巡洋艦，駆逐艦，フリゲート艦，コルベット艦となり，それ以下は○○艦ではなく○○艇とよばれる。

インド海軍の水上戦闘艦1スコードロンは8隻で構成（例，フリゲート・スコードロン＝フリゲート艦8隻）。

空軍の飛行隊については，第一次印パ戦争時のテンペスト飛行隊は8機／1飛行隊，1971年には25機／1飛行隊（爆撃機は8機／1飛行隊），2010年時点では14機～21機／1飛行隊（戦闘爆撃機は18～21機／1飛行隊，18機の場合16機が実戦用で2機が訓練用(68)），ヘリは15機／1飛行隊である。

出典：筆者作成。

という表現を使って呼称されることがある一方で、そうでない場合もあるからである。前述の表1－1からわかることは、この三つの軍事行動では、どれも二個師団程度（一個軍団規模）の陸上兵力が投入されているという共通性がある。そこで本書では、この二個師団を一つの区切りとし、二個師団以上投入されている軍事行動は「規模が大きい」、二個師団以下の兵力しか投入されていない軍事行動を「規模が小さい」とする。

そのようにみてみると、ジューナガール併合、ゴア併合、カッチ湿地国境紛争、ナチュラ事件・チョーラ事件、シアチェン氷河国境紛争、モルディブ介入は、投入された陸上兵力が二個師団以下であるため、本書の戦争の定義には当てはまらない。

表1－2　戦争相手の独立の実態

名　称	戦争の相手	独立の実態
第一次印パ戦争	パキスタン	あり
ハイダラーバード併合	ハイダラーバード	あり
北東部の独立運動	北東部独立派	なし
印中戦争	中国	あり
第二次印パ戦争	パキスタン	あり
毛沢東主義派の蜂起	毛沢東主義派	なし
第三次印パ戦争	パキスタン	あり
パンジャブ州独立運動	パンジャブ独立派	なし
スリランカ介入	スリランカ	あり
カシミール・インド管理地域における武装蜂起	カシミール独立派，テロ組織	なし
カルギル危機	テロ組織，パキスタン	あり

出典：筆者作成。

③ 対外的

最後に対外的な軍事行動であるかという問題がある。対外的かどうかということを判断する最も難しい点は、敵をどのような相手と認めるかである。例えば、ハイダラーバード併合、インド北東部各種独立運動、パンジャブ州独立運動、インド管理地域における武装蜂起はみな共通して独立を求めた事例であるが、ハイダラーバード藩王国を除き、独立の実態がない。そう考えると対外的な軍事行動として考えられるのは、ハイダラーバード併合だけである。

そのような観点から、戦争相手とその独立の実態をまとめたのが表1－2である。

図1－2　インドの28の軍事行動の分類

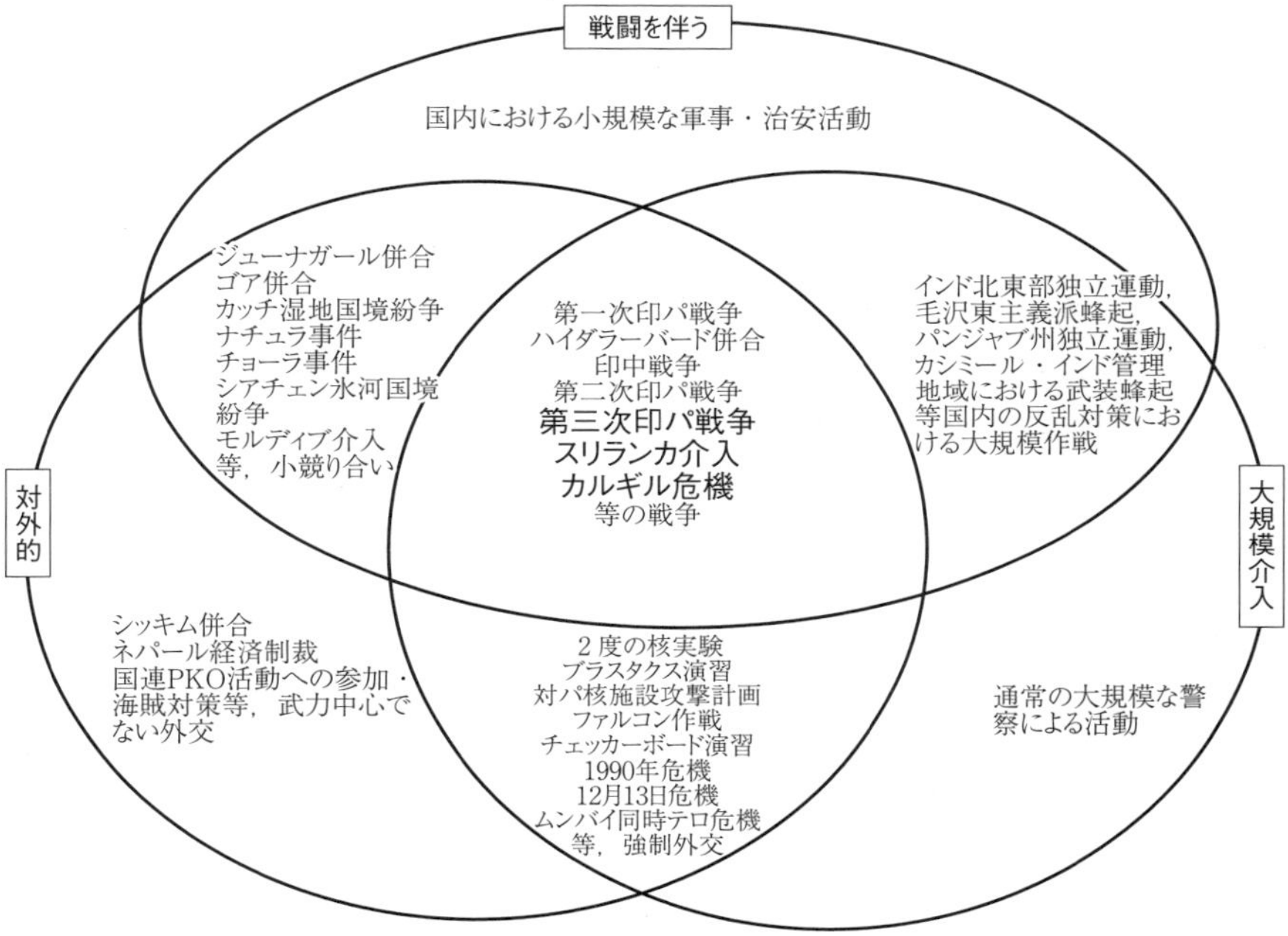

出典：筆者作成。

この表からは、インド北東部独立運動、毛沢東主義派の武装蜂起、パンジャブ州独立運動、インド管理地域における武装蜂起の四つは本書の定義する戦争には含まれない。

④　インドの七つの戦争

前述の三つの定義から、インドの戦争を区分けした結果をまとめたものが図1－2である。つまり本書の区分では、インドは独立後、第一次印パ戦争、ハイダラーバード併合、印中戦争、第二次印パ戦争、第三次印パ戦争、スリランカ介入、カルギル危機の計七回戦争を実施したことになる。

(二)　戦争の性質はいつ変化したか
――古典的な戦争から非対称戦へ

さて、次に問題となるのは、戦争の性質の変化である。序章で戦争を古典的な戦争と非対称戦の二つに分けたが、その定義は単純で、強いインドと強い敵との間でおきる戦争から圧倒的に強いインドと弱い敵との戦いに変化することであり、強いか弱いかは軍事力や経済力といったハードパワーで決める。

独立後インドの戦史をみてみると、一九四七年のインド独立時、インドはすでに巨大だったのであるが、実際には、ジューナガール、カシミール、ハイダラーバード、インド北東部で独立運動を抱えており、分裂した国家の寄せ集め状態であった。そのためインドという一つの国家にまとめることが難しい状況からスタートしており、一九四八年のハイダラーバード併合時のインドはそれほど強力な国家とはいえないだろう。しかもハイダラーバードは、一定程度の軍事力を保持していたから[69]、ここからいえることは、この戦争は、どちらかというと古典的な戦争の様相が強いことである。

第一次印パ戦争、印中戦争、第二次印パ戦争、第三次印パ戦争についていえば、一九六二年のインドと中国では、中国が面積二・九倍（印三二八万七二六三㎢：中九五九万六九六一㎢）、人口で一・五倍（印四億五四〇〇万人：中六億六五七七万人）[70]、国内総生産（GDP）はほぼ同じで（印三四四二億四〇〇万米ドル：中三六六四億六五〇〇万米ドル）[71]、中国の方が少し大きい程度、ほぼ対称的な力関係といえる。

一方、一九四七年、一九六五年、一九七一年のインドはパキスタンに比べ、面積で三・五倍、人口で四倍、GDPで四～五倍であり、国防費の米ドル換算では二・三倍（一九七一年）になっている。しかし、この差も圧倒的とはいえない。序章で議論した通り、面積、人口、GDPの二項目以上で五倍以上の差が無い。また、東西に分かれたパキスタンは、インドの兵力を東と西に分断することが可能であり、しかも東パキスタンはインド北東部とインドの本土を分断する有利な位置にあった。それゆえ、パキスタン側には一定程度の勝算があり、インドに対して、正面から対決する戦略を模索していたものと思われる。印パ間には一定程度のバランスがある状態といえる。

しかし一九七一年一二月の第三次印パ戦争において東パキスタンがバングラデシュとして独立したため、パキスタンの国力は大きく低下した。面積の減少はそれほど大きくなかったものの、人口の半分以上を失い、GDPの差も大きくなり、ともに五倍以上差が開いている（表1－3）。国防費の米ドル換算も一九七一年の二・三倍から四・

表１－３　インド・パキスタンの面積，人口，GDP 推移

<table>
<tr><td></td><td>面積（km²）</td><td colspan="2">人口（×1000人）</td><td colspan="2">GDP（×100万ドル）</td></tr>
<tr><td></td><td>インド・パキスタン</td><td>インド</td><td>パキスタン</td><td>インド</td><td>パキスタン</td></tr>
<tr><td>1950年</td><td rowspan="8">インド
328万7590
パキスタン
94万7940
3.5：1</td><td>35万9000</td><td>8万5094</td><td>22万2222</td><td>4万9994</td></tr>
<tr><td>比</td><td colspan="2">4.2：1</td><td colspan="2">4.4：1</td></tr>
<tr><td>1962年</td><td>45万4000</td><td>10万9904</td><td>34万4204</td><td>6万8369</td></tr>
<tr><td>比</td><td colspan="2">4.1：1</td><td colspan="2">5：1</td></tr>
<tr><td>1965年</td><td>48万5000</td><td>11万7779</td><td>37万3814</td><td>8万954</td></tr>
<tr><td>比</td><td colspan="2">4.1：1</td><td colspan="2">4.6：1</td></tr>
<tr><td>1971年</td><td>55万4000</td><td>13万6641</td><td>47万4338</td><td>10万3376</td></tr>
<tr><td>比</td><td colspan="2">4：1</td><td colspan="2">4.6：1</td></tr>
<tr><td>1972年</td><td rowspan="6">インド
328万7590
パキスタン
80万3940
4：1</td><td>56万7000</td><td>6万9326</td><td>49万4832</td><td>6万7828</td></tr>
<tr><td>比</td><td colspan="2">8.2：1</td><td colspan="2">7.3：1</td></tr>
<tr><td>1987年</td><td>78万8000</td><td>10万5208</td><td>88万6154</td><td>15万5994</td></tr>
<tr><td>比</td><td colspan="2">7.5：1</td><td colspan="2">5.7：1</td></tr>
<tr><td>1999年</td><td>98万6477</td><td>14万2520</td><td>181万9937</td><td>25万6929</td></tr>
<tr><td>比</td><td colspan="2">6.9：1</td><td colspan="2">7：1</td></tr>
</table>

出典：人口，GDP については，本章注(70)に同じ。それをもとに筆者作成。

五倍と差が開いた[72]。第三次印パ戦争以後、パキスタンの戦略も通常戦力による防衛だけでなく、核兵器の開発や、反乱支援といった戦略に力点を置いたものに変化していく。このような環境の中で起きたカルギル危機（一九九九年）は、同じ印パ間の戦争とはいっても過去とは違う圧倒的な力の差のある関係の中で生起したといえる。

第三次印パ戦争以後二〇一一年まで、インドは米ドル換算で、南アジア諸国の国防費の合計の七〜八割近くを占める状態が続いており、インドとパキスタン以外の南アジアの諸国・勢力、例えばインドとスリランカの武装勢力間でも圧倒的な力の差がある。このような状況から、インドの七つの戦争の内、少なくとも五つは古典的な戦争とみてよいが、第三次印パ戦争を境にその状態が変わり、スリランカ介入とカルギル危機については戦争当事者の力の差が圧倒的に開いた、非対称戦であるといえる。

三　事例に適した三つの戦争

以上の経緯から、インドの二八の軍事行動の内、戦闘を伴い、規模の大きな、対外的な軍事作戦が行われた戦争とよんでもよいものは七つあり、その内、最初の五つは、戦争当事者間の面積、人口、ＧＤＰの差が五倍以内であるため古典的な戦争であるが、後の二つは差が五倍以上に開いたため非対称戦といえる。つまり本書の課題である、古典的な戦争から非対称戦に移行する際の戦略の変化を説明する際には、インドにとって最後の古典的な戦争である第三次印パ戦争、最初の非対称戦であるスリランカ介入、次の非対称戦であるカルギル危機の三つが適している。第二章から第四章ではこれら三つの戦争の事実関係を整理する。

第二章　第三次印パ戦争——印パ間の古典的な戦争

第三次印パ戦争は、インドの戦略の変化を考える上で大きな転換点に当たる戦争である。インドは一九六二年の印中戦争に敗れて以降、軍事力の重要性を再認識して軍備の増強を行っていったが、まだ南アジアで圧倒的な大国とはいえない状況にあった。そのため、パキスタンはインドにとって脅威であった。しかも一九六五年の第二次印パ戦争以来パキスタンと中国の関係は強化されており、インドは地形上も国防上の問題を抱えていた。第三次印パ戦争はそのような中で起こったため、強いもの同士が戦う古典的な戦争になった。そして第三次印パ戦争に勝利した結果、南アジアにおいてインドに対抗できる国はなくなり、圧倒的な大国となったのである。

以下、第三次印パ戦争の経緯を、戦争の起源、軍事的動向、外交的動向と分けて経過を示す。

一　戦争の起源

①　東パキスタン内戦へ

第三次印パ戦争の背景には、そもそも東西パキスタンの対立がある。一九四七年に印パ分離独立した際に、パキスタンは地理的に東西に分かれた。その後、政治の中心は一貫して西パキスタンにあった。その結果としてパキスタンの政治的な利益や経済的な利益が西パキスタンに集中し、東パキスタンは不満を抱えていた。この不満は一九

表２－１　東パキスタンからインドに入国した難民推定数推移（1971年）

	難民推定数
４月24日	54万人
５月半ば	261～400万人（330キャンプ〔５月終わりの時点で，人口150万人のトリプラ州だけで90万人いたと考えられる〕）
６月８日	470万人
７月半ば	676～690万人（1,000キャンプ）
９月１日	800万人（１日平均10万人，少なくとも２～３万人以上）
10月23日	930万人

出典：Richard Sisson and Leo E. Rose, *War and Secession: Pakistan India and the Creation of Bangladesh*（University of California Press, 1990）; Anuj Dhar, *CIA's Eye on South Asia*（New Delhi : Manas, 2009）; 陸戦学会戦史部会編『現代戦争史概説　下巻』（陸戦学会，1982年）81～120ページ参照。

六五年の第二次印パ戦争の過大な軍事的負担により表面化し、東パキスタンは自治要求を強めていた。

このような東パキスタンの動きは一九六六年ダッカにおける大規模な自治要求を掲げたゼネストとなり、国政は不安定化する。そのため、一九六九年三月のクーデターで政権に就いたヤヒア・カーン新大統領は、一八カ月以内の総選挙実施を約束して事態の収拾を図った。

その総選挙は一九七〇年一二月に実施された。東西パキスタンは、面積において西が東より広い一方で、人口においては、東が西を上回る。そのため、この総選挙において東パキスタンの自治を掲げるアワミ・リーグが三〇〇議席中一六〇議席を獲得、第一党となり、西パキスタンを基盤とするパキスタン人民党は、八一議席獲得の第二党となった。この結果からは、アワミ・リーグが議会の主導権を握るはずであるが、パキスタン人民党は「一部地域に集中した多数派」として批判し、両者の対立で国政はより混乱した状態となった。

このような民政の混乱した状態は、いったんは合意に達したものの、すぐ多くの問題に直面することになり、軍事政権、パキスタン人民党、アワミ・リーグの間での不信感は高まっていった。そして一九七一年三月二六日、東パキスタン自治要求運動を抑えるための軍事作戦が始まる。[1]軍事作戦開始と同時に、アワミ・リーグの指導部は素早くインドに逃走、大規模な独立闘争を開始することになる。

②　難民の大量発生

一九七一年三月二六日に始まった軍事作戦は、まず、ダッカ、次にチッタゴン、コミラ、ジェソールの主要都市で行われ、三日間で一五〇〇名の死者を出した。その結果多くの難民がインドに流入した（表2－1）。

当初難民の主体は、内戦で追われたパキスタンの政府関係者や一般の市民であったが、急速に難民の構成が変化し、東パキスタン少数派のヒンドゥー教徒が多くなった。これは、パキスタン政府が、イスラム教徒同士の争いをイスラムとヒンドゥーの争いに転化するために、東パキスタンに住む少数派のヒンドゥー教徒を攻撃し、一部ムスリムがこれを支援した結果によるものとみられ、[2]五月半ばには、難民の八〇％が東パキスタンに住むヒンドゥー教徒であることがわかった。インディラ・ガンジー首相自身も訪問して難民問題の状況を正確に認識するよう努めたが、すでに地元民より多い数の難民が流入している状態であった。この時点で三三〇の難民キャンプが設立され、四〇〇万人の難民がおり、一日六万人が流入し続けているとの報告がインド下院でなされている。[3]そして東パキスタンにヒンドゥー教徒は、一二〇〇万人から一三〇〇万人いるとみられ、近い将来、このすべてがインドに流入すると推測された。

二　軍事的動向

（一）戦　前

インドは、北はヒマラヤ山脈があり、南は海に囲まれている亜大陸（subcontinent）とよばれる地域に存在する。そのため、アレキサンダー大王をはじめ多くの侵略者はみなアフガニスタンとパキスタンの国境にあるカイバー峠を通って侵入してきた。しかし一九四七年に独立した際、カイバー峠はパキスタンとアフガニスタンとの国境になり、インドとは直接接しなくなった。

一九四七年にインドが独立した直後の安全保障上の問題は、亜大陸英領インドを世俗主義の統一国家にしようとするインドの考え方と、ムスリムの国を掲げるパキスタン（東パキスタンと西パキスタン）に分裂した経緯から、国家の統合をいかに進めるかといった問題でスタートした。ジューナガール、カシミール、ハイダラーバード、インド北東部、ゴアの各軍事作戦は、そのような経緯のもと進められてきた。そのため、インド軍の任務は反乱対策に近いものが多く、国家に対する大規模軍事作戦能力は、次第に軽視される傾向にあったといえる。

しかし、一九六二年の中国との国境紛争と敗北は、インド軍の戦略の大転換をもたらした。この戦争は、第一に亜大陸の外との戦いであり、第二にカイバー峠以外の戦いであり、第三に大規模な正規戦であった。この年を境に国防予算は約五〇％、次の年度では約七二％伸び、インドは急速に軍備を増強するに至った。

この動きに危機感を覚えたのがパキスタンである。パキスタンはインドの急速な軍備増強によって南アジアの軍事バランスが崩れないうちに、自らの優位を証明しようとした。パキスタンが一九六五年カッチ湿地での紛争を起こし、その後第二次印パ戦争に至る過程の背景にはこのような軍事バランスの変化がある。ところがこの戦争は、印パ両軍の軍事的能力の未熟さを露呈する戦争となり、勝負がつかないまま終わった。

インドはまだ貧困の国であり、経済的な事情から一九六六年から一九七一年までの間でも国家予算の三・五％程度しか国防予算にかけることはできなかったが、一九七一年の印パ戦争は、徐々に増強されてきたインドの軍事力構築の集大成となってゆくのである。

以下、序章の長期的な軍事動向の項目別に戦前の状況をみる。

① 陸軍動向

一九六二年以後、インドの陸上国境の防衛において重点となっている正面は少なくとも二つある。一つは、カシミールから西パキスタン国境地域で、パキスタンとの国境がある西側と、中国との国境がある北東側の両方を守らなくてはならない。もう一つはインド北東部で、東パキスタンとの国境全域がある南側、中国との国境がある北側がある。印中国境は、地形上、比較的平坦な中国側は軍を移動させやすいのに対し、インド側は山を登って兵力を増強しなければならないという点でも不利である上、特にインドの本体部とインド北東部をつなぐ細い部分は防衛上の弱点となっており、その北にあるシッキム藩王国、ブータンにも軍を駐留させて防衛している状態にあった。しかも、インド北東部においては、独立派の武装組織が活動しており、一九六七年以後インド東部の西ベンガル州等を中心に毛沢東主義派の活動も活発で、インドにとって非常に不安の多い地域となっていた。

これらの問題に対処するためインド陸軍は一九六二年印中国境紛争以後、一〇個師団の山岳師団を創設した（山岳師団は通常の歩兵師団から対戦車火力をへらし、かわりに山岳部における活動に適した装備を保有したもの）。そのため、一九七一年には機甲師団一個師団、歩兵師団一三個師団、山岳師団一〇個師団となり、かなり大規模な増強を受けたといえる。

インド陸軍の戦略は、第二次世界大戦で発達した拠点防御（positional defence warfare）を中心としたものであったが、一九六五年の印パ戦争の後、新しく装甲兵員輸送車が配備され、戦車と共同して使用する体制を整えていた。(4)これは、戦車と装甲車に乗った歩兵が連携できることを意味しているため、一九七一年のインド陸軍は従来の拠点防衛だけでなく、機動力を生かした攻勢・防勢作戦を行う一定の能力を保有するようになっていた。

②　海軍動向

一般的な海軍の目的が敵海上戦力の撃破、シーレーン（海上交通）防衛、国土の防衛であるとすると独立直後のインドにとって、国土を防衛するために撃破しなければならない敵海上戦力はパキスタン海軍ということになろうが、独立当初のパキスタン海軍は小規模で、インド本土を直接的に攻撃する能力も低かった。そのため、インド海軍が自らの目的をみつけるとすれば必然的にシーレーン防衛に着目することになったと考えられる。特に経済が発展すれば、インドは三方を海に囲まれているため、シーレーンを守るための外洋海軍が必要となることは容易に予想できることであった。そのため印中戦争後の一九六四年、政府が認可した海軍は、航空母艦二隻、駆逐艦・フリゲート艦二八隻、潜水艦二四隻、計五四隻というものであった(5)。しかし、当時は中国の脅威に対抗する関係上、陸軍と空軍の増強には予算が多く振り向けられたが、海軍の増強はそれほど進まなかった。

そして一九六五年に第二次印パ戦争が起きると、インド海軍の能力不足は露呈してしまった。この戦争においてインドはパキスタン海軍による襲撃があったにもかかわらず、海軍を実戦投入しなかった。その原因はインド政府が戦争のエスカレーションを恐れたこともあるが、空母が整備中である等、海軍の準備が十分整っていなかったことも一因であった。また、戦争中インドネシアのスカルノ大統領がパキスタンを支援するために、ソ連から一〇億ドルの艦艇を購入してインドのアンダマン・ニコバル諸島を占領しようと主張し、実際同年六月にアンダマン・ニコバル諸島周辺で活動を活発化させたこと、そして一九六八年にイギリスが「一九七一年までにイギリス軍を極東、ペルシャ湾から完全に撤退させる」と宣言したことも、インドの海軍力増強の必要性を喚起した。

そのため第二次印パ戦争以後インドは海軍を敵海上戦力の撃破や国土の防衛という面から、徐々に重視し始めた。海軍力増強の活発なロビー活動が行われ、一九六五年九月にインドはソ連から大規模に艦艇を輸入する契約を結び、一九六八年、インド海軍参謀総長は初めて提督クラスと認められて陸海空軍が同格に扱われる体制となり、東西二個艦隊の態勢が整えられた。このような努力の結果一九七一年には、パキスタン海軍を大きく上回る海軍力を保持するに至った。

しかし、依然としてインドの経済力は低いため守るべきシーレーンの重要性も低く、インドの国防大臣スワラン・シンは外洋海軍創設に反対していた。まだ強力な海軍力の建設の動きとしてはあまり強いものではなかった。

③　空軍動向

空軍の任務に、敵の航空基地を爆撃する攻勢的防空、敵の航空機を空中で迎撃する防勢的防空、地上部隊に近いところで戦術目標を爆撃して支援する近接航空支援（海上も含む）、敵地上部隊の後方の戦術目標を爆撃する航空阻止、より戦略的な目標を爆撃する戦略爆撃（戦略的な目標には敵飛行場が含まれるため、その場合、攻勢的防空に当たるが、その他の重要目標、例えば橋、工場等を爆撃する場合を含む任務を指す）、陸上部隊や物資の航空輸送、航空偵察があるとすると、インドは独立当初から攻勢的防空、近接航空支援、航空阻止、航空偵察等の陸軍との連携による攻勢作戦を重視する英空軍の強い影響を受けていた(6)。また、第二次世界大戦時の経緯から高い航空輸送力も保有していたが、攻勢的防空や戦略爆撃を行う装備を保有していなかった。

その後、第一次印パ戦争において、敵部隊集結地に対する爆撃能力の不足が露呈し、長距離飛行できる爆撃機の配備に関心を示し、独立後、第二次世界大戦で使われた米空軍のＢ二四重爆撃機四〇機を部隊配備し(7)、その後イギリス製のキャンベラ爆撃機六〇機も配備し、その結果として攻勢的防空任務や戦略爆撃任務を実施するための装備を取得することになった(8)。

こうしてインド空軍は一応すべての任務を遂行し得る装備を取得したことになるが、実際には、第一次印パ戦争やハイダラーバード併合等においては強力な敵空軍に遭遇せず、主な活動は敵地上部隊に対する戦術目的の爆撃、航空輸送や航空偵察であった。また、一九六二年の中国との国境紛争の際はエスカレーションを恐れて空軍が投入されなかったため、インド空軍の活動は主に航空輸送や航空偵察に限定されていた。その結果、インド空軍にとって一九六五年の第二次印パ戦争は、独立後初の近代的な航空戦となった。

その第二次印パ戦争は大きな教訓を残した。一つ目は、防空任務に関する教訓で、敵の強固な空軍基地を爆撃しても ほとんど成果を上げることができず、他の戦略爆撃もほとんど実施できなかったことである(9)。そのため、戦後インド空軍は転換を進め、攻勢的防空や戦略爆撃の能力向上の必要性を痛感するだけでなく(10)、空中戦による防勢的

図2－1　1963〜1971年のインド空軍兵員数推移

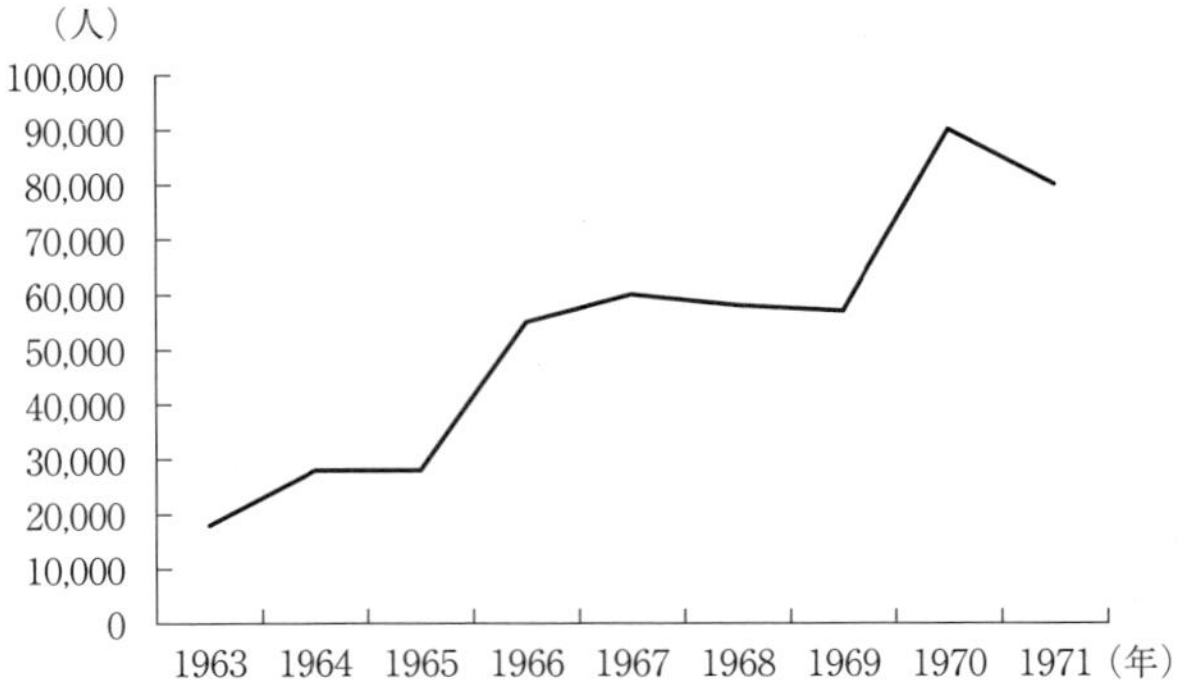

出典：*The International Institute for Strategic Studies, The Military Balance* (London : IISS)（各年版）をもとに作成。

防空をより重視するようになった。一九六九年に当時のインド空軍参謀長プラタップ・チャンドラ・ラル元帥によって任務の優先順位は明白に定められ、防勢的防空は最重要任務となり、次に攻勢的防空、三番目に陸海軍への近接航空支援・航空阻止、その次が航空輸送となった(11)。

二つ目は前述三番目の任務である陸軍支援についての教訓であるが、第二次印パ戦争では近接航空支援・航空阻止について誤爆ばかりが目立った(12)。そのため、インド空軍は近接航空支援・航空阻止により重点をおいて改革に取り組むようになった(13)。そして、この任務を遂行するため、インド空軍は、陸軍の軍団司令部に戦術航空（統制）所（Tactical Air Centre）をおき、前線には前線航空管制官をおいて近接航空支援・航空阻止を行うようになったことで、より効率的な爆撃を行えるようにした。また、陸軍を支援する際にも使用する前進基地の整備も行った。このような近接航空支援・航空阻止に重点をおいた改革は、防勢的防空の重視と相まって、インドが戦争の帰趨を決定づける要素として、陸軍による打撃を重視し、空軍はその支援に当たる体制を整えることになった(14)。

三つ目は補給面の教訓である。一九六五年の第二次印パ戦争では、印パ両空軍による空中戦によって大量に弾薬を消耗し、その輸送体制の不備から、途中から十分な作戦を遂行できなくなってしまった。

インド空軍は、第二次印パ戦争以後、航空機数の増加（戦闘用航空機は一九六〇年代半ばまでの五〇〇機程度から一九六九年以降六二五機へ増加）以上に人的増加を行ったが、これは、戦闘機一機当たり、それを支援する人間が多いことを意味しているため、整備や補給面の改善につながったものと考えられる[15]（図2－1参照）。

さらに、空軍基地に対する爆撃に対応するためのシェルターの設置や防空網の構築、訓練施設の内陸への移転、低空からの敵機の侵入に備えた、目視による上空監視網の整備等にも力を入れた。

このようなインド空軍のドクトリンを実現するためにインド空軍は創設以来増強を続けた（図2－1）。インド空軍は英領インドで創設され、一九四七年の独立時に印パで分割されたが、一九四七年の飛行隊数は七飛行隊（戦闘爆撃機六飛行隊、輸送機一飛行隊）にすぎなかった。その後、インド空軍の整備目標は上がり、一九四九年には計二〇飛行隊、一九五九年には二三飛行隊、一九六一年には三三飛行隊、印中戦争前後には四五飛行隊の創設を認めた。また当時、必要数の換算としては六四飛行隊（戦闘爆撃機四五飛行隊、戦略爆撃機一飛行隊、戦略偵察機一飛行隊、海上哨戒機一飛行隊、輸送機一二飛行隊を含む計六四飛行隊）が必要だと考えるようになっていた。しかし、実際の飛行隊数は目標を大幅に下回っていた。当初の七飛行隊から一〇飛行隊、一五飛行隊（戦闘爆撃機一二飛行隊、輸送機三飛行隊）と拡大し、印中戦争が起きた一九六二年の終わりには三六飛行隊（戦闘爆撃機及び戦闘偵察機等二六飛行隊、輸送機一〇飛行隊）になったが、まだ目標数には遠かった。第三次印パ戦争直前のインド空軍はこうした拡大の結果、初めて四五飛行隊という目標数を超えて空軍力を保有したところであった（戦闘爆撃機三五飛行隊、戦略偵察一飛行隊、海上哨戒機一飛行隊、輸送機一三飛行隊[16]）。

④　**軍備の国産化動向**

インドは独立当初から外交面の独立を考慮にいれ、兵器の国産化に強い意欲を示してきた。そしてもし国産化できなければ、兵器に依存しないよう兵器の供給先を多様化するというものであった。軍は、このような国産化よりも性能の高い兵器の導入を望んでいたが、特に一九五七年にV・K・クリシャナ・メノン国防相が就任すると、インドは政府主導でこの国産化政策を進めた。[17]

しかし、この時期のインドは、兵器の国産化の意志はもっているものの、まだ技術レベルが低い上に貧しく、開発に十分な技術と予算を投入できなかったといえる。国産戦闘爆撃機マルートの開発は、第二次世界大戦の敗戦国ドイツから科学者をよんで開発したものであるが、世界の最新機種とは能力的に太刀打ちできなかったため、空中戦闘を避け、主に爆撃任務につけざるを得なかった。

そのため、外国が開発したものを自国で生産できるよう努力し、イギリスやソ連からの技術導入により、戦車、艦艇、戦闘機のライセンス生産による国産化を目指していた。以下の表2－2、2－3はこの時期のインドの兵器の国産化を示しているが、例えばミグ二一戦闘機のライセンス生産の場合、約六〇％の部品を国産、残り四〇％をソ連から輸入する形になりつつあった。[18]

ただ、この時期の中国がミグ一九戦闘爆撃機を完全に国産してパキスタンに輸出していたのと比べても、インドの国産化のレベルは低かったといえる。その原因の一つとして考えられるのは、インドが頻繁に実戦を経験していたためかもしれない。国産化のための技術開発を進めるには、技術レベルが十分育つまでの間、若干性能は劣るとしても国産化を重視した戦闘機を開発・生産・配備する（例えば上記マルートを大量配備する）といった、技術開発における余裕が必要となる場合があるが、インドは頻繁に実戦を経験しており、その余裕をもち難かった。[19] しかも、その実戦も近代兵器を必要としない不正規戦が多く、近代兵器を独自に開発し配備する誘因になり難かったのだと考えられる。

⑤　核戦力動向

インドは英領インド時代の一九四五年に設立されたタタ基礎研究所以来、原子力研究をしており、一九四六年にボンベイで行われたジャワハルラル・ネルー首相の演説では、原子力の平和利用と、万が一脅威にさらされた時の核兵器保有への意志を示していた。そのため、一九四八年にインド原子力委員会設置法でも情報管理を厳しくして

表２－２　1950～1971年開始とみられるインドの国産兵器開発プログラム

種別	名称	2010年までの状態
火砲（山砲）	Mk.I（75mm）	1990年退役
火砲（野戦砲）	105mm	1972年配備開始
戦闘爆撃機	マルート	1964年配備，1985年退役
練習機	HT 2	1953年配備，1990年退役
練習機 /COIN 機	キラン	1964年配備開始

注：山砲とは山岳で使用するのに適した火砲。主に軽量で分解できる等の特性をもつ。
　野戦砲とは主に平地で使用するのに適した火砲。
　COIN 機とは反乱対策（counterinsurgency）用の航空機で軽爆撃機。
出典：筆者作成。

表２－３　1950～1971年のインドの主要正面装備品ライセンス生産一覧

種別	名称	数	生産年度	開発国	国産化の度合い
戦闘爆撃機	ヴァンパイア	333	1950契約 1950～1959	イギリス	281機をインドで生産
戦闘機	ナット	237	1956契約 1957～1975	イギリス	ほとんどインドで生産
戦　車	ヴィジャヤンタ	2277	1961契約 1965～1987	イギリス	90両はアッセンブリー，残りはライセンス生産
ヘリコプター	SA316B	330	1962契約 1963～2003	フランス	35機はアッセンブリー，残りはライセンス生産，部品の一部をフランスに輸出
戦闘爆撃機	ミグ21	256	1962契約 1964～1973	ソ連	全部品の60％程度国産，40％輸入
水上戦闘艦	リアンダー級フリゲート艦	6	1964契約 1972～1981に就役	イギリス	イギリスがインドで建造するプログラムで，技術移転を伴う
ヘリコプター	SA315B	270	1968，1971契約 1973～2005	フランス	一部アッセンブリー，ほとんどインドで生産

注：「アッセンブリー（組み立て）」「ライセンス生産」「国産」は国産化の度合いを示す用語。ほとんどすべての部品を輸入して組み立てると「アッセンブリー」。ライセンス権を購入して国産すると「ライセンス生産」。自ら開発・生産すると「国産」になる。
出典：Stockholm International Peace Research Institute のデータベース（http://www.sipri.org/databases）及びその他の資料よりまとめたもの。

おり、核兵器開発を想定した体制になっていた。ただ、このようなインドの原子力の平和利用を主軸とする政策が核保有への動きとなったのは、一九六二年の中国との国境紛争における敗北と、一九六四年の中国の核実験であった。この時、インドはアメリカやソ連、イギリスに対し核の傘の提供を求めたが、断られ、独自開発を開始した。インドは、一九五〇年代の米アイゼンハワー政権の原子力の平和利用推進で核拡散を防ぐための構想を利用してアメリカで教育を受けた一三〇〇人もの核技術者がおり、「一八カ月以内に核実験ができる」と主張するホーミ・J・バーバー博士のネットワークもあったため、一九六六年には純度九三％以上の兵器級プルトニウム精製技術を完成させた。同じ年、バーバー博士は飛行機事故で他界し、インドの核兵器開発は遅れを生じることとなったものの、着実に前進していたといえる。

このようなインドの核兵器開発の推進力は、国民の強い支持であった。一九六六年から一九七〇年のインドにおける世論調査では七三％がインドの核兵器開発に賛成しており、一九七一年の世論調査では八〇％が核開発のための寄付や税金の徴収に応じると答えている[20]。そのため、核拡散防止条約（ＮＰＴ）の協議が始まり、インドの「核のアパルトヘイト」として批判にもかかわらず、一九七〇年三月には発効することになったが、インドの核兵器開発を止める力にはならなかった。

ただ、インドの核政策は平和利用を基本として万が一必要な際は核兵器を製造するというオプション・オープン政策を採用しており、第三次印パ戦争前はまだ核実験には至っていなかった。

第三次印パ戦争はこのような長期的な軍事動向上の背景をもって始まるのである。

(二) 軍事作戦準備

一九七一年一二月の軍事作戦の前に行われたインドの軍事的な動きとしては、大きく二つの流れがある。一つは、東パキスタン国内における独立武装闘争の支援である。もう一つは、一二月の軍事作戦に直接かかわる準備である。この二つの流れは相互に関連しながら、進展していくことになる。ここではこの二つの流れをキーとなる事件を中心にみてみる。

①　東パキスタンにおける独立武装闘争の支援

まず、反乱支援の方であるが、インド政府はこれまでのパキスタン政治における対立と同様、この対立についても、パキスタン国内の対立は最終的には交渉で決着がつくのではないかとの考えをもっていた。そのため、交渉の結果、どの政党が主導権をもってパキスタン政府を構成するのかということに関心をもち、どちらかといえば、アワミ・リーグが政権を担う方が、他の勢力が政権を担うよりもよいとの見解があった(21)。また、アワミ・リーグをインドが支援した場合、アワミ・リーグのパキスタン国内における正統制に傷をつける危険もあり、インドは、事態を傍観していたといえる。そのため、軍事政権側がアワミ・リーグに対する鎮圧に乗り出した時も、インドの世論が高まる一方で、インド政府の対応は慎重であった。これは一九五九年のチベット自治区における事態や、一九六〇年のネパールにおけるクーデターにおいてインドがみせた姿勢と似ていて、亡命してきたアワミ・リーグを受け入れる一方で、少なくとも当初は、アワミ・リーグが求めているにもかかわらず、全面的な支援を発表することはなかったのである。この慎重さはその後、支援を拡大する過程においても継続し、一二月六日まで亡命政府の主権を正式に認めることはなかった。

一方で、インド政府は、四月一七日にアワミ・リーグがカルカッタ（現在のコルカタ）で独立を宣言、バングラデシュ亡命政権が樹立されるころには、インドは「自由の戦士」訓練キャンプを多数開設、バングラ自由放送（Radio Free Bangla）等を設置する等、インド国内に多数の支援拠点を築いていき、非公式な支援を開始した。

訓練キャンプは当初バングラデシュ亡命政権を率いていたシェイク・ムジブの軍事アドバイザーで、パキスタン陸軍で東ベンガル連隊（East Bengal Regiments）の創設者のひとりでもあるM・A・G・オスマニ将軍（元パキスタン軍中佐）が中心となり、[22] 元東パキスタンの出身者とインド国境警備隊の協力の下で、パキスタンの軍・警察軍（準軍隊）・警察出身者を訓練することから始めた。[23] その後、四月三〇日に訓練キャンプの管理者がインド軍に変わったため、インド政府が武装闘争を本格的に拡大する路線に転化した。[24]

武装組織で中核になったのは、特にパキスタン正規軍として東パキスタンに存在した五個大隊の東ベンガル連隊の出身者及び国境警備・管理を担当していた警察軍の東パキスタンライフル隊（East Pakistan Rifles）出身者であった。これらの人々はすでに一定程度の訓練を受けていたものの、不十分な状態であった。まず、正規軍出身者は正規戦の訓練を受けていたが、パキスタン軍に対抗するだけの武器を保有していなかった。警察軍出身者が受けている訓練はほぼ警察と同等の治安維持目的の訓練であった。そのため、インドですべての要員をゲリラ戦に適合するように訓練する必要があった。

また、学生に対しての訓練も行われた。主に理系の大学院生に対しては、二カ月の技術教育が行われ、大学生に対しては小火器の取り扱いから迫撃砲、無反動砲、ロケットランチャー、爆発物、地雷・手榴弾の取り扱い技術、地図の読み方、指揮能力等が訓練され、破壊工作活動に従事できるようにした。

こうした教育は、元々エリート意識の強い正規軍出身者や、年齢層の高い治安関係者と若い学生等を上手にグループ分けしながら進められた。五月の終わりには中隊規模に組織を整え、最終的に三個大隊に組織化が行われ、七月の終わりまでに三〇〇〇名、一一月までには七〇〇〇名を超える要員が訓練を終え、さらに三〇〇〇人が訓練を受けている状態になった。[25]

このようにして武装組織を強化する一方で、インド政府は、このような武装組織が管理不能になることを恐れていた。インド政府が訓練を施して組織した武装組織はムクティ・ファウジ（Mukti Fauj、意味は解放軍）であるが、これはアワミ・リーグの穏健派や東パキスタンライフル隊や警察等の出身者が中心となっている。しかし、東パキスタン内で独立運動をしていた組織は他にもあり、その中には、インド国内の反政府武装勢力である毛沢東主義派やインド北東部の武装組織と連携する組織が登場してもおかしくはなかった。そのため、八月の終わりに、インドは、強い圧力の下これら多種多様な武装組織をムクティ・ファウジを中心にまとめムクティ・バヒニ（Mukti Bahini）を創設した。

さらに七～一〇月にかけてインド軍はムクティ・バヒニの訓練だけでなく、直接ムクティ・バヒニの名を借りた軍事作戦を展開し始めたとみられている。六～九月はモンスーンの時期であり、車両移動を主とするパキスタン軍は機動力を制限されていた。そのため、この時期は工作活動にとって有利であった。七～八月にかけて行われた橋の破壊等を主とする破壊活動の内、比較的困難なものはインド軍やインド国境警備隊のメンバーが主体となって実行したものと思われる。これらの作戦は数多くの成功を収めた(26)。

これらの工作活動の結果、パキスタン国内では治安の維持がきわめて困難になった。パキスタン政府は、西パキスタンのパンジャブ人やパシュトン人（Pathan）及び東パキスタンにいるマイノリティ（Bihari）で構成された治安部隊を次々と創設して対処しようとし、一部には旧東パキスタンライフル隊のメンバーを再雇用したが、都市部では一定の治安を維持したものの地方では治安を維持できなかった。当初、心理的な問題からこれらの治安部隊は集団で行動していたが、後には、物理的に身を守るためにも比較的大部隊で行動せざるを得なくなっていき、住民から得られる情報等も少なくなった。インドの工作活動は成功を収めたといえる(27)。

②　軍事作戦に向けての準備

軍事作戦に向けての準備について最初に注目するべきはガンジス事件である。一九七一年一月三〇日カシミールのインド管理地域スリナガルからジャム・カシミールに向け飛行していたインディアン・エアラインの飛行機が、二人のカシミール出身者によってハイジャックされた。この飛行機はパキスタンのラホールに着陸し、乗員乗客解放後爆破された。インドは、パキスタンを非難し、二月四日、この事件を理由にパキスタン航空機がインド上空を飛行することを禁止した。結果として、東西パキスタンの連絡は困難になり、スリランカ等第三国を経るか、海路を使わなければ東西パキスタンは連絡できないことになった(28)。

また、インド政府はインド国内の本土及び北東部において毛沢東主義派やインド北東部の武装組織に対する軍事作戦も実施し、これらの組織のメンバーが相当数東パキスタン国内に逃げたため、インドはパキスタンがこれらの組織を支援していると非難し、一九七〇年から一九七一年初めにかけて、インドはインド北東部や西ベンガル州の東パキスタンとの国境地帯において国境警備隊やインド軍を増強した。

そして、インド軍は徐々に大規模な軍事作戦を実施する前段階とも受け取れる多くの小規模な越境軍事作戦を実施した。その最初のものは一九七一年三月二五日に東パキスタンにおける独立派に対する軍事作戦が始まってから一週間ほどの間に行われたもので、インドの国境警備隊が東パキスタンとの国境を越えて作戦を展開した。これらの地域は、パキスタン軍によってほとんど抵抗なく取り戻され、少数のインドの国境警備隊員が捕虜となった。

三月二六日以降、インドは東パキスタン周辺地域の西ベンガル州、アッサム州、トリプラ州における軍、警察軍の増強を徐々に開始した。四月、五月に入り、パキスタン軍の東パキスタンにおける戦闘も、インドとの国境を越えて行われる場合が出てきており、四月の終わりにインド政府は、インド軍に対し必要な時は越境攻撃を行う許可を出した。ただ、この時点での作戦は、どちらかといえば、国内の毛沢東主義派、インド北東部の武装組織、流入する難民への対処を主な目的としたものであった。特に毛沢東主義派は西ベンガル州で深刻な影響を与えていたからである(29)。

このような状況の中で、インド軍の中では本格的な軍事作戦の開始の時期が検討された。最初に検討されたのは三月末で、この時期のインド軍の能力では、軍事作戦開始に数カ月の準備が必要とのことであった。東パキスタンにはパキスタン軍四個師団が配備されており、各種警察軍もいる。これは、東パキスタンからインドに対して先制攻撃をかけるには少なすぎる兵力であるが、もしインドが東パキスタンに攻撃をかけるとなると六〜七個師団が必要な状態である。しかし、平時にインドが配備している兵力は一個師団だけで、必要な兵力は、インド北東部で中国に対峙しながら反乱対策に当たっている部隊や予備役の中から抽出しなければならない。しかも、機甲部隊の演習を実施してみたところによると、戦車の七〇〜八〇％は修理が必要で、スペアパーツ不足の状態であった。このような状態を改善するため、インドは新規の兵器生産を止め、その工場をスペアパーツの生産に振り向けざるを得ないほど深刻であった(30)。そのため、四月から軍事作戦を実施することが検討され、インド政府も四月二八日には避難民帰還のために国境付近の地域を占領する限定的な作戦の実施を決断していたものとみられるが、インド軍のサム・マネクショー元帥はこの時期の作戦実施に強く反対した。

その結果、地形、気象上の問題が生じ、次の軍事作戦は冬まで延期されることになった。東パキスタンは大小の多くの河川に分断された地形であるが、毎年五月ごろからヒマラヤ山脈の氷が解けて水が川に流れ込み、六月から九月にはモンスーンが来るため、大小の河川の水かさが増し、軍事作戦遂行は不可能になる。

また、インドが東パキスタンで軍事作戦を行った場合、中国が何らかの軍事的な反応を示す可能性があることを考慮する必要があり、その点でも軍事作戦を冬まで延期する必要が生じた。七月の終わりの時点でインド北東部に配備されたインド陸軍の六個師団の内、三個師団が東パキスタンでの作戦に転用されたが、もし中国が国境において軍事的緊張を高める何らかの行動をとった場合を想定すると(31)、中国との国境地帯に配備した兵力を東パキスタンでの作戦に転用できなくなる。そこで、一一月末にヒマラヤ山脈が凍り、印中国境における軍事作戦が不可能になる時期までは、東パキスタンにおける軍事作戦も控えた方がいいことになるのである。ここから、インドは、軍事作戦を実施するかどうか、どのような作戦を実施するのかの決断も含め、冬まで九カ月の時間ができたことになり、その中で具体的な作戦案が検討され、その準備も徐々に整えられていくことになった(32)。

まず、五月の半ばになると、パキスタン軍の軍事作戦によってアワミ・リーグの支配地域はインドとの国境地帯周辺に追いつめられ、パキスタン軍は軍事力を国境地帯に集中して作戦を継続した。この集中の度合いは、一九六五年の第二次印パ戦争時を上回るもので、一九七一年半ばには東西パキスタンで同時にインドに侵攻できる程のレベルになった。そこで、インド軍もパキスタン軍に対抗する形で増強することにした。

そして七月一九日にパキスタン大統領は声明を出し、インドの東パキスタンにおけるいかなる行動も「general war」になるという声明を出すと共に、東パキスタン独立派リーダーのムジブに対し、パキスタンに対する戦争をした罪で軍法会議にかけることも表明した。そして八月の最初の週には、実際に、東パキスタンにおけるアワミ・リーグ出身の国会議員一六〇人中七九人（内三〇人は反乱罪で告訴）、東パキスタン議会二二八人の内一九五人を解任し、残りの議員もアワミ・リーグの所属からはずし、また、解任された議員の補欠選挙の多く（国会議員の七八議席、地方議員の一〇五議席）は一一月二五日から一二月九日、残りはそののちに行われることを計画した。この日程は九月中旬以降加速され、一〇月一二日のヤウラ大統領の発表では、一二月二〇日までに新憲法公布、一二月二三日までに選挙を完全に終了、一二月二七日までに議会を招集することとなった[33]。このような動きから、インド政府は、パキスタン政府と独立派との間で政治的和解が成立する余地がないことを確信し、インドの軍事行動開始の時期として冬の適当な時期（結局一二月六日に計画する）を模索するようになった。

さらに、七月からインド軍が東パキスタンの工作活動に直接関与するようになったことは前述の通りであるが、この工作活動は軍事作戦に思わぬ副産物をもたらした。パキスタン軍は、もしインドが全面侵攻を想定した攻撃を行うならば、自らも使用するであろう橋を自らの工作活動で破壊してしまうことは説明がつかないと考えたからである。そのため、パキスタン軍は、インドの軍事作戦は難民を移住させるための国境地域を確保するための限定的なものであると判断し、これに対応して、河川が多く守りやすい奥深い地域ではなく、国境地帯へ自軍を配置した。

このようにして情勢が徐々に有利に変化する中で、インドは全面侵攻をほぼ決断し、その前段階の作戦を開始した。(34)インドの砲兵隊は、国境地帯に展開してムクティ・バクティの工作活動を支援するとともに、パキスタン軍の越境砲撃や侵入への報復を行ったし、インド海軍も一九七一年半ばからカルカッタ南部に訓練キャンプを設置して東パキスタンの反乱勢力の訓練を開始し、八月一五〜一六日には、東パキスタンの海軍港チッタゴンや河川のチャルナ、チャンドプアー、バリサル港への攻撃を開始した。

これらインドの行動に対抗して、パキスタン軍は西パキスタンにおいて予備役の総動員を開始した。パキスタン側の伝統的な戦略は、東パキスタンで防御に出ている間に西パキスタンで攻勢に出てインドを脅かすというものであり、西パキスタンにおける軍事力の増強は攻勢の準備を意味した。そのため、二〜三週間後にはパキスタンの動員に対抗する形で、インドも動員を開始し、インドは東パキスタンへの全面侵攻の意図を秘匿したまま兵力を徐々に増やしていった。

当時インドの全面侵攻の決断に特に大きな影響を与えたものが二つある。一つは、八月七日に、インドとソ連の間で平和友好協力条約が結ばれ、中国による介入の可能性を極力抑えると同時に、多くの弾薬やスペアパーツを入手するルートを確保することができたことである。これらのパーツは、一〇月初めには到着し始め、パキスタンは激しく反発した。

もう一つは、一〇月になり、インド軍は侵攻に必要な重火器が移動を始め、大規模な演習も実施されたのであるが、その演習の結果が予想外によかったことである。パキスタンは、インドが国境地帯での限定的な軍事作戦を実施することを想定し、国際社会が介入するまでの間、この攻撃を阻止するため、東パキスタンのジェソール、ジェニダ、ボグラ、ラングプール、ジャマルプール、ミンメンシン、シルヘト、バイラブバザール、コミラ、チッタゴンを要塞化し、二カ月籠城できるように備えていた。しかし、一〇月に行われた演習の結果、インド軍は、パキスタンの強力な防御拠点を迂回しながら国際社会の大規模介入の前にダッカを占領する機動的な作戦を行う能力をもっていることが証明され、東パキスタン全土を占領する作戦が現実味を帯びた。そのため、作戦内容は変更され、一一月末までには、東パキスタン全土を占領する機動的な作戦計画が正式に承認されることになった。この変更はパキスタン軍に気付かれないよう、進められた(35)。

一〇月半ばから一一月二〇日ごろまでインド軍は、さらに大規模な活動に出はじめた。砲兵隊によるムクティ・バヒニの支援だけでなく、一部地域では、戦車や空軍も攻撃に参加するようになったのである。これらのインド軍は、戦闘が終わると即座に撤退したため、パキスタン軍の反撃がはじまるとムクティ・バヒニは支配地域を維持できなかった。しかし、これらの攻勢の結果、一一月半ばからパキスタン軍のより多くの部隊が東パキスタンの国境地帯に張り付くようになったため、後のインド軍の侵攻時にとって非常に有利な状況がつくられていったのである。河川が多い東パキスタンの地域では、侵攻する側は河川をいちいち渡らねばならず、その際砲火に無防備にさらされるため、防御側に有利な地形である。しかし、国境地帯の狭い範囲で戦えば、インド軍は安全なインド領内で十分準備した後に、その戦力を投入してパキスタン軍に打撃を加えることができるので、後に河川を渡っている時には強力なパキスタン軍に遭遇しないですむのである。

こうしてインド軍は一一月の最初の三週間、パキスタン軍の越境砲撃や、二件についてはムクティ・バヒニ支配地域への攻撃への対処を理由として、活発に東パキスタンにおいて小規模越境攻撃を行い、攻撃終了後はインド領内に撤退していたが、一一月二一日夜のジェソール、コミラ、シルヘト、チッタゴン丘陵地帯への攻撃以降、インド軍は撤退しなくなり、大規模侵攻に必要な重要拠点を占領・確保するようになった。しかもジェソール地区への越境は、二個師団規模のもので大規模であり、二二日にはインド西ベンガル州上空で印パ空軍による空中戦が展開され(36)、二四日、二六日、二八日及び一二月二日には自衛越境声明をだして侵攻することになり、戦闘は大規模化した。しかも今後も越境攻撃を継続することを示唆した。さらに一二月一日からは、西パキスタン国境でもインド軍機の越境が報じられるようになった。

パキスタン軍は二三日、全土非常事態宣言を出し、その後数日の間に、ラジオを通じて、退職予定の者も含めすべての軍の将校の招集、すべての予備役の招集、緊急の短期雇用医師の招集、空軍のフェイズ二警戒態勢（すべての空軍基地で一〇機の戦闘機が緊急発進できる体制をとることを指す）[37]、ラホール地区では軍務用に民間トラックの徴発を知らせた。

事実上、第三次印パ戦争は一一月二一日の時点で開戦状態に入ったといえる。ただ、パキスタンは、一一月三〇日にインドに対して宣戦を布告することを計画しており、準備の都合上一二月三日に宣戦布告することを決めた。一方、インドの計画では一二月六日に全面侵攻を開始することを予定していた。

(三) 軍事作戦の遂行

① 全体の作戦計画

パキスタン軍の作戦目標は、東パキスタンを保持するため、西パキスタンの特にカシミール地区で先制攻撃を行い、インド軍を西部戦線に引き付けて東部戦線を維持することであった。そのため兵力のほとんどを西パキスタンに配備していた。

インド軍は東部国境においてバングラデシュ独立を達成させることが主目的であったが、そのためには、時間のかかるパキスタン軍の壊滅よりも、素早くダッカを占領することに主眼においた。これは、時間がかかれば国際社会が介入し、戦争が目的達成より早く終わってしまうことを懸念したためである。そのため各主要部隊は、国境地帯のパキスタン軍の強力な抵抗拠点を封じ込めつつ迂回し、ダッカに向け突進する。取り残されたパキスタン軍の拠点は後続部隊が継続して封じ込め、ダッカ占領後武装解除する作戦を立てた。

さらに、インド軍は西部国境においても、パキスタン軍の攻撃を阻止するとともに、一九六五年の戦争で占領し

表２－４　印パ陸軍配備状況（1971年10月）

	インド軍	パキスタン軍
東部国境	8個師団 （3個戦車連隊以上） （＋ムクチ・バヒニ5～10万人）	4個師団 （1個戦車連隊）
西部国境	11個師団 （1個機甲師団を含む）	10個師団 （2個機甲師団を含む）
全兵力	1個機甲師団 13個歩兵師団 10個山岳師団 計24個師団	2個機甲師団二 10個歩兵師団 （＋増設中の歩兵師団2個） 計14個師団

注：パキスタンの師団はアメリカ型編成であり，偵察大隊及び自走砲大隊を保有している。そのため，インドの師団に比べ火力が高い。

出典：この表は，G. D. Bakshi, *The Rise of Indian Military Power*（New Delhi : KW, 2010）; Pradeep P. Barua, *The State at War in South Asia*（University of Nebraska Press, 2005）; 陸戦学会戦史部会編著『現代戦争史概説　下巻』（陸戦学会，1982年）の3つより情報を照らし合わせて作成。

表２－５　印パ海軍配備状況

	艦　種	インド軍	パキスタン軍
東部国境	空　母	1	0
	巡洋艦・駆逐艦・フリゲート艦	5	1
	潜水艦	1	1
	空母艦載機搭載定数	戦闘爆撃機18，哨戒機5，ヘリ	0
西部国境	巡洋艦・駆逐艦・フリゲート艦	16	6
	潜水艦	3	3
全兵力	空　母	1	0
	巡洋艦・駆逐艦・フリゲート艦	23	7
	潜水艦	4	4
	空母艦載機	戦闘爆撃機35，哨戒機12，ヘリ	0

出典：この表は，History Division, Ministry of Defence Government of India, "Official History of the 1971 India Pakistan War"（http://www.bharat-rakshak.com/LAND-FORCES/History/1971War/280-War-History-1971.html）のデータをもとに Pradeep P. Barua, *The State at War in South Asia*（University of Nebraska Press, 2005）等他のデータと照らし合わせて作成。

表２－６　印パ空軍配備状況

	インド軍（機種×飛行隊数）	パキスタン軍（機種×飛行隊数）
東部国境	戦闘爆撃機11飛行隊（ナット×３，ミグ21×３，ハンター×４，スホーイ７×１） 計11飛行隊（約200機）（上記飛行隊の内，ミグ21×１が12月５日，ハンター×１が７日，スホーイ７×１が14日に西部へ）	戦闘機１飛行隊（F86×１） 計１飛行隊（19機）
西部国境	戦闘爆撃機20飛行隊（ナット×５，ミグ21×４，ハンター×２，ミスチールⅣ×２，マルート×２，スホーイ７×５） 爆撃機４飛行隊（キャンベラ×４，基地の位置から１飛行隊は東部国境に投入可） 計24飛行隊（約400機）	戦闘爆撃機11飛行隊（F104×１，F86×６，ミグ19×３，ミラージュⅢ×１） 爆撃機１飛行隊（B57×１） 計12飛行隊（254機）
全兵力	戦闘爆撃機31飛行隊（ミグ21×７，ナット×８，ハンター×６，ミスチールⅣ×２，マルート×２，スホーイ７×６等） 爆撃機４飛行隊（キャンベラ×４） 計35飛行隊（625機）	戦闘機12飛行隊（F104×１，F86×７，ミグ19×３，ミラージュⅢ×１） 爆撃機１飛行隊（B57×１） 計13飛行隊（273機）（追加：12月13日ヨルダン空軍F104を12機，後，イランとサウジアラビアよりF86を35機）

注：インドの場合，機種転換部隊マルート×１部隊は飛行隊の数からはずしている。

印パとも防空用のレーダー及び地上監視網と指揮系統のリンクがあり，飛行場の増設や掩蔽壕・壁が設置され，飛行場は一定程度堅固であった。

印パとも対空火砲を配備していたが，インドについては20個中隊のSA２対空ミサイル網も配備しており，高度300m以上の航空機に対しては防空能力があった。これらのミサイルは主要軍事・産業施設を中心に集中配備された。

ヨルダン空軍の参加を12機とする情報はAnuj Dhar, *CIA's Eye on South Asia*（Manas, 2009），p. 227より。10機とする説もある。なおこの10機はカラチの防空につき第三次印パ戦争で４機失った（George K. Tanham and Marcy Agmon, *The Indian Air Force*（RANP, 1995），p. 39）。

出典：この表は，History Division, Ministry of Defence Government of India, "Official History of the 1971 India Pakistan War"（http://www.bharat-rakshak.com/LAND-FORCES/History/1971War/280-War-History-1971.html）のデータをもとに，Jasjit Singh AVSM, VrC, VM, IAF, *Defence from the Skies: Indian Air Force through 75 years*（New Delhi：KW, 2007），p.139；ロン・ノルディーンJr. 著，江畑謙介訳『現代航空戦史事典―軍事航空の運用とテクノロジー―』（原書房，1988年）144～146ページと照らし合わせて作成。


た後一九六六年のタシケント協定で返還したカシミールの領土を取り戻すことを企図していた。

②　東部国境地帯の戦闘

一九七一年一二月三日夜、パキスタンはインドに宣戦布告、インドの西部国境各地に対し爆撃を開始した（印パ各軍の配備状況については、表２－４～２－６を参照）。それと同時に、パキスタン陸軍も西パキスタンへ侵攻した。これに対してインド軍は、素早く反撃に転じ、西部、東部両方で激しい戦闘が開始された。

東部国境での戦闘はまず航空戦で始まった。インド空軍の戦闘用航空機六二五機の内、約二〇〇機が東パキスタン国境に配備され、インド軍は二四時間で一八〇回出撃した。特にインド軍は東パキスタン唯一の戦闘機用の基地であるテズガオンの航空基地を集中して爆撃し、一本しかない滑走路を徹底的に破壊、パキスタン空軍戦闘機を離陸不可能な状態に置いた。これによりインド軍は、開戦二日目にして早くも制空権を獲得した。

さらにインド海軍も攻撃を開始した。インド海軍にとってパキスタンの潜水艦は脅威であったが、ベンガル湾には少なくとも潜水艦一隻が配備され活動していた。しかし三日、インド海軍の駆逐艦が、インド海軍の拠点ヴィシャッカパトナム港付近で、機雷を設置する作業に従事していたパキスタン潜水艦を発見し、戦闘中にパキスタンの潜水艦が沈没、脅威の除去に成功した。[38] さらに、アンダマン・ニコバル諸島を出撃したインドの空母機動部隊（空母ヴィクラントと二隻の防空フリゲート艦、二隻の対潜コルベット艦）は、東パキスタンのチッタゴンを爆撃、パキスタン海軍の艦艇、港湾施設を破壊した。インドは制海権も掌握した。

このようにして制空、制海権を握ったインド軍は一二月六日に予定していた陸上作戦を前倒しし、東方、西方、北西方、北方の四方向から侵攻した（図2-2）。

東方地域は、インドの国境の町トリプラ州アガタラからダッカまで直線距離約八〇kmの位置にあり、アカウラ、コミラという主要都市を有し、ダッカに至る交通上の要衝であった。ただ、ここからダッカに至るには川幅約四km弱あるメグナ川を渡らねばならない。そのためブラナブにある唯一の列車用の橋の確保が重要であった。ここを担当するインド第四軍団傘下に三個師団と二個の軽戦車大隊、一個砲兵連隊、パキスタン軍は二個師団であった。

まず、インド軍は、アカウラ、コミラに各一個師団による攻撃を行うとともに、シルヘトにも一個師団を投入して攻撃し、その地域にいるパキスタン軍が南へ救援に向かうことを阻止した。その結果アカウラを六日、コミラを八日に占領、そのままメグナ川まで到達したが、九日、パキスタン軍はブラナブの橋を爆破してしまった。インド軍は渡河準備の後、九日夜アシュアガンジとダウドガンジにて渡河、その際舟艇だけでなく一四機のヘリコプター

図２－２　インド軍東部国境地帯戦闘推移概念図

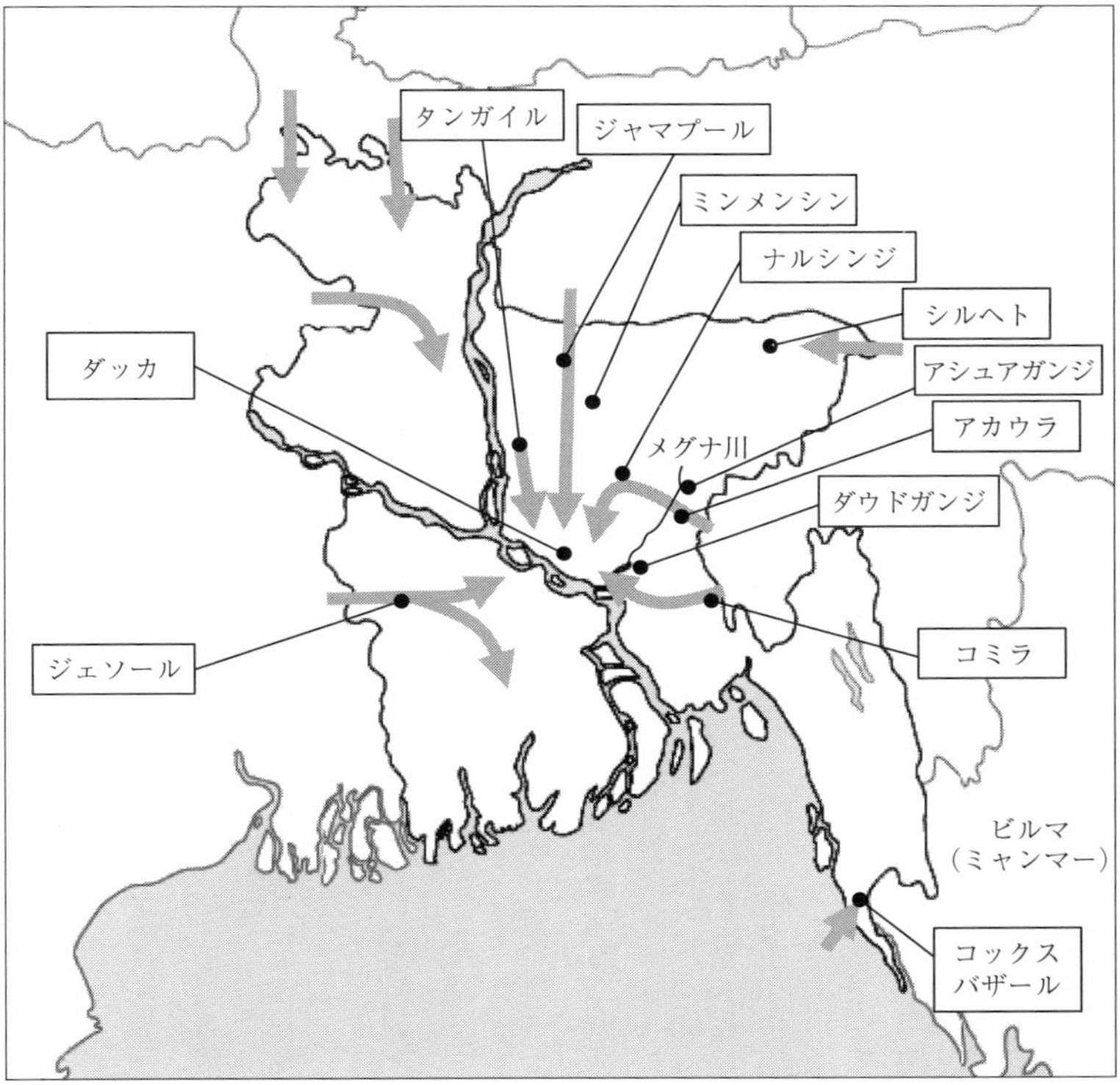

出典：筆者作成。

を使用して対岸に渡り、一一日までに一個師団、一四日までに軍団主力の渡河を完了した。(39)(40)こうしてインド第四軍団はダッカ前面に展開し、火砲もダッカを射程に捉え、攻撃準備を整えた。

西方は、ガンジス川で分断された東パキスタン地域の分離された西方部分に当たる。パキスタン軍は要衝ジェソールを中心に一個師団配置していた。一方攻撃を担当するインド第二軍団は、三個師団、一個中戦車連隊、一個軽戦車連隊、一個砲兵連隊でこれを攻撃した。インド軍は一個師団でジェソールを包囲する体制をとり、他の一個師団を北方から大きく迂回させ、北方への移動を阻止しつつ包囲しようとした。その結果、パキスタン軍は七日、ジェソールを放棄し、南方へ後退した。インド軍は、パキスタン軍の撃破を目指すと共に、ダッカ攻撃を準備したが、ガンジス川を渡河するには器材不足であった。

北西方面は、インド第二八軍団が東パキスタン最北端から攻撃した。この地域はガンジス川とジャムナ川によって他のパキスタン地域と分かれており、インド軍一個師団と二個特別旅団、一個軽戦車連隊、一個砲兵連隊及び施設部隊が、パキスタン軍の一個師団に対し攻撃を仕掛けた。ここでの戦闘は苦戦が続いた。ダッカ攻略への参加も目指していたものの、地形上進出のめどが立たなかった。結局、一六日に降伏するまで、パキスタン軍は激しく抵抗した。

北方は、インドのメガラヤ州からダッカに至るまで河川による障害がなく、ダッカ防衛の弱点になりやすい正面であった。そこでパキスタン軍はミンメンシンに一個旅団、ダッカ周辺に強力な守備隊を置いて守っていた。一方インド軍はメガラヤ山地を中心とするこの地域の道路整備の状態の悪さから一個旅団しか投入しておらず、他は兵站部隊が展開していただけであった。そのため、開戦と同時にツーラ付近で国境を越えたインド軍はジャマプールを攻撃したが、苦戦の末、一一日にやっと攻略した。ミンメンシンのパキスタン軍はまだ頑強に抵抗していたが、東方から第四軍団がメグナ川を渡河しナルシンジ付近に進出し、タンガイルにインドの一個空挺大隊が降下して退路を遮断すると、一二日夜降伏した。

この時点でダッカ攻撃は目前に迫るが、ダッカは三つの河川に囲まれており、数週間は戦い続けることが可能な地形であった。そのため、もしパキスタン軍が十分な兵力を配置していれば、国際社会が本格介入するまでもちこたえる可能性があった。しかし、パキスタン軍はインド軍の作戦構想を東パキスタン国境地帯における限定的な占領を目的としていると考えており、国境地帯で全体の七五％以上の戦力を失うまで撤退しなかったため、ダッカ防衛の十分な戦力が残っていなかった。(41)

ダッカへの最後の攻撃準備は、北方正面に進出した一個旅団、一個空挺大隊及び東方から進出した第四軍団の一部により開始され、一四日以降、海空軍による空爆と砲撃を行いながら包囲を次第に狭めていった。再三の降伏勧告に対し、パキスタン軍司令官アミア・アブドラ・カーン・ニアジは、「パキスタン軍を本国に帰還させる」ことを条件に停戦を申し入れてきたが、インドは拒否した。パキスタン軍は結局、一六日二一時をもって降伏、それに伴い、残存していた東パキスタン各地のパキスタン軍も降伏した。

この戦争においては、前述の他に注記するべき二つの軍事作戦が実施された。

一つ目は、東パキスタンの南端コックスバザールに対する上陸作戦である。インド海軍は海上からのパキスタン軍が退却するルートを遮断する作戦を行っており、チッタゴンの港湾施設や燃料タンク等を爆撃していたが、さらに一三日夜から一四日にかけて、陸軍の一個大隊規模の部隊をコックスバザールに上陸させ、ビルマ（ミャンマー）への逃走ルートも遮断しようとした。これは、インド軍にとって初めての水陸両用作戦となった。

二つ目は空軍の作戦である。東部戦線では五〇四〇回出撃し、内、戦闘爆撃機、爆撃機は二〇三三回出撃（これを一〇〇%とする）し、パキスタン軍を圧倒した。内、敵の航空基地に対する爆撃等の攻勢的防空任務が三九〇回出撃（一九・二%）、地上部隊に対する近接航空支援及び航空阻止は一三八四回出撃（六八・一%）を占め大きな効果を発揮した。特に、滑走路破壊専用爆弾M六二（約五〇〇kg）を使用した東パキスタン・テズガオン空軍基地に対する攻撃は制空権獲得に決定的な役割を果たしたし、また、一四日の東パキスタンにおけるニアジ・パキスタン軍司令官のシェルターに対するロケット弾攻撃も、(42)一六日の降伏決定に直接的な影響を果たした。(43)その他に自国航空基地防衛のための防勢的防空任務一八四回出撃（九・一%）、港の石油タンク等戦略目標に対する爆撃を意味する戦略爆撃（特別戦略任務）五二回出撃（二・五%）、航空偵察任務二三回出撃（一・一%）となっている。(44)

③　**西部国境地帯の戦闘**

西パキスタンのパキスタン空軍は、二波計五一機の航空機を使用してスリナガル、アムリッツァー、パンサコット、ファリドコット等の空軍基地やレーダー施設に対し爆撃を開始した。しかし、インドの情報機関はパキスタン空軍の作戦開始時期を正確に把握しており、[45]また、インド空軍は一九六五年以来戦闘機の分散配置、防護シェルターの設置、修理チームや対空部隊の配置等の対策をしていたため、大きな被害を受けなかった。そのため、インド空軍は素早い反撃に移った。

インド空軍は西部国境で二四時間に五〇〇回出撃し、パキスタンの空軍基地、レーダー等を爆撃した。八日から九日のインド海空軍の連携した攻撃によりカラチの石油貯蔵施設を爆撃、他攻撃を含め数日で、パキスタンの石油備蓄の四〇%を破壊した。これは、パキスタンが必要とする石油製品二週間分の消費量に当たるものだった。[46]

インド海軍も行動を開始した。一二月三日から四日にかけてインドの三隻のミサイル艇[47]がカラチ港を襲撃、対艦ミサイルを使用して、パキスタン海軍の駆逐艦や掃海艇を沈めた。さらに、前述のとおり、八日から九日にかけて海空軍連携した攻撃を行ったが、その際、再び三隻のミサイル艇による襲撃を行い、給油艦等複数の船を沈め、以後、パキスタンの水上艦艇は港から出てこなくなった。加えて、インド海軍は潜水母艦を中心に潜水艦三隻を展開した。[48]

一方パキスタン海軍は潜水艦による反撃を行った。一二月八日、パキスタン海軍の潜水艦はカッチ湾でインド海軍の二隻のフリゲート艦に攻撃を行い、一隻を沈めた。[49]この攻撃によってインドは不名誉ながら、第二次世界大戦後、世界で初めて敵の潜水艦に軍艦を沈められた国になった（図2-3）。

このようにインドは東部国境地帯のような完全な制空、制海権は獲得していなかったが、海空で有利な地位を占めた。

陸上での作戦もパキスタン軍の侵攻により始まった。陸上の戦闘は大きく三つの戦線に分かれる。北部のカシミール前面、中央部のパキスタン国境突出部、南部のラジャスタン州前面である。この内、パキスタン軍の攻勢はカシミール前面で最も大規模で激しかった。

図２－３　インド軍西部国境地帯戦闘推移概念図

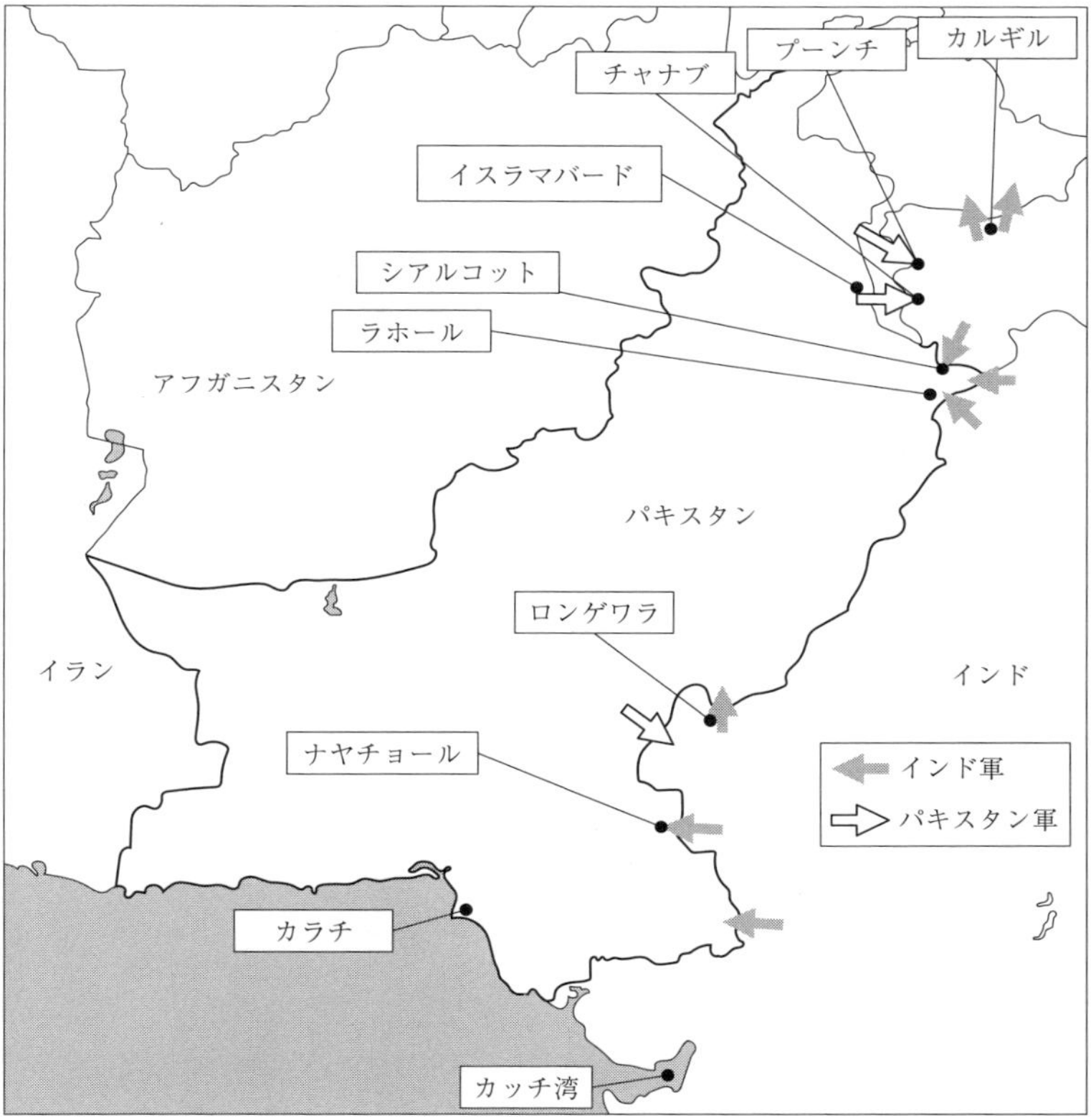

出典：筆者作成。

北部カシミール前面は、全体的には一九六五年の印パ戦争以降、比較的要塞化された地域であったが、ジャム地域については、十分な防御がなされていなかった。パキスタン軍の攻撃は、この防御の薄い地域に対して行われた。

まず、プーンチ地区では、パキスタン軍の一個旅団とコマンド部隊がインド軍一個旅団に対して攻撃を開始した。しかし、パキスタン軍のコマンド部隊との連携には不備があり、インド空軍の爆撃もあって、当初から前進を阻止した。

次にチャンブ地区で、より大規模な攻撃が行われた。パキスタン軍二個歩兵師団、三個機甲旅団、一〇個砲兵連隊が、インド軍一個師団に対して攻撃を開始した。パキスタン軍の攻撃は順調で、六日にはムナワル・タウイ川まで進出した。しかし、インド空軍は大規模な近接航空支援を実施、パキスタン軍の前進を阻止した。

このようにインド軍は、パキスタン軍の当初の攻撃を阻止する一方で、六日、カシミール・カルギル地区で攻勢を開始した。カルギル地域はパキスタン側に制高地点があり、インドにとって不利な地形であったが、パキスタン軍は十分な守備隊を置いていなかった。そのためインド軍はここを昼夜継続して激しく攻撃し、これを奪取した。この時点では、チャンブでパキスタン軍が、カルギルでインド軍が数十kmずつ侵攻した状態のまま戦線が膠着した。しかし、九日に東部国境地帯に投入されていたインド空軍部隊が西部国境地帯に投入されると、インド軍はプーンチ地区で攻勢に出て前進した。さらにチャナブ地区での戦闘も一二日ごろから膠着状態となった。

中央部のパキスタン国境突出部は、一九六五年の第二次印パ戦争で激しい戦闘が行われたところである。ここは地形上平坦で戦車の突破力・機動力を生かした攻撃を行いやすく、どちらかといえばパキスタン側からインド側に攻撃をかけやすい地形である。第三次印パ戦争においては、インド軍がこの突出部に機甲戦力を集中し、攻撃を計画していたのに対し、パキスタン軍は機甲戦力をもって小規模な攻撃をかけてインド軍を誘い込み、都市を拠点とする強力な防衛網の中で打撃する構想を練っていた。

戦闘は、パキスタン軍の一個機甲旅団の攻撃に対し、インド軍が二個師団で反撃して始まった。パキスタンの防衛戦力は一個師団、一個機甲旅団、四個砲兵連隊であった。

両者は、激しい戦闘を展開し、九日ごろから戦線は膠着し始めていたが、一五日、東部国境地帯でダッカ陥落が迫ると、インド空軍は、ラホールを中心にこの中央部突出部を激しく爆撃、インド軍は機甲部隊を投入して攻勢を開始した。翌一六日、印パ両軍はシアルコット地区で大規模な戦車戦を展開し、一日でインドが二三両、パキスタンが六六両という大きな損害をだした(50)。しかし、一七日には停戦となり、勝敗不明なまま終息した。

南部のインド・ラジャスターン州前面は、砂漠で、機動力を発揮しやすく、大部隊の作戦に適していた。ただ、第三次印パ戦争の西部国境地域においては、北部カシミールでの戦闘が主作戦となり、この地域の戦闘は支作戦であった。

この地域では、双方が攻撃を計画していたが、一二月五日、パキスタン軍が先に動き、一個師団、一個機甲連隊でロンゲワラに対し攻撃を開始した。これに対し、インド空軍が激しく爆撃し、一挙に戦車三六両を破壊して攻撃を頓挫させた。

インド軍も攻撃にでたが、砂漠の砂が予想以上に機動を制限し、工兵隊の増援を得ながらゆっくり前進することとなった。インド軍はガドラを占領したが、パキスタン軍は、一個旅団、一個機甲連隊をもってナヤチョールを防衛し、戦線は膠着した。一五日から一七日、インド空軍がカラチやナヤチョールを激しく爆撃したが、一七日に停戦となった。

開戦以来西部国境地域でのインド空軍の出撃数は四五〇九回に達し、四一・三％が近接航空支援、航空阻止といった地上部隊支援任務、四五・九％が防勢的防空任務、八・九％が攻勢的防空任務、〇・八％が戦略爆撃（特別戦略任務）、三・一％が航空偵察であった(51)。

インドはダッカ陥落と共に一方的な停戦を宣言し、一七日、パキスタンはこれを受け入れ、戦争は終息した。戦争は一二月三日、停戦が宣言されたのは一六日。パキスタンが停戦を受け入れたのは一七日で、約二週間の戦争となった(52)。

表２－７　パキスタン軍喪失装備推計

	戦車	砲	対空砲	機関銃	車両	艦　艇	航空機
東　部	72	105	35	1303	1272	駆逐艦１，掃海艇１，潜水艦１，哨戒艇３，改装砲艦14	75
西　部	181	15	15	66	220		
計	253	120	50	1369	1492		

注：ヨルダン空軍が派遣した戦闘機部隊は４機失った。

表２－８　インド軍喪失装備一覧

	戦車	砲	機関銃	他車両	艦　艇	航空機
東　部	18	0	78	92	フリゲート艦１，空母艦載機１	71
西部（西部軍司令部＋南部軍司令部）	43＋８	８＋１	230＋９	457＋121		
計	69	9	317	670		

その後、インドは、地域での反乱対策としてインド軍及び警察軍を合わせた数字と反乱軍の数を比較して三〇以上対一という圧倒的な兵力を投入して治安を維持し、(53)一九七二年三月一五日にバングラデシュから撤退した。撤退の際、鹵獲《ろかく》装備、特に重火器はインドに持ち帰ったが、パキスタン空軍が残したＦ八六戦闘爆撃機五機は残され、バングラデシュ空軍機となった。その後、バングラデシュでは首相、大統領となったムジブが暗殺され、クーデターが起きる等混乱したが、その時に、インド軍は駐留していなかった。

(四)　軍事作戦の成果とコスト

①　軍事的打撃と損失

第三次印パ戦争における印パ両軍の損害、死傷者は表２－７、２－８、２－９、２－10の通りと考えられる。

②　戦費

インド軍は一九個師団の陸軍、二つの艦隊、六〇〇機を超える空軍を二週間以上活動させた。そして死傷者をだし、補償を行った。このようなもろもろの戦費を計算するとインドは二一億五〇〇〇万ルピー以上（二一五クロー）かかったことになる。一方、パキスタン側は四〇億ルピーかかったものと推計される。(54)

表２－９　パキスタン側死傷者数推計

			3/26～12/3	12/4～12/16	計
東部国境地帯	正規軍	死　者	4500	2261	6761
		負傷者	4000	4000	8000
	警察軍	死　者	909	719	1628
		負傷者	674	314	988
西部国境地帯（西部軍司令部＋南部軍司令部報告）	正規軍	死　者		3730＋336	4066
		負傷者		11302＋97	11399
海　軍	正規軍			485	485
空　軍	正規軍			不明	不明
東部降伏	正規軍＋警察軍			74000	
西部捕虜	正規軍			545	
パキスタン損害合計	計				107872＋

表２－10　インド軍死傷者数

	死　者	行方不明	負傷者	計
東部国境地帯（東部軍司令部）	1478	47	4204	5729
西部国境地帯（西部軍司令部＋南部軍司令部）	1430＋90	832＋17	3530＋252	5792＋359
陸軍合計	2998	896	7986	11880
海　軍				200
空　軍				109
インド軍合計				12189

出典：表２－７～２－10は，History Division, Ministry of Defence Government of India, "Official History of the 1971 India Pakistan War" (http://www.bharat-rakshak.com/LAND-FORCES/History/1971War/280-War-History-1971.html), pp. 687–690を参照。

③　領土の獲得と喪失

第二に、インドは東パキスタン全域一四万四〇〇〇㎢を占領しただけでなく、西パキスタンからカシミールのカルギル地区やシアルコット全面、ガドラ等計一万六二七九㎢を占領した。その一方でインドはパキスタン側にチャナブ等で押され、その後反撃したものの、三五九㎢占領された状態で停戦となった[55]。

これらの領土の内、東パキスタンはバングラデシュとして独立してしまうが、西パキスタンにおいて獲得した領土の一部はインドに帰属することになる。例えばインドは第三次印パ戦争において、シンド州とカシミールで占領地域ができた。カシミールについては一九六五年の印パ戦争時に奪った領土で、一九六六年のタシケント合意で失った地域を再占領したものである。一九七一年の戦争の整理を行った一九七二年のシムラ合意においては、これらの領土について定め、シンド州からのインド軍の撤退が決まる一方、カシミールの占領地域についてはインド軍がそのまま駐留することになり、新しい管理ラインが引かれることになったのである。

(五) 戦　後

第三次印パ戦争でインドは軍事的な状況そのものを変化させることができた。インドは前述のようにカシミールとインド北東部の二つの正面でパキスタンと中国の脅威に直面していた。東パキスタンのパキスタン軍が除かれたことでインドは、インド北東部では中国に対する戦略に集中できるようになったわけである。パキスタンも人口の半分以上を失い、軍事力を整備する上で大きな打撃を受けた。これによりインドは、南アジアに対抗できる軍事的脅威をもたない国となった。

この状況は次の一九八〇年代にスンダルジー・ドクトリンといわれる構想につながっていく。その中では中国とパキスタンの両方と戦う場合を想定していた。同時に、この時期のインドは一九七三年の第四次中東戦争にまつわる石油ショックで打撃を受けていたため大規模な軍拡をしていないものの、海空軍に力を入れた大国らしい軍事力の構築に力を入れるようになっていった。

① 陸軍動向

前述のように第三次印パ戦争の結果、インド陸軍にとって脅威の中心は、西のパキスタンと北の中国だけとなり、大きく緩和された。師団数も着実に増加し、兵力的な余裕ができ、新しい構想を進める余裕ができた状態といえる。

進められた構想の一つは、対パキスタンを念頭に置いたもので、機甲戦力の増加とそれに合わせたドクトリンの開発である。一九七五年には二個目の機甲師団が創設されたが、このような機甲戦力の増強は、機甲戦闘によってパキスタン中央部の平原・砂漠地帯を攻撃し、パキスタンを南北に分断するというスンダルジー・ドクトリンにつながっていった。

もう一つは中国との正面である。第三次印パ戦争後、南アジアに軍事的な脅威となる国がなくなった中で、中国の存在はクローズアップされるようになった。中国との国境はカシミール、ネパール、シッキム、ブータン、インド北東部とつながるが、特にシッキムとブータンについては、インド北東部とインド本土をつなぐ細い防衛上困難な部分の北側にあり、インド陸軍を駐留させて防衛してきた。この印中国境では、第三次印パ戦争の後、一九七五年のシッキム併合を経て軍備が増強されていく。この増強は、一九八〇年代には、ファルコン作戦、チェッカーボード演習といった積極的な作戦が行われる基礎となった。これらの軍事行動もスンダルジー大将が立案したものであった。

一九七〇年代は、インド陸軍の軍事的な状況が好転し、一九八〇年代になって軍事的な活動も積極的に行われるようになる基盤となった時期といえる。

②　海軍動向

第三次印パ戦争において、海軍は大きな活躍をみせたが、それ以上に影響したのは、第三次印パ戦争中に派遣されてきた米空母エンタープライズを中心とする空母機動部隊である。詳しくは次節の外交的動向の中で説明するが、この派遣は第三次印パ戦争直前の一九六〇年代後半から海軍力の重要性について議論が高まり始めた時期におきた事件として、インドの海軍力に対する捉え方に大きな影響を与えた。

インドはもともと、歴史的にアフガニスタンとパキスタンとの国境に当たるカイバー峠を通して多くの侵略を受けてきた経緯がある。一九六二年の中国との国境紛争は例外で、カイバー峠以外からの攻撃であるが、どちらにしても大陸側の脅威であり、陸軍中心の戦略を構築する傾向を示し、海軍力は軽視されやすい。しかし、アメリカが派遣した空母はマラッカ海峡を通してスリランカ沖に展開し、かつてイギリスが海から侵略してきた歴史を思い出させ、海軍力の必要性を強く意識させたのである。(56)

しかもインドにとってもはや南アジア各国の軍隊は脅威ではないことから、自然とアメリカや中国を意識した国防を考えるようになったといえる。その点でもインド洋安全保障への関心は高まり、インドは海軍重視の傾向がでてくる。インド海軍が国防費の新装備購入費に占める割合も一九六六～六七年度七・八％から一九七一年の三四・三％、一九七五年には四九・〇％へと上昇している。(57) インドは一九七八年に今後二〇年の近代化計画を発表したが、そこではブルーウォーターネイビー（外洋海軍）を目指すとした。(58)

一九七二年から一九八〇年には海軍の艦数の増加と共に、特に潜水艦を増強した。潜水艦は、対パキスタン戦においては通商破壊戦を行う能力をもち港湾施設を封鎖する能力があると共に、対潜水艦戦にも役立つが、それ以上に特にアメリカの空母に対抗するためにも役立つため、米空母機動部隊を念頭に置いた戦力と考えられる。

③　空軍動向

第三次印パ戦争後のインド空軍の変化には少なくとも二つの特徴を挙げることができる。一つは、インド空軍が、敵地奥深く侵入して爆撃を行う能力の獲得に動いたことである。一九八〇年にイギリスからジャギュア戦闘爆撃機を配備し始めることになるが、ジュギュアは低空飛行で敵の防空網をかいくぐって爆撃を行う能力をもっている上、航続距離が長いため、インド空軍は、パキスタン全域及び中国の内陸部に低空侵入して爆撃できるようになった。(59) 結果、一九七一年以後核開発を進めるパキスタンにとっても、核関連施設を中国の内陸部に抱える中国にとっても警戒感が高まることになる。

第三次印パ戦争後のインド空軍のもう一つの特徴は、戦闘機の数よりも装備、組織、人的な向上により質を向上させる傾向である。人的増加は、一九六三年から一九七一年までの人的増加に比べれば緩やかであるものの、着実に増えており、一九七二年に九万二〇〇〇人だった兵員は一九八〇年には一一万三〇〇〇人になった。一方でこの時期、戦闘爆撃機飛行隊数は一九七一年以降減少に転じている。戦闘爆撃機の機数はほぼ横ばいで、一九七一年の六二五機から一九七六年には九五〇機まで一時的に増えたものの、一九八〇年には六三〇機に戻っている。つまり戦闘機数は増えておらず、兵員数だけが増加している。このような動きは、インドの空軍が数よりも質を重視するようになっていることを意味していると考えられ、南アジアにおいて通常戦力で圧倒的に優位にある状況から、大国として質の高い空軍を保有しようとする動きと考えられる。

また、中国国境における航空偵察活動の必要性から航空研究センター（Aviation Research Centre）が設置され、対外情報機関である調査分析局（Research and Analysis Wing）の局長の監督下でミグ二五偵察機等を用いた偵察活動を行うようになった(60)。

④　軍備の国産化動向

第三次印パ戦争前までインドは定期的に起きる実戦で使用する関係上、いくら国産でも性能の悪い兵器を配備する余裕がなかった。しかし、第三次印パ戦争はこの状況を変えた。もはや南アジアに深刻な脅威がなくなったインドは、国産兵器の開発と配備を進める時間的な余裕を得たのである。そのため、インドは後にアージュン戦車、デリー級駆逐艦、ゴダヴァリ級フリゲート艦となる研究開発を開始した。しかし、これらのプログラムはなかなか進展しなかった。戦車のプログラムは、一九七二年にインド政府の一部部局が戦車の開発研究をスタートさせていたにもかかわらず、この戦車開発は一九九六年まで本格的なものにならなかった。駆逐艦は一九七七年に研究をスタートさせたものの、完成するのは一九九七年である。ゴダヴァリ級フリゲート艦だけがソ連の支援の下、少し早めの一九八三年に完成した。一九七〇年代はインドにとって軍事力強化をソ連に依存する体制が構築されはじめた時期で、インドが国産する体制の必要性に気付くのは、一九八〇年代に入って、よりソ連への依存度が高くなってからのことといえる。

⑤　核戦力動向

インドの核開発の直接の動機は、一九六二年の印中の国境紛争における敗北と、一九六四年の中国の核実験であるが、第三次印パ戦争中の空母エンタープライズを中心とする空母機動部隊の派遣もまた大きな影響があった。当時、空母エンタープライズは核兵器を搭載していると考えられており、スリランカ沖に展開した空母は、核による脅しと考えられたからである。[61]結局インドは一九七四年に「平和目的の核爆発」とよぶ初めての核実験を行うのである。

この実験において興味深いのは各国の反応である。ソ連が事実上支持、フランス原子力委員会は祝意を表し、中国はコメントなしで速報しただけであった。[62]

インドは、核兵器の兵器としての配備については明確に否定する声明を出し、積極的ではなかったが、核兵器搬送可能なジャギュア戦闘爆撃機の採用で、核兵器の運搬能力を保持するようになっていった。[63]

三　外交的動向

(一)　戦　前

インドと域外大国との軍事的な関係は、時代と共に変遷してきた。まず、独立当初からインドは非同盟路線をとるわけであるが、イギリスから独立した関係もあって、安全保障上のイギリスとの関係は深いものがあった。しかし、一九五〇年代、朝鮮戦争を境にアメリカやソ連からの積極的な宣伝もあり、ソ連からも武器を購入するようになった。この流れは、チベットにおける独立運動の激化で印米両国が協力したことや、一九六二年の印中戦争における敗北後、米ソ双方が積極的に武器を輸出するようになったことにより加速した。[64]

しかし、一九六五年に第二次印パ戦争が勃発し、アメリカが対印パ武器禁輸を行う一方でソ連は軍事援助を続け

表２－11　1972～1980年開始とみられるインドの国産兵器開発プログラム

種　別	名　称	2010年までの状態
戦　車	アージュン	2004年配備，MK.II 開発中
駆逐艦	デリー級	1997年就役
フリゲート艦	ゴダヴァリ級	1983年就役，最初の国産軍艦，72％国産
ミサイル原子力潜水艦	アリハント級	建造中（ソ連（露）の協力）
練習機	ディーパク	1984年配備開始

出典：筆者作成。

表２－12　1972～1980年のインドの主要正面装備品ライセンス生産一覧

種　別	名　称	数	生産年度	開発国	国産化の度合い
戦闘爆撃機	ミグ21	165	1972契約 1973～1981	ソ連	
戦闘爆撃機	ミグ21	295	1976契約 1976～1987	ソ連	220機アッセンブリー
戦闘爆撃機	ジャギュア	85	1979契約 1981～1987	イギリス	45機インドで生産

注：表２－３で記載のものは含まれていない。
出典：Stockholm International Peace Research Institute のデータベース（http://www.sipri.org/databases ）。

たため、印ソの軍事的な関係は急速に強まることになる。さらに一九六八年の英海軍のインド洋からの撤退宣言を契機としてソ連海軍のインド洋における活動が活発化し、一九七一年には一五隻体制でインド洋を常時パトロールする状態になっており、インドにとってソ連の存在感は高まっていた。

ただ、このような印ソ間の動きには不安定な部分があった。ソ連のインドへの接近の背景には、もともとソ連と中国が影響力を競い合っている側面があった。そのため第二次印パ戦争の終結を話し合った一九六六年のタシケント協定の締結後、ソ連はパキスタンとの関係も強化し、一九六八年七月には初めてソ連・パキスタン軍事援助合意を締結して、対パキスタン支援を強化する傾向をみせていた。これは、中国の影響が強いパキスタンへの影響力獲得を狙ったものであるが、この政策にインドは強い懸念を表明していた。結果、印ソ間では軍事的な協力関係を結ぶ条約の締結の準備がかなり進展していたにもかかわらず、締結自体の見通しが立たない状態となっていた[65]。

一方、中ソ対立とベトナム戦争は、米中間の接近という方向へ大きな影響力を与えていた。その交渉においては、両国と関係が深いパキスタンが中継地として関与しており、米中パ対印ソという関係が形成されつつあった。

一九五〇～一九七一年の英米ソの対印武器輸出額推移をみると前述の外交的状況を反映している。もともとイギリス製装備でスタートしたインド軍は、イギリスの装備やドクトリンをもっており、その維持管理や新装備購入においてイギリスの影響が大きかった。しかし朝鮮戦争と一九六二年の印中戦争時に米ソの参入がみられ、アメリカが一九六五年の第二次印パ戦争時に対印武器禁輸を行い、インドの武器供給はソ連への依存度を高め、一九七一年の戦争を迎えていくのである。

興味深いのは、何を購入したのかという問題である。軍事装備は、戦闘に直接使用する正面装備と、後方部隊が使用する後方装備があり、どちらも特殊な装備であるが、正面装備は民生品では代用できないのに対し、後方装備は民生品で代用できる場合がある。そこで、正面装備の内、戦車、水上戦闘艦、戦闘爆撃機に限り、外交的変化があった印中戦争後の一九六二年からの推移をみてみると、一九六三年インドが保有する戦車の四三％、水上戦闘艦と戦闘爆撃機では全くソ連製がなかったのに対し、一九七一年は戦車の三八％、水上戦闘艦の二二％、戦闘爆撃機の三六％がソ連製となっており、ソ連製が占める割合が増加傾向にあるのがわかる[66]（表2－11、2－12参照）。

(二) 戦争直前（一九七一年三月二五日～一二月二日）

一九七一年三月二五日、独立運動を鎮圧するためのパキスタン軍による軍事作戦が開始された。これに伴い、インド外交もこの事件に対する対応を迫られた。特に、パキスタン軍が事態を十分に掌握できないことが判明するにつれて、インドは直接軍事介入することを検討し始め、軍事介入する際の外交上の正当性の確保について追求した。軍事介入の正当性を高めるためには、敵になるであろうパキスタンとは交渉せず、一方でパキスタン以外の国に対しては積極的にインドを支持するよう働きかける必要がある。そのため、印パ両国は、直接的な交渉はせず、もっぱら国際的なフォーラム等で間接的に接触するにとどめた。一方で、国際社会に対しては、もしインドがバングラデシュに介入する場合、これは単に印パ戦争の再来でも、ヒンドゥーとイスラムの戦争でもなく、バングラデシュの解放闘争であるということを前面に押し出すことを強調しようとした。その結果、インドの外交は軍事作戦に向け次の三段階的に変化していった。

①　国際社会の介入を求める段階

まず、最初にとられた外交は、一九七一年春の時点で展開されたもので、インドは、東パキスタンの問題をパキスタン自身が解決するよう圧力をかけることが国際社会の義務だ、という立場をとるものであった。インドには多くの難民が押し寄せており、国際社会からはインドへの同情が寄せられ、インドは一定の支持を獲得したといえる。インドが軍事介入をすることに批判的な国際社会を味方につけるためにも、このような同情は不可欠であると考えられた。

しかし、五月終わりまでには、東パキスタン問題は、国際社会における主要な国々にとって周辺的な問題であり、インドの軍事介入に大きな障害とならないことがわかった。ガンジー首相が議会で述べている通り、国際社会はインドの要請に対し、同情を示す一方で、パキスタンに対する圧力となるような行動をとらなかったからである[67]。その一例としては六月二一日付の『ニューヨークタイムズ』が報じたところであるが、アメリカ政府は、四月初めの時点で[68]、パキスタンに軍事援助を完全には止めてなかったことがある。五月二七日にインドは、アメリカは印パに自制を呼びかけていたが、自らは自制していないと非難し、ただちに出港した二隻の軍事物資を停止し、それ以上の対パ軍事援助をしないよう求めた[69]。

インドは、この状況においてさらに圧力を強める政策をとった。五月、六月にかけて陸軍を東パキスタンとの国境地域で配置につけると共に、時折数発程度の越境砲撃を開始した。同時に、五月二四日には、インディラ・ガンジー首相が国会で「もし世界が留意しなければ、私たちは自らの安全を保証するため、そして社会・経済システムを維持・発展させるために、必要なあらゆる手段をとることを迫られるだろう」という演説を行い、六月二一日にはインド国防大臣ジャグジバン・ラムが「戦争せざるを得ないかもしれない」と発言し、六月二四日にはインド外相スワラン・シンが「インドは自ら行動を迫られている」と発言する等、軍事行動が近づきつつあることを示唆しながらパキスタンへの圧力を強める政策をとった。さらに、インドのスワラン・シン外相や他の大臣、有力者ジャヤプラカシュ・ナラヤナンも、東西ヨーロッパ、北アメリカ、アジア各国を訪問して積極的にパキスタンへの圧力を訴えた。

しかしながら、このようなインドの軍事行動を伴う積極的な外交攻勢もまた、同情以上の成果を上げることができなかった。(70) それどころかパキスタン側の、インドがパキスタンの分裂を図るためにパキスタンの国内情勢に介入していると主張する広報活動は効果を上げ、七月までにパキスタンは、国際社会の主要な強国やムスリム諸国から暗黙の支持を獲得しているといった状態であった。(71) この原因としては、実際インドが独立派の武装組織に支援を行っていたことがあるが、それ以外に、難民キャンプへの国連の介入を断り、各国から来たボランティアに引き揚げを命じる等、インドの独立派武装組織への支援を秘匿しようとするかのような動きがみられたからでもある。(72) インドの積極的な外交政策は七月初めまででいったん終息することになった。

結局、三月から七月までのインド外交は、軍事作戦を遂行する上で直接的な助けになるものではなかった。その背景には、東パキスタンをめぐる問題が国際社会の主要なプレーヤーにとって周辺的な問題であり重視されていなかったことがある。しかし、主要な国々が重視する問題が、南アジア情勢に大きな影響を与えるようになり、八月、インドの外交は大きく動き出すことになる。主要な国々が重視する問題とは、中ソ対立とベトナム戦争に起因する米中接近である。

②　ソ連の協力で軍事作戦能力を高める段階

米中接近においては、一九七一年七月、ヘンリー・キッシンジャー米国家安全保障問題担当大統領補佐官が訪パし、その訪パ中に抜け出して密かに中国を訪問した。しかも、彼はその直前に訪印した際、インドが東パキスタンへの軍事進攻を行わないようにくぎを刺す声明を出した。キッシンジャーは、米上院が、東パキスタンにおける状況と米政府の対パキスタン政策に対して懸念を示していることがインドの軍事進攻を促すのではないかと懸念し、インドの軍事進攻を抑止するために、中国に対し、もしパキスタンに何かあれば中国が介入するかのようなメッセージを出すよう提案した(73)。

このような状況は、いつ締結されるかわからない状態となっていた印ソ間の軍事的な協力を結実させることにつながった。しかも、インドでは国民会議派が分裂してできたインディラ・ガンジー派にソ連寄りの議員が集まり、ソ連が対パ軍事援助を減らし止めるのであれば(74)、インドはソ連の提案する「アジアの相互安全保障(75)」に加わる姿勢をみせていた(76)。結局、七月終わりからインドは積極的にソ連に働きかけるようになり、八月七日印ソ平和友好協力条約を結ぶことになったのである(77)。その際、インドはソ連に対し、軍事作戦が近いことを説明した。ソ連は自重を求めたようであるが、インドへの軍事支援も本格化した。

九月に行われたインディラ・ガンジー首相のソ連訪問はより具体的に軍事作戦を進めるためのものであった。インドは軍事作戦が近いことを再度説明し、この時点でもソ連は軍事作戦に懸念を表明したが、この訪ソにおけるインディラ・ガンジーの答えにより、ソ連はインドが軍事介入を決心したことを確信し、一〇億ドルという本格的な軍事支援に合意する。一二月に開戦することとなれば、以後はパキスタンを経由する空のルートはもちろん、海上ルートも封鎖されるため、それ以前に多くの軍事物資を輸送する必要があった。そこで、一〇月一日にはニコライ・ボドゴヌイ最高会議幹部会議長、一〇月二二日にはニコライ・フィリュービン・ソ連外務次官を団長とする代表団、一〇月三〇日にはソ連空軍元帥P・S・クタホフを団長とする代表団がインドを訪問、軍事協力やインド軍が緊急に必要とする武器の供給について協議し、一〇月から一一月に多くの軍事物資（スペアパーツ等）が輸送された[78]。また、軍事顧問団という形でソ連軍人も派遣されたものとみられている[79][80]。

③ 軍事作戦を結実させる段階

こうして印ソ間で軍事作戦の準備が進む一方で、九月から一〇月にかけて、軍事作戦を阻止しようとする国連の動きが活発になった。まず、国連では、夏ごろから非公式に、九月から一〇月初めにおいてはより積極的に、印パ双方に対して軍を国境地域から撤退させるよう求める動きが起き、この動きにパキスタンは好意的な反応を示した。インドは、このような動きは、パキスタン国内の対立を印パ対立におきかえる動きだと非難し、パキスタンが政治解決を行うような形に国連が動くべきであるとして、各国に協力を求めた。そのため、九月に入り、インドは主に中南米諸国とアフリカ諸国を訪問し、一〇月の国連安全保障理事会においてインドの立場への支持を獲得しようとした。ソ連の協力もあり、国連は戦争の阻止に十分な役割を果たすことはなかった[81]。

さらに、一一月七日、パキスタンのズフィカール・マリ・ブット代表団が訪中した。しかしこの会談でブット代表団は、中国側より、政治的・物質的支援をする確約と共に、印パ戦争生起時の軍事的な介入はしないことをはっきりと説明された[82]。結局帰国後、ブットは、中国から支援を得たと主張だけはしたものの、中国が軍事介入する可能性はほとんどないことが明らかとなったといえる。

一一月四日のインディラ・ガンジー首相の訪米は、軍事作戦開始直前の最後の山場となる外交の舞台であった。この時、インドは軍事介入を決定済みであったとみられるが、インディラ・ガンジー首相からは、東パキスタンにおける内戦はパキスタン政府の抑圧と虐殺が原因で起きたこと、難民はインドにとってもはや耐えられない重荷であること、東パキスタンの人々が望む解決策が必須で緊急に必要であること、インドは戦争を求めていないこと、難民は無期限にはおいておけないこと、国連を含む第三者による仲介は望まないことを伝えた。一方リチャード・ニクソン大統領とキッシンジャー国務長官からは、難民対策として全面的な財政支援を行うこと、ヤヒア・カーン大統領が合意した東パキスタンとインドの国境付近からの軍の撤退に応じて、近い将来インド軍も撤退してほしいこと、インドのいう東パキスタン国民が満足する合意が必要であり、そのためにはパキスタン側の譲歩が必要であるが、東パキスタン独立派のムジブを代表とする代表団とは交渉しないとパキスタン側が述べていること、そしてインド側がバングラデシュの代表を承認し、その中の一部にムジブが加わる場合は交渉する用意があるとしていること、そしてムジブとの交渉をパキスタンは「譲歩」ではなく「屈服」と捉えていること等が伝えられた。

ニクソン側の要求に対してインド側は、財政援助は大歓迎であることを伝えたが、インド軍の撤退に関しては、その場では答えず、後に間接的に、インド軍の越境はパキスタン軍の越境砲撃に反撃する必要な場合のみ行う、といった方針を示すことで答えることになった。そして交渉についてインド側が反応を示すことはなかった。

一一月二三日には、ウィリアム・P・ロジャーズ国務長官が印パ両大使を別々に招致して両国の軍隊の国境からの撤退、軍事行動停止を要請したが、これも効果はなかった。

結局一二月一日、アメリカはインドへの新たな武器輸出及び既存の武器輸出の更新はしないことを発表した。これにより弾薬製造用の機械約二〇〇万米ドル相当の契約がキャンセルされたが、インドが対中国を念頭においた防空能力を構築するために行われた支援約一一五〇万米ドル相当のライセンス権についてはそのまま継続されることになった。(83)

このようにしてインドは一二月三日に開戦を迎える。開戦前のインド外交の特徴をまとめると、インド外交は、まず、問題解決のための印パ両国の直接的な交渉を行わず、インドが軍事作戦をする場合を念頭に、インドの軍事作戦を正当化することに焦点をおいた外交を展開したことである。そのために、インドから望んで軍事侵攻するのではなく、パキスタンが自ら解決するべき問題に巻き込まれたインドという立場の追求に力点がおかれた。そして、そのような外交は一定の同情を集めることができたといえる。ただ、このような外交はインドの軍事介入を物理的に成功させるには不十分であったため、ソ連との協力により軍事的な能力を高めることに力を注いだ。このソ連との関係は、中国の介入を抑止する観点からも重要で、インドの軍事介入を助ける上で大きな影響があったのである。

(三) 戦中（一九七一年一二月三日〜一二月一七日）

一九七一年一二月三日の印パ開戦後、米ソ中各国の対応ははっきり分かれた。まず、ソ連は印パ間の緊張と開戦はすべてパキスタン側の責任であり、パキスタンは反政府住民への弾圧を即時中止して政治的和解を目指すべきであり、各国は事態を悪化させるような行動をとるべきでないという立場をとった(84)。そしてインドを糾弾するいかなる国連決議に対しても拒否権を行使した(85)。ただ、ソ連にとってこのような姿勢を長期に貫くことは外交的にリスクが高いことは事実で、一二月一二日に訪印したヴァシリー・クズネツォフ第一副外相は、一〇日以内にインドがダッカを攻略することを求めた(86)。

中国は、インドがパキスタンに対する長期戦を仕掛けていることを非難し、『人民日報』は、東パキスタンにおける独立運動を「日本が満州国を作る手口と同じである」と報道した(87)。また、一二月一五日になり、中国政府はインドの兵士が、一二月一〇日以来シッキムとチベットの線を越えて侵入していることを抗議するとともに、停戦発効の二日後までに撤退することを求めた。この撤退要請は、ダッカ陥落の直前であるので、インドの停戦の決断に影響を与えた可能性がある(88)。

そして、第三次印パ戦争中最も重要な動きをみせたのはアメリカである。アメリカは、一二月三日の対印軍事物資の輸出許可の全面的な取り消し、六日には八七六〇万米ドルに相当する対印経済支援の停止を決めただけでなく、ベトナム戦争に従軍していた第七艦隊を引き抜きベンガル湾に派遣することも決めた(89)(三日)。

この空母エンタープライズと四隻の護衛を中心とするタスクフォース七四は、一二月一〇日ベトナム・トンキン湾からシンガポールへ移動を開始、一二日にはシンガポール沿岸で他の艦と合流、一四日になり（二日遅れた理由は不明）マラッカ海峡を通ってベンガル湾北部を日中移動、ダッカが陥落した一六日に南に進路を変え、スリランカ南東へ向かった。一七日には停戦となる。この後、翌一九七二年一月七日にベトナム沖にいる第七艦隊に復帰するまでインド洋にとどまっていた[90]。

この艦隊の目的は、様々にいわれている。公式な声明では、現地のアメリカ人の救出とのことであったが、東パキスタンにいるアメリカ人の中でインド軍による避難指示を拒否して残っていたのは四七人だけであり、一二日には脱出することになった。そのため、アメリカの動きを注視していたインドは、一〇日には米空母の派遣を把握していたようであるが[91]、インドにとってアメリカのこのような動きは予想外であり、かつその目的は判別し難いものであった[92]。

この空母派遣を軍事的な観点から分析した記事としては、例えば一二月三一日付の『ワシントンポスト』の記事があるが、この記事の中でアメリカ人記者ジャック・アンダーセンが述べているところでは、インド海軍の空母ヴィクラント等を軍事作戦から逸らして、東パキスタンの港湾封鎖を緩めることや、インド空軍機を警戒態勢において、東パキスタンへの爆撃等の任務から逸らすこと等軍事的な目的を挙げている。インド海軍が潜水艦一隻を米空母対策に潜伏させていたことを考えれば、若干の効果があったといえるが、東パキスタンの封鎖がゆるまなかったことを考えれば、若干の効果しかなかったともいえる。また、同じ記者が一九七二年一月一〇日付の『デイリーテレグラフ』に書いたところでは、ソ連大使ニコライ・M・ペゴフに聞いたところ、アメリカの空母派遣は、インドの西パキスタンへの軍事作戦に対抗して行われたもので、パキスタン軍の士気を高める狙いもあったとのことである。

一方で、リチャード・サイソンとレオ・E・ローズは次のような四つの可能性を分析している[93]。第一に考えられるのは、アメリカが西パキスタンの分裂を憂慮しており、ほとんど可能性はないにしても、もしインドが西パキスタンへも大規模な侵攻をかけるような事態を未然に防ぐために派遣されたという考え方である。

第二に、中国への配慮説で、これはキッシンジャー国家安全保障問題担当大統領補佐官自身が頻繁に引用するものであるが、米中接近の中で、中国が支援しているパキスタンをアメリカも支援する姿勢をみせる、シンボル的な行動であったという見方である。

第三にイスラム諸国への配慮である。イスラム諸国に味方する姿勢をみせて、中東におけるアメリカの影響力を維持する狙いがある。

第四にソ連艦隊の存在である。インド洋においては、開戦の時点でソ連海軍は駆逐艦二隻、掃海艇二隻、給油艦一隻を配備しており、一二月六日にはミサイル巡洋艦ウラジオストクを含む三隻を、一三日には、ミサイル巡洋艦一隻、ミサイル駆逐艦一隻を含む四隻をウラジオストクから派遣し、それぞれ一八日、二四日にインド洋に入った。さらに米空母対策として原子力潜水艦も派遣した。これらの艦隊は、日程的にエンタープライズに大きな後れをとっているものの[94]、アメリカが一九七二年一月に第七艦隊をインド洋に定期的に派遣することを発表する際の理由もソ連への対抗であったことを考えると[95]、有力な説といえる。英海軍のスエズ以東撤退以後、インド洋への派遣を検討していたアメリカにとって印パ戦争は派遣の機会を与えた格好といえる。

また、アメリカは何か事態が起これば空母を派遣する傾向にあり、一九七三年の第四次中東戦争においてもそれは同様であるため、深い意味はない可能性もある。ただ、結局、アメリカは、空母を派遣する一方でパキスタンへの軍事援助は行っておらず、この空母派遣もインドからだけでなく、パキスタンからも不評であった。

結局ソ連の圧力もあり、一二月一六日、インドは、ダッカ陥落と同時に停戦を宣言、一七日にパキスタンが受け入れて戦争は終結するのである[96]。

(四) 戦後

第三次印パ戦争後、インド外交の動きは以下のようなものである。

まず、東パキスタンでは、バングラデシュ政府が創設されたが、インドは戦争中の一九七一年一二月六日バングラデシュを承認した。このバングラデシュは一九七二年一月一一日には新政権を発足させ、インドとの間に経済協定、貿易協定、友好協力平和条約を締結した。三月一六日には早くもインド軍を全バングラデシュから完全撤退させた。

このバングラデシュは一月二四日にはソ連からも承認され[97]、八月二五日の時点で八七カ国が承認、アメリカも翌年にはバングラデシュにとって最大の経済援助国となっていた（国交は一九七四年から）。

しかし、そのバングラデシュ政府への影響力をめぐってインドとソ連が争い、結局クーデターが勃発してムジブは暗殺され、米中よりの政権が成立する運びとなってしまい、影響力を減ずる結果になっていった。

一方、パキスタンでは、勝利あるまで徹底抗戦を唱えた翌日の一二月一七日に停戦を受け入れたヤヒヤー・ハーン大統領に対する批判が強くなり、軍内部のクーデターで権限委譲が起きた。この結果、ローマにいたブットが呼び戻され、二〇日にパキスタンに到着、権限の委譲が行われていた。インドは、このブット首相との間で一九七二年六月二八日からシムラで交渉を行い、七月三日、印パ両軍の撤退、西部国境地帯における捕虜の送還について合意文書が調印された[98]。

印米関係も戦後改善したといえる。アメリカは、パキスタンに対する復興援助やインド洋における海軍によるパトロール強化等を行い、この地域での軍事活動を活発化させる一方で、バングラデシュに対する非敵対やインドとの関係改善を進めた。アメリカは、一九六六年にインディラ・ガンジー政権が誕生した際には、野党に資金援助を行っていたが、一九七〇年代初めには、インディラ・ガンジーの国民会議派に資金提供するようになった[99]。

また、インドはイスラム諸国等パキスタンを支持した国との関係改善に取り組んだが、開戦前にイスラム諸国間の差異を利用しながら多くの働き掛けを行ってきた経緯があり、かつまた戦争そのものが短期間で終わったこともあって、関係改善はスムーズに進んだ。

インドと中国との関係は依然として友好的とはいえず、その後、中国によるインド国内武装勢力への支援が積極的に行われたとインド側は解釈している。ただ、一九七六年に印中両国は再び大使を交換し、一九七九年の印外相の訪問時に、中国は、インド国内の武装勢力への支援を「過去のものになる」と伝え、事実上支援を停止したものとみられる。(100)つまりこの時期の印中関係は、警戒が強い関係ながらも、若干関与の姿勢がみられる状況であった。

総じてみれば、インドはこの戦争による直接的な外交的損失を避けることができたといえる。戦争そのものは、印パのパワーバランスを大きく変化させ、もはや南アジア域外の大国が印パを競わせるようなやり方はできないという認識を広めた。(101)以後、インドは南アジアにおける地域大国としての地位を確立していくのである。

一九七一年と一九八〇年を比較してみると、インド軍が保有する正面装備の内、戦車は三八％から四六％へ、水上戦闘艦では二二％から四七％へ、戦闘爆撃機は三六％から五四％へとそれぞれ、ソ連製が占める割合が高まっている。

四　まとめ

以上のように東パキスタンにおける独立運動を西パキスタンから送られた軍隊が苛烈に弾圧したことをきっかけに生じた大量の難民によってインドは軍事行動を迫られた。このような事態に対し、インドは、軍事的にも外交的にも十分な時間をかけて十分な準備を行った上で軍事行動に移り、予測した通りの成果を収めた。

この戦争によってインドは南アジアで圧倒的な大国となり、海軍の増強や核実験に至ると同時に、より周辺地域における国益上の関心を高め、南アジア域外の大国がインド周辺に軍事的に関与することを恐れるようになる。その結果、インドは、次のスリランカ介入に至るのである。

第三章　スリランカ介入——スリランカ北東部における非対称戦

スリランカ介入は第三次印パ戦争以来の衝撃をインドに与えた戦争としてインドの戦略の変化を説明する上で欠かせないものといえる。

まず、圧倒的な大国になったインドにとっての関心は、周辺の小国を拠点にして域外の大国がインドの国益を脅かさないことであった。ところが、周辺の小国からみれば、インドの影響下で、いかに独立を維持するかが課題となった。その結果、スリランカはアメリカとの協力関係を模索し、インドはアメリカがスリランカと軍事的な関係を結ぶことに対する警戒感を高めた。

結果、インドはスリランカにインドの力を示そうとし、スリランカ内戦に介入して、平和維持軍を送ることになり、それが平和執行任務となっていく。圧倒的に強いインドは、圧倒的に弱いはずのタミル人武装勢力、タミル・イーラム解放のトラ（Liberation Tigars of Tamil Eelam：LTTE）と非対称戦をすることになるのである。

以下、戦争の起源、軍事的動向、外交的動向に分けて戦争の経過を示すものである。

一　戦争の起源

①　スリランカ内戦へ

スリランカは一九四八年にシンハラ人とタミル人を中心とする多民族国家として誕生した。その構成は一九八一年の調査によると全人口一七〇〇万人の内、シンハラ人が七四％、タミル人が一八％程度を占めていた。タミル人はスリランカの北部と東部に集中して住んでいた。しかし、独立当初からシンハラ人中心の政府はタミル人に対して差別的な政策を行ってきた。特に一九五六年の公用語法では、公用語としてタミル人が一般的に使うタミル語、英語をはずし、シンハラ語だけを公用語とした。そのため例えば、ほとんどのタミル人は公務員になれないことになった。公務員という仕事がきわめて重要な途上国では深刻なことであった。

このような差別的な政策に対し、タミル人の間では組織形成が進んだ。一九四九年に成立した連邦党（Federal Party：FP）は公用語法以降、次第に支持を広げた。スリランカ政府は一九六〇年代に入ってFPを禁止したが、一九七二年には他の党と合流してタミル統一戦線（Tamil United Front：TUF）を結成、一九七六年にはタミル統一解放戦線（Tamil United Liberation Front：TULF）を結成し、初めて分離独立を主張するに至った。

このころからシンハラ人過激派武装勢力である人民解放戦線（Janatha Vimukthi Peramuna：JVP）が武装闘争を行うようになったこともあり、タミル人組織の中に武装闘争を行う組織が誕生した。一九七二年に登場したタミル・ニュー・タイガー（Tamil New Tigar：TNT）もその一つで、一九七六年にタミル・イーラム解放のトラ（ＬＴＴＥ）となった。この組織は一九八〇年代に入ると若者中心に支持を広げ始めＴＵＬＦよりも支持を広げていった。

一九八二年一二月スリランカの大統領は自らの任期を延ばすために選挙ではなく住民投票を実施しようとした。そしてこれに反対する野党のデモが行われたが、このデモの性質はいつの間にか変化し、一九八三年首都コロンボでタミル人に対する暴動へと発展し、多数のタミル人が虐殺された。この事件を機にＬＴＴＥ等のタミル人武装組織は本格的な武装闘争を開始、一九八三年七月二三日ＬＴＴＥの待ち伏せによりスリランカ軍の兵士一五名が殺害され、本格的内戦がスタートした。

②　難民の発生

一九八三年の虐殺に始まる内戦によって多くの難民が隣国インドに逃げ始めた。インドのタミル・ナードゥ州はタミル人六〇〇〇万人が住む州で海峡を隔てているとはいえ三〇km程度しか離れていなかった。その数は一九八三年七月から一二月までで三万名、一九八五年の七月には一〇万名、一九八七年七月までに一五万名へと増加し、内、一三万名は難民キャンプ内に居住していた。[1] この人数はタミル・ナードゥ州にとって大きな負担であったが、インドのタミル人たちは、スリランカの難民を積極的に迎え入れると共に、インド政府や国際機関へ訴え、タミル・ナードゥ州警察の諜報部門Qブランチ（Q Branch〔intelligence〕）を中心に本格的な支援も開始した。こうしてインドは中央政府が介入する前に、すでにスリランカ内戦と深いつながりをもっていくことになったのである。

二　軍事的動向

(一) 戦　前

インドがスリランカに介入する前の一九八〇年代の軍事的動向は次のようなものであった。

一九七一年以後のインドの軍備増強は、特に一九七九年にソ連がアフガニスタンに侵攻すると急速になっていた。ソ連のアフガニスタンの侵攻に対抗してアメリカはパキスタンを通してアフガニスタンの対ソ・ゲリラへの支援を実施したため、パキスタンはこれを流用して二個軍団を増設した。一方、ソ連はインドを軍事支援することでアメリカのパキスタン支援に対抗させせようとしたため、インドの軍事力はこの時期急速に増強されることになったのである。インドの一九八八年の国防予算は一九八〇年と比べ二倍以上になっていた。

その結果、インドの軍事活動も活発になり、シアチェン氷河におけるメグドット作戦、中国に対するファルコン作戦、チェッカーボード演習、パキスタンに対して行われたブラスタクス演習、モルディブへのカクタス作戦等が行われた。スリランカへの介入もこうした積極性の中で行われたのである。

① 陸軍動向

このような軍事活動の活発化を支えたのは、インド軍の戦力の充実と、作戦立案に優れた陸軍参謀長クリシュナ・スワミ・スンダルジー大将を長とする指導部がいたからであった。

スンダルジー大将は、この時期の作戦・演習のほとんどを主導して立案し、いわゆるスンダルジー・ドクトリンを推し進めた。その目的は、スンダルジー大将が陸軍参謀長になった際に練られた一九八六年の「インド陸軍二〇〇〇構想」によると、インドは、中国に対して防御、パキスタンに対して攻撃を、外部の支援なしに同時に遂行できる体制の構築である。(2) これは、当時の状況として、もしインドが、パキスタンと中国の両方を同時に相手にしなければならなかったときは、まずフランスを全力で攻撃して後にロシアに対処しようとした第一次世界大戦のドイツのような作戦を考えざるを得なかったため、まず中国の攻撃を一〇個の山岳師団で防御し、その間に軍主力でパキスタンを倒し、その後、全戦力を中国向けに充て、中国との長い戦いを行う構想を立てたのである。(3) インドの備蓄では六〜八週間の戦争遂行能力があるものと考えられ(4)、この間にパキスタン軍を撃滅しなければならなかった。(5) このような構想はパキスタンに対するものはブラスタクス演習、中国に対するものはファルコン作戦やチェッカーボード演習で具体的に示された。

ブラスタクス演習において明らかになったインドのドクトリンは、機甲戦力でパキスタンの中央、シンド州の砂漠地帯を突破し、パキスタンを南北に分断するという戦略である。一九八〇年代の師団数をみると、機甲師団と機械師団の合計数が三個となっており、機甲戦力の増加は、その構想に基づくものと考えられる。また、同時に一九八〇年代半ばに陸軍独自の航空部隊（主にヘリコプターで、空軍と任務が重なるようになった）が創設され、陸軍全体の機動力の増強が図られた。ただ、インドはこのような充実した機甲戦力を国境から遠く離れた内陸部に配置していた。その背景にはパキスタンからの奇襲攻撃で大事な機甲戦力を失わないようにする意味もあったが、同時に必要以上にパキスタンを刺激しないようにしていたといえる。(6)

ファルコン作戦、チェッカーボード演習については、詳細が明らかでない。ただ、一九八二年にインディラ・ガンジー首相が対中戦力を組織的に整える命令をだし、[7]山岳師団が増強され、インド北東部だけで五個師団が配置されていた。[8]多くの山岳師団は創設から二〇年近くになり、次第に戦術を改良し練度も高めている状態にあったといえる。

このように当時のインド陸軍は、師団数全体も増加し、戦力が充実しつつあった時期といえるが、その師団の多くを西方、北方の対パ、対中正面へと配備していたことが特徴的であった。対パ、対中の備えが整う一方で、スリランカのようなインド南部への介入の準備はまるで整っておらず（海軍の担当だとみなされており）[9]、インド陸軍の兵士は準備不十分なまま戦場へ赴くことになるのである。

② 海軍動向

一九七一年以降インドは海洋を重視する傾向が強くなったわけであるが、一九八〇年代は、イラン革命とソ連のアフガニスタン侵攻、ソ連海軍のインド洋進出という事態を受け、アメリカがディエゴ・ガルシア島を拠点にインド洋における海軍力の増強を進めた時期であった（図3‐1）。もともとインド洋を含む南アジア圏内において域外大国の影響力が強まることを強く懸念するインドは、[10]特に一九八〇年代後半にかけて海軍を増強することになる。[11]当時インド海軍の空母は二隻になり、潜水艦は一九七一年の四隻から一九八一年には八隻に、そして一九九〇年には原子力潜水艦一隻を含む一九隻まで増強される。これらの艦艇は、ただ単に数が増えただけではなく、以前より大型化しており、より遠洋で活動する能力を備えていた。

同時に、インド空軍の空対艦ミサイルを装備した飛行隊がインド南部に創設されたのも一九八〇年代であり、海洋防衛への関心が高かったことがわかる。

スリランカ（及びモルディブ）への介入は、このようなインド洋安全保障重視の過程で起きていくことになる。スリランカは、インド洋を通るシーレーンの中心に位置し、世界の主要国にとって地政学的重要性が高いため、特に

図3－1　インド洋を通る主要なシーレーンとスリランカの戦略的な位置

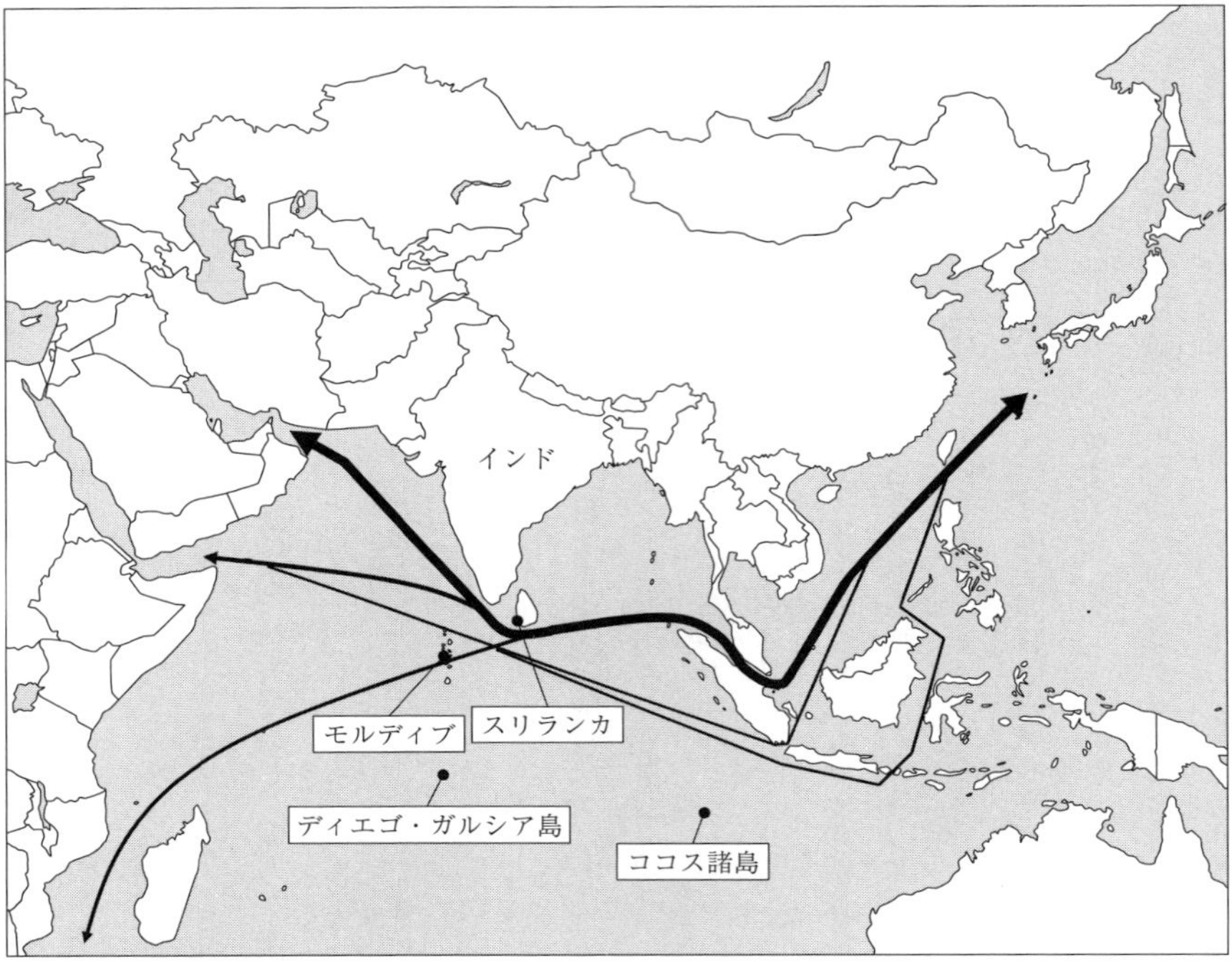

注：線の太さは交通量を示す。
出典：Gupreet S. Khurana, *Maritime Forces in Pursuit of National Security : Policy Imperative for India* (New Delhi: Institute for Defence Studies and Analyses, 2008), p. 8 の図を参考に作成。

域外大国の介入が懸念される地域である。一方でスリランカはインドから約三〇kmしか離れておらず、民族的共通性もあってインドとのつながりが深い。そのためスリランカに対して行われる域外大国の関与は、インドに直接影響する。

そのスリランカの防衛は一九四八年に独立して以後、イギリスとの協力によって守られてきたが、イギリスのインド洋からの撤退と共にアメリカが進出しつつあった。インドは、スリランカに対する域外大国の関与にきわめて敏感になっていたのである。

③　空軍動向

この時期のインド空軍の特徴は人員があまり変化しなかったのに対し（一九八一年一一万三〇〇〇人から一九九〇年一一万人）、装備が大幅に更新されたことである。一九七〇年代を通じて新規に採用された航空機は一機種もなかったのに対し、一九八〇年代には五機種（ジャギュア、ミラージュ二〇〇〇、ミグ二三、二七、二九）が配備され、最終的にはミグ二一を除く既存の戦闘爆撃機すべてを退役させて更新することになった。このような軍備の急速な更新の背景には、ソ連のアフガニスタン侵攻以来アメリカによる対パキスタン援助が増加し、特にパキスタンにF一六戦闘爆撃機が導入されたことがある。その結果、戦闘用航空機数は一九八一年の六一四機から一九八四年には九二〇機まで増え、一九九〇年には八三三機となり、新旧戦闘機の交代が多く発生して、数の増加、予備機の増加、退役が目まぐるしく起きたことを示している。そのため飛行隊数も大幅に増え一九八九〜一九九〇年には戦闘爆撃機だけで五〇飛行隊前後まで拡大した。

この時期に採用された戦闘爆撃機、ジャギュアやミラージュ二〇〇〇等の特徴は、敵地上空に侵攻して空中戦や爆撃を行う能力をもっていることである。そのため、インド空軍はこれまで陸軍に合わせた作戦を実施してきたが、能力的には、空軍独自の軍事介入が可能となった点で大きな変化といえる。スリランカ介入に先立つ一九八七年六月、インドはミラージュ二〇〇〇戦闘爆撃機に護衛された輸送機による救援物資の空中投下を行ったが、この作戦は小規模ながら、インドが空軍による軍事介入を選択した一例である。ただ、インドの政治家はインド空軍がその爆撃能力を生かした戦略的役割を果たすことに否定的であった。その一例がミラージュ二〇〇〇戦闘爆撃機を採用した際のインド空軍の説明であるといわれる。インド空軍はミラージュ二〇〇〇の爆撃能力に期待していたにもかかわらず、政治家に購入計画を説明する際は、その防空能力の高さを前面に出して購入予算を獲得したのである。(12)

④　**軍備の国産化戦略**

一九八〇年代インドは国防研究開発費を八倍に増やし、(13)数多くの国産プログラムを立ち上げる一方で（表3-1）、ソ連から立て続けに兵器の提供を受けた。当時ライセンス生産を開始した兵器にはミグ二七戦闘爆撃機、T七二戦車、BMP二装甲戦闘車等があり、ソ連製の存在感の大きさが特徴である。しかしこれらの兵器の製造はアッセン

表3－1　1981〜1990年開始とみられるインドの国産兵器開発プログラム

種　別	名　称	2010年までの状態
小　銃	INSAS	1998年配備開始
対戦車ミサイル	ナ　グ	配備直前
自走多連装ロケットシステム	ピナカ	1994年配備開始
航空母艦	ヴィクラント級	建造中
フリゲート艦	ブラマプトラ級	1993年就役
コルベット艦	ククリ級	1998年就役
コルベット艦	コーラ級	1998年就役
戦闘爆撃機	テジャズ	配備直前・改良型開発中
多目的ヘリ	ドゥルブ	2002年配備開始・輸出
地対空ミサイル	アカッシュ	2009年配備開始・改良型開発中
地対空ミサイル	トリシェル	開発中止
弾道ミサイル	プリトビ	1995年配備・改良型開発中
弾道ミサイル	アグニ	2000年完成・改良型開発中

出典：筆者作成。

表3－2　1981〜1990年のインドの主要正面装備品ライセンス生産一覧

種　別	名　称	数	生産年度	開発国	国産化の度合い
戦闘爆撃機	ミグ27	111	1983契約 1984〜1991	ソ連	
潜水艦	209/1500型	4	1981契約 1984〜1994	西ドイツ	2隻は西ドイツで建造 2隻はアッセンブリー
歩兵戦闘車	BMP 2	700	1984契約 1987〜1991	ソ連	ほとんどインドで製造
戦　車	T72	500	1980契約 1988〜1991	ソ連	175両はアッセンブリー
戦闘爆撃機	ジャギュア	31	1982契約 1988〜1992	イギリス	8機はインドの改造型 一部輸出

注：表2－3及び表2－12に記載の兵器は含まれていない。
出典：Stockholm International Peace Research Institute のデータベース（http://www.sipri.org/databases)。

ブリー（最終的な組み立てだけ）が多く、インドが自ら製造した部分は少なかった。ここから一九八〇年代のインドに対するソ連の先進技術の提供や兵器の価格の切り下げ、他のソ連製兵器使用国へのインド製部品輸出の禁止、インドがライセンス生産したソ連製兵器の輸出販売の禁止等は、インドが自国製兵器を開発製造し、技術を蓄積することを妨げたという指摘がある。(14)しかもインドが保有するソ連製兵器に対して西側関係者は容易に近づけたこともあって、技術の管理上の問題を感じた西側諸国もインドへの技術提供を渋り、(15)結果としてインドの国産技術の成長は遅々としたものになったといえる。(16)表3－2をみてもわかる通り、この時期インドが独自に開発し、生産、配備した兵器は存在しない。ソ連崩壊まで続く、インドの国産技術育成の失敗の原因の一つといえる。インドは一九八三年に五種類のミサイルの国内開発をスタートさせるが、このような計画が日の目を見るのは主に二〇〇〇年代に入ってからのことであった。(17)

⑤　核戦力動向

一九八〇年代はインドにとって、一九七四年に核実験の後、ジャギュア戦闘爆撃機、ミラージュ二〇〇〇戦闘爆撃機の配備によって核兵器の運搬手段も保有した時期である。ただ、インドは、この核を部品として分解し、兵器として配備しない体制をとっており、一九八三年に核実験を検討したが実施せず、次の実験は一九九八年までなく、核抑止力としてはきわめて限定的なものであった。

一方、インドの核戦略上重要な動きとしては、パキスタンの核開発を阻止する必要性が出てきたことがあげられる。パキスタンの最初の核実験は一九九八年であるが、それ以前には核兵器を事実上完成させていたものとみられ、一九八〇年代後半はパキスタンの核開発の阻止のためには重要な時期であった。

そのため一九八〇年代にはパキスタンの核開発にまつわる危機が発生した。一九八一年のイスラエルによるイラクの原子炉爆撃の後、一九八四年ごろからパキスタンはインドが同種の先制攻撃をパキスタンに対して行うとの危機感を表明して国際社会にアピールした。インドが行った一九八七年の大規模な軍事演習ブラスタクスも、大規模な通常戦力によってパキスタンの核開発を止める最後のチャンスだったと指摘されている。[18] その点で、ブラスタクス演習には核戦略上注目するべきものがあるが、パキスタンはこの実験以後むしろ核の兵器化を急ぐようになり、インドも一九八八年に核兵器開発を本格化させたとみられ、逆効果となったという指摘もある。結局、次の一九九〇年危機以降は、両国の核兵器が使用可能な状態になっているとの見方が広がり、核危機の様相を呈することになる。[19]

同時に一九九〇年危機を境とした信頼醸成措置は両国の核関連施設への攻撃の禁止を定め、一九八〇年代にパキスタンが強く危惧していた攻撃の危険性は和らいだといえる。その動きは一九九二年以降の両国の核施設のリストの交換へと進んでいった。[20]

スリランカ介入はこのような長期的な軍事動向上の背景をもって始まるのである。

(二) 軍事作戦準備

① スリランカにおける独立武装闘争の支援

インドからのタミル人の独立運動への支援は当初地方政府レベルのもので、特にタミル・ナードゥ州の選挙において争点となり、スリランカのタミル人武装勢力への支援を与野党ともに競い合っていた。ただ、この時点では、これはインド全体の政策ではなく、インドにおけるタミル人が、スリランカにおいて抑圧されているタミル人を救援していただけであった。そのため、インディラ・ガンジー首相は、タミル・ナードゥ州首相のM・G・ラーマ・チャンドランに対し、州内にあるタミル人武装組織訓練キャンプを閉鎖するように説得を試みていた。[21]

しかし一九八三年七月にコロンボにおいて多くのタミル人が殺害されると、インドは二つの戦略、秘密裏の介入と公的な介入を検討し始めた。秘密裏の介入は調査分析局（Research and Analysis Wing）と諜報局（Intelligence

Bureau）が立て、[22] 公的な介入は首相府と外務省主導で立て、国防省・軍はインド南部における部隊配置を考えるようになる。タミル人の武装組織に対するインド中央政府による支援は、この時より本格的に始まることになった。

インド政府のタミル人武装組織に対する支援の方向性は次のようなものであったと考えられる。第一に、スリランカ政府が西側に接近するのを阻止するには、タミル人武装組織への支援とインドによる仲介の両方を行ってスリランカ政府のインドへの依存度を高める必要がある。第二に、タミル人武装組織を支援することは、インド政治においてタミル人政党からの支持を確保するために重要である。第三にタミル人武装組織を支援することによって分離独立が実現した場合、インド国内のタミル人の分離独立の動きにつながることも予想され、インドの国益にそぐわない。つまりインドは、タミル人武装組織のインドへの依存度を高めてコントロールし、多民族国家スリランカという枠組みを壊さないようにしなければならない。

そこで、スタートしたタミル人武装組織の支援であるが、これは調査分析局主導で、チャクラタ基地で訓練を開始した。このチャクラタ基地は、もともとチベット独立派を訓練するために調査分析局とＣＩＡが建てた機構二二とよばれる組織（後の特別国境隊）である。[23] その後、タミル人武装勢力が拡大するにつれて訓練に使用される施設はどんどん拡大していった。それらのキャンプはインド北部にも多くあったが、訓練を受けたタミル人武装勢力の基幹要員は訓練終了後、タミル・ナードゥ州に独自の訓練キャンプを設営して要員を増やしていった。訓練内容は歩兵火器の取り扱いや爆発物の運用、都市ゲリラとしての戦術、ジャングルで生活する能力等であった。一九八七年初めまでに訓練を受けたタミル人組織とその人数は、ＬＴＴＥ二〇〇〇名、タミル・イーラム解放機構（Tamil Eelam Liberation Organisation : TELO）一五〇〇名、タミル・イーラム人民解放機構（Peoples Liberation Organisation of Tamil Eelam : PLOTE）八〇〇〇名、スリランカ・イーラム革命組織（Eelam Revolutionary Organisation of Students : EROS）一二五〇名、イーラム人民革命解放戦線（Eelam Peoples Revolutionary Liberation Front : EPRLF）一五〇〇名等とされる。[24]

これらタミル人武装勢力は、前述以外のものも含め非常に多くの組織によって構成されていた。このような状態は、ある組織だけが強大になりすぎないようにするには有効であるが、インドが武装勢力を管理し、スリランカ政府との仲介を進める上では障害である。そのためインドは、これらの組織の統合をはかった。一九八四年四月、タミル・ナードゥ州元首相ムットゥヴェール・カルナーニディの主導により、タミル人武装勢力のリーダーがよばれ、内三つTELO、EROS、EPRLFは統一組織イーラム国民解放戦線(Eelam National Liberation Front : ENLF)を結成した。そして一九八五年四月にはLTTEも加わった。しかし、これらの組織は内部で争った。まず、有力な二代勢力であったLTTEとTELOの対立が激しくなり、LTTEは一九八六年二月にENLFより脱会、四月末から五月初めまでにTELOの指導者も含め多くのメンバーを殺害してしまった。他の二つの組織EROS、EPRLFにかくまわれた一部のTELOメンバーが組織を継続するが、組織は大きな打撃を受けており、この時点でLTTEは最大のタミル人武装組織になった。さらにLTTEの攻撃は続き、年末にはEPRLFのメンバーの大半も殺してしまったため、これも勢力を失った。結局ENLFも解散した。調査分析局はLTTEをもはやコントロールできなくなったものと考えられる。こうしてLTTEは一九八七年初めにはスリランカ北部をほぼ支配下におさめ、一月イーラム行政府を発足させることになるのである。

一九八七年インドは再び武装勢力の結集を図りTELO、PLOTE、EPRLFの三組織はイーラム国民民主解放戦線(Eelam National Democratic Liberation Front : ENDLF)を結成する。その後PLOTEが一九八八年モルディブのクーデターを実施し、インド軍と戦闘の末、降伏、指導者も一九八九年に暗殺される等したが、TELO、EPRLFは存続し、インド軍がスリランカに駐留している間は一定の勢力を保ってLTTEと戦うことになった。スリランカにおける州議会選挙においては、これら武装組織が政党となり勝利することになる。なお、EROSについては、インド軍のスリランカ駐留中もLTTEとの協力関係を保ち、最終的には一九九〇年に大半のメンバーがLTTEに入ることになった。

このような経緯から、インドの中央政府が当初多数のタミル人武装勢力を支援しながら組織をまとめようとしていった過程がわかる。しかし、インド主導のこのような動きにＬＴＴＥは乗り気ではなく、他の武装勢力を攻撃しながら次第に強大化していった。元々タミル人国家の分離独立に消極的なインド政府はこのようなＬＴＴＥを快く思っておらず、インド軍投入後、ＬＴＴＥよりも他の武装組織を支援することを選び、ＬＴＴＥとは対立していくのである。

一方で、タミル・ナードゥ州政府によるタミル人武装組織への支援は、中央政府とは全く別個に行われていた。当時タミル・ナードゥ州では二つの政党が有力であったが、その内ドラヴィダ進歩同盟（Dravida Munnetra Kazhagam：DMK）はムットゥヴェール・カルナーニディを党首とし、一九八三年から一九八六年まではＴＥＬＯを、それ以後ＬＴＴＥを支持していた。一方もう一つの政党全インド・アンナー・ドラヴィダ進歩同盟（All India Anna Dravid Munnetra Kazhagam：AIADMK）はＭ・Ｇ・ラーマ・チャンドランを党首とし、ＬＴＴＥを支持していた。このような関係もあって、タミル・ナードゥ州警察のＱブランチ等を利用したタミル人武装組織支援が行われた。

中央政府が協力したものも含めると一九八六年の時点でタミル・ナードゥ州に訓練キャンプが三九あり、三三〇〇名の要員が訓練を受けていて、累計は二万名を超える要員が訓練済みとなっていた。また、一九八七年一〇月の軍事作戦開始直前の時点で、タミル・ナードゥ州の沿岸一帯にＬＴＴＥの無線施設があり、タミル・ナードゥ州のウェリントンの近くにはＬＴＴＥが直接運営する武器製造施設等もあった。インド軍はこれらの施設を閉じるようタミル・ナードゥ州政府に要請していたが、結局閉じられずに軍事作戦が始まることになるのである。

②　軍事作戦に向けての流れ

インドの軍事介入は、そもそも一九八七年になってから考えられるようになったことであった。それまでの間、インドは、タミル人武装勢力を支援しながら、武装勢力とスリランカ政府の仲介外交に力を入れていた。しかし、

表３－３　1983年以降の内戦によるスリランカ経済の衰退

	1983年	1986年
GDP 成長率	5％	4％
国防関連支出	18億スリランカルピー（7650万1000米ドル）	160億スリランカルピー（5億7108万米ドル）
観光客の数	450000人	250000人

出典：P. A. Ghosh, *Ethnic Conflict in Sri Lanka and Role of Indian Peace Keeping Force*（*I.P.K.F*）(New Delhi : A. P. H., 1999), p.81 及び The International Institute of Strategic Studies, *The Military balance* より作成。

これらの交渉はＬＴＴＥが分離独立を強硬に主張している環境下では決裂し続け、ＬＴＴＥがスリランカ北部を支配下に置きイーラム行政府を創設すると、スリランカ政府は一九八七年一月からジャフナ半島を経済封鎖、五月末には大規模な軍事作戦開始に至った。その結果、インドではコロンボ駐在の高等弁務官の報告やタミル・ナードゥ州から、インドが介入するべきであるとの強い声が上がるようになり、一九八七年五月終わりにジャフナ半島向けの人道物資一〇〇〇ｔの輸送をスリランカ政府に通告した。このころになって初めてインド軍の投入が計画されるようになるのである。

最初の介入は六月初めにおきた。六月三日、封鎖されたジャフナ半島へ人道物資一〇〇〇ｔを積んだ一九隻の貨物船と赤十字の要員を乗せた一隻の計二〇隻の船団がインド南部より出港、これをスリランカ海軍が阻止すると、六月四日、インド空軍の五機のＡＮ三二輸送機が、当時最新型のミラージュ二〇〇〇戦闘爆撃機五機に護衛されながらスリランカ上空に侵入し、二五ｔの人道支援物資の空中投下を行った。

この介入は一定の成功を収めた。インドはスリランカ政府に力の差をみせつけることができただけでなく、諸外国もインドの行動を阻止する気がないことを証明できたからである。中国やパキスタンはインドの船団派遣も含めインドの行動を非難していたが、アメリカはインドの空軍機が物資を投下した時でも、人道的な考慮が不介入の原則より重要な場合もあるとの立場を示していた[25]。インド洋でインドやソ連以外の力のある国、アメリカの支持が期待できない状況ではスリランカの外交的立場は苦しくなり、結局、スリランカ政府は六月九日、軍事作戦を中止、人道物資を積んだ船団を受け入れることになったのである。

さらにインドはより本格的な介入へと進んでいく。その背景には当時スリランカ政府が直面していたもう一つの事情があった。スリランカ政府は南部にもJVPの反乱を抱えており、南北両方の反乱に同時に対処しながらインドに逆らうのは困難であったからだ（表3－3参照）。

そこで、スリランカ政府はタミル人武装勢力の問題をインドに任せることとし、七月二九日インド・スリランカ合意を締結する。この合意では、スリランカの北部と東部のタミル人の問題を解決するため、両地域を一時的に統合し、東部では住民投票を行ってその後を決めることや、タミル人武装組織の武装解除等が定められており、そのためにスリランカ政府の要請があればインド軍が派遣されることとなっていた（協定のより詳しい内容については、一七二頁④参照）。

しかし、この合意は非常に多くの問題があったのである。第一の問題は、インド中央政府内で統一した見解がなかったことである。この協定を推し進めたのはインドの首相府と外務省であり、タミル人の武装組織に対する直接的な支援を担当していた情報機関はこの協定に反対していた上、(26)軍は詳しいことを知らされずに実行だけを任された。しかもその軍は詳細な計画を立てていなかった。インド軍は三月には軍事介入の可能性を考え始め、四月には三つのシナリオを考えていたが、それはスリランカが外部からインドに対抗する国の軍事支援を呼び込む場合、スリランカがインドに平和維持軍の派遣を求める場合、そしてスリランカでクーデターが起き、インド軍がスリランカの現政権を支援する必要が生じる場合を想定したものであり、具体的なものではなかった。さらに六月にはいってから、インド軍はB・C・ジョシ少将にスリランカ介入の作戦計画パワン作戦を準備・開始させた。水陸両用作戦を訓練していた第五六師団、第三六師団、第二機甲旅団、第三四〇独立旅団グループ、第一軍団司令部から抽出した部隊を投入する計画を立てた。しかしこれも構想の状態で、インド軍派遣にむけ実際上の計画が立てられたのはわずか二、三週間前だったのである。(27)

第二にLTTEはこの合意に強い不満をもっていたことである。特に独立要求を取り下げて、完全に武装解除してしまい、スリランカ軍だけでなく武装したシンハラ人に対しても抑止力をもたない状態になるような合意には反対であった(28)。そこで、この問題についてラジブ・ガンジーとヴェルピライ・プラバカラン（ＬＴＴＥの指導者）には別に秘密裏の合意をしたものと考えられている。この合意の中でプラバカランは、インドからの資金援助の継続と相当量の武器を保持することを約束されており、その代わりとしてインド・スリランカ合意を保障するよう求められていたようである。しかもインドはタミル人武装勢力全部に対し、武装解除はインドに対してだけ行うことを約束していた(29)。

しかし、インド・スリランカ合意は敵対行為の停止から七二時間以内のスリランカ軍の撤退を定めており、実行不可能ではないかというＬＴＴＥ側の不信感がもともと強い状態だった(30)。

インド軍はインド・スリランカ合意の次の日にはスリランカに展開、四八時間で三〇〇〇人もの兵力をジャフナ半島のパレイ空軍基地に空輸し、八月にはジャフナに入った。

当初インド軍がスリランカ北部に入った時、雰囲気は歓迎ムードであった。この期待は、そのものが危険だった。タミル人の間には、スリランカ政府が進めたスリランカ東部へのシンハラ人の移民政策について批判があり、インド軍が彼らを追い返すものと期待していたからである。当然インド軍がこれを行うことはなく、不信感が募った。インド軍がタミル人武装勢力の武装解除を始めると、ＬＴＴＥはわずかな武器しか提出せず、次第に関係が悪化していく。

そして一九八七年九月の最終週にはＬＴＴＥは協力を拒否、スリランカ北部と東部で市民レベルの非協力不服従運動を展開する。一九八七年九月一五日からはＬＴＴＥはハンガーストライキによる五つの要求を出し、反テロ法でスリランカ政府に拘束されているタミル人の解放等も求めたが、結局ハンガーストライキをした当人が死ぬ九月二〇日までに解決しなかった。

インドの高等弁務官とプラバカランとの協議で九月二八日に協定が結ばれ、その合意にあるリストに基づいて行われた暫定行政会議の人選においても、インドとＬＴＴＥは対立した。さらにスリランカ海軍がＬＴＴＥ一七人を拘束し、一〇月三日には拘束された一七人の内一二人が自決、ＬＴＴＥは武装闘争を開始する。

ＬＴＴＥはスリランカ軍の捕虜、東部のシンハラ人農民二〇〇人を殺害した。シンハラ系武装組織は即報復を開始し、一〇月二日にはインド軍がスリランカ軍ないし警察から発砲される事件が起きた。一〇月七日にはトリンコマリーにおいてＬＴＴＥもインド軍に発砲し、インド海軍は八日ジャフナ半島の封鎖を開始したところ、ＬＴＴＥは買い物中の五人のインド軍特殊部隊の兵士を捕え火刑に処した。[31] スリランカ政府はインドに治安の回復を求め、九日、インドは強制的な武装解除のための軍事作戦の開始を決定する。こうして任務は小規模な平和維持から大規模な平和執行へと変化していくのである。[32]

(三) 軍事作戦の遂行

① インド軍の全体の作戦計画

Ａ　目的

インド軍の当初の目的は明白であった。インド・スリランカ合意には、スリランカの北部と東部における戦闘の停止、タミル人武装組織の武装解除、州議会選挙や住民投票の実施が定められており、そのためにスリランカ政府の正式な要請によりインド軍の派遣が要請されていた。そのため、インド平和維持軍の司令官であったデパー・シン中将によると、インド軍の当初の目的は以下の四つであった。[33]

ａ．戦争当事者のスリランカ軍とＬＴＴＥを引き離し監視する
ｂ．タミル人武装組織から引き渡された武器・弾薬の引き取り
ｃ．一九八七年五月以降に設置されたスリランカ政府軍駐屯地の撤去

図３－２　４個師団体制下のインド各師団の展開地域

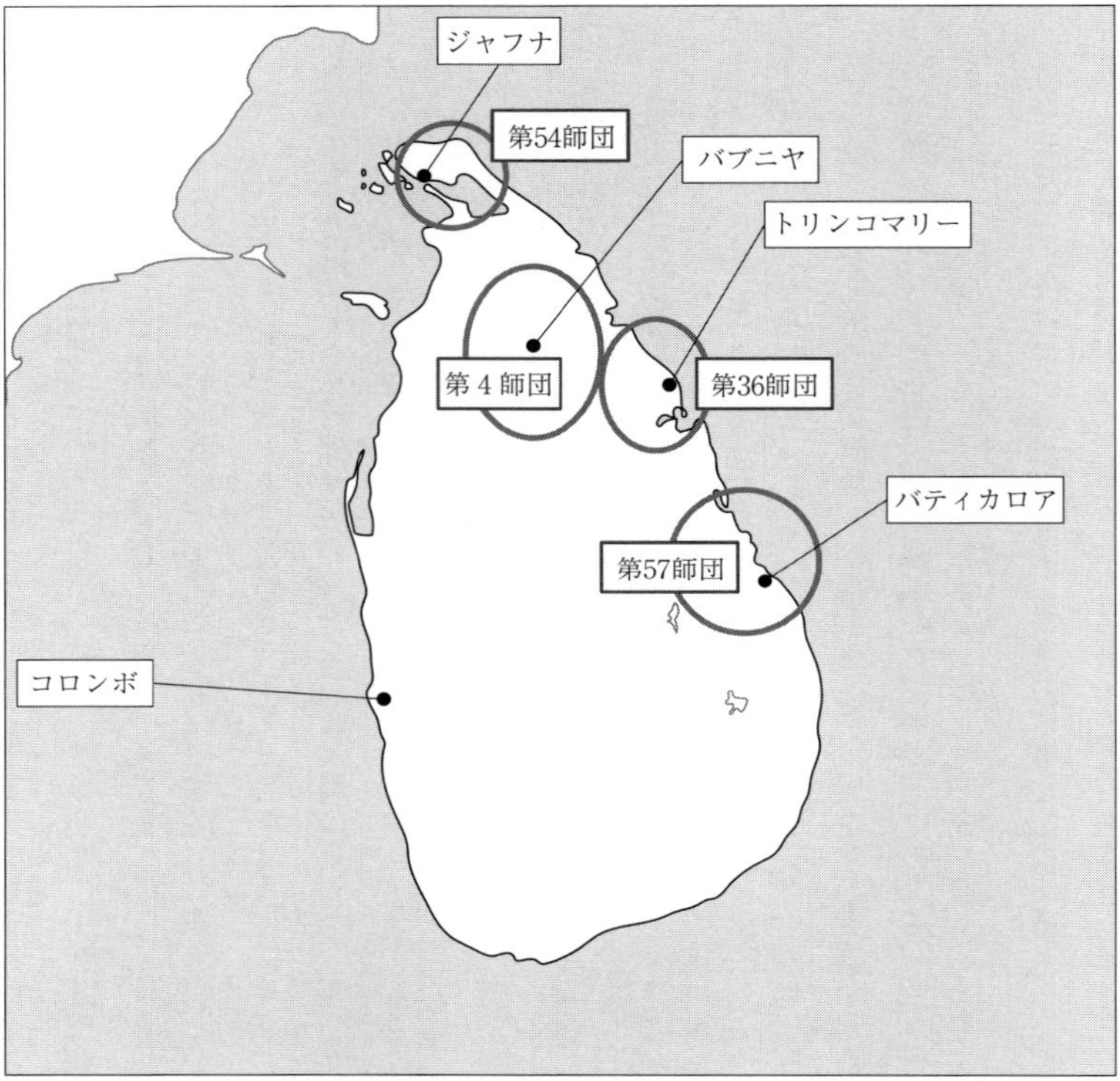

出典：Gautam Das and M. K. Gupta-Ray, *Sri Lanka Misadventure: India's Military Peace-Keeping Campaign 1987-1990* (New Delhi: Har-Anand, 2008), p. 247より作成。

d．地元民の自宅への帰還及び彼らの平和な生活の維持

しかし、このような平和維持任務は、ＬＴＴＥによる武装解除拒否、シンハラ人への攻撃再開、インド軍への攻撃等により一〇月には平和執行任務へと変化し、インド軍は本格的なスリランカ介入に入るのである。表３－４はインド軍が当初三〇〇〇名からスタートして六〇〇〇〇名に達する経過を示している。[34] このような状況から、インド軍は、当初の計画とは全然違う戦争に直面し、状況に合わせて計画を拡大させていったことがわかる。

Ｂ　地形・気象条件

平和維持任務が平和執行任務に変わったインド軍にとって現

表3－4　インド軍の投入兵力推移（直接スリランカに派遣された兵力のみ）

時　期	人　数	部　隊
1987年7月29日合意		
7月30日スリランカへの展開開始		
7月31日	3000人	1個師団（第54師団）体制
10月初頭	6000人	
10月10日パワン作戦開始		
10月15日	8000人	
10月31日	16000人	2個師団（第36師団及び第54師団），6個旅団，1個機甲連隊
10月末でパワン作戦は終了		
12月15日	29633人	
1988年2月15日	37000人	1月～3月に2個師団が増強され4個師団体制（第54，36，4，57師団）へ移行
11月15日	60000人	4個師団＋αという状態で，事実上5個師団規模。以後，常時50000人体制へ
1990年3月24日	2500人	

注：上記人数は全陸軍の7～10％程度で，これ以外に警察軍についても参加している。また，海空軍は必要に応じ作戦に参加した。特に海軍は海上封鎖，密輸阻止，輸送，海軍特殊部隊による襲撃等で，空軍は偵察や航空輸送に携わったが，航空輸送能力には限界があり，結果，国営航空会社インディア・エアラインを動員することになった。LTTE 1万人と比べると6倍の兵力であるが，これはゲリラ1人に10人の兵士がいた方がいいというゲリラ戦における理論上の数字と比べれば不足した数字であるとされる（Rohan Gunaratna, *Indian Intervention in Sri Lanka: The Role of India's Intelligence Agencies* (Colombo: South Asian Network on Conflict Research, 1993), p. 269）。
インド軍の各師団の充足率（正規の員数に対する実際の員数）は50％程度かそれを少し上回る程度であった（P. A. Ghosh, *Ethnic Conflict in Sri Lanka and Role of Indian Peace Keeping Force (I.P.K.F.)* (New Delhi: A.P.H., 1999), p.150）。

出典：筆者作成。

地の地形・気象条件は、急速にその重要性を増した（図3－2）。

　スリランカにおいて最も重要となる気象条件は、五～九月と一一～二月のモンスーンである。モンスーンの時期は各地に潟湖《せきこ》が登場し、移動困難となる。

　特にジャフナは他と細い道でつながっているだけで、その道もトンネルや橋で区切られており、スリランカ政府軍によりかなり整備されてきたものの、道の両側に広がるジャングル等を利用した待ち伏せに遭いやすい地域

表3－5　LTTEの戦力推移

時　期	人　数	武　器
1987年7月	4000人	1700人分の歩兵用装備（銃や迫撃砲等）
1987年10月までに		インド軍に488の武器を提出
1987年10月～1990年3月		インド軍が2500の武器を押収
1990年3月	10000人	

注：要員には戦闘要員だけでなく様々な要員を含む。
出典：筆者作成。

である。しかもこの地域は人口密度が高く、そのほとんどがタミル人ヒンドゥー教徒である。他にはキリスト教徒とムスリムがいる。

またスリランカの沿岸地域は一m以下の水深しかないため、海軍は侵入できない地域が多い。LTTEはそれを利用して夜間に小型ボートで武器を密輸することができた。

このような地形・気象条件からは、この地域が不正規戦闘を行う上できわめて有利な地形であることがわかる。このような条件にもかかわらず、ほとんど準備期間のなかったインド軍は、まだこの地域の詳細な地図すらもつことなく（一般旅行者用の地図を使用して）軍事作戦を始めることになる。

C　LTTEの状況

LTTEは前述のようにインドからの支援を受けながらも、スリランカ軍や他のタミル人武装勢力との戦いを経て強大化してきた（表3－5）。

LTTEはタミル人国家の独立という明確な目標をもっており、銃身と銃弾は票に勝る、というモットーをもち、高い士気の下、組織としてもきわめて完成されていた。指揮系統は指導者ヴェルピライ・プラバカランに統一化されており、ジャフナ、バブニヤ、トリンコマリー、バティカロア、マンナールの五カ所の司令部があり、それぞれの司令部の傘下に軍事部門と政治部門があった。軍事部門はセクターとサブセクターとに分かれて作戦を指揮し、それぞれのサブセクターには一〇名から一五名程度のグループが三つか四つあり、地域の指揮官は一つか二つの村を支配下にしていた。一方政治部門は税を徴収した。

さらに、ＬＴＴＥの要員は規律や訓練という面でも優れていた。ジャングル戦の訓練を厳しく受けており、格闘能力や罠をつくる能力に優れていただけでなく、蛇等を食べて生き残ることができるよう訓練され、もし捕虜になるような目的達成困難な状況に直面した際は、青酸カリのカプセルで自決した。そして特に注目するべきは、ＬＴＴＥがつくりあげた情報網であった。情報網は口頭やメッセンジャー、日本製の無線機等によって伝えられた。

通常、これらの要員は、五名から一〇名程度の銃と手榴弾を装備した男女で行動し、シンハラ人、警察署や軍の兵站部隊等を攻撃し、攻撃終了後すぐに去る、ヒット・エンド・ランの戦術をとった。また、ＬＴＴＥは即席爆発装置（ありあわせのもので作った仕掛け爆弾 Improvised Explosive Divice なのでＩＥＤとよばれる）の使用に優れていた。九〇kg程度の爆薬があれば四二ｔのＴ七二戦車でも空中に吹き飛ばすことができた。これらの爆弾・地雷の使用により、インド軍の機動力は大きく削がれた。

ＬＴＴＥはキャンプの設置にも優れていた。訓練キャンプは訓練に必要な施設があること、敵から発見されないこと以外に、道との連絡、水の便等もよく考慮されており、当初は沿岸地帯に、後に内陸に移動して設置された。しかも地雷やＩＥＤでよく防御されており、キャンプ同士は地下通路でつながっているものもあった。

さらに、ＬＴＴＥの特徴として都市ゲリラだったことがある。インド北東部の各地で活動する武装勢力に比べ、人口密集地での作戦に優れていた。

このようなＬＴＴＥの優れた能力は、単にインドが訓練して与えただけでなく、その後のスリランカ政府軍との実戦の中で鍛えられてきたものであった。そのため、インドから支援を受けていたタミル人武装勢力は他にもあったが、それらの組織はＬＴＴＥの能力に圧倒されつつあった。

装備の面では、これは驚くべきことであるが、当初ＬＴＴＥはインド軍よりも火力で優れていた。これはインド軍が重火器を本国に置いてきており、携帯している小銃が決定的な影響を与えた結果、ＬＴＴＥがインド軍のものよりも火力の高い旧ソ連製ないし中国製のＡＫ四七突撃銃を使用していたためである。同時に優れた日本製の無線機等も揃えていて、秘匿不十分なインド軍の通信を傍受していた。

② パワン作戦（北部）

インド軍はまず、ジャフナ市を占拠している二〇〇〇から三〇〇〇名のLTTEを追いだすと共に、LTTEの指導者ヴェルピライ・プラバカランの逮捕を目指して作戦を開始した。この攻撃は第五四師団が担当し、まず、ジャフナ市から二〇kmのところに集結し、三つの旅団を横一列に並べて主要道路に沿って前進、さらに一個旅団を投入して、家を一軒一軒掃討、ローラーで伸すようにジャフナ市全体を占領するものである。

さらに、LTTEの拠点となっているジャフナ大学に、三機のヘリコプターを用いて七〇名の特殊部隊を送り、LTTEの司令部を攻撃すると共に、できればプラバカランの逮捕を目指した。

しかし、この作戦には大きな問題があった。まず、インド軍は一〇月の最初の週に作戦を計画し、一〇月一〇日から作戦を開始したため、作戦を練る十分な時間がなかった。しかもこれに関連する大きな問題として、インド軍が保有していた地図が一九三七年作成の一インチスケールの一般旅行者向けのものだったことがある。五〇年の間に地形は変わり、多くの建物が建っていた。しかもそれらの建物には強固なものが少なくなく、住民も多数居住しており、行動の制約になった。

さらに、装備に差があった。LTTEのメンバーは無線機を多く所持しており、仲間内での連絡だけでなく、インド軍の無線を傍受していたことは深刻な影響があり、LTTEはインド軍の接近経路を知り、そこに地雷原、ブービートラップ、IED等を設置していた（一部は道路工事があった一年前の時点ですでに仕掛けてあった）。一方、インド第五四師団は十分な装備をもっておらず、航空支援も、砲兵の支援もなく、戦車は三両しかなかった。ロケット砲等の使用も厳しく制限されていた。

その結果、LTTEの激しい抵抗に直面したインド軍は作戦開始六日目までに三つの旅団すべてが前進できなくなった。ヘリでジャフナ大学に降下した特殊部隊も、十字砲火を浴び大きな損害を受けて孤立していた。しかも戦死者の中には、部隊でたった一人しかいないタミル語通訳者が含まれていた。その支援のため、急遽、一一日に到着したばかりの三〇名がさらに降下したが、一人を除いてすべて戦死した。結局、戦車の支援を受けた部隊が救出にくるまでジャフナ大学に立てこもることになった。

このような状態に陥ったインド軍は、急遽、本国から増援を派遣した。大型輸送機が戦車、歩兵戦闘車[35]、砲兵、弾薬等を飛行場へ運び、さらにヘリコプターが、LTTEの激しい対空砲火を浴びながら、弾薬等を前線へ届けた。一一日から三一日までにインド空軍は戦術輸送[36]として二二〇〇回出撃している。さらに攻撃ヘリコプターも投入され[37]、一一日から三一日まで八〇〇回出撃し近接航空支援を実施した。また、ジャギュア偵察機及びミグ二五偵察機による偵察飛行も行われた。

海軍も支援体制を整えた。海軍はすでに海上からの封鎖に参加していたが、戦闘艦艇による砲撃を行って陸上作戦を支援すると共に、LTTEの逃走ルートを遮断する作戦を開始した。また海軍の航空機も偵察・空爆を実施した。

このような支援の結果、一七日には、さらに一個旅団が体制を整え、四個旅団体制となったインド軍は一九日から前進を再開した。二一日にはLTTEが拠点とするジャフナ病院での戦闘となり、医療関係者を含む多数の民間人死傷者を出したが、同日、海軍特殊部隊[38]がLTTEの港湾施設を襲撃する等、LTTEを追い詰めていった。そのため、LTTEは自爆攻撃も実施するようになったが、インド軍の攻撃は順調に進展し二五日には四つの旅団すべてが合流し、二六日にはジャフナ市の占領という目標を達成した。三〇日までのインド軍の死者は三一九人、負傷者は一〇三九人、LTTE側は死者一一〇〇人であった[39]。

LTTEは、この敗戦をもって停戦の意志を表明するが、インド軍はこれを受け入れず、戦闘は続く[40]。戦場は、市街地からジャングル奥地へ移行するのである。

③　北部における作戦再開

ジャフナ半島では一一月三日の作戦で二五名のLTTEのメンバーを殺害、一一月一四日には指揮官を含む一五名のLTTEを殺害した。LTTEはジャングルより攻撃してすぐ引き返すヒット・エンド・ラン方式で攻撃を行っていたが、一九日にインド軍の捕虜一八名を解放し、二〇日から二一日にかけてインド軍も停戦した。しかし二九日にLTTEは攻撃を再開し、インド軍も一二月一六日にチャバカチェリ寺院を捜索、LTTEの武器や補給品を押収した。

一九八八年一月終わりから二月初めにかけて、プラバカランの隠れ場所の情報に基づいた比較的大規模な作戦（ヴィジョラ作戦）が行われた。この作戦では戦車中隊、機械化歩兵中隊（歩兵戦闘車の中隊）で増強された五個大隊の陸軍と海軍が参加し、三個大隊と海軍が地域を封鎖、封鎖している三個大隊の中の一部小隊と、残りの二個大隊が疑わしい地域を捜索した。しかし、この地域は、一〇～一五kmもある深いジャングルの中で、結局一名を殺害、五人を逮捕、若干の装備の押収にとどまった。

なお、この一九八七年一一月から一九八八年三月にかけて、海軍の航空隊もLTTEのボート四七隻を沈めた。

④　東部における作戦

パワン作戦と同時期に、インドはスリランカ東部のトリンコマリーとバティカロアに一個旅団ずつ計二個旅団を派遣していた。ここでは一〇月一二日にIEDによる攻撃があり、インド兵二一名が死亡する事件が起きており、一九日から三〇〇名の空挺特殊部隊を含む旅団規模の部隊でコードン・アンド・サーチ（都市部で地区を封鎖し捜索する戦術）の作戦が行われ、二七日までにほぼ制圧した。

一九八八年一月、インド本国より新たに二個師団が投入される。第四師団と第五七山岳師団である。この第五七山岳師団は、インド北東部で対反乱作戦の経験が深かった。

一一月五日、インド第五七山岳師団はヘリコプターと二〇〇〇名が参加する大規模な封鎖及び索敵作戦を開始し、LTTEの二人の指揮官と一五〇名のメンバーを捕えた。さらに一九八八年の二月から三月にかけて第五七山岳師団によるバティカロア市とその周辺に対する作戦を行い、家一軒一軒を調べ、LTTEの要員一〇名を殺害し四〇名を捕えた。四月にはトリシェル作戦、五月から六月にはヴィーラト作戦が行われ、効果的な作戦により、ＬＴＴＥはバティカロアから撤退した。

⑤　**チェックメイト作戦（西部ジャングル地帯の戦闘）**

北部、東部で打撃を受けるにつれて、ＬＴＴＥはより西方にあるジャングル地帯へと拠点を移していった。ＬＴＴＥは、このジャングルの拠点から州議会選挙や大統領選挙を妨害するテロ活動を行っていたため、ジャングルの拠点を駆逐し、タミル人が多く居住する地域からＬＴＴＥを遠ざけることを狙い、インド軍は一九八八年五月から八月終わりにかけてチェックメイト作戦を開始した。担当したのは第四師団である。

この作戦においてインド軍は空爆を使用せず、偵察や輸送に限定し、人口密集地を避けて作戦を行う等、インド北東部での対反乱戦の教訓を生かした作戦を遂行した。

結果、水不足や負傷者の搬送等困難な問題を克服しながら作戦は成功し、一九八八年一〇月には州議会選挙、一九八八年一一月には大統領選挙、一九八九年二月には議会選挙を実施することができた。

⑥　**トーファン作戦**

ＬＴＴＥを無条件降伏の武装解除に追い込むため、インド軍はジャングル戦専用の特殊部隊を含む七万人の兵力を送り込んで作戦を展開していた。この作戦に先立ち、インドは初めて、インド国内からＬＴＴＥに対して行われる支援を一切断つ政策を講じた。

作戦はサーチ・アンド・デストロイ（ジャングルにある拠点を攻撃する戦術）の作戦で、ＬＴＴＥの指揮管制系統及び基地の破壊に成功した。この時ＬＴＴＥのリーダーはベトナム戦争形式の戦術を準備すると同時にインドとの和平交渉も準備したと語っている。しかし、これはインドが求める無条件降伏による武装解除ではなかった。

⑦　**バズ作戦**

一九八九年三月二日、インドのグルカ兵（ネパール人傭兵）部隊二個中隊が四八時間分の補給品をもって敵地深くのナヤル潟湖の偵察行動に出てLTTEとの交戦に入った。二個中隊は四kmという広い戦線でククリ（インドのナイフ）で切りあうほどの激しい近接戦闘を継続することになった。インド軍は五個大隊を投じて一帯を包囲すると共に、攻撃ヘリコプターによる近接航空支援を行い、輸送ヘリも対空砲火をかいくぐっての補給を行って、七日に戦闘が終わるまでにLTTE七〇名を殺害した。その後、九日には全師団を挙げてのナヤル湿地帯への偵察を実施した。後に、プラバカランが当時この地域にいたことが判明した。(41)

⑧ 撤退へ

前述の作戦では、インド軍は軍事的な成果を上げてきた。(42) しかし、個々の作戦の成果は全体としての勝利につながっていなかった。LTTEは住民の支持を獲得し、約二〇％の住民がLTTEを支持していたと推計されている。(43) この原因の一つは、派遣されたインド軍は現地で話されているタミル語を話せなかったことにある。そして他の原因としては、インド軍の一部の犯罪が民主主義国家故に大きく報道され、LTTEによる説明、インド軍は「市民殺しの軍隊」であるという宣伝が一定の信憑性をもってしまったことであった。(44) インド軍は犯罪が行われた場合、これを裁判で処罰しようとしたが、犯罪が一件起きれば、信用はその何倍も失われた。そして住民の支持がLTTEに傾くと、LTTEは住民の家や群衆の中から発砲することができ、インド軍が反撃すれば弾は市民に当たり、インド軍が「無差別に」発砲したことになって、また信用を失うという悪循環に陥っていった。

このようにしてLTTEは住民の支持を背景に要員を補充し、東南アジアから武器を密輸し、タミル・ナードゥ州のタミル人からも支援を受け続けた。それはインドのタミル・ナードゥ州議会の前にLTTEの指導者プラバカランのポスターがたくさん貼られていたことでもわかるが、ひどい状況であった。(45) しかも、大統領選挙の結果成立した新しいスリランカ政府はLTTEに武器を支援するようになった。そのため、LTTEは人員も武器も短期間に補充することができ、装備という点では一九八七年のインドによる軍事作戦開始時点よりも強化されていった。(46)

そして、インド軍の士気が大幅に落ちたことも重要な点である。その原因の一つはインド軍の作戦が成功したとしても、第三者はそうはみないことにあった。インド軍とＬＴＴＥという明らかに力の差のある両者に対する第三者の成功の基準は違ったもので、ＬＴＴＥは世界第四位の陸軍と戦い、負けていない武装勢力というイメージを世界に与えていた。

また、軍人の考え方と戦争の性質が相いれないことも軍の士気を下げた原因であった。軍人にとっては、命をかける以上、任務は明解で、敵味方の区別ははっきりしている方がよい。ところがスリランカで直面したのは、敵と味方の区別がつかない曖昧な状態であった。特に、インドの情報機関・調査分析局が一九八八年にＬＴＴＥと秘密裏に交渉を進めたこと等はインド軍の士気を大きく削ぐ結果となり、住民の支持もなく、スリランカ政府も敵を支援している状況の中、インド軍の兵士たちは何のために命を投げ出すのか、大義をみいだせなくなったのである。

このような状況からインドは撤退を準備し始める。インドのラジブ・ガンジー政権は一九八九年四月の段階でインド平和維持軍の司令官に撤退について話していたが、実際に五月には最初の五〇〇〇人が撤退した。ただ、インド・スリランカ合意においては、双方の合意に基づかないと撤退できず、撤退後のタミル人への権限移譲も必要とされていたため、インド軍が求めていた六月の完全撤退はできなくなってしまった。

ところが、一九八九年七月二八日にはＬＴＴＥとスリランカ政府の間で敵対行為の停止を宣言するに至り、スリランカ政府はインド軍に対し軍事行動の停止を求め、インド軍は軍事作戦を停止するに至った(47)。インドに支援されていたＬＴＴＥ以外のタミル人武装組織ＴＥＬＯやＥＮＤＬＦ、ＥＰＲＬＦ等はインド軍の撤退に反対していたが、インド軍の撤退の準備が始まることになった。

当時、スリランカ北部を統括する治安組織は、北東州会議主導のスリランカ警察軍（Sri Lankan Police Force）、スリランカ政府との合意の上で創設された市民志願軍（Citizen Volunteer Force）及び付属市民志願軍（Additional Citizen Volunteer Force）、警察軍としてスリランカ政府との合意なしでＥＰＲＬＦ主導で創設したタミル国民軍（Tamil National Army）があったが、一九八九年九月、インドとスリランカとの協議の結果、安全保障調整グループ

(Security Co-ordination Group) を創設して、ここが治安維持の責任をもつことが決まった。この合意は九月一八日、インドのL・L・メローラ高等弁務官とスリランカのベナード・ティラカラネ外務次官との間でなされ、共同声明で一九八九年一二月三一日までの撤退に向け全力を尽くすことが発表された。同時に一九八九年九月二〇日をもってインド平和維持軍のすべての作戦が停止され、残りの期間は象徴的な駐留となった。

インド軍は徐々に撤退を開始していたが、インドで政権交代が起きた関係でインド軍の撤退は一九九〇年三月三一日までに行われることになり、三月二四日、最後のインド軍二五〇〇名がトリンコマリー港を離れ、翌二五日マドラス(現チェンナイ)に到着して三二カ月のスリランカ介入は終わるのである。

その後、ほどなくしてスリランカ政府軍とLTTEは戦闘を再開するが、その最中の一九九一年五月、ラジブ・ガンジー元首相が選挙遊説中にLTTEの自爆テロに遭い、暗殺される。インドは、アメリカがベトナム戦争後、ソ連がアフガニスタン戦争後に経験したような深い敗北感に陥ることになる。

⑨ 小結

以上、インド軍の作戦の特徴をまとめると以下のようなものになろう。

一つは、インド軍の作戦の中で、大規模な作戦とよべるのは最初のパワン作戦だけであり、後の作戦はそれぞれの担当地域で担当の師団が師団長の責任で遂行するような小規模な作戦だったことである。

第二に、作戦中行われた戦術の種類は、都市部で地区を封鎖し捜索するコードン・アンド・サーチ、ジャングルにある拠点を攻撃するサーチ・アンド・デストロイ、敵をジャングルで待ち伏せるアンブッシュ、道路上から地雷やIEDを撤去するロード・オープニング等であったが、これらの作戦に共通することは住民の情報が最重要であることだった。住民が匿えば地域内で住民にまぎれるLTTE要員を発見することは困難であり、住民からの情報でジャングル内の拠点が発見され、住民からの情報で敵を待ち伏せることができ、住民からの情報でIEDを発見しやすくなるのである。しかし、インド軍は現地のタミル人の協力を確保できなかった。つまり住民の心をつかむハーツ・アンド・マインドの作戦において、インドは失敗したといえる。

第三に、一見して作戦はうまくいっているのに状況がよくならないという捉え難い状況がでていることである。これは土地の占領と違って、明白な成果がみえ難いこの種の戦争の実態を示している。

（四）軍事作戦の成果とコスト

①　軍事的打撃と損失

表3－6～3－8はインドのスリランカにおける軍事作戦におけるLTTEに与えた損害の推計、インド軍の損失、LTTEから押収した武器についてまとめたものである。[48]

②　戦費

インド軍のスリランカへの派遣とLTTEとの戦闘は一日当たり五クロー（五〇〇〇万ルピー）かかったとされる。[49]一九八七年七月三〇日から一九九〇年三月二四日までの九六七日であるので、単純に掛けると四八三五クローかかった計算になる。ただ、もしスリランカに投入しなかったとしても兵士の給料や維持管理費を消費するので、これらを差し引く方がよい。同じ期間、給料や手当を除いたインド政府が消費した額は約九〇〇クローである。[50]

③　達成したもの

第三次印パ戦争と違い領土の獲得や国家の建設といった明白な成果はないが、一九七七年以降行われていなかった選挙については、州議会、大統領、議会と三回も実施した。例えば、一九八八年一〇月一九日の州議会選挙については、有権者五三万四三〇六名の内、三九万九〇六六名が投票した。これによってスリランカ北東部に初めてタミル人の政府が誕生した。ただ、東部を北部と統合するための住民投票は実施されなかった。

また現地では難民の帰還が進んだといえる。インド軍が来る前にはスリランカ中に二万五〇〇〇名の難民がいた。

表3－6　LTTEの死傷者数のインド側推計

	死　者	負傷者	捕虜（釈放）	計
パワン作戦	1100	不明	不明	不明
その後	400～1100	不明	不明	不明
計	1500～2200	1220～2000	472	4000～5000

注：LTTE側は全体で600以下と主張。
住民の死者は3000～4000と思われる。

表3－7　インド陸軍死傷者数

	死　者	負傷者	計
パワン作戦	319	1039	1358
その他	836	1945	2781
陸軍合計	1155	2984	4139

注：パワン作戦のインド側死者214，負傷者709という数字もある（Maj Gen G. D. Bakshi, *The Rise of Indian Military Power: Evolution of an Indian Strategic Culture*（New Delhi: KW, 2010), p.175)。

表3－8　LTTEから回収された武器

	計
1987年7～10月の自主的提出	488
パワン作戦（1987年10月）での押収	285
1987年11月～1990年3月の押収	2215
計	2988

注：銃器類，ロケットランチャー，迫撃砲等の合計。
1987年7月の時点でLTTEは1700人分の歩兵用装備保有していると推計される。
出典：表3－6～3－8は筆者作成。

これはパワン作戦の時にはジャフナだけで九万名に増加したが、インド軍がジャフナを制圧した後、みな自宅等に戻ることができた。ただ、インドに逃れた一五万名の内、スリランカに帰還したのは六万名にすぎなかった。(51)

さらに現地のインフラ再建のためインド軍の工兵連隊が派遣され五クロールかけて掃討の建物、水道、電力供給関連施設、電信、銀行、裁判所、郵便、病院、教育機関等の施設を再建した。(52)

治安機関も整えたが、これらはインド軍が去った後、消え去ってしまった。

（五）戦　後

スリランカ介入以後のインドの軍事的な情勢は、ちょうど大きな変化にさらされた時期に当たる。第一にスリランカ介入の失敗後、インドが軍事活動を控えるようになったことである。インドは一九八〇年代末よりカシミール・インド管理地域においてパキスタンに支援された武装勢力の問題に直面し、一九八八年から一九九〇年まで何度もカシミールのパキスタン管理地域やパキスタン国内にある訓練キャンプを攻撃する計画を立てた。特に一九九〇年危機の際は本格的な軍事動員が行われた。しかし、実施されることはなかった。原因の一つはパキスタンの核兵器保有の影響があると考えられるが、スリランカでの失敗もあって作戦を実施する雰囲気ではなかったといえる。

第二の大きな変化は一九九〇年一二月のソ連邦の崩壊とその後の混乱であった。インドはその兵器の大部分をソ連に依存しており、ソ連において軍需産業に混乱が起きると、交換部品や補給品の供給に支障をきたす結果となった。最終的にはインドの軍人は旧ソ連諸国を歩き回りながら部品を探し回ることになった(53)。

第三の大きな変化は湾岸戦争であった。インドの経済はソ連やイラクとの貿易で成り立っていたため、インド経済は大きな打撃を受けた。そのため経済的な危機に陥ったことが、国防費にも影響した。

このような状況から、一九九〇年代のインド軍は、その兵力のピーク時から下落傾向に陥っていき(54)、経済成長が始まってその下落が改善される兆候が出始めた時に、一九九九年のカルギル危機を迎えることになるのである。

①　陸軍動向

一九九〇年以後のインド陸軍は、師団数からみると順調に組織の改編が進んでいる。特に三つ目の機甲師団と四つのＲＡＰＩＤ師団（ＲＡＰＩＤ師団は戦車や装甲車を増強した歩兵師団であるが、機械化師団に比べれば、その配備数は少ない）が創設されたことは、戦車部隊の機動力を重視してパキスタンを南北に分断するスンダルジー・ドクトリンが現実のものとして進展していることを示している(55)。しかし、一九九〇年の戦車保有量三二〇〇両の内、五〇〇両が保管装備だったのに対し、一九九九年の三四一四両の保有戦車の内一一〇〇両が保管装備となっており、歩兵戦闘車や兵員輸送車、自走砲等の数も若干の変化にとどまっていることから、戦車の老朽化に伴い機甲戦力が衰えてきたことを示している。前述のように、アメリカの支援で増設されたパキスタンの二個軍団は、ソ連のアフガニスタン撤退以後、対印予備戦力としての機能を果たすようになったことから、(56)パキスタンはドクトリンを変化させ、インド領内への攻撃を中心とする攻撃的防御のリポスト・ドクトリンを採用したと考えられる。(57)そのような状況であるから、インドは対パキスタン機甲戦力を増強したかったと思われるが、ソ連の崩壊で、部品の供給が滞り、増強できなかったといえる。そのためこの時期、インド軍は一〇万人以上の人的削減を実施した。人員を削減して近代化のための予算を捻出しようとしたのである。(58)

さらに、スリランカ介入以後、インド軍内でも反乱対策が重視されるようになったといえるが、パキスタン支援によってカシミール・インド管理地域における武装勢力の活動が活発化し、さらに重視されるようになった。そのため陸軍部隊を持ち回り式で反乱対策専門部隊とするラシュトリア・ライフルズが増強された。これは同時に、正規戦に対応するための部隊が減ることを意味していた。

その結果は中国に対する備えの弱体化として反映された。山岳師団は中国向けの戦力として重要であるが、この時期山岳師団は二個師団減少しており、中国とのヒマラヤ国境に配備されていた山岳師団の内、一個師団もカシミールへ移動、反乱対策に充てられた。一九九〇年代のインド軍は、ソ連崩壊で兵力に余裕がなくなり、パキスタンの二個軍団増強、パキスタン支援による反乱の活発化もあって、対パキスタン戦力の不足を補うために、中国への備えを緩めざるを得ない状態にあったといえる。

② 海軍動向

インド海軍の状況も陸軍に似たような苦しい状況であるといえる。一九九一年一月にはリースしていた原子力潜水艦をソ連に返還し、一九九七年には航空母艦も一隻になった。一九九〇年代に新たに外国から導入された艦は六隻で国内建造は一八隻、計二四隻導入されたわけであるが、これは退役した艦数よりも少ない上、小型のものが多い。インド海軍が艦数を維持するには、各艦の耐用年数が二〇年とすれば毎年六隻導入する必要があるが、一九九〇年代のインド海軍は年間三隻未満しか導入できなかった(59)。一九九〇年代に最大規模だった海軍は老朽化に伴う減少傾向になる。

③　空軍動向

インド空軍の一九九〇年以降の状況は、数字の上では順調である。一九九〇年のインド空軍の兵員数は一一万人であるが、二〇〇〇年には一四万人となっているし、戦闘用航空機の数は一九九〇年の八三三機から二〇〇〇年には七七四機となっている。新規に採用された戦闘爆撃機は一九九九年ごろ配備されたとみられる少数のスホーイ三〇だけであるが、一九八〇年代の積極的な更新を考えれば不思議ではない。

しかし、実際には、ソ連崩壊の影響とスリランカにおける敗退の影響とみられる変化が起きている。そのことを端的に示しているのは戦闘用航空機を配備した飛行隊数の変化である。インドの戦闘爆撃機の飛行隊は一九六二年の印中戦争の後、全六四飛行隊の内、戦闘爆撃機は四五飛行隊まで保有することが必要と考えられたが、予算的制約から一九八〇年代に全四五飛行隊の内、戦闘爆撃機は三九・五飛行隊を保有することが認可されている(60)。実際には、イギリスの国際戦略研究所によると一九八九年には五一飛行隊、一九九〇年には四九飛行隊を保有しており、インドの空軍力はピークを迎えていたといえる。しかしその後減少し続け、一九九九年は三八飛行隊しか保有していない。また、パイロットの飛行時間をみても、一九八八年から一九八九年は一人当たり一八〇から二〇〇時間飛行していたが、一九九二年から一九九三年にかけては一二〇時間に減少している(61)。このような状況は、ソ連崩壊によりインド経済が悪化したことと、ソ連兵器の部品供給等の支援を失ったこと(62)、かつまたスリランカでの敗退以後の威信の喪失等もあってインド軍の状況があまり良くなかったことを示している。

ただ、その一方で、湾岸戦争において、インドの軍事顧問団が訓練したイラク空軍が圧倒的に敗れたことから、インド空軍内部では湾岸戦争の研究が進んだ。その結果は一九九七年に『エアパワードクトリン』としてまとめら

表3－9　1991～1999年に開始とみられるインドの国産兵器開発プログラム

種　別	名　称	2010年の状態
フリゲート艦	シヴァリク級	2010年就役，改良型建造
ステルス中戦闘機	不明（MCA）	開発中
練習機／戦闘攻撃機	シターラ	開発中
潜水艦発射弾道ミサイル	ザカリカ	開発中

注：ミサイル防衛システムは1999年のカルギル危機の後に開発開始したとみられるのでここでは外した。
出典：筆者作成。

表3－10　1991～1999年のインドの主要正面装備品ライセンス生産一覧

種　別	名　称	数	生産年度	開発国	国産化の度合い
戦　車	T72	500	旧契約延長 1992～2000	ロシア	
歩兵戦闘車	BMP 2	400	旧契約延長 1992～1995	ロシア	インド版をライセンス生産
戦闘爆撃機	ミグ27	54	旧契約延長 1992～1997	ロシア	インド版をライセンス生産
戦闘爆撃機	ジャギュア	17	1999契約 2004～2005	イギリス	

注：表2－3，2－12，3－2で記載のものは含まれていない。
出典：Stockholm International Peace Research Institute のデータベース（http://www.sipri.org/databases）及びその他の資料より筆者が独自にまとめたもの。

れる。インド空軍では長年、陸軍の作戦に合わせて戦略を練ってきたが、このような研究は空軍が独自の戦略を発展させる萌芽になるものであり、従来と違って防空だけでなく空軍による攻勢作戦を重視する内容であった(63)。

また湾岸戦争において一七万人のインド市民をクウェートから避難させることに成功したインド空軍はその高い空輸能力を示したが、これは第二次世界大戦中にアメリカによって整えられたことに始まり、独立時の混乱の収拾、第一次印パ戦争、印中戦争、スリランカ介入、モルディブ介入等で実績を上げながら整備されてきた能力であり、インドの今後のパワープロジェクション能力の一端を示すものであった。

④　軍備の国産化動向

インドとソ連の関係の結果は、ソ連が崩壊したことにより、その実態が露呈することになった。インド軍は、保有するソ連製兵器が実際には二級品であることに不満をもっていた。また、交換部品を大量に必要としたが、国内の産業が育成されていなかったため、ソ連に送り返して修理しなくてはならない状態でもあった。そのような状態のところにソ連の崩壊が起きると、ソ連製の武器を使う各国、特にソ連やウクライナ等を歩き回って部品を探し回るような事態に直面した。この結果、インドは、武器を国産化することがいかに安全保障上重要であるかに気づかされることになったのである（表3－9、3－10参照）。

このようなインドにとって明るい材料は、国内兵器開発としては快挙となるプリトビ・弾道ミサイルが、一九九五年、インド陸軍に配備されたことである。インドの国産誘導ミサイル開発プログラムの最初の成果であった。ただ、残りのミサイルの開発やその他の戦車や戦闘爆撃機等の開発は二〇〇〇年代に入って完成していくことになる（前掲表3－1参照）。

⑤　核戦力動向

インドの核戦力整備について一九九〇年代は節目の年に当たる。インドはスリランカ介入の失敗とソ連の崩壊で通常戦力に自信を失っており、中国との国境防衛に当たるインド軍の通常戦力も減少を続けていた。一方パキスタンはソ連のアフガニスタン撤退以降フリーになった二個軍団を対印戦力に転用して印パの軍事バランスを緩和しており、インドのパンジャブ州やカシミール・インド管理地域のテロ活動を活発に支援しながら、核兵器開発を行っていた。そのため、国内では従来から核保有に積極的な人々だけでなく、国防関係者からも核実験の必要性を訴える声がでるようになった。(64) 結果、一九九五年の会議派ラオ政権時代に核実験を計画し、この時は、アメリカの圧力で中止させられてしまっていたが、インドは核実験実施に強い動機をもつようになっていたのである。(65)

ラオ政権の後一九九六年と一九九八年に成立した人民党バジパイ政権は、選挙公約として核実験を掲げ、通常戦力を補う必要性だけでなくインドが大国になるためにも核兵器が必要だと考えていた。しかもインドの一九七四年の核実験は不十分で、再度核実験をしないと核兵器としては実用的なものにはならないと考えられていたため、この時期成立しつつあった包括的核実験禁止条約（ＣＴＢＴ）は、まさにインドの核兵器開発にとって致命的な影響を及ぼすおそれがあった。インドは一九九八年、アメリカの偵察衛星をかいくぐりながら準備を進め核実験を実施する。

インドの核実験時の主張は「一九六二年にインドを攻撃したことのある核保有国（中国と思われる）」に対抗するための核開発であった。[66] しかし一九九八年パキスタンも核実験を実施し、インドは両方に備える必要がある。インドの核戦略の検討はこの実験と共に始まったが、実際に具体的な核戦略の骨子になるものを発表し、議論が活発化するのは、パキスタンとの間で起きるカルギル危機の後になった。

三　外交的動向

(一) 戦　前

一九八〇年代は、インド外交にとって危機感をもってみなければならない状況が数多くあった。中国とは国境でにらみ合うことになったし、パキスタンは依然としてインドへの対抗心をむき出しにしていた。ネパールは中国に接近する動きをみせ、モルディブは脆弱であったし、バングラデシュとも一九八二年には海上国境をめぐり小競り合いがあった。しかしその中で、特に二つのことが大きな影響を与えることになった。

一つは一九七九年にソ連がアフガニスタンに侵攻し、インドがその対応を迫られたことである。この侵攻は、本来インドにとって困った事態であったが、インドはソ連のアフガニスタン侵攻に対し友好的な姿勢をとった。これはインドがソ連に強く依存していたからであった。当時ソ連は、インドの製品を安定的に受け取り、その代わりに兵器を提供してくれたため、インド製品の質が粗悪でも安定的な収入を得ることができた（結果としてインドの産業は堕落した）。しかもそうした収益を得た企業はその収益から、与党である会議派に寄付をしていた。結果として、一九七〇年代と一九八〇年代の会議派は、ソ連から間接的に寄付を受け選挙運動資金を捻出する体制となり、会議派に対するソ連の影響力が大きくなったことを意味していた。(67)

しかしソ連のアフガン侵攻は、インドにとって困った事態であった。なぜならインドは南アジアに域外の大国が介入してくることに強い警戒感をもっているからである。ソ連の介入はアメリカの介入も意味し、特にアメリカがパキスタンを経由してアフガニスタンの対ソ・ゲリラを支援し始めると、経由地であるパキスタンも軍事力を増強する結果となった。しかもパキスタンは核兵器開発も行っていたにもかかわらず、当時のアメリカは制裁をかけなかったのである。

インドが対応を迫られた二つ目はインド洋の安全保障情勢であった。特にインド洋に域外大国を招き入れようとするスリランカの動きはインドにとって危機感をもたせるのに十分な動きであった。スリランカがそのような行動をとるそもそもの原因は、南アジアの非対称的な力関係にあったといえる。南アジアにおいてインドは圧倒的に巨大で、その周辺国はインドが内政に関与してくるのをいかにして阻止するかという安全保障上の課題に直面した。そのため一九四八年に独立したスリランカは当初イギリスとの軍事的な関係をもつことで独立性を保とうとしていた。そして第三次印パ戦争前には、インドの要請を断ってパキスタン機の領空経由を認め、スリランカが独立国であることをあらためて示していた。これはインドがパキスタン航空機の領空通過を認めなくなって以後、東西パキスタンを結ぶ重要なルートとなっていたため、インドにとってはかなり不愉快な行動であった。さらに一九七七年のJ・R・ジャヤワルダナ政権成立以後、スリランカは西側諸国からの経済支援の受け入れを進めた。このようなスリランカの行動は、一九七〇年代にイギリスがインド洋から撤退して米ソが進出、インドにおいてインド洋の安全保障情勢への関心が高まっていた環境下では、インドを強く刺激していたといえる。つまりスリランカは、インドの介入に対する強い危機感の下、域外大国との関係を模索し、かえってインドの介入を招き寄せつつあったのである。

武器取引の流れはこの時期のインドのおかれた立場をよく表わしている。まず、米英ソによる対印武器輸出額をみてみると、一九七〇年代に引き続きインドの対ソ依存度が高まっている。これは、インドが表向きは非同盟の立場をとりながらも、東側に軸足を置いた安全保障政策をとっていることを示している。その結果一九八一年と一九九〇年を比較した場合、戦車の対ソ依存度は五三%から四八%へ若干の低下を示しているものの、水上戦闘艦については五七%から六六%へ、戦闘爆撃機については五九%から七五%になった。古い戦車の退役によって戦車だけは依存度が下がっているが、全体としては対ソ依存度が高まっている。

このような対ソ依存度の高まりは、ただ単に一九七〇年代からの継続という側面だけではない。一九七九年のソ連のアフガニスタン侵攻後、ソ連はアメリカのパキスタンを通じた対ソ・アフガンゲリラ支援に悩まされており、インドがパキスタンに圧力をかけ続けてくれることを望んでいたため、と考えられる。インドの軍事力はピークを迎えつつあったが、その内実はソ連からの部品の供給体制等に強く依存しており、ソ連との外交関係に強く依存していたといえる。

(二) 戦争直前(一九八三年七月〜一九八七年一〇月)

① スリランカの西側接近

一九八三年七月のコロンボの暴動以後、スリランカにおける内戦が激しくなると、スリランカは、一九七一年の第三次印パ戦争の時のようにインドがスリランカ情勢に介入することを恐れ、別の協力者を探すことになった。そしてアメリカ、イギリス、中国、イスラエル、パキスタン等がスリランカとの協力に踏み切ることになる。(68)

まず、スリランカと伝統的に関係の深いイギリスからの支援についてであるが、スリランカとイギリスとの間には、もともと一九四八年のアングロ・セイロン防衛合意があり、スリランカはイギリスに支援を要請した。一九八五年四月にスリランカを訪れたマーガレット・サッチャー首相に対しては、アングロ・セイロン防衛合意の再活性化と英軍のスリランカ駐留を求めた。イギリスはこれら政府が直接介入する形の支援を拒否するかわりに、一九八四年からイギリス国防省の資金で運営されている民間軍事会社キーニー・ミーニー・サービス（Keenie Meeny Service）と契約を結び、元英特殊部隊ＳＡＳ出身者二〇名を派遣してスリランカ軍の訓練と支援、航空機やヘリコプターを使った戦闘にも従事させた。その他に特殊部隊用のボートや銃、弾薬、装甲車等を送った。

中国に対しては一九八三年九月にスリランカ大統領の弟が訪中して支援を要請した。中国は内政にかかわることを避けるという立場の一方で、哨戒艇や銃等の武器を提供した。

パキスタンは一九八四年四月のスリランカ大統領のパキスタン訪問に合わせて、「インドの支配」に対抗するための協力を申し出、五月からは大量の銃や弾薬を送り、一九八五年からはパキスタンで八〇〇〇人のスリランカ軍人の訓練を行った。一九八五年一二月にはパキスタンのジア・ウル・ハク大統領が五日間にわたってスリランカを訪れた。

このようにイギリス、中国、パキスタンはスリランカへの関与を強めた。しかし、これらの国々の中で最も大きな援助を行ったのは、アメリカとイスラエルであった。一九八三年七月にコロンボで反乱がおきると、一〇月にはキャスパー・ワインバーガー米国防長官が計画にないスリランカ訪問を行い、一二月には元ＣＩＡ副長官の米大使ヴェノン・ウォルターが、スリランカとイスラエルとの間をとりもった。その結果、一九八四年五月二四日、イスラエルの情報機関モサドの部署が駐スリランカ米大使館内に設置された。アメリカ・イスラエルの情報機関は一九八一年一一月の覚書以来協力した行動をとっているので、モサドの行動は事実上アメリカの肩代わりをするものであった。イスラエルはバティカロア等のスリランカ北部・東部にも訓練施設を設置し、スリランカの軍及び情報機関を大規模に訓練した。そのためジャフナ半島に対する爆撃パターンやタミル人地域へのシンハラ人の入植政策は、イスラエルによる影響が色濃く出たものとなったと指摘される(69)。さらにイスラエルは偵察機や銃、手榴弾、地雷、電子偵察機器等を提供した。その間にイスラエルのスリランカからの輸入額は一九八四年に一〇〇〇米ドルだったものが、一九八五年には二倍、一九八六年には一〇倍と増えていった。

自らは直接介入せずイスラエルに訓練を肩代わりさせていたアメリカは、一九八四年六月のスリランカ大統領訪米に合わせ、軍事経済援助を約束、アメリカの援助プログラムとして一六万米ドルに及ぶ軍事訓練予算をつけてこれを援助すると共に、ヘリコプター等の武器を提供した。しかし、アメリカの動きが最も顕著に表れたのはトリンコマリー港関連の動きであった。

トリンコマリー港は天然の良港であるため、インド洋の安全保障上の要衝であった。一九八二年から一九八七年の間、米英艦艇は頻繁にトリンコマリーへ寄港して休息をとり、その存在感を示していた。港湾施設の価値は、水深や整備能力、燃料タンクの有無等が重要であるが、一九八三年一二月、スリランカ政府はトリンコマリー港の燃料タンクの管理をシンガポールに本拠を置く米企業オレウムに委託した。インドはすぐさま介入し、この会社の契約の一部が嘘であることを明らかにして契約を撤回させ、最終的にはインドが受注した。

しかし、トリンコマリー港に対するアメリカの関心は衰えなかった。もともと一九五一年にトリンコマリー港にボイス・オブ・アメリカの送信基地を設置する契約が結ばれていたが、一九八三年よりアメリカの自由度が増した契約が結ばれた。この施設はボイス・オブ・アメリカの放送をしていなかったが、空港近くの一〇〇〇エーカーの土地に六つの送信所で合計二五〇〇ＭＷというアジア最大の出力を誇る送信施設となる予定で、インドの通信を傍受するだけでなく、インド洋を航行する米海軍艦艇の指揮統制通信を行うための施設と考えられた(70)。

この時期のスリランカの武器輸入相手国の動向はそのことをよくあらわしている。図３－３は、一九八三年以降のスリランカに対するアメリカ、イギリス、中国、イスラエル、パキスタンによる比較的大型の武器（銃等は含まれない）の輸出についてのデータであるが、一九八三年以降、アメリカとスリランカの武器取引はインドが軍事介

図3－3　1983〜1990年のアメリカの対スリランカ武器輸出額推移

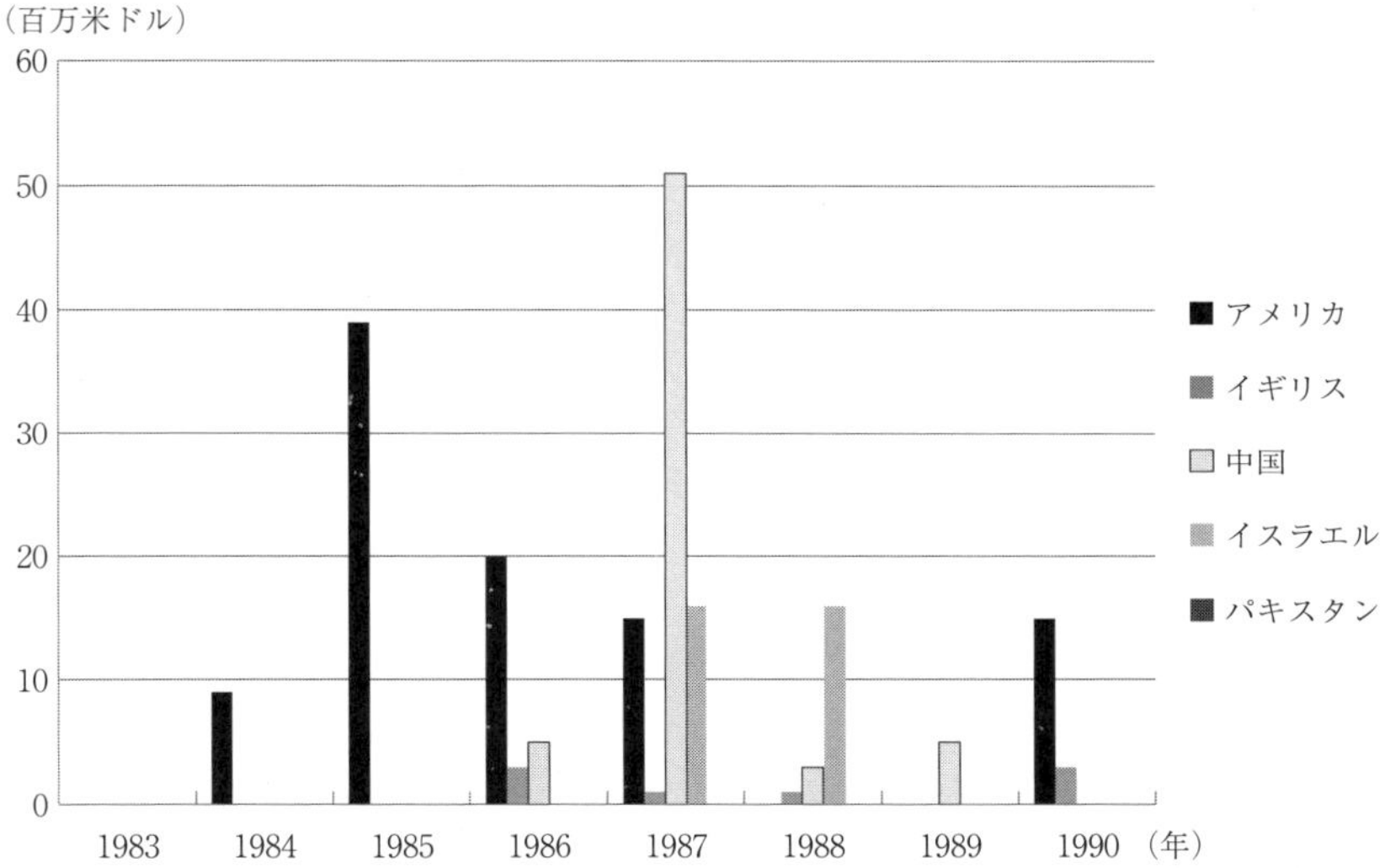

注：縦軸はSIPRI独自のもの。
この図の中にはイスラエル，パキスタンからの武器輸出はないようにみえるが，このデータには小型の自動小銃やその弾薬，目に見えない情報・訓練等の提供は含まれていないためと考えられる。
出典：Stockholm International Peace Research Institute のデータベース（http://www.sipri.org/databases）より作成。

入する一九八七年まで五カ国の中で突出していることがわかる（反対にインド軍のスリランカ駐留期間である一九八七年七月〜一九九〇年三月にかけては少ない）。

このようなスリランカの行動がインドを強く刺激したといえる。インドはインド版モンロー主義に当たるインディラ・ガンジー・ドクトリンとよばれる政策を安全保障の基盤としていた[71]。つまりインドは南アジアの他の国の内政に関与しないが、南アジア周辺国に域外から介入されることは許さない、というものである。そのためインディラ・ガンジーはアメリカに軍事的に包囲されつつあると発言して危機感をあらわにしていた。一九八四年にインディラ・ガンジーが暗殺され、ラジブ・ガンジーが首相に就いてもこのような危機感は変わらず、一九八三年ごろからインドの中央政府はタミル人武装組織に対する支援を強化していくことになるのである。

② インドとスリランカの小競り合い

インドからタミル人武装勢力に対する支援が強化される中で、スリランカは、タミル人武装勢力へのインドの関与を強く国際社会にアピールし始めた。その内容は、ニカラグアのケースのように国際司法裁判所で裁くべきであるというものであった。そして本来は安全保障問題は扱わない南アジア地域協力連合（South Asia Association of Regional Cooperation）の会議においてもパキスタンの支援を得て何度も議題に取り上げようとした。

さらにスリランカはインドからタミル人武装組織に対して行われる支援を物理的に食い止めようとする手段に打って出た。一九八五年初めスリランカ海軍をインド領海に侵入させ、タミル・ナードゥ州を経由した支援を阻止しようとし、結果としてインドの漁民と小競り合いになり、インド領内で二人の漁民を殺害するに至った。スリランカ海軍はなお活動を続け、インドの沿岸警備隊によって拿捕された。これは国際法上も問題のないインドからの警告であったが、インドとスリランカの相互不信は日増しに高まっていった。

③ インドによる仲介外交

インド中央政府のスリランカにおけるタミル人の扱いについては、インドは明確なゴールをもっていたといえる。それは、タミル人は現在よりも大幅な自治権をもつべきであるが、独立するべきではないというものである。そのため、一九八三年七月のコロンボでの暴動直後のインディラ・ガンジー首相も、一九八四年に引き継いだラジブ・ガンジー首相も、スリランカ政府とタミル人武装勢力の和解を促してきた。

特に、ラジブ・ガンジー首相の政策にはその傾向がみられた。ラジブ・ガンジー首相は、情報機関を通じてタミル人武装組織を支援する一方で、一九八五年初めにはインド領海に侵入してまで取り締まりをしようとしたスリランカ政府の求めに応じて、タミル・ナードゥ州を通じたタミル人武装勢力への支援を止める姿勢もみせた。例えば一九八五年三月二九日、インドの沿岸警備隊はタミル人武装組織向けの武器を押収し、一週間後には、インドの税関はスリランカ向け武器弾薬コンテナを差し押さえている。[72]

このような強すぎず弱すぎずうまく間をとろうとする政策は、もしインドが進める仲介外交が成功すれば、結実するはずであった。特に一九八五年七月から八月にかけてブータンの首都ティンプーで行われた会議は重要なものとなった。この会議には、スリランカ政府とタミル人の主要な武装組織、イーラム国民解放戦線（ＥＮＬＦといい、ＬＴＴＥ、ＴＥＬＯ、ＥＰＲＬＦ、ＥＲＯＳの四つの武装組織の連合体）、タミル・イーラム人民解放機構（ＰＬＯＴＥ）、穏健派であるタミル統一解放戦線（ＴＵＬＦ）が参加し、出席者からみれば影響の大きな会議となった。しかし、この会議で明らかになったことはＬＴＴＥが独立以外に興味がないことであった。結局、戦闘の激化に伴って決裂してしまう。

その後、戦闘の激化に伴ってスリランカ政府がアメリカ、イギリス、中国、パキスタン、イスラエルとの関係を強化するようになったことで、インド政府の危機感が増し、一九八六年六月から一九八七年三月にかけて何度も仲介に乗り出すこととなった。しかし、これらの交渉は、スリランカ政府が応じる姿勢をみせ始めた一方で、ＬＴＴＥは独立に固執しながら勢力を拡大したため、うまくいかなかった。一九八七年一月にＬＴＴＥがスリランカ北部にイーラム行政府を設置し、これに応じてスリランカ政府が北部を経済封鎖したことで、事態は急展開をみせ始め、四月にはスリランカ政府軍により二〇〇人のタミル人が虐殺される事件が起きる。そしてスリランカ政府は五月に大規模な軍事作戦を開始することになってしまった。インドはスリランカ政府の軍事作戦を非難したが止まらず、六月のインドの船団派遣とスリランカ海軍による阻止、インド空軍による物資投下へと事態が進み、平和維持軍派遣の根拠となる一九八七年七月二九日のインド・スリランカ合意へと進むのである。この合意は、仲介を進めていたインドの首相府や外務省主導で進められ、タミル人武装組織を支援していたインドの情報機関の反対を押し切って結ばれることになるのは前述の通りである。インドのスリランカ政策は、その目指す先は一致していたとはいえ、一方ではタミル人武装組織を支援しながら、他方では仲介外交を行い、その両方で失敗し、インド・スリランカ合意に至ったといえる。

④　インド・スリランカ合意

一九八七年七月二九日に結ばれたインド・スリランカ合意の主な内容は以下のようなものである。

〈目的〉

・スリランカ北部及び東部をタミル人地域とし、スリランカの統合を壊さない形での解決を模索すること

そのために、

・スリランカ北部と東部を一時的に統合し、東部については、このまま統合でよいかどうかを決める住民投票を実施する

・住民投票では過半数を勝利とする

・合意が結ばれてから四八時間以内に敵対行為の停止、敵対行為の停止後七二時間以内に、スリランカ政府軍は一九八七年五月二五日以前にいた駐屯地に戻る

・テロ禁止法等で捕えられたものへの恩赦を行う

・シンハラ語だけでなくタミル語や英語も公用語とする

インドは、

・インド国内をスリランカの統合を脅かす活動の拠点にしないよう必要な措置をとり、そのために両国の海軍、沿岸警備隊は協力する

・スリランカ政府の要請に基づいて軍事支援を行う

・難民の帰還を進める

付属文書として、

・住民投票や州議会、タミル人の武装解除についてインドが監視する

・スリランカ政府は、スリランカ北部・東部で展開しているホームガードを解散させ、他の警察軍も撤退させて再

編し、公正な選挙実施のための環境を整える
・もしスリランカ大統領が必要と判断すれば、インド平和維持軍が派遣される
〈付属文書（インド首相とスリランカ大統領との間の書簡）〉
・外国の軍人、情報機関員の雇用は、両国関係に悪影響を与えない範囲にとどめる
・トリンコマリー港及び他の港についてインドに対して不利益を与える軍事的な利用を許さない
・トリンコマリーの燃料タンクの会社はインドとスリランカの共同事業で行う
・スリランカにおいて活動する外国の放送関連施設は、純粋に公共放送のために活動するもので軍事諜報活動にかかわることのできないようにする

前述の内容を分析すると基本的にはスリランカ北部及び東部についてどうするかが書かれているが、付属文書をみると、インドがスリランカをインド洋安全保障上の観点からみていることがわかる。

(三) 戦中（一九八七年一〇月〜一九九〇年三月）

① 域外大国との関係

インドがスリランカで戦闘を開始した一九八七年一〇月から撤退する一九九〇年三月までの間、インドと域外大国との関係は若干良くなった傾向がある。

まず、ソ連はインドのスリランカ介入を支持した。ソ連はアフガニスタンへの侵攻を行っている最中であり、インドを味方としてつなぎ止めておきたかったといえる。

次に、中国との間では、特に一九八八年のラジブ・ガンジー訪中もあって若干改善されつつあった。この訪問は一九五四年にジャワハルラル・ネルー首相が訪中して以来のもので大きな意義があったといえ、この時の合意に基づいて国境画定のためのワーキンググループが設置され、実際一九九三年から六回の会合をもったし、一九九二年

からは国境貿易が再開され、一九九三年のナラシンハ・ラオ首相の訪中へとつながったために大きな意義がある。この一九八八年のラジブ・ガンジー訪中が実現した背景には、一九七〇年代後半から進められてきた印中関係正常化があるが(73)、一九八〇年代には国境問題に関する対話も八回行われたことが訪中につながったといえる。一方で、一九八六年から一九八七年にインドがファルコン作戦、チェッカーボード演習を実施した直後でもあり、一九八八年の中国とネパールの関係をめぐってネパールに対し経済制裁をかける直前に起きた動きでもあるため、このような対立関係の中で訪中が成立した側面もある(74)。警戒と関与、どちらの側面が強かったかといえば、印中関係は依然として警戒感の強い状態であったといえるが、このようにみてみると、スリランカをめぐる印中関係は、他に大きな問題が多い中で、関係全体には大きな影響を与えなかったと考えられる。

興味深いのはアメリカとの関係である。印米関係はこの時進展しつつあった。アメリカはインド空軍が一九八七年六月に行ったスリランカ北部への物資投下を非難せず、七月のインド・スリランカ合意を「勇気あるステップ」として支持、インド軍派遣後の一九八七年一〇月のラジブ・ガンジー首相の訪米時には友好関係を示し、一九八八年には印米両国が海軍の共同演習をすることで合意、インド国産戦闘機テジャスに積むアメリカ製エンジンの提供でも合意した。インドがスリランカに介入した理由の中にアメリカがインド洋で活動を活発化させ、スリランカへ軍事的に関与したことがあるとすれば奇異といえる。アメリカとの関係はなぜこうなったのか。

第一の見方は、インドがスリランカ北部に人道物資を投下した際のアメリカの立場、インドのスリランカへの介入は人道的見地からは不介入とする原則の例外である、というのがアメリカの本心であるというものである。アメリカは一九八八年のモルディブ介入の際も情報の提供を行ってインド海軍に協力している。

第二の指摘としては、米ロナルド・ウィルソン・レーガン政権の戦略観が変化し、ソ連の力が落ち、中国がアメリカの潜在的脅威として考えられるようになった中で、インドの存在感が急速に高まりつつあった、というものである(75)。

そして第三の指摘はアメリカの対アフガニスタン政策に合致したというものである。この論理では次のようになる。まず、ソ連のアフガニスタン侵攻によってアメリカはパキスタンを通したアフガニスタンの対ソ・ゲリラへの支援を強化していた。その最中の一九八七年にインドがブラスタクス演習を行いパキスタンへの軍事的圧力を高めた。このようなことが再発するとアメリカのアフガニスタンにおける作戦が失敗する危険性がある。そこで事態の再発を防ぐために、インド軍に別の関心をもってもらう方がよい。スリランカへの介入は、インド軍がパキスタン情勢に介入しないという点において、アメリカのアフガニスタン政策を支えることになる。この見方をする研究者は、インドの介入の原因となったスリランカのアメリカへの接近そのものがアメリカの陰謀の結果ではないかとも疑っている。(76)

②　域内国との関係

インドのスリランカ派遣について南アジア各国は一様に警戒感があったが、(77)インドはスリランカに軍事介入すると同時に、モルディブやネパールについても介入を行った。まず、一九八八年インドが支援していたタミル人武装組織ＰＬＯＴＥがモルディブの首都を攻撃し、クーデターを目論んだ。モルディブの指導者は市内に紛れ込み、各国に救援を要請したが、最初にスリランカ、次にアメリカに救援要請をし、三番目にインドに救援を要請した。インド軍が空挺部隊を送り込み、船で逃げ出したＰＬＯＴＥのメンバーを、近くにいた米海軍のフリゲート艦の電波誘導を受けて追跡、人質一人が殺害されたものの結局降伏させた。このモルディブ介入は、インドの軍事介入としては成功で、モルディブは感謝したものの、インドへの救援要請が三番目だったところに、モルディブの警戒感がよくあらわれているといえる。(78)

ネパールの警戒感も強力なものがあったが、これは、ネパールが中国との関係を強化してインドとバランスをとろうとする政策につながり、一九八八年六月、ネパールが中国から武器を輸入し始めた。結果、この政策はインドを強く刺激し、介入に至る。インドはネパールとの条約を更新しないことにし、一九八九年三月、インドとネパール間にある二一の貿易ルート、一五の通商ルートは二カ所を除いて閉鎖され、事実上経済制裁を開始した。ネパールでは、経済制裁の影響による生活苦によって高まった国民の民主化要求が強まった結果、時の王政は倒れた。続いた暫定内閣の下で、今後国防事項はインドと事前に相談することが決まった。このようにして、インドは南アジア周辺地域に力を示していたのである。

一方、当のスリランカとの関係は、インドにとって不利な方向へ推移していく。スリランカはもともとインド軍がスリランカの内戦に介入することに反対で、インド・スリランカ合意に賛成ではなかったが、インド軍を受け入れる以外他に選択肢がなかった。そのためインド軍にスリランカ北部の内戦をまかせる一方で、その機会を大いに利用してもう一つ別の反乱、スリランカ南部のスリランカ人民解放戦線（Janata Vimukti Peramuna : JVP）の反乱を鎮圧することに全力を注ぎ、この鎮圧に成功した。その後インドがスリランカ北部で苦戦に陥ると、スリランカの世論はもともとインド軍の駐留に反対であるため、一九八八年一一月に行われた大統領選挙では、与野党ともインド軍の撤退を求めはじめた。しかし、インド・スリランカ合意では撤退については双方の合意に基づいて決めることになっており、インドの支援を受けていたタミル人武装組織の反対もあって、時期はなかなか決まらなかった。しかもシンハラ人中心のスリランカ政府は、インド軍撤退後の行政をタミル人に任せる気はなく、この点でもインド・スリランカ合意に反するため、インド側も撤退の決断は難しい状況だった。そこでスリランカの新政権はＬＴＴＥと協議し、ＬＴＴＥへの武器の提供も行うようになる。そして、ＬＴＴＥがその武器をつかって撤退したくなるほどにインド軍を苦しめると同時に、スリランカ政府は、インド・スリランカ合意に基づいて正式にインド軍の撤退を求めることにして、インドが「自発的」に撤退の決断に至るようにし向けたのである。結局一九八九年九月にインド軍の任務は停止され、スリランカからの完全撤退を公約とするインドの新しい政権の下、一九九〇年三月二四日完全撤退することになる。最終的な結果からみれば、モルディブやネパールの時と違い、インドはスリランカに利用される形となったといえる。

(四) 戦後

一九九〇年三月にインドはスリランカから撤退するが、スリランカから域外大国の影響力を排除するという目的において、この介入の失敗は明らかであった。それを示しているのがスリランカの武器輸入相手国である。インドが懸念した一九九一年以降のアメリカ、イギリス、中国、イスラエル、パキスタンの対スリランカ武器輸出額は、一九八三年からインド軍がスリランカに駐留する一九八七年まで多かったアメリカとスリランカとの武器取引は減少したものの、(79) かわって中国とスリランカとの武器取引が多くなった。その多くは銃や武装ボート等の比較的小型の武器で、前述の図3‐3からはわかり難いがスリランカ軍が保有する武器の中で、中国製の比率は非常に高くなった。

同時に、他の南アジア諸国についても、似たような傾向がみて取れる。一九六五年以来、中国から大量の武器を輸入してきたパキスタンは当然のこととして、一九七五年以後中国から少量の武器を輸入してきたバングラデシュ、一九八九年に初めて中国から武器を輸入したミャンマー等に対する中国からの武器輸出額は、インドがスリランカに介入して苦戦し始めた一九八八年から一九九一年にかけて大きく増加したのである。また、ネパールも中国から少量の武器を輸入し始めたため、インドは経済制裁をかけることになった。

このような状況から、南アジアから域外大国の影響力を削ごうとしたインドのスリランカ介入は失敗に終わったといえる。

ただ、インドのスリランカ介入の失敗は国際情勢の大きな変化によって一定程度かき消される形となった。特にソ連の崩壊と湾岸戦争はインドに軍事、経済両面で大きな打撃を与えた。(80) インドの武器輸入も一九九〇年以後の額そのものが激減し、インドはこれまでの戦略の再考を迫られたといえる。

その主軸になるのは、アメリカとの関係改善であった。(81) すでにラジブ・ガンジー首相時代にアメリカとの関係を正常化する試みがなされると同時にインド経済の自由化の一環としてＩＴ産業重視政策等が始まっていたが、インドがソ連と深い関係にある時代の印米関係には限界があった。ところが、ソ連崩壊以後、インドは自由になったのである。その最初の試みは湾岸戦争においてインドが、多国籍軍の領空内輸送を認めたことであり、一九九二年には印米間の軍事協力が始まり、国防組織・軍種間の協議や共同演習が始まった(82)。

同時にアメリカの方も変化していった。アメリカのアジア政策は、対ソ戦略の側面を色濃くもち、対ソ戦略としての米中接近、ソ連のアフガニスタン侵攻に対してのパキスタン重視という形で中国とパキスタンとの関係強化の流れがあった。しかし、ソ連が崩壊した後、アメリカでは次の潜在的な脅威の候補として中国の存在が強調されるようになり、パキスタンへの無関心も目立つようになった。そのため、アメリカは、ソ連がアフガニスタンに侵攻している間は黙認していたパキスタンによる核兵器開発の動きに対して、一九九〇年プレスラー条項の適用を発表して制裁を科した。そのため、インドが懸念していたアメリカの対パキスタン武器輸出は大幅に減少することになった。これはアメリカが以前ほどパキスタンを重視しなくなったことをよく示しており、同時に、アメリカにとっての安全保障上のパートナーとしてインドの魅力が高まったことを意味していたといえる。

さらに、アメリカの貿易相手としてのインドの価値が魅力的になったこともある。冷戦後は冷戦期に比べ経済問題がより重視されるようになったが、インドは一九九一年六月に成立したP・V・ナラシンハ・ラオ政権のマンモハン・シン蔵相の下で経済の自由化に取り組み始めていた。いったん自由化が始まるとインドの市場規模はパキスタンに比べ大きいため、アメリカの南アジア政策の中でインドの存在感は増してきた。

さらに、印パの核保有もアメリカの関心を引いたといえる。一九九〇年にカシミールにおける独立派武装勢力の蜂起をパキスタンが支援したことで印パ間に軍事的な危機が発生するが、この時すでに印パ両国とも核保有国になっていたとみられ、印パ間の軍事的な危機は核危機になる可能性を意味するようになった。そのためアメリカはこの地域を無視できなくなり始めていた。しかも、一九九八年に印パ両国が核実験を行い、核保有がより明白になると、この地域を無視できないアメリカの立場はより一層明白になった。核実験の後、アメリカは制裁を行うわけであるが、核実験によってアメリカのインドへの関心は一層高まったといえる。この核兵器関連の問題は、パキスタンのアブドル・カディル・カーン博士を中心としたグループが他の国の核兵器開発に協力している「核の闇市場」の問題が認識されるにつれて、ますます印米の友好関係を深める要素となった。

印米関係は、このような友好の流れの中で一九九九年のカルギル危機に直面することになる。

この時期、印米関係改善の一方で、印中間も関係改善の動きがあったといえる。一九九三年にはインドのラオ首相が訪中し合意を結んだ後、一九九六年には江沢民国家主席が訪印した。この訪印は中国の主席による初めての訪印であった。その際、ダライ・ラマがインドで政治活動をしないことや、印中の事実上の国境となっている実質支配線（LAC）における軍備の制限（戦車、装甲車、口径七五㎜以上の火砲、口径一二〇㎜以上の迫撃砲、地対地ミサイル、航空機の配備に関する制限）が話し合われた。地形上平坦で兵力を増強しやすい中国側と、山を登って兵力を増強しなければならないインド側とで同じ兵力の制限をかければ、インド側に不利になるのは事実であったが[83]、このような制限によって両国関係は進展したといえる。

しかし、年月がたつにつれて雰囲気は変化していった。インドは一九九〇年代半ばにはふたたび中国への警戒感を高めた[84]。そして一九九八年にインドが核実験を行った際の理由が「北の」大国であったことは、印中間の改善の流れを止めた。一九九〇年にスリランカから撤退して以後、一九九九年のカルギル危機に至る外交的な状況は、このようなものであった。

米英ソ（ロシア）の武器輸出額では、一九九〇年以後ロシアの対印武器輸出が激減したことが特徴である（武器輸入額については図5－5参照）。一九九〇年と二〇〇〇年を比較すれば、戦車の対露依存度は四八％から六四％へ増え、水上戦闘艦は六六％から六一％へやや減少したものの、戦闘爆撃機は七五％から八三％に増加しており、インドが、旧ソ連に対して依然として強い依存度を示したままカルギル危機を迎えていることがわかる。ロシアからの武器輸入額が少ないのに、旧ソ連製の武器の保有数が多いことは、一つの武器当たりの修理部品や弾薬が少ないことを意味する。つまりこれは、旧ソ連の軍需産業がつぶれたことによって、これらの兵器の稼働率は低下していることを示しており、インドは新しい兵器の供給先を模索するため、新しいパートナーを必要としていたことがわかる。(85)

四　まとめ

以上のようにスリランカ介入においては、インドの当初の想定はことごとくはずれ、平和維持軍を派遣せざるを得なくなり、平和維持任務は平和執行任務に陥り、自ら訓練した武装勢力ＬＴＴＥとの戦争に突入し、三二カ月も駐留せざるを得なくなった上、最後は撤退を余儀なくされた。そして最終的には、スリランカ介入を決めた当時の首相ラジブ・ガンジーをＬＴＴＥの自爆テロで暗殺されるという屈辱的な結果となった。

この介入の軍事的、外交的な目的は、域外大国アメリカの周辺国スリランカにおける軍事的な影響力の排除であったが、アメリカは去ったものの、別の域外大国中国がスリランカとの軍事的な関係を強化することとなったため目的を達成できなかった。

しかもスリランカ政府は、インドがＬＴＴＥを相手に戦っている間に、別の武装勢力を鎮圧し、危機を脱した上でインド軍の撤退を要求した。大国インドは小国スリランカに影響力を示したのではなく、小国に利用される大国となってしまったのである。

つまり、インドにとってこの戦争は最悪であった。軍事的にも外交的にもコストばかりで得るものがほとんどなかった。そして多くの反省の下、インドは新しい戦略を模索する。それがみえてくるのは次のカルギル危機であった。

第四章　カルギル危機——印パ間の非対称戦

カルギル危機はスリランカ介入の次に起きた非対称戦としても、現在まで続く最も直近の非対称戦としてもインドの戦略形成の重要なターニングポイントといえる。

インドは第三次印パ戦争以後圧倒的な大国になったが、その状況に対し、パキスタンは通常戦力整備だけでなく、インド国内の武装勢力への支援や核兵器開発を進めて対抗しようとした。

それに対しインドはスリランカ介入の失敗と、ソ連の崩壊によって軍事的に大きな打撃を受けており、積極的な軍事行動をとらなかったが、今度は敵が攻めてくる形で非対称戦に突入することになる。一九九九年のカルギル危機はこのような背景の下、開始されるのである。

以下、戦争の起源、軍事的動向、外交的動向と分けて戦争の経過を示すものである。

一　戦争の起源

カシミール紛争の起源は一九四七年の印パ分離独立時に藩王が帰属をはっきりさせなかったため、パキスタン側から武装勢力が侵入し、藩王の要請でインド軍が介入した結果である。その後、第二次印パ戦争でも、第三次印パ戦場となった。現在の印パの管理ラインは第三次印パ戦争後の関係を調整した一九七二年のシムラ合意で定められたものである。

そのカシミールのインド管理地域においては、一九八八年ごろから独立運動に関連するとみられる武装闘争が起き、一九八九年以降次第に活発化していった（詳しくは、第一章一㉒カシミール・インド管理地域における武装蜂起参照）。この独立運動に対し、パキスタン、特にパキスタンの軍情報部（Inter Service Intelligence）はすぐ支援を開始した。(1) その支援は、独立運動への政治的な支持だけでなく、カシミールのパキスタン管理地域にキャンプを設置して武器の供給やその訓練を行う等、ソフト面でもハード面でも深い介入であった。しかも一九九六年ごろからは、武装勢力を越境させる際の支援を行うための越境砲撃も活発になり、一九九七年には二倍、一九九八年には三倍と増加した。(2)

このような状態に対し、インドは軍及び警察軍における専門部隊を創設し、一九九三年から一九九四年の時期には、一五万人から四〇万人の規模で展開した。また、パキスタン軍による越境砲撃に対しても越境砲撃でもって応え、(3) パトロールの強化や、通信を傍受して越境を待ち伏せする等、積極的な対策を行った。さらにインド軍はパキスタンに対する限定攻撃も準備した。一九八八年、一九八九年と計画されては中止されてきたが、結局一九九〇年にはより大規模に軍がにらみ合う危機に発展したのである。

このようにカシミールでは、領土紛争に絡む武装勢力が活動し、いつ不正規戦が正規戦に発展するかわからない状態にあったといえる。

二　軍事的動向

(一) 戦　前

この時期におけるインドの軍事的動向については、すでに前章でとりあげたスリランカ介入後の情勢と重複するので割愛する。第三章二（五）を参照されたい。

(二) 奇　襲

パキスタン軍がカルギル地区における侵入作戦を立てたのは、一九八〇年代と考えられている。特に一九八四年シアチェン氷河をめぐる印パ間の戦闘に対抗するものとして考えられた。この計画はベナジール・ブット政権やその後の陸軍参謀長等からは拒否されてきたが、一九九八年一〇月にパルヴェーズ・ムシャラフ陸軍参謀総長が就任すると具体的に動き出した[4]。

一方、インド側でもこのような動きを示す情報を入手し始めていた。カルギル危機が始まる前の一九九八年一〇月の第三週に次のような兆候があった。

・ジャム・カシミール警察の特殊作戦グループにスリナガルで殺害された武装勢力ヒズブル・ムジャヒディン（HM）の指揮官アリ・ムハンマド・ダーの所持品と、国境警備隊の諜報部Gブランチ（G-Branch）がポーンチ地区で捕まえた武装勢力HMの工作員アズハー・シャフィ・マイアーへの尋問から、パキスタンがドラス地区からカルギル地区でレー―スリナガル間の高速道路を狙った作戦を計画していることが明らかになった。

・カシミール・インド管理地域のレーで活動している情報部局が、カルギル地区前面にあるパキスタン軍の前線司令部傘下のパキスタン側オルティンタング地区にある二つのキャンプで三五〇人程度の不正規兵が訓練を受けているとのこと、これらのグループは一九九九年四月にカルギル地区へ侵入する可能性があると報告した。

・レーで活動している情報部局より、パキスタン軍はレーからカルギルにかけて無人機による偵察を実施していると報告があった。

ところが、これらの情報はすべて国防省に届けられたが、国防省は全く対策をとらなかった。さらに一九九八年から一九九九年にまたがる冬の間、インド空軍は偵察飛行を行わなかった。インド陸軍のヘリコプターは五回偵察飛行を行い、三月三一日に足跡を発見していたものの、大規模な侵入を探知するためのヘリコプターを用いた広域偵察を一九九九年五月まで行わなかった。さらに、情報機関・調査分析局（Research and Analysis Wing）の航空研究センターも偵察飛行を行わなかった(5)。

しかもカルギル地区は、冬の間全く無防備であった。これは、カルギル地区にあるインド軍の国境監視ポスト九〇カ所につながる道がゼジラ・パスだけで、冬季はあまりに寒いため閉ざされてしまうため、その間インド軍は低地に移動し、国境監視ポストは空になっていたためである。一九七七年から一九九七年までは、パキスタン軍も低地に移動しており、九月一五日から四月一五日まではお互いに手を出さない「紳士協定」のような状態になっていたため、インド側はこのことを問題とは思っていなかった。しかも、この国境には、あまりに険しいために警備されていない地域もあった。

このように無防備でなおかつ情報の分析にも失敗していたインドの状況を利用して、パキスタン側は侵入を開始した。まず、パキスタンからの侵入者は、現地の服装で、非武装で国境を越えてこれらの国境監視ポストに入り、工事を開始した。そして、次第に武器を持ち込み、陣地を強化して春にインド軍が戻ってくるのを待ち構えていた。例えば、中国製五七㎜対空砲を鉄筋コンクリートで強化された陣地に設置、砲口は地上に向け、スリナガル―カルギル―レー国道を結ぶ国道1Aを通る車両に狙いを定めていた。これは低地からの援軍を阻止するのに役に立つはずであった。より大きいものとしては、口径一〇五㎜の火砲も持ち込みつつあった。さらに、このような軍事行動に使用する通信を隠すために、パキスタン軍による通信演習が行われた。これらの活動により、侵入者は気付かれることなく集結し、侵入し、陣地を強化していった。

しかし、一九九九年四月以降例年より高い気温が続き、五月には雪の多くが溶けてしまった。時間と共に陣地を強化し、有利な状況をつくることができる侵入者にとって、これは当初の予想よりも早い雪どけであった(6)。

図4－1　侵入の位置関係図

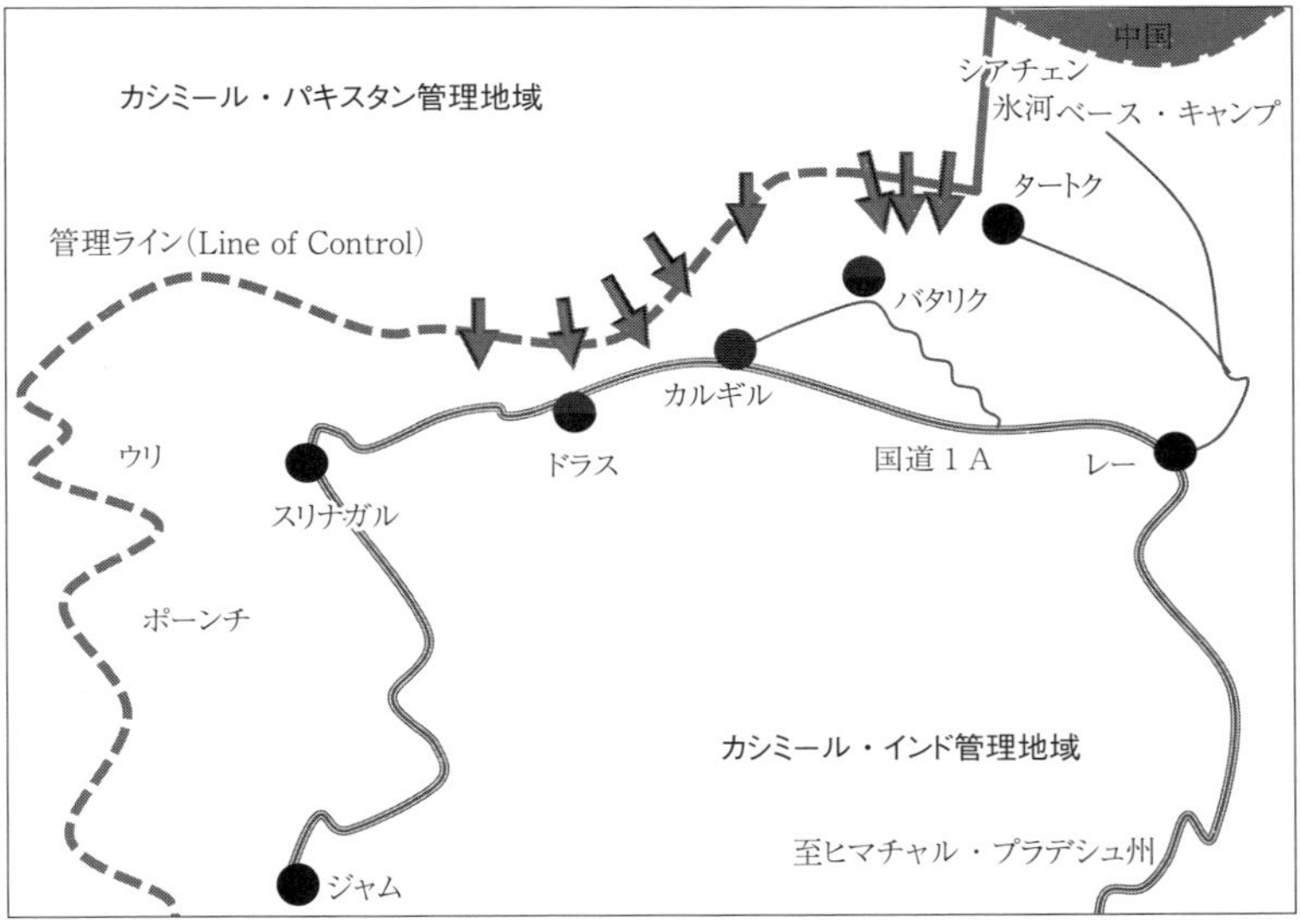

出典：在京インド大使館が過去にホームページにのせていた図等を参考に他の図とも照らし合わせ筆者が作成した。

（三）軍事作戦の遂行

①　インド軍の全体の作戦計画

A　目的

春が来た。インド軍は五月の始めの三日から一二日にかけて、何度もパトロール隊を出し、大きな損害を受けた結果、侵入に気付いた（図4－1）。そして一五日ごろにはこれがかなり強力な部隊による侵入と気付いて、二五日までの間、戦闘と偵察を行いながらヴィジャイ（勝利の意味）作戦を立てることになった。その際問題となったのは、敵は誰で、何の目的をもっているかという点であった。パキスタン側の報道等からは、侵入者は武装勢力と思われた。そうであれば、担当地域の陸軍部隊だけでも対応可能と考えられる。国防相や現地インド陸軍第一五軍団の記者会見でも、数日で駆逐できるような発表を行った。しかし、これまで武装勢力は領土を占領して陣地を強化するような戦術を実施したことがない。しかもパキスタン軍砲兵の支援を受けていた。また、侵入地域の一つ、タートクは、印パ間で係争地となっているシアチェン氷河につながる唯一の道路に対し砲撃可能な重要地域である。つまり侵入の目的はシアチェン氷河をめぐる領土紛争と関連があることが推測された。これは武装勢力よりもパキスタンにとって重要な目標である。そのため、次第に、侵入者には少なくとも一部パキスタンの正規軍が混じっているという観測が強くなった。そしてこの観測を決定づけたのは、二六日にパキスタン陸軍パルヴェーズ・ムシャラフ参謀長とムハマド・アジズ・カーン中将の無線交信を傍受したことであった。[7]この傍受の内容から、侵入者の主力はパキスタンの正規兵ではないかという観測が強まったのである。そうなってくると、本格的な正規戦型の陸上戦を準備する必要がある。現地のインド陸軍の部隊は、長期に対反乱、対テロ戦に従事しており、そのための戦術の改良をする一方で、正規戦の練度が低下していた。[8]兵力の集中を重視し火器を積極的に使う正規戦と、兵力を分散させ、火器の使用を厳しく制限する不正規戦では戦術が大きく違い、思考を切り替える必要があったのである。

作戦は、パキスタン側からの補充や補給を断つために、重要拠点に対する攻撃は継続しつつ、まず敵の補給ルートになっている周辺の拠点を回り込むように陥落させ、最後に包囲した重要拠点を落とす、という手順で進められることになった。[9]

作戦の立案と並行して兵力が集められた。侵入地域の担当は第一五軍団の第三師団[10]（本部レー）である。さらに一九九〇年三月から第八山岳師団が移動してきていた。作戦は、二個師団やラダク偵察隊等の現地の部隊を中心に空挺特殊部隊や一五五㎜榴弾砲や多連装ロケット砲等の砲兵を強化して進められることになった。参加する砲兵の合計は約五〇個連隊に及んだが、[11]これは当時のインド軍保有砲兵連隊の約三分の一弱に当たる。[12]現地には十分な弾薬、補給品もなかったため、各地より大量にかき集めた。また、三つの山岳師団（第六、二七、三九山岳師団）も予備として後方に待機していた。さらに、航空支援も検討した。ヘリコプターによる支援であれば、陸軍でも一定の兵力を保有しているが（カルギル危機には陸軍ヘリコプター二個飛行隊が参加した）、カルギル地区のように標高が高く、風の強いところでは、ヘリコプターの活動は制限される。そのためV・P・マリク陸軍参謀長は空軍の固定翼機による爆撃も要請した。しかし、五月一八日の内閣安全保障委員会（Cabinet Committee on Security）ではエスカレーションを恐れるジャスワト・シン外相の反対により要請は却下されてしまった。しかも空軍参謀長も同意見であった。そこで二三日、陸軍参謀長は空軍参謀長を参謀委員会（Chief of Staff Committee）によんで状況をみせながら説得に当たった。その結果もあって二四日の内閣安全保障委員会で空爆実施（及び海軍の展開）に反対もなくなり、決定する。

さらに、不足する装備も補う必要があった。当時のインド軍の装備の多くは輸入から時間が経過して老朽化しており、ソ連の崩壊による部品不足にも直面していて、西側の兵器にあるようなハイテク装備も欠いていた。そのため急遽対策を迫られた。インド空軍はアメリカ製の位置測位システム（GPS）、インド陸軍は民間の衛星携帯電話イリジウムを契約する等、民間製品等をフルに活用して戦争を進めることになった。

こうして二六日、本格的に作戦が開始された。

B　地形・気象条件

侵入があった場所はインド側に八～一〇km入り込み、東西一六八kmにわたる範囲で、五〇〇〇mを前後の高い山々に囲まれており、植生はほとんどなく、風はきわめて強い。ドラス地区については世界の人が住む地域の中で二番目に寒いところである。

ここには二本の車両が通れる道路、スリナガル―カルギル―レー道（国道1A）と南のヒマチャル・プラデシュ州からレーへとつながる道路があるが、前者は一一月半ばから六月初めまで、後者は冬の五カ月間封鎖されるため、いずれも冬はインド国内と切り離される。レーとタートクを結ぶ道路だけが、軍の努力により一年中開いていた。

人口は少なく、ドラスに一万人程度、九五％はスンニ派、五％はシーア派のムスリムである。カルギルとバタリク、タートクの住民は一〇万人、八〇％がシーア派で残りは仏教徒である。ラダク地方の残りの地域は主に仏教徒が住んでいる。住民の立場としては、シーア派ムスリムと仏教徒がカシミールでの武装勢力の活動に反対していたため、時々パキスタン軍は越境砲撃の対象としており、街そのものを砲撃したこともある。

一九八〇年代には、印パそれぞれ越境事件を一度ずつ起こしているが、前述のような地形から、大規模な陸上戦闘を行うことはきわめて困難であった。また、地形が急峻であるため、いくつかの個所で空から監視する以外、全く監視できないところがあった。そのような地形はパキスタン側からの侵入ルートになり得た。実際一九九三年には、パキスタンから侵入が試みられた(13)。

C　侵入者の状況

インド軍が発見した侵入者の死体や身分証等から推測するに、侵入者にはパキスタンの第三、第四、第五、第六、第一二北部軽歩兵隊（Northern Light Infantry）の出身者が多く(14)、その他に武装勢力のメンバーやパキスタン陸軍特殊任務部隊（Special Service Group）のメンバーによって構成されていたと考えられる。この北部軽歩兵隊は、もともと現地の人間で構成されたパキスタンの警察軍であるため、武装勢力と区別をつけ難い性質があることもあって(15)、侵入者のどの程度がパキスタン軍だったのかについては、様々な意見があるが、この北部軽歩兵隊が一九九七年から一九九八年にかけて高地での戦闘訓練を実施していたとみられること(16)、北部軽歩兵隊がカルギル危機の後、正規軍に編入されたこと等から(17)、パキスタン正規軍がカルギル危機に深く関与していたことだけは間違いないところである。

侵入者の人数は、当初、戦闘部隊五〇〇人から一五〇〇人程度と考えられていたが、兵站部隊も含めると五〇〇〇人程度の侵入があったと考えられ、その武器もソ連製及び中国製のＡＫ四七突撃銃、迫撃砲、榴弾砲、対空機関砲及びスティンガー携帯式地対空ミサイル等であった。特にインド軍より優れていた部分としては、優れた暗視装置を保有しており夜間戦闘能力が高いことであった。また、カシミール・パキスタン管理地域にいるパキスタン軍から砲兵及び地対空ミサイル部隊による支援を受けていた。

侵入者はカシミール・パキスタン管理地域に設置された集積所から補給を受けていたが、侵入後、侵入地域の中

図４－２　カルギル危機重要拠点概観図

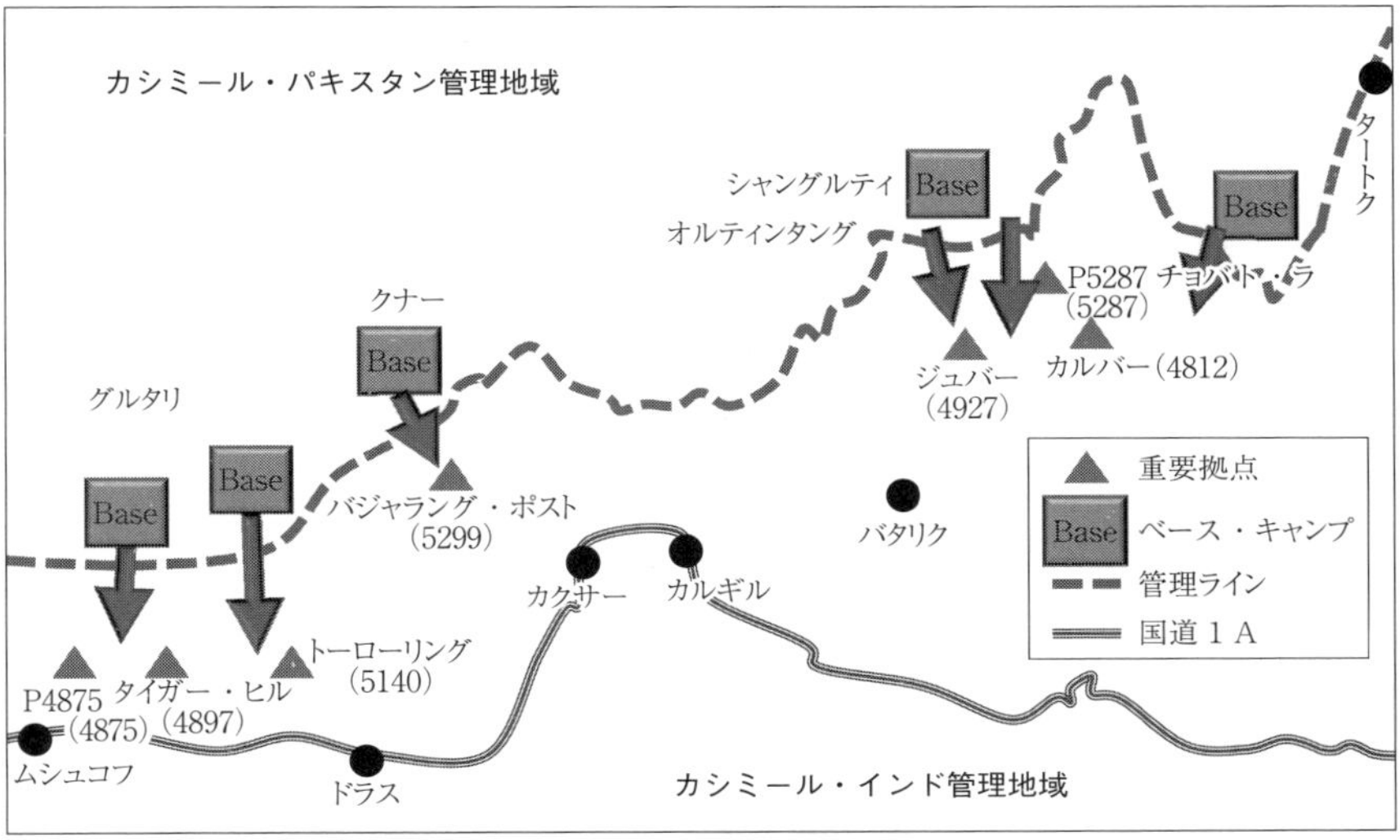

注：重要拠点名の（　）内は標高を示す。
出典：Gurmeet Kanwal, "Pakistan's Military Defeat", Jasjit Singh eds., *Kargil 1999 : Pakistan's Fourth War for Kashmir*（New Delhi: KW, 1999), p. 150の図をもとに他の図と照らし合わせ筆者作成。

にも集積所を設置し補給を行っていた。

②　バタリク地区周辺の戦闘

侵入してきた地域は、大きく三つに分かれる。一つは東のバタリク地区周辺、もう一つは西のドラス地区周辺、そして中央のカクサー地区周辺である。この内、バタリク地区とドラス地区での侵入が深く、大規模であった（図４－２）。

五月二六日ヴィジャイ作戦が始まると、最初の成果が上がったのがバタリク地区であった。五月三一日、インド軍ラダク偵察隊が侵入者を排して東部のチョバト・ラを占領すると六月五日にはＰ五二八七も占領した。その二日後の六月八日には激しい近接戦闘の結果、ジュバー・リッジもほぼ奪還し、残るはカルバーだけとなった。インド軍はこうして包囲しながら次第に侵入者を圧迫し、六月一六日には、残されていたタートクを奪還、結局七月九日までにほぼ掃討が終わることとなった。このようにしてバタリク地区では九日の侵入者撤退開始を迎えることになる。しかし、一部の敵部隊がバタリク地区に残っていることが確認され、七月二二日から掃討作戦が行われ二六日には掃討を完了した。

③ ドラス地区周辺の戦闘

ドラス地区では侵入者はトーローリングとタイガー・ヒル、P四八七五の三つを占領し、国道1Aを眼下にみる態勢となっており、インド軍の増援を砲撃で阻止することのできるラインまで進出していた。そのため、この三つを奪還し、侵入者を追い出すことが急務となっていた。

しかし、五月二二日に行われたトーローリング攻撃は失敗し、苦戦が続いていた。そこでインド軍は大規模な砲兵（一個大隊の攻撃に一〇〇門の大砲を投入した）[18]を投入し、六月一三日、これを占領した。これがドラス地区最初の戦果であった。以後、インド軍はタイガー・ヒル周辺の高地を次々と奪取して敵の連絡・補給を断ち、六月二四日、インド空軍が精密誘導弾を使用したタイガー・ヒル爆撃を開始すると共に攻撃開始、七月三日にはタイガー・ヒルを占領、九日までにタイガー・ヒルの掃討を終えた。七月五日には、P四八七五も占領した。ドラス地区の脅威はほとんど取り除かれ、停戦を迎えることになる。

ドラス地区の西にあるムシュコフ渓谷にも侵入があったが、七月九日の停戦後撤退した。

④ カクサー地区周辺の戦闘

中央部のカクサー地区は、バタリク地区やドラス地区ほど深く侵入されておらず、国道1Aやシアチェン氷河とのかかわりも薄く、あまり重要ではないものの、ここでも侵入者はインド軍の国境監視ポストを占領し、インド軍の偵察隊を何度も撃退していた。

六月二八日、カクサー地区でも準備攻撃が開始され、七月五日には総攻撃が行われた。しかし、この地区での戦闘は、停戦発効により停止された。一一日から一二日にかけて、侵入者は撤退した。

⑤ 航空戦闘

インド空軍は五月九日以来、陸軍を空輸面で支援してきたが、すでに五月七日ごろから爆撃を検討[19]、五月二五日に内閣安全保障委員会で許可され、セーフ・サガー作戦という名前で爆撃を開始した。これは一九七一年以来初めての空爆で、当初、ミグ二一、ミグ二三、ミグ二七戦闘爆撃機六機とミル一七武装ヘリコプター二、三機が投入された。[20]しかし、インド空軍にとっては二つの大きな制限があった。一つは政治的な制限で、過度なエスカレーションが起きないように、管理ラインを超えないよう厳しく制限されていた。もう一点は、地形的な制限で、インド空軍はこれまでより低地での爆撃を訓練してきたが、カルギル危機の戦場は高度が非常に高く、天候は曇りがちで頻繁に変わり、風も非常に強く、山岳で植生も街も道路もなく、雪の溶け方で頻繁に地形が姿を変え、敵の目標物は小さく、上手にカムフラージュしているため、非常に爆撃目標を発見し難い困難な地形であった。

こういった悪条件もあって、当初インド空軍は損害を出す結果となった。まず五月二一日にはキャンベラ偵察機がスティンガー携帯式地対空ミサイルによるものと思われる攻撃を受け、損傷を負った。五月二七日には二機の戦闘爆撃機（ミグ二一とミグ二七）を失った。インド側ではこの内一機（ミグ二七）はエンジン火災、もう一機（ミグ二一）は、帰ってこないミグ二七を捜しに行って撃墜された（スティンガー携帯式地対空ミサイルによるものと思われる）としているが、パキスタン側は二機とも領空侵犯したため撃墜したとしている。その結果パイロット二人がパキスタン領内に降り、最初のミグ二七のパイロットは捕虜となったが、ミグ二一のパイロットは機体から脱出後殺害されてしまった。さらにドラス地区トーローリングで攻撃中のミル一七武装ヘリコプター一機が侵入者のスティンガー携帯式地対空ミサイルに撃墜されてしまった。これらの事件はインド空軍の作戦を再考させる契機となった。

インド空軍はジャギュア戦闘爆撃機や、より最新機種であるミラージュ二〇〇〇戦闘爆撃機を投入し、GPSを使用して位置を確認しながら、より慎重かつ念入りに爆撃を行うようになった。また、武装ヘリコプターによる攻撃は中止した。その結果、爆撃の精度が落ちてしまったが、次第に中高度から高高度でのGPSの使用法が改善され爆撃精度が上がるようになり、六月半ばには侵入者の主要な物資集積所を破壊することに成功し、侵入者の継戦能力に大きな打撃を与えた。

さらに、それまで悪条件のため使用できなかったレーザー誘導の精密誘導爆弾が、天候のせいで使用できるようになった結果、六月二四日、タイガー・ヒルに対して使用された。同日陸軍はタイガー・ヒルに対して攻撃を開始した。

結局、陸空軍の五〇ものレーダーが配備され、陸空軍はよく連携したため、誤爆が起きなかった（六月の最終週に一度、誤爆寸前の状態になったことはあった）。これは一九六五年の第二次印パ戦争時の誤爆事件に比べ能力の向上を示している。インド空軍の使用は戦局全体に一定の影響を与えたといえる。(21) 一方で、武装ヘリコプターの指揮権限を陸軍がもてばより連携できたという指摘や、空軍の偵察飛行があまり成果を上げなかったことが指摘されている。(22) 七月一二日までに爆撃目的で五五〇回出撃し、その護衛目的に五〇〇回出撃、防空目的に四八三回出撃、偵察目的に一五二回出撃、その他二四回出撃、補給及び負傷者搬送等のヘリコプター輸送による二一八五回出撃及び、後方における空輸支援を実施した。(23)

⑥　小結

結局、侵入者がまだ残っている地区もあり、戦闘は八月三日まで続いた。インド軍は奇襲され、条件の悪い中で作戦を開始したが、態勢を素早く立て直し、確実に奪還したといえる。

パキスタン軍がどの程度関与したかは現在でも多くの意見があるが、カルギルでの戦闘中の捕虜及び死者の装備品から多数のパキスタン正規軍の装備、制服やＩＤカードが発見されたことから、パキスタンが国家として深く関与していることだけは間違いのないところであった。しかも戦後の八月一四日、この作戦にかかわったパキスタン軍将兵には勲章が授与され、パキスタン自身が関与を公認した形となった。

戦闘の終結は、パキスタンの首相が武装勢力に撤退を呼び掛ける形で行われ、七月九日のバタリク地区の掃討終了と同時に撤退への協力を要請、一二日にかけて徐々に撤退していった。インド軍は撤退する部隊へは攻撃を停止したため、一部残った侵入者を除き戦闘は鎮静化する。撤退期限の延長が必要になる等若干問題はあったが、一七日には組織的な撤退は終了、二六日にインド軍は侵入者の掃討終了宣言を出し、カルギル危機の戦闘は終了することになったのである。

（四）軍事作戦の成果とコスト

① 軍事的打撃と損失

表４－１　インド軍及び侵入者死傷者数（推計含む）

	死　者	負傷者	その他	計
インド軍	524	1365		1889
侵入者	737（含，将校45，特殊部隊（SSG）68，情報部（ISI）13）	700以上	捕虜８	1445以上

注：インド軍の損害の約半分はバタリク地区で出た。
ムシャラフ参謀長の著書によるとパ側は357名死亡660名負傷，2010年に公表されたパ軍リストによれば453名，印パとももっと多いという指摘もある（"In denial till now, Pak quietly names 453 soldiers killed in Kargil War"（*The Times of India*, 18 Nov. 2010）; "Pakistan lists Kargil war dead"（*The Hindu*, 18 Nov. 2010））。
出典：D. Suba Chandran, *Limited War : Revisiting Kargil in the Indo-Pak conflict*（New Delhi : Indian Research Press, 2005）, p. 61.

表４－２　インド軍が侵入者から鹵獲した武器

名　称	数量
小銃	80
狙撃銃	6
機関銃	41
重機関銃	14
対空機関砲（口径23mm及び37mm）	2
自動擲弾発射機	5
ロケットランチャー（RPG）	14
携帯式地対空ミサイル（スティンガー）	2
榴弾砲（口径105mm）	3
弾薬	6t
地雷	4432
手榴弾	952

出典：General V. P. Malik, *Kargil: From Surprise to Victory*（New Delhi : HarperCollins Publishers India joint venture with The India Today Group, 2006）, pp. 211-216.

表４－１、４－２はカルギル危機における双方の死傷者数と鹵獲した武器をまとめたものである。

② 戦費

直接の戦費は二万人が七四日間戦闘を行ったものであるが、それ以外に二〇万人のインド軍が戦闘配置についた。

これらのコストの詳細は不明なものの、各種の報道からの推計は可能である。例えば一九九九年六月の第二週の段階での報道では、毎日四〇〇万米ドルかかっているとなっており、翌週の報道には、このまま三カ月危機が続いたら五〇〇〇から六〇〇〇クローかかるという報道もある。そこから戦費を推計したスバ・チャンドランはカルギル危機全体で一一一〇クロー、毎日一五クローかかったと推計している。[24]

③ 達成したもの

侵入者が占領した領土は計五五〇㎢にのぼった。[25] インド軍はこれを奪還し、管理ラインを守り切った。そして、インド軍が自信を取り戻したことが成果といえる。

(五) 戦　後

インドはカルギル危機で軍事力の重要性を再認識すると共に、勝利したことで軍事的な能力を世界に示すことができた。同時に経済成長は急速にインドに資金的な余裕をもたらし始めており、ソ連崩壊以来、老朽化する軍事力の再建に取り組み始めることになる。[26] その目標は世界レベルの大国としての軍事力の構築であった。

その過程でインドは二正面の軍事問題への対処を迫られるようになっている。一つ目の正面は、核保有したパキスタンの支援による武装勢力の活動であった。まず、カルギル危機が示したことは、核兵器を保有し、突きつけ合った状態でも印パ両国は限定戦争を実施し得ることであった。そのため二〇〇〇年一月にジョージ・フェルナンデス印国防相は低強度紛争と高強度紛争との間の「戦略的部分（strategic space）」に言及して限定戦争の研究を開始し、特にインドの軍人の間では、限定攻撃に関する議論が盛んになった（政治家はより慎重な傾向がある）。また、九・一一後の二〇〇一年一二月一三日のインド国会襲撃事件（一二月一三日危機）では、パキスタンにある武装勢力訓練キャンプを攻撃するために陸海空軍の大規模な軍事力集結による威嚇（強制外交）、パラカラム作戦を実施することになったが、そこでわかったことは、従来の体制ではインド陸軍が攻撃位置に着くまでに時間がかかり、パキスタン軍も増強して、結局全面戦争をする体制となってしまうことである。その結果、核兵器が使われる可能性が高まって国際社会が介入し、インドの軍事作戦実施は難しくなってしまうことであった。そこで改善が考えられ、二〇〇四年四月にインド軍は新しいドクトリンを発表することになった。これがコールド・スタート・ドクトリンとして知られるようになり、それにまつわる研究、議論がより活発に行われるようになったのである。

コールド・スタート・ドクトリンは、パキスタンが支援するテロ組織がインド国内でテロを行った場合を想定し、パキスタンを陸海空統合の作戦、特に機甲戦力（戦車）で限定攻撃して、パキスタンにテロ支援の代償を払わせることを目的としている。もし代償を払わせることが可能な体制ができれば、パキスタンのテロ支援に対し抑止効果を期待できるかもしれないからである。

この構想を実現するには二つの点が必要である。一つは核戦争にならない程度の限定的な攻撃であること。そして限定的であるために、パキスタン軍の防衛準備が整うよりも早く準備を整え、実施することである。インドでは機甲戦力の即応性を高めるための研究と訓練が始まった。

さらに、これと並行して、インドは機甲戦力以外の選択肢である陸海空特殊部隊による敵奥地の拠点に対する襲撃作戦の検討も開始した。実際、コールド・スタート・ドクトリンでは要の一つになると考えられる陸軍第二軍団の中の一万五〇〇〇人規模の即応部隊による訓練を実施し[27]、特殊部隊による敵奥地への攻撃を陸海空三軍統合ドクトリンとしてまとめた[28]。ただ敵奥地といっても、インドの特殊部隊の能力はせいぜい国境から一〇～一五km程度の場所に対する攻撃であるとする見方もある（二〇〇八年一二月の報道）[29]。この特殊部隊による攻撃はコールド・スタート・ドクトリンとはよばれないが、攻勢的防衛に基づくドクトリンの一翼を担うものとして注目される動きである。

インド軍は長年防勢的防衛を主軸として考えてきただけに、限定的とはいえ攻勢的防衛の採用したこれらの構想の実現にはドクトリン上の大転換を必要とする。インド軍は、防衛的な思考の改革、三軍の統合運用体制の確立、兵力配置の見直し、装備の更新すべてにおいて改革を求められたパキスタンはこのような動きに対抗して戦術核

（より小型の核兵器）の開発をすすめており、インド軍は、より洗練されたドクトリン開発を必要としている。

もう一つの正面は中国である。インドは一九六二年の印中紛争以来、中国に対する警戒感が強い。しかも、近年、中国は、発展著しい沿海部だけでなく、遅れていた内陸部の開発を進めるようになり、印中国境地帯におけるインフラ開発等を進め、(30)中国軍の急速な近代化と相まって、印中国境においても中国軍の能力が著しく向上しつつある。(31)また経済成長により、中国のインド洋における活動も目立つようになった。そして中国はパキスタンの長年のパートナーであり、中国に石油等を運ぶための陸上ルートの構築が目的とみられる中国とパキスタンの連携も強化される傾向にある。(32)さらに近年、インドでは中国国境における衝突(33)やパキスタンへの中国軍配備、(34)印パ国境付近での中パ合同軍事演習実施(35)の報道もある。(36)

このような状態であることから、インド政府は頻繁に警戒感を表明するようになってきている。(37)軍の戦略も二〇一一年一月及び二月のインド国防相の発言(38)や二〇〇九年一二月のインド陸軍参謀総長の発言(39)にみられるように、パキスタンと中国の両方と同時に戦う二正面戦略を進めている。インド陸軍参謀長は二〇一〇年一〇月にもパキスタンと中国が脅威であることと、大きな戦争が起きそうな状況ではないが、小さな戦争は生起する可能性があると公式な場で演説しており、インド軍の安全保障観を率直にまとめたものとして理解できる。(40)

① 陸軍動向

前述のようにカルギル危機の後、インド軍には大きく二つの動きがみられたといえる。

一つは、対パキスタン戦にむけたコールド・スタート・ドクトリンを研究する動きである。従来のスンダルジー・ドクトリンに基づくインド軍の師団配置では、戦車を大量に保有する三つの打撃軍団（Strike Corp）（第一、二、三軍団）を後方に下げており、国境付近には歩兵を中心とした防御的軍団（Holding Corp、歩兵師団を中心に国境付近に配備された防御的軍団）が配置されている。これは、インドがパキスタンを攻撃する際には、打撃軍団を一回前進させ、攻撃可能な位置につけなければならない。つまりワンステップおいた防御的な配置であった。しかし、パラカラム作戦の際は攻撃可能位置につくまでに三週間かかったといわれており、即応性を求めるコールド・スタート・ドクトリンに合わない。そこでコールド・スタート・ドクトリンでは、これら三つの打撃軍団を、より小規模で機動力と火力に優れた八個の師団に分け、三～四日で攻撃態勢に入り八カ所同時攻撃し(41)、時間のかかる都市等は避けて侵攻、同時に防御的軍団の中の一部部隊にも攻撃力をもたせ、増援として投入、五〇～八〇kmパキスタン領内に侵入、占領することを検討しているものとみられる(42)。二〇〇五年の南西コマンド（軍団を束ねる野戦軍に相当）が創設され、二〇一一年には三つの打撃軍団を戦略コマンドに束ねる動き等(43)、コールド・スタート・ドクトリンを念頭においたとみられる組織替えと演習がたびたび行われており、構想は一定程度進んでいるといえる。

しかし、インド軍がこの構想を実現するには、装備の点で問題点がある。インド軍は旧ソ連時代の一九七〇年代、八〇年代に配備された装備を主力とし、その後ソ連の崩壊で更新されていないため、装備全体が急速に老朽化しているからである。特にコールド・スタート・ドクトリンは早さが勝負を決めるため、機動性の高い自走砲が大量に必要であるにもかかわらず、インド軍は近代的な自走砲をほとんど保有していない状況である。そのためロシアから戦車一六五七両の購入及びライセンス生産を決めたほか、国産戦車二四八両の生産、装甲車の更新、二八一九門の火砲の近代化及び購入計画、三三〇機の攻撃・多目的ヘリコプターの購入計画を進めている(44)。またカルギル危機の影響もあって夜間戦闘装備の購入を進めている。しかし、二〇〇一年の同時多発テロ後、パキスタンはアメリカ製装備を入手して近代化が進みつつあり、インド側がどの程度装備を近代化できるかによって、コールド・スタート・ドクトリンの実現可能性が決まるといえる。

二〇一四年時点では、まだインド陸軍の打撃軍団は軍団単位で運用されており国境から遠い後方に配置されたままであること(45)、印陸軍参謀長がアメリカの国防代表団に語った、陸軍の機動力向上を進めており、防衛のための攻撃という選択肢があることは事実であるが、コールド・スタート・ドクトリンはシンクタンクやメディアで議論されているにすぎない、という主旨の発言があること、(46)パキスタン側も真剣に対抗措置を研究していること、(47)ムンバイ同時多発テロ事件のようなテロを抑止できるかどうか疑問であること等の理由から、(48)実現可能性としては高くないとみるのが妥当であろう。だが、装備を充実させ、訓練を整えていけば、近い将来、実現可能性は高まってくるため、注目すべき動きである。

もう一つの動きは、中国を念頭においた動きである。インド陸軍はヒマラヤ山脈を中心とする国境の防衛に一〇個の山岳師団を当てているが、一部はカシミール・インド管理地域に派遣されていた。二〇一〇年その山岳師団を印中国境に戻しており、(49)二〇一一年には二個山岳師団が新たに創設（一二六〇人の将校と三万五〇一一人の兵士で構成）された。(50)そして二〇一四年からはさらに二個山岳師団の創設に着手した。この新しい二個師団は各種支援部隊も合わせ打撃軍団（第一七軍団）になる。構成人員は九万人であるので一一三万のインド陸軍に大きな影響を与える動きである。

このインドの打撃軍団創設の動きは対中戦略としては大きな変化といえる。打撃軍団をどのように使用するかを想定するとカルギル危機は参考になるのであるが、カルギル危機では侵入した敵は山岳部の有利な高地に陣取っており、なかなか拠点を落とせず、兵力比九対一以上が必要であった。そのため、状況を打開するために後方の補給拠点を攻撃して敵の補給を断ってから攻撃して成功した。印中国境でも中国側が高台にいるため同じような状況に陥る可能性があり、打撃軍団が中国側の補給拠点を攻撃する構想を立てているものと推測されるが、実際、印陸軍参謀長は、山岳部における攻撃能力獲得の意志について言及している。(51)これは、これまでインドが印中国境では防勢的防御体制であったことを考えれば、一部攻勢的防衛体制（proactive strategy）の導入が図られつつあるといえ、大きな変化である。(52)

また、装備という点でも注目されるのは、空輸可能な軽戦車、装甲車、山岳で使用できる超軽量火砲の購入と共に、ヘリコプターや大型輸送機の購入（空軍）と国境地帯の空港、ヘリパッド、空中投下ポイント等の整備を進めている点である。印中実効支配線付近は、中国側は比較的平坦であるのに対し、インド側は山を登って実効支配線に行かねばならず、両者が競争して兵力を増強した場合、兵站上中国が有利である。航空機で部隊を輸送すれば、山を登らなくてはならないというハンディを若干なりとも軽減できるものと思われ、もともと空輸を得意分野としていることもあって[53]、道路整備と共に空港等を整備する動きが進んでいると考えられる[54]（ただ、道路整備の方はかなり遅れが指摘されている状況である[55]）。

②　海軍動向

次節の「外交的動向」の中で詳述するが、カルギル危機の際、インド海軍は、パキスタンの港湾を封鎖する動きをみせた。これはパキスタンの海上貿易がカラチ港に依存しているためで、パキスタン側の危機感も非常に強いからである[56]。二〇〇七年に発表されたインドの『海洋軍事戦略』の中でも、海上から陸上への攻撃をより重視するようになることが書かれている[57]。例えば海上発射型のブラモス巡航ミサイルや砲撃によるカラチ港の燃料タンク等に対する攻撃をすれば、パキスタンの港湾施設の能力は打撃を受け、また、揚陸艦等を増強しての上陸作戦能力の向上は、パキスタン軍の国境の防衛網を海上から迂回できることを意味しているため、対パキスタン対策としてのことが第一に念頭にあるものと考えられる。

ただ、上陸作戦を実施する水陸両用任務に就く部隊は、陸軍部隊が三年ごとの持ち回りで一個旅団がその任に当たる。もし本格的な上陸作戦を実施するには一～二個師団が必要であるため明らかに不足している[58]。

このようなパキスタン海軍のみを対象とした対パキスタン戦略は、二〇〇八年ムンバイで同時多発テロが起きると、若干変化する。二〇〇八年の同時多発テロでは、テロリストが海上からムンバイに上陸したものと思われ、沿岸警備隊を傘下にもつインド海軍としては、テロリストからの防衛もまた重要な任務となった[59]。このような攻撃を防ぐ対策の必要性が高まったため、海軍内の新組織サガー・プラハリ・バル（Sagar Prahari Bal）の創設[60]、指揮系統

の整備や沿岸監視のためのレーダーの設置、(61)沿岸警備用艦艇の取得等が積極的に行われるようになった。(62)

ただ、二〇〇〇年代のインド海軍の戦略で最も注目するべきは、インドがその国益の範囲をインド洋全域と捉え、(63)近い将来「海洋大国になる」と公言していることであり、(64)特にインド洋で活動する可能性のある中国の動きを懸念していることである。経済発展が進む中国は、エネルギー需要が高まっており、インド洋の海上ルートを通る貿易への依存度も高めつつある。そのため多額の投資をしてインド洋周辺海域各国のパキスタン、スリランカ、バングラデシュ、ミャンマーに港湾施設(軍施設として利用可能であるが、軍の施設ではない)を建設しており、ミャンマーのココ諸島に軍の通信施設を建設するなどしていることで、これらの施設をつなぐとインドに真珠の首飾りをかけて包囲するような形になることから「真珠の首飾り戦略(The String of Pearls)」とよばれる戦略を推進しているものとみられている。さらにインド洋での中国の監視船や不審な漁船団の活動活発化、(65)潜水艦の活動、(66)中国がパキスタンに潜水艦六隻、バングラデシュに二隻を輸出する計画をすすめているとの報道もあり、(67)対潜能力の低いインドは懸念を強めている。(68)そのような懸念の表明は、二〇〇七年に公表されたインド海洋軍事戦略においても中国海軍の外洋海軍化に言及し、(69)二〇〇九年にはインド海軍参謀長が中国に対する危機感を表明し(その後修正)、(70)外務大臣も議会で中国の動きを注視すると発言する等、次第に強まる傾向にある。

そのため、インド軍の拠点形成も活発になっている。(71)インド軍は二〇〇一年マラッカ海峡出口のインド・アンダマン・ニコバル諸島に陸海空三軍の統合司令部を設置したほか、(72)モルディブ、セイシェル、モーリシャス、マダガスカルに海軍の停泊所と通信施設を保有し、(73)特に、中国が基地を建設するのに適した場所とされるセイシェルについては、(74)哨戒機部隊を配備しているものと考えられている。(75)またスリランカや南アフリカとの協力も進めつつあり、(76)イランのチャーバハール港建設にも協力している。

インド海軍の演習地域についてもインド沿岸だけでなく、マラッカ海峡から南シナ海周辺での演習が増加しており、ペルシャ湾、アフリカ東岸等でも行われている。また、二〇〇八年以来、海賊対策のための軍艦も派遣、(77)海賊対策に関する各国海軍との協力も進めており、インド自身も活動範囲を広げ、周辺国海軍との交流を活発化させつつあるといえる。

問題はインド海軍艦艇の老朽化である。インド海軍はスリランカにおける敗退、ソ連の崩壊の影響もあり、カルギル危機まであまり軍事に予算を割かなかった経緯もあって、装備が急速に老朽化しつつある。そのため二〇一〇年九月時点で艦艇数一四〇隻であったが[78]、二〇一一年一月には一三〇隻になってしまい、二〇一四年現在一三六隻である。老朽化による退役を考えると急速に艦艇を補充する必要がある。結果、二〇一三年時点で四四隻建造中で（そのほとんどを国内で建造）、さらに五五隻の建造を計画中、年平均五隻就役（配備につく）予定という非常に速いペースで軍艦を建造している[79]。

インド海軍の配備状況をみると、これまでは司令官の階級や新しい艦艇の配備先等でパキスタン対策の中心を担ってきた西部艦隊重視の傾向がみられたが、中国や東南アジアに面する東部艦隊により重きをおいた東西バランス重視の体制になりつつあり、新しい艦艇を東部方面艦隊へ配備し[80]、西部方面艦隊の活動に比べ東部方面艦隊の活動は中止され難い傾向もみられる[81]。最終的な目標は東部、西部、南部の三つの艦隊に各空母一隻、駆逐艦やフリゲート艦八隻を中心とした空母機動部隊を配置、東部と西部を実働、南部を訓練や修理用として艦艇をローテーションさせながら運営することを目指しているものと考えられる[82]。潜水艦についてもロシアから原子力潜水艦をリースし[83]、独自に原子力潜水艦の建造を開始する等、遠洋での活動に備えた更新を行いつつあり[84]、特に中国を念頭においたと考えられる沿岸防衛用の基地二つと、潜水艦用の大規模な地下基地も東海岸に建設する予定である[85]。

③　空軍動向

空軍のドクトリンについては、一九九〇年代に変化がみられ始めたものの、陸軍部隊への防空や爆撃の支援に徹していたことは前記の通りであるが、二〇〇〇年代における陸海空三軍統合の構想であるコールド・スタート・ドクトリンにおいても、進撃する陸軍を支援するものとして重要な役割を担っている。印パ間の空軍の戦力比は二対一といわれることから、(86)インド空軍は戦力的に余裕があり、コールド・スタート・ドクトリンの実現に大きく貢献することができよう。

しかし、実際には、空軍は、コールド・スタート・ドクトリンにあまり積極的ではない。(87)この戦略は陸軍主体で、空軍はあくまでサポートであるが、本来の対テロ戦略では、空軍の特徴を生かした空軍独自の作戦も考えられるからである。対テロ戦略を検討する際の、空軍の特徴とは、空軍は、陸軍や海軍と違い、敵の防衛網を飛び越して中枢から攻撃できるという特徴を生かしたものである。(88)例えば、武装勢力の拠点を攻撃する場合、陸軍は、パキスタン軍の防衛網を突破するわけであるが、空軍はより容易にかいくぐることができる。二〇〇八年にムンバイ同時多発テロがあった際、インドは陸軍を使用した戦略ではなく、空軍による爆撃を検討したとみられ、(89)最近も精密誘導弾の整備に努めており、インドが対パキスタン戦略の一環としてコールド・スタート・ドクトリン以外に、空爆を選択する可能性がある。

また、インド空軍も対中国戦略に力を注いでいるといえる。中国空軍の近代化は著しく、二〇〇九年には、印中間の戦力比は一対三と、印空軍参謀長自らが発表している。(90)そのため、近年、インド空軍が配備を進める新型のスホーイ三〇戦闘爆撃機を中国との国境地帯に優先的に配備している。(91)スホーイ三〇は、空中戦能力においても爆撃能力においても従来インドが保有してきた戦闘爆撃機よりもはるかに性能が高い。航続距離も長く、中国の奥地まで爆撃できる。また開発中のブラモス空対地巡航ミサイルの運用能力を保有する予定だ。そのため、スホーイ三〇は中国軍の空軍基地や弾道ミサイル発射台補給拠点等を攻撃する能力があり、(92)その配備位置はインド空軍の考え方を反映していると考えられる。

また、スホーイ三〇のような大型の戦闘爆撃機や大型の輸送機等を使用するためには、空港やヘリパッド等の整備も必要であるため、多くの基地で改良が行われている。(93)インド全土の六七の空港、ヘリ降着場、アドバンス・ランディング・グラウンド（Advanced Landing Grounds：ALG）とよばれる空港設備等の内三〇をグレードアップする計画で、なかでも印中が領土紛争でもめているアルナチャル・プラディッシュ州の五つのＡＬＧは改修されることが決定している。[94]

さらに、インド空軍参謀長は「ホルムズ海峡からマラッカ海峡まで」という表現をつかってインド洋における空軍戦力の投射にも関心をもっているが、[95]「南シナ海」「エネルギー安全保障」にも言及しており、[96]これも中国を念頭においた動きと考えられる。一九九〇年代半ばまでインド空軍南部コマンドは戦闘爆撃機の飛行隊をもたなかったと考えられるが、[97]二〇〇〇年代に入り、ここ一〇年で初の空軍基地新設となるカヤサー空軍基地の建設が進められており、新型のテジャズ戦闘爆撃機の飛行隊もスーラーとカヤサーに配備される計画である。[98]南部コマンドもインド洋を念頭においた戦闘を想定した形に変化しつつあるといえる。

一連の動きからは、インド空軍が印パ国境から、印中国境及びインド洋方面に重点を移しつつあり、中国を念頭において対応を変化させているものと判断できる。

インド空軍の装備も老朽化の問題に悩まされている。例えば、カルギル危機の最中、ミグ二七がエンジントラブルに陥り、パキスタン領内に落ちる事件があったが（パキスタンは撃墜と主張）、このミグ二七のエンジンは、約一一〇〇時間も経過しており、インド軍の装備が老朽化していることを如実に示す結果となった。[99]このように深刻な状況は改善傾向にはあるが、二〇〇七年四月から二〇一〇年六月までの間に三九機が墜落している。[100]その結果として、インド空軍の飛行隊数は徐々に減少しつつある。印中戦争の後、インド空軍は全六四飛行隊、戦闘爆撃機だけで四五飛行隊（一飛行隊一八〜二〇機として八一〇〜九〇〇機の戦闘爆撃機）の編成が必要とされ、一九八〇年代に予算的制約から全四五飛行隊、戦闘爆撃機だけで三九・五飛行隊を保有するものとして認可したにもかかわらず、[101]実際には二〇一四年時点で戦闘爆撃機の飛行隊が三四飛行隊しかない。[102]その内三分の一がミグ二一であり、その他の航空機も老朽化が進みつつある。順調に退役すれば、二〇二二年には二〇飛行隊近くまで戦力が落ちる危険性があることを考えると、深刻な状況であるといえる。そのため、インド空軍は大規模な戦闘機の調達計画を進めている。その内容は、スホーイ三〇が二七二機（二機は事故で喪失）、多目的中戦闘機一二六機、国産のテジャズ戦闘機一二〇～一四〇機、ロシアとの共同開発が進むステルス戦闘爆撃機ＰＡＫ-ＦＡを二五〇～三〇〇機配備というもので、(103)計画通り進めば二〇一七年には三七・五飛行隊、二〇二二年には四二飛行隊(104)になる計画である。(105)

また、戦闘爆撃機以外のハイテク装備の導入が相次いでいることも注目される動きといえる。インド空軍は、陸海と共に一九五〇年代以来となる指揮機能のデジタルネットワーク化も進め、(106)二〇一六～二〇一七年までには戦力の運用能力の効率性を大幅に向上させる可能性がある。(107)また、新しい地対空ミサイルを導入して印中国境に配備する計画が進みつつあり、早期警戒機や攻撃能力のある無人機の導入も進み始めている。特に、早期警戒管制機や攻撃能力のある無人機は、防衛能力の向上だけでなく、パワープロジェクション（戦力の投射）能力を高めるため、今後インド空軍の動向に影響を与える動きといえる。

最後に宇宙についてであるが、インドはソ連のロケットで一九七五年、一九七九年、一九八一年と衛星を打ち上げ、ソ連の後押しでロケット発射場を造り、一九八〇年には三五kgの国産衛星を国産ロケットで打ち上げることに成功し、世界で七番目の衛星打ち上げ能力のある国となった。インドはもともと宇宙の軍事利用に関して反対する政策を掲げており、宇宙開発全体としては軍事色が薄かったが、それでもインドの宇宙開発は一定の軍事的影響を及ぼしてきた。例えば一九八〇年代に、後にプリトビ弾道ミサイルやアグニ弾道ミサイルとなる統合誘導ミサイル開発プログラムが始まったのには、このようなインドの衛星打ち上げ技術が蓄積され、宇宙政策を担当する宇宙省傘下のインド宇宙研究機構と、国防省傘下の国防研究開発機構が協力した背景があり、また、二〇〇一年の技術試験衛星以降、偵察衛星に該当する衛星も複数打ち上げられている。(108)二〇〇〇年代に入ると、中国による衛星破壊実験の強い影響もあって、インドも宇宙軍事の分野について検討を開始し、ミサイル防衛システム開発に合わせて衛星迎撃システムの開発を進め技術的にはその能力を保有しつつある他、(109)国防省内に衛星画像を扱う部署を設立し、二〇〇九年には陸海空統合宇宙部門の設立も認められ、二〇二〇年までに、インド宇宙研究機構と協力しながら、すべての宇宙における軍事活動の運用体制を整える計画になっている[110]。二〇一四年独自の衛星位置測位システムを開発する等、本格的な動きをみせつつあることから[111]、直接空軍の所轄ではないが、今後の動向が注目される。

④　軍備の国産化動向

前述のように、インド軍では装備の老朽化が急速に進み、事故が多発している[112]。その原因の一つは訓練体制の不備にあるが[113]、ソ連の崩壊も原因である。新装備が入手できなくなり、既存の装備も交換部品が入手できなくなったからだ。例えば筆者が計算した限りでは、事故率が大変高いインドにおいて、最近まで生産ラインを維持しているとみられるジャギュア戦闘爆撃機の事故率（三〇％弱と考えられる[114]）は、生産ラインを閉じた、または国産化していない他の戦闘爆撃機ミグ二一、ミグ二三やハリアー等の事故率（同五〇％）の半分強である。つまり部品入手が容易であれば、このような事故率は下がるはずであり、インドの兵器の国産化の必要性を喚起し続けている状況である。

そのインドの兵器の国産化の状況は特に二〇〇〇年代になって、いくつか成功事例が登場するようになり、進展し始めたところである[115]。例えばアグニI〜IIIミサイル、アージュン戦車、ドゥルブ多目的ヘリコプター等が完成し、原子力潜水艦アリハントや、テジャズ戦闘爆撃機等は配備直前である。その結果、二〇〇〇年代に入りインドはより積極的に兵器開発を進めている。ただ、それでも、アージュン戦車部品の半分近くがドイツ等の外国製品で構成されており、ドゥルブヘリは部品は九〇％が外国製[116]、テジャズ戦闘爆撃機もエンジンはアメリカ製である等[117]、インドの兵器開発及び生産（生産設備も古い[118]）は外国からの技術提供に大きく依存している（表4-3）。

そのため、インドにとって外国からの技術移転をいかに進めるかが重要であるが、冷戦後の状況はインドに有利に働きつつある。もともと機密性の高い武器の取引は、取引内容が公表されない不公正な市場で、経済的な利害関係よりも政治的な利害関係が反映しやすい性質がある。そのため、冷戦期は東西両陣営のどちらに所属するかが、

表4－3　2000～2010年開始とみられるインドの国産兵器開発プログラム

種　別	名　称	2010年の状態
将来歩兵システム	F-INSAS	開発中
手榴弾（非致死性兵器）	とうがらし手榴弾	2009年配備開始
火砲（ヘリ空輸可能）	105㎜軽量野戦砲	開発中
火砲（野戦砲）	52口径155㎜	開発中
軽攻撃ヘリ	ルドラ	開発中
駆逐艦	コルカタ級	2014年配備開始
コルベット艦	コルモタ級	2014年配備開始
早期警戒管制機	不明	開発中
空対空ミサイル	アストラ	開発中
精密誘導爆弾	レーザー誘導爆弾	開発中
各種無人兵器	各種	一部は完成，詳細不明
巡航ミサイル	ニルバイ	開発中
弾道ミサイル	プラハー	開発中
弾道（巡航？）ミサイル	シャウリア	開発中
潜水艦発射弾道ミサイル	K 4	開発中
ミサイル防衛システム(1)	PAD 及び AAD	開発中
レーザー迎撃システム	DEW	開発中
地域衛星位置測位システム(2)	GAGAN, IRNSS	2010年より稼働（GAGAN），開発中（IRNSS）
3軍デジタルネットワーク化システム	AFNET, TCS など複数	空軍用の AFNET は完成 陸軍用 TCS は開発中

注：（1）ミサイル防衛は1999年のカルギル危機の後，開発を開始したものとみられる。
（2）インドはアメリカの GPS の南アジアにおける正確性を高める装置として GAGAN を使用しているが，それ以外に南アジア周辺地域用の IRNSS も立ち上げており，ミサイルの誘導等の軍事目的にロシアの GLONASS も使用する。

出典：筆者作成。

表４－４　2000～2010年のインドの主要正面装備品ライセンス生産一覧

種　別	名　称	数	生産年度	開発国	国産化の度合い
歩兵戦闘車	BMP 2	123	2006契約 2007～2008	ロシア	
戦　車	T90	1657	2001，2007， 2010契約 2001～	ロシア	700両は完成品購入，残りライセンス生産（2009年から納入） 主砲の技術等も含め技術提供
装甲車	WZT 3	308	2002，2004契約 2002～2007	ポーランド	40両はアッセンブリー 残りはインドで生産するが，インド部品の比率は18～40％
戦闘爆撃機	スホーイ30	272	2000，2010契約 2004～	ロシア	58機は完成品購入 残りはライセンス生産
潜水艦	スコーピオン	6	2005契約	フランス	２隻購入，４隻インドで建造
戦闘爆撃機	ジャギュア	20	2006契約 2007～2009	イギリス	ジャギュア戦闘爆撃機の生産ラインは最近まで維持されている
練習機 （戦闘・爆撃可能）	ホーク100	123	2004，2010契約 2007～	イギリス	24機完成品購入， 99機はライセンス生産

注：表２－３，２－12，３－２，３－10で記載の兵器は含まれていない。
出典：Stockholm International Peace Research Institute のデータベース（http://www.sipri.org/databases）及びその他の資料よりまとめたものである。

武器の購入で重要な要素で、一方の陣営に属してしまうと他の陣営に移るのは大変で、武器購入に際しての技術移転等でインド等の受領国がいい条件を獲得することができなかった。ところが冷戦後、崩壊した東側諸国だけでなく、西側諸国においても調達する武器が少なくなり、軍需産業は機密扱いだった高度な技術まで販売しながら激しく競い合うことになった。東西対立のような政治的な要素も若干薄まり、結果、インド等の武器の受領国は、採用に際し、複数の候補を競わせることで、より良い条件を得やすくなったといえる（表４－４）。

このような環境においてインドは明確なルール[119]を作成して公開し、オフセット・ポリシーを進め、その中で外国企業や民間企業の兵器開発への参入を認め、国防産業における外国企業直接投資の比率の上限を現行の二六％から四九％、七四％、さらに一〇〇％まで引き上げることも検討[120]し、また[121]は制限の適用を場合によっては緩めることも検討して高度な技術の獲得に力を注ぐようになったのである[122]（表４－５）。

表４－５　インドの共同開発兵器一覧

種　別	名　称	相手国	状　態
巡航ミサイル	ブラモス	ロシア	完成，改良型開発中
ステルス戦闘爆撃機	PAK-FA	ロシア	開発中
輸送機	多目的中型輸送機	ロシア	2010年９月調印
超高速ミサイル	名称不明	ロシア	協議中
地対空ミサイル	バラクⅡ及び改良型（LRSAM & MRSAM）	イスラエル	開発中 70％インド製
偵察衛星	各　種	それぞれロシア，イスラエル	すでに打ち上げたものと開発中のものあり

注：表立った共同開発ではないが，上記の他にインドが開発中のミサイル防衛システムのレーダーがイスラエル製であること等，共同開発と疑われるような事例も多数ある。
出典：筆者作成。

⑤　核戦力動向

本来核兵器の配備に反対していたインドの核ドクトリンの研究は、あまり積極的に進められてこなかったが、一九九八年の核実験以後検討が進められ、カルギル危機以降活発になった。その最初のものは一九九八年八月の首相の核基本方針の公表、次に一九九九年八月の「核ドクトリン草案」であった。さらに、カルギル危機を検証したカルギル検討委員会報告に基づき、二〇〇一年五月に新体制を発表、パラカラム作戦終了後の二〇〇三年一月には「二〇〇三年一月核ドクトリン」を発表した。これらの核ドクトリンに共通しているのは、インドの核兵器は最小限核抑止を目指していること、先制不使用であること、非保有国へは使用しないこと、ただし生物・化学兵器による攻撃への報復としては核兵器を使用する可能性があること、第一撃への報復は大量報復で行うこと、核兵器使用の核司令部（Nuclear Command Authority: NCA）は文民の指導の下で行うこと、核の三本柱（地上配備ミサイル、航空機、ミサイル搭載潜水艦）を整備すること、引き続き核兵器廃絶に向けた努力には協力すること[123]、核実験モラトリアム（核実験の一時停止状態）を継続すること等である[124]。インドはこのような方針に基づき組織の改編と運搬手段の開発を進めた。

組織の改編としては、ＮＣＡが創設され、その中に核兵器使用を決定する政治評議会（Political Council）と、政治評議会に情報を提供し、その決定を実行する執行評議会（Executive Council）がおかれ、核司令部の指揮の下で核兵器を運用する、三軍から独立した戦略軍コマンドが創設された（二〇〇三年一月）。

核兵器の運搬手段については、以下のような兵器が開発・配備されるようになり、核戦略を担えるようになった。そしてプリトビ、アグニ弾道ミサイルは戦略軍コマンドが指揮をとり、戦闘爆撃機は空軍が指揮をとっている。[125]ただ、戦闘爆撃機の内、四〇機程度を戦略軍コマンドに移す提案がされている。[126]なお、海軍は射程三五〇kmのダヌッシュ弾道ミサイルを搭載した艦艇を保有しており、建造中のアリハント級原子力潜水艦は射程七〇〇kmのザカリカ弾道ミサイルないし射程三五〇〇kmのK4弾道ミサイルを搭載するものとみられる。海軍は現時点で核任務を付与されていないようであるが、[127]近い将来、核任務を付与される模様である。[128]

インドがミサイルを国境地帯に配備したとすれば、射程七〇〇kmあればパキスタン全土を射程に収めることができることから、アグニI弾道ミサイルの配備で対パキスタン核戦略上の最低限の能力を保持したといえる。またアグニIIの射程二〇〇〇kmは中国内陸部だけでなく、米軍基地があるディエゴ・ガルシア島（南インドから一九二〇km）が射程に収まることを意味する。一方インドが弾道ミサイルを配備したとして北京を射程に収めるとすれば、三五〇〇km必要であり、アグニIII及び開発中のアグニIVがその目的に適合している。インドは射程五〇〇〇km以上のアグニV弾道ミサイルも開発中であり、配備が始まると中国全土が射程に入る（同時に、インド本土の広い範囲から北京が射程内に入る）（表4-6）。

またインドはミサイル防衛網の構築に強い関心を抱いている。それは地形上縦深が狭いパキスタンの方が通常戦力では不利であるため、パキスタンが先に核兵器を使用する可能性が高いと考えられるためだ。すでにS三〇〇地対空ミサイルを配備している可能性があるが、カルギル危機後の一九九九年末インドはミサイル防衛システムの独自開発を開始し、二〇一一年現在PAD、AAD、HPL-DEW（レーザーによる迎撃システム）の三種類の迎撃兵器を開発中である（表4-7）。第一段階の実験では射程一五〇〇km程度の弾道ミサイルの迎撃を目標としており、

表4－6　2012年8月のインドの核兵器運搬手段状況

名　称	投射距離（概数）	2012年の状態
プリトビ弾道ミサイル（3種）	150，250，350km	配　備
ダナッシュ艦上発射弾道ミサイル	350km	配　備
シャウリヤ弾道（巡航）ミサイル	700km	配備直前
ザカリカ弾道ミサイル	700km	配備直前
アグニⅠ弾道ミサイル	700km	配　備
アグニⅡ弾道ミサイル	2000km	配　備
アグニⅢ弾道ミサイル	3500km	配備直前
アグニⅣ弾道ミサイル	3500km	不　明
アグニⅤ弾道ミサイル	5000km	2014年配備予定
ザカリカ潜水艦発射型弾道ミサイル	700km	開発中（発射実験成功）
Bo 5 潜水艦発射型弾道ミサイル	1500km	開発中（発射実験成功）
K 4 潜水艦発射弾道ミサイル	3500km	開発中（発射実験成功）
ジャギュア戦闘爆撃機	1400km	配　備
ミラージュ2000戦闘爆撃機	1850km	配　備
スホーイ30戦闘爆撃機	3000km	配　備

注：プリトビ弾道ミサイルは射程が短すぎるため，核兵器の投射手段としてはあまり有力でなく，通常兵器としての役割の方が主になる可能性がある。
戦闘爆撃機の航続距離は機内燃料のみの数字を参照したが，実際には，武装の搭載量，増槽（増加燃料タンク）の有無，飛行高度，天候によって大きく変わるためミサイルに比べ判別し難い。そこで戦闘爆撃機の性能に関しては，青木謙知『戦闘機年鑑2009–2010』（イカロス出版，2009年）を参照した。
出典：筆者作成。

第二段階に入ってから射程五〇〇〇km程度の弾道ミサイルの迎撃を計画していることから、第一段階は対パキスタン、第二段階は中国を対象とした迎撃兵器開発であると推測される。これら開発中の迎撃兵器はイスラエル製レーダーを使用しており、性能も米・イスラエルが開発したミサイル防衛システムと似通っていることから開発に米・イスラエル（ロシアも）協力している可能性があり、実際二〇〇五年の「米印防衛関係の新たな枠組み」等ではミサイル防衛に関する協力についての記述があり(129)、イスラエルとの間でも二〇一四年四月ミサイル防衛における協力が合意されている。

このようにインドは核の態勢を整えつつあるが、六〇から一〇五

表4－7　開発中のインドのミサイル防衛システム

名　称	射　高	2010年の状態
プリトビ迎撃ミサイル（PAD）	80km	開発中
発展型迎撃ミサイル（AAD）	30km	開発中
直接エネルギー兵器（HPL-DEW）	10km	開発中

注：PADの後継としてPDVというミサイル開発の報道がある。
これらの迎撃兵器はレーダーもイスラエル製を使用する等，イスラエルのアロー2やアメリカのTHAAD，PAC-3等との類似点が多い。アメリカ，イスラエル及びロシアもインドに対して弾道ミサイルの販売をもちかけており会合等も行われている（防衛省『平成21年度　日本の防衛　防衛白書』82～85ページ）。
出典：筆者作成。

発ともいわれる核弾頭を運搬手段とは別に保管しているものとみられ、核兵器の使用にワンステップおいている。また、インドの核兵器の抗堪性についてであるが、報復のための第二撃を維持するには移動式の核兵器を配備するほかに、指揮系統を守るための要塞化が必要であるが、これについても進展中とみられる。[130] [131] [132]

三　外交的動向

(一) 戦　前

この時期におけるインドの外交的動向の背景については、すでに前章でとりあげているので、第三章三（四）を参照されたい。

(二) 戦争直前

印米中関係の進展についてはすでに述べたので、ここでは印パ関係の進展について記述する。

カルギル危機前の印パ関係は、両国関係の完全な正常化には程遠い状況ではあったものの、カルギル危機が起きるような緊張を想像させない比較的友好的なものであった。

特に一九九七年三月以降、印パ間で始まった友好関係構築の動きは、一九九八年五月の両国の核実験で停止したが、一九九八年九月の国連総会における印パ首脳会談以後再び進みつつあった。そして両国をつなぐデリー―ラホール間のバスを開通させ、アタル・ビハリ・バジパイ印首相がそれに乗ってパキスタンに行くことになった。インド側では印パ間の友好関係増進の期待が大きく高まっていたといえる。実際、一九九九年二月にバジパイ首相がラホールに到着し行われた会談では、ラホール宣言が結ばれ両国の平和と繁栄が宣言された。

しかし、一方で、興味深い反応もあった。まず、インドの首相は、バスに乗ってパキスタンに行くにもかかわらず、パキスタンの首相がバスに乗ってインドに来る計画がなかったこと、バジパイ首相がパキスタンに着いた時も、歓迎する人の中にパキスタン軍の陸海空参謀長の姿はなかったこと、さらに、パキスタン国内には依然としてインドとの友好を求める姿勢そのものに反対があったこと、等である。ただ、このような反応は、全体として強い友好ムードの中では小さな問題と考えられた。

後にカルギル危機が起きた時、インド側は完全な不意打ちとなったが、その原因の一つは危機発生直前のパキスタンの友好的な姿勢であった。一九九八年の冬にはすでに侵入者たちは管理ラインを越えていたとみられ、その状況におけるこのような友好的な外交攻勢はおかしいといえるからである。そのため、カルギル危機は、パキスタン首相の全くあずかり知らぬところで、ムシャラフ陸軍参謀長によって計画・実行されたものとの疑いもある。(133) ただ、結果として、パキスタンのこのような行動はパキスタンの国際的なイメージを傷つけ、インドが正当性を得るために有利な条件を形作ることになった。

(三) 戦中(一九九九年五～八月)

① 強制外交1:軍の戦闘配置

インドは五月上旬から半ばまでにパトロール隊の度重なる全滅で奇襲に気付いたが、二四日の内閣安全保障委員会までには、今回の侵入事件にパキスタンが深く関与していることを確信し、カルギルでの戦闘を進める一方で、パキスタンとの戦争を準備することによってパキスタンそのものに対する軍事的な威嚇を開始した。

まず、陸軍については、二四日の内閣安全保障委員会後数日の間にインドの全軍団が移動を開始し、必要ないかなる攻勢及び防勢作戦に対応できる体制をとりはじめた。インドには、戦時の各省庁の役割や軍の配置を具体的に定めた「ユニオン・ウォー・ブック（Union War Book）」があり、これに基づいて、本来であれば、「警戒態勢（Warning period）」や「予防的措置（precautionary states）」を宣言するのが筋であった。しかし、当時印パ間はまだ戦争には至っておらず、「ユニオン・ウォー・ブック」はグレーゾーン事態のような戦争と平和があいまいな状態を想定していなかったことから宣言は行われず、列車や燃料の備蓄等の他の省庁の動員には制限がついた状態での移動となった（移動には特別軍用列車が計四四六本使用された）。

移動は、遠くは、インド北東部より三個師団、アンダマン・ニコバル諸島より一個旅団の移動を伴うものであり、一万九〇〇〇t以上の弾薬と共に、陸海空の手段を総動員して大移動となった。こうしてカシミールの第一五、一六の二個軍団だけでなく、印パ国境にある三つの軍団が戦闘配置につき、後方の三つの打撃軍団のすべてと、予備の三つの山岳師団と一つの空挺旅団、一つの山岳旅団が攻勢をかけるために待機する態勢へと移行していったのである。

また、海軍もタルワー作戦を開始、移動し始めた。すでに二四日の内閣安全保障委員会前の二一日にフリゲート艦一隻をグジャラート州の沖に配置して沿岸警備を強化していたが、会議後、哨戒機二機、コルベット艦二隻も配置し、北アラビア海で哨戒を強化した。さらに六月初めまでに、東部方面艦隊所属の軍艦を西部方面艦隊に加えた。西部方面艦隊の主力はパキスタンとの国境に近いグジャラート州沖に展開した。さらにアンダマン・ニコバル諸島から来た一個旅団（陸軍）は海上に待機、上陸作戦の「訓練」に備えていた。このような動きはパキスタンの警戒心をよび、パキスタン海軍は自国のタンカー等をカラチ港から湾岸まで護衛するようになった。[134]配置されたインド海軍の戦力は、パキスタンの海空戦力との比較から、カラチ港を封鎖するには不十分であったが、[135]一定の圧力をかけることができたといえる。また、海軍は情報収集機を利用したパキスタン西部国境に対する情報収集活動を実施し、それを陸空軍に伝えたため、その点でも貢献した。

前述のように空軍はすでに二六日から戦線に投入されていたが、その関係もあって陸空軍の動きは連携しており、作戦に直接参加していない部隊も作戦の準備を行っていた。海軍も参謀長以下毎日のブリーフィングに出席して連携をとった。

このようなインド陸海空軍による戦闘体制は、印パの通常戦力比が二・二五対一とよばれる状況においては、パキスタンに対する一定の圧力になったものと考えられる(136)。

② 強制外交2：対パキスタン外交

パキスタンに対する攻撃の準備を進めてパキスタンへの圧力を強める一方で、インド政府はエスカレーションをコントロールし、パキスタンに対し明確なメッセージを送るように努めた。まず、二四日、バジパイ首相はシャリフ・パキスタン首相に対し、兵力侵入は甘受できず、必要な対抗措置をとることを通告したが、パキスタンによってインド空軍機が撃墜された際にジョージ・フェルナンデス印国防相は「すべてのことに反応する必要はない」と述べる等、緊張が極度に高まらないように努めている。翌日のヘリコプター撃墜の際には、インド政府の高官の中には、パキスタン側の地対空ミサイル拠点に対する越境攻撃の計画を漏らすものもおり、インド外務省も「エスカレーションの一切の責任はパキスタン側にある」と声明する等、間接的な脅しを行う一方で、印パの首相間、現地司令官間での電話会談等の連絡が行われ、緊張を緩和する措置がとられた。その後、会談の成果がなかったこともあり、三一日にはバジパイ印首相は「侵入というより侵略であり、両国の停戦ラインを修正しようという試みだ」「パキスタンが武装勢力を退却させないなら、我々が撃退する」と発表して決意を示した。こうして五月は終わった。

六月に入ってから半ばに至るまでは、カルギル危機の中で最も緊張感が高まった時期であるといえる。六月の最初の週の時点では、バジパイ印首相は、管理ラインを越えないことを再度表明していたが、インド軍の攻撃はまだ成果につながっていなかった。そのため、インド軍内では、管理ラインを越えてパキスタン側の拠点への攻撃を行わないと、戦局が打開できないと考えられ始めていた。マリク印陸軍参謀長は、管理ライン越えの攻撃を提案し、ブラジェシ・ミシュラ国家安全保障顧問はテレビのインタビューで、「今日は国境も管理ラインも越えなくてよかった、でも明日何があるかわからない」と発言している。しかも、この間、印パ間の緊張を高めるような事案が相次いだ。六月八日には、五月一四日以来カクサー地区で行方不明になっていたインド軍のパトロール隊の遺体がパキスタン側から返還されたが、遺体はひどく変形しており拷問にかけられた跡とみられ、インドはパキスタンを激しく非難した。六月一二日にはパキスタンのサルタージ・アジズ外相がデリーに来たが、停戦や管理ラインの見直し、返礼としてのインド外相の訪パ等を要求し、ジャスワト・シン印外相はこれを拒否した。インドでは管理ライン越えの攻撃をしなければならないとの雰囲気が高まっていった。

六月一六日、ミシュラ国家安全保障顧問は、アメリカに対し、もはやこのような抑制された状態は維持できないことを伝えている。国家安全保障顧問委員会（National Security Advisory Board）も内閣安全保障委員会（Cabinet Committee on Security）に対し越境攻撃を上申し[137]、一八日には、マリク陸軍参謀長も全陸軍に対し、短期間に戦争に突入できるように指示を出した。

このような雰囲気は、最終的には、インド軍がドラス地区での戦闘が進展し始めたことで緩和された。管理ライン越えの攻撃を行わないで成果が上がったからである。その後、空軍参謀長から出された管理ラインの向こう側にある物資集積基地に対する空爆は、内閣安全保障委員会で却下されることになった[138]。

カルギル危機において首相間のホットラインはカルギル危機の最中最低三回以上使われ、双方の首相が信用するジャーナリストを通してのトラック二外交（トラック二とは民間レベルのこと。政府レベルだとトラック一になる。民間レベルの方が話し易い場合がある）も行われたが、印パ間の交渉が成果を上げた形跡はない。むしろ両者は、テレビ等のジャーナリズムを通じて国際社会に自らの主張を訴え合う激しい宣伝戦を繰り広げた。

結局、カルギルでは軍事作戦を行い、越境砲撃には越境砲撃で対応し、国境沿いは軍事作戦を準備し、何か起きるたびに相手を激しく非難し合いながら一方で会談も行うという、エスカレーションを抑えつつ行う強制外交はパキスタンに対して直接の効果を上げたようにはみえない。しかし別の方向では成果を上げつつあった。それはアメリカに対してであった。

③　アメリカの対パキスタン外交

カルギル危機における域外大国、特にアメリカの役割は非常に大きかったといえるし、中国も一定の役割を果たした。なぜなら、米中両国は歴史的にパキスタンにとって最も重要な援助国だったからである。そして象徴的なのは、アメリカがインドの立場に立ってパキスタンに対して圧力をかけたことであった。

アメリカはカルギル危機が始まる前には、印パ双方に深い戦略的つながりをもっていない状態であったといえる。そのアメリカが関与し始めたのは危機が明確になり始めた五月二四日である。その原因はアメリカが明白に核保有国となった印パ両国が交戦する危険性を真剣にとらえるようになったからだと考えられる。

アメリカの立場は当初から、カルギル地区における侵入者はパキスタンの主張する「自由の戦士」ではないと考えていたが、六月二日リック・インダーファース国務次官補からインドの駐米大使ナレシュ・チャンドラに対し、管理ラインを尊重し、侵入者は撤退しなければならない、との立場が伝えられたとされ、インドのアメリカに対する期待は高まった。こうして六月初めになると、ビル・クリントン大統領はバジパイ印首相とナワズ・シャリフ・パ首相の双方にメッセージを送り、アメリカが本格的に介入するようになった。一五日には、シャリフ・パ首相に対し、パキスタンがカルギルで兵を撤退させるように呼び掛けた。米下院もパキスタンが侵入者を撤退させない限り、パキスタンへの国際金融機関からのローンを停止する提案を行った。G八でも撤退が呼びかけられた(139)。

そして特に注目すべき会談である米中央軍司令官アンソニー・ジニー将軍による説得が行われた。ジニー司令官はムシャラフ・パ陸軍参謀長の親友と考えられており、六月七日にはジニー司令官からムシャラフ・パ陸軍参謀長に電話し、二〇日にも再度電話、二四、二五日と外交官ギブ・ラファーを伴って訪パし、その後、ラファーだけ訪印した。この会談で、ジニー司令官は単純な論理を示したとしている。つまり、このまま撤退させないでいると核戦争につながっていくかもしれない、それは全員にとって最悪の事態だ、というものであった。ジニー司令官はその際の印象として、パキスタンは、侵入者を撤退させた時に、自らの体面をどう保つかに強い関心があったとしている。(140) そのためシャリフ首相は、ジニー司令官から提案のあったクリントン米大統領との会談が実現する前に侵入者を撤退させることをためらっていた。

インドでは、パキスタンが侵入事件を起こした動機の一つは、カシミール問題に再び世界の注目を集めさせることにあったと考えられている。(141) そのため、アメリカからインドに対してカシミール問題解決のための会談の呼びかけが行われれば、それだけでも成果といえた。パキスタンはアメリカにカシミール問題への介入を強く依頼し、それをカルギル危機の成果にしようとしていたのである。

このような中、七月四日、クリントン―シャリフ会談が開かれたが、この会談は驚くべきものであった。シャリフ首相は重要な側近だけでなく主要な家族全員と共に訪米しており、このままアメリカにとどまる（亡命する）のではないかと思われたのである。しかも同日、会談の二〇時間前、インドがタイガー・ヒルを奪回し、戦闘の勝敗が明白になったこと、当時、パキスタン側が核兵器を使用可能な状態にしたとの情報があり、アメリカは深刻に捉えていたこともあって、(142) 非常に重要な会談となった。

会談の結果、シャリフ首相は、管理ラインの尊重と侵入者の撤退に向け具体的な措置をとることを約束したが、アメリカはカシミール問題への介入を明確に拒否した。

結局七月九日、パキスタンは「戦士たちに、状況を解決するために協力してくれるよう要請」し、一一日から一二日にかけて撤退が始まる。その後多少遅れ等が生じるが、カルギル危機は収束することになったのである。

④　中国の動向

中国はカルギル危機の最中、まず、カシミール・ラダクにおいて活動を活発化させ、六月最終週にはインドと係争地になっていたトリッジ・ヘイトに道路建設を進め、七月にはアルナチャル・プラデシュ州前面では兵力を増強して、一部を前進配備する等した。このような活動はインド軍の警戒を呼び起こし、一部地域では両軍がにらみ合った。そのため、カルギル危機の戦闘中であるインドにとっては、一定の圧力になった。このような活動はカルギル危機終了後の九月末まで続いた。

また、カルギル危機開始後、シャリフ首相も、ムシャラフ参謀長も、パキスタンの外相も北京を訪問しており、中国側も人民解放軍の武装局長をイスラマバードに派遣する等緊密に連絡をとっていた(143)。

ただ、中国はカルギル危機においてパキスタンに対して明白な支持を与えなかった。そのことは、パキスタンにとっては痛手で、パキスタンがカルギルにおいて撤退を呼び掛ける決断をする原因の一つになったものと考えられる。

⑤　哨戒機撃墜

七月二六日、カルギル危機は完全に終息した。ただ、その後八月一〇日、カルギル危機以来の撃墜事件が起きたことは注目しておく必要がある。インド国防省は、インド西部グジャラート州上空（この地域はサー・クリークとよばれ、領土が一部未確定）にパキスタン海軍のアトランティック対潜哨戒機が一〇km侵入し、ミグ二一戦闘機で強制着陸させようとしたところ、敵対とみられる行動をとったので撃墜したと発表した。残骸は二kmインド側に落ちたとして、自国領内で回収したという残骸を公開したのである。

これに対しパキスタン側はザイド・パキスタン情報相が「インドは報復したかったんだろう。無警告の攻撃である」と発表、非武装で領空内を訓練飛行していたことを主張した。ここではさらに、残骸も自国側二kmに墜落したとし、残骸をみるパキスタン兵の写真を公開、一六人が死亡したと発表した。また報道機関も先月のインド機撃墜への報復と捉える報道がでた。

翌日、パキスタンは再報復する。西部国境地帯の墜落現場へ向かうインド空軍の三機のヘリコプターと護衛の戦闘機が、地対空ミサイル二発の攻撃を受けたのである。このヘリコプターは国内外の報道関係者を乗せていた。ミサイルは数百m先を通過し、外れた。パキスタン陸軍報道官は、領空を侵犯したインド戦闘機にミサイルを発射したとしている。インドは一三日に、先月捕虜にしたパキスタン兵八人を返還すると伝えると同時に「緊張拡大の道はとらない。我々の真意が理解されることを望む」と発表。結局パキスタンもこれ以上の報復はせず、約六六億円の賠償金を要求するにとどまった。

この事件はカルギル危機直後に起きた事件である。カルギル危機の最中にパキスタンは、インド機が領空侵犯したとして少なくとも一機撃墜した。その時、インド政府高官からはパキスタンへの報復を検討していることを示唆する発言が出たものの、報復攻撃はしなかった。カルギル危機が終息して少し間をおいての撃墜事件はカルギル危機そのものではないとしても、注目すべき事件であるといえる。

以上がカルギル危機時の外交であるが、注記しておくべきことがもう一つあるとすれば、それは一九九九年一〇月一二日に起きたパキスタンのクーデターである。このクーデターはシャリフ首相とムシャラフ参謀長の不和が原因であり、カルギル危機での敗北が影響したものと考えられる。そしてこのクーデターはインドのカルギルでの勝利を強調することになったのである。その後、二〇〇一年のインド国会襲撃事件を境としたパラカラム作戦後の二〇〇三年から印パ間では和解に向けた交渉が行われることになる。

(四) 戦　後

ここでは、カルギル危機以後の安全保障面からみたインド外交を、アメリカとその同盟国との関係の強化、ロシアとの関係の継続、中国との競争の三つの観点からみてみることにする。

まず、アメリカとその同盟国との関係であるが、カルギル危機はインドの対米関係の進展に大きな影響を与えたといえる。カルギル危機におけるインドの管理ラインをめぐる抑制した対応が、核保有国としての冷静さを失わない対応であったのに対し、パキスタンの対応は、核保有国であるにもかかわらずインドを奇襲し、その後クーデターで軍政が敷き、二〇〇四年に核の闇市場が明るみになる等、信用を失墜させるものであった。そのため、もともと強化させる方向性のあった印米関係は、カルギル危機を境により勢いをもって強化されるようになる。その象徴となったのは、二〇〇〇年のクリントン大統領の南アジア訪問で、インドに五日、パキスタンに五時間という差をつけた滞在となったことである。

このような印米の関係の強化の中で九・一一が起き、結果、印米関係はさらに進展するようになったといえる。カルギル危機の最中の一九九九年七月四日のシャリフ—クリントン会談において、アメリカはパキスタンに対しアルカイダのリーダーを逮捕するか殺害しなければ、パキスタンをテロ支援国家に指定すると警告し、パキスタンは六〇人の特殊部隊を送って殺害することを約束したとされるが(144)、そのオサマ・ビン・ラディンが起こした九・一一によってアメリカはパキスタンに石器時代に戻すほど爆撃するというような強い脅しをかけるに至った(145)。結果としては、パキスタンがアメリカの「対テロ戦争」に協力し、パキスタンは再びアメリカから莫大な援助を受け取ることになったわけであるが、印米関係にとっても二つの点で進展のきっかけとなった。

まず、この状況は、印米をパキスタンを基盤とするイスラム過激派によるテロの被害国という共通する立場においた。インドは九・一一後アメリカの対アフガニスタン作戦に明確な支持を表明し、アメリカも、二〇〇一年一一月初旬の印米首脳会談で一九九八年の核実験以来中断していた軍事協力の再開で合意する。また、二〇〇一年一二月のインド国会襲撃事件とその後のインドのパラカラム作戦は、もしインドがパキスタンを攻撃していれば、アメリカ主導の「テロとの戦い」が大きな損失を受けることをはっきり示したため、アメリカは「テロとの戦い」という点でもインドの協力を必要としていたのである。その結果アメリカはカルギル危機に引き続いて再びインドに好意的な外交を展開し、インドも二〇〇二年四月から半年間、不朽の自由作戦（九・一一後のアフガニスタンにおける作戦）参加米艦船のマラッカ海峡通過を護衛する等、積極的な活動を行った。[146] このようにして両国の関係は急速に親密度を増していき、二〇〇五年には「印米防衛関係の新たな枠組み」に署名、二〇〇六年に公表された「四年ごとの国防報告（Quadrennial Defense Review）」ではインドを「戦略的パートナー」として記載、[147] 二〇〇八年には印米原子力協力協定が結ばれ、事実上、アメリカはインドの核保有を公式に認めることになったのである。印米間では二〇〇一年以降、一〇年で六〇回以上の戦闘目的の共同訓練を実施しており、[148] この数は非同盟国としては異常に多い。[149] 印米間では次第に共同訓練や武器購入の際の技術や物資の取り扱いに関する協議もなされており、いくつかの協定が結ばれ、残りの協定も協議中である。[150] 二〇一〇年のオバマ大統領の訪印以来、アメリカではインドを「自然な同盟国（natural ally）」[151]「真のパートナー（true partner）」[152] とよぶ傾向が出ており、両国関係の急速な緊密化が反映された発言といえる。[153]

二〇〇四年以降パキスタン国内で対タリバン作戦が始まると対パ武器輸出の増加がみられ、本来インドの警戒感を高める事項であるが、同時にインドの警戒感を減少させる二つの変化もある。一つは、アメリカがパキスタンに売却した兵器と同種の兵器をインドにも提案しており、順序からいって、インドに売却提案して

表４－８　アメリカの2000年代の対印パ輸出武器比較

	パに売却	印に売却・提案
多目的装甲車	M113	ストライカー（空輸可能）
火砲	M109自走砲	M777超軽量砲（空輸可能）
攻撃ヘリ	AH１	AH64
多目的ヘリ	UH１，Bel-412	UH３H（６機のみ）
フリゲート艦	オリバー・ハザー・ペリー級	なし
揚陸艦	なし	オースチン級
対潜哨戒機	P３C	P３C，P８I
対潜哨戒ヘリ	なし	シーキング
戦闘爆撃機	F16C/D	F16 I，F18E/F
輸送機	C130E	C130 J，C17

注：航空機搭載のミサイルやエンジンといった弾薬・部品や戦闘目的でない練習機等は含めていない。
攻撃ヘリ，対潜哨戒機，戦闘爆撃機，輸送機について，パキスタンに売却したものよりもインドに売却・提案しているものの方が性能が高い。
出典：筆者作成。

いるものの方が性能的に新型になる傾向があること（表4－8）。二つ目はパキスタン軍の三〇％近くがアフガニスタン国境で作戦を展開する状態になり、印パ国境における兵力増加を抑えていること。これらの事情から、インドにとってアメリカの対パキスタン武器売却は懸念事項で問題ではあるものの、脅威の度合いを緩和する措置が採られているといえる。

さらに印米の外交関係がよくなるにつれてアメリカの友好国との関係も強化され始めている。イスラエルや日本がその例である。イスラエルとインドの関係は、インドに多くのムスリムがいることで、複雑であった。そのため、インドとイスラエルは一定の交流をもっていたにもかかわらず、一九九二年まで国交を結んでいなかった。ところが一九九〇年代後半から、インドとイスラエル間防衛協力が徐々に進み始め、特にミサイル防衛、地対空ミサイル等のハイテク兵器の取引、共同開発や特殊部隊の訓練等、両国の安全保障上の関係は急速に深まりつつある。(154)

日本との関係も進みだしたのは二〇〇〇年代に入ってからである。過去、日印関係は、日本が戦前スバス・チャンドラ・ボース率いるインド国民軍を支援したこともあって非常によかったといえるが、一九八〇年代末よりインドが日本との戦略的な関係を望んでいたのに対し、日本はあまり関心を示しておらず、むしろ資金援助の見返りに国防費を削減するようインドに条件を付けるほどであった。一九九八年の核実験に伴う経済制裁については、日本は諸外国に比べ明らかに厳しい制裁を行っており、両国の経済関係の進展も停滞していたといえる。ところが、二〇〇〇年八月に森喜朗首相が訪印し、二〇〇五年の小泉純一郎首相の訪印以来、首脳が毎年相互に訪問しており、二〇〇三年からは日本の円借款の最大の供与先はインドになった。現在では東南アジア、中央アジア、アフリカに対する政策や、海上自衛隊が装備する救難飛行艇の輸出、原子力協定等が協議され非常に緊密になりつつある。

これに合わせ日印の安全保障上の関係も進み始めた。日印が接近する日本側の理由は、日本の『防衛白書』によれば、「インドは……シーレーン上のほぼ中央に位置し、……地政学的にきわめて重要な国」であるが[155]、それだけであれば、二〇〇〇年代に関係が強化される理由は説明できない。安全保障上の関係が二〇〇〇年代に始まり、中国における反日デモがあった二〇〇五年ごろから拍車がかかっていることからしても、その理由には中国への牽制という側面があるといえよう。インドの側でも二〇〇九年の首相の独立記念日の演説に、他の大国と並んで、日本と良好な関係にあることを強調する等、日本を重視する姿勢がみられるようになったが、その背景には中国の台頭がある。

日印間では二〇〇八年に「日印間の安全保障協力に関する共同宣言」が署名され、二〇〇九年、二〇一〇年と続けて次官級二＋二も実施、二〇一〇年には印空軍参謀長の訪日と共に最初の軍同士の協議も実施された。二〇一一年には日本政府は日米印で定期協議を構築する方針を決めた[156]。二〇〇七年以降、八回の共同訓練が実施されており、すべて海軍間のものである[157]。特に二〇〇七年にベンガル湾において行われた「マラバール」演習では日米豪印シンガポールが参加した大規模な演習となった。日印間の交流は今後、より緊密になることが予想される。

一方ロシアとの関係も注目される進展があった。これは、インドにとってロシアが依然として主要な武器供給国であることと深い関係がある。印露間では、一九九一年に印ソ平和友好協力条約が失効し、一九九三年にかわりとなる印露友好協力条約が結ばれてはいたものの、ロシアがもつインドの軍事分野における影響力は、ロシアの軍需産業の衰退と共に低下傾向にあった。しかし、二〇〇〇年に入り「戦略的パートナーシップ宣言」が結ばれ、それに付随して「印露防衛技術協力に関する合意」が結ばれ、戦車、航空母艦、戦闘爆撃機を含む大規模な兵器購入契約も結ばれて、両国間の軍事協力関係は再び活発化した。上海協力機構等における印露間の交流以上に、インドとロシアの武器の共同開発や、武器の取引等の分野において両国は依然として深い関係にあり、二〇〇七年以降は、ロシアにとってインドが最大の武器輸出相手国となる等[158]、今後も継続する方向性にあるといえる[159]。

中国とのかかわりは複雑な様相をみせている。一九九八年の核実験で止まった外交関係は、一九九九年四月の国境問題合同作業委員会の再開に合意し、二〇〇〇年五月にインドの大統領が訪中する等で進み始めた。二〇〇三年に訪中したバジパイ首相は、チベットを中国領土と文書で認め、二〇〇六年には「印中戦略協力パートナーシップ」に合意すると同時に、シッキムを通る国境貿易にも同意したため、事実上インドのシッキム領有を中国が認める形となった（二〇〇六年正式に認めた）。また、印中の経済関係は深まり、インドにとって最大の貿易相手国となっている。(160) 二〇〇三年には、印中両海軍の初の合同演習も行われ、二〇〇七年には印中陸軍も初の合同演習を行った。ところが、二〇〇〇年代終わりから、両国の安全保障問題が再びクローズアップされてきており、印中関係での警戒感が高まっていることを示す発言が、印中双方からでている。(161)

インドが中国の対南アジア政策に警戒心をもっているのは、前述のようなインド洋やヒマラヤ山脈地域における中国軍の活動が活発化していることだけではなく、中国の対インド周辺国に対する政策に警戒感があるからである。(162) その一つが武器輸出で、中国製武器がインド以外の南アジア諸国の軍隊において高い比率を占めているため、インドは周辺国が部品供給等の面から安全保障上中国に依存するようになっていることに危機感がある。

また、インドはパキスタンの核開発やミサイル開発の背後には中国の協力があるとみており、その点でも強い警戒感がある。(163) さらに経済発展に伴うエネルギーの確保についても印中は競争せざるを得ない側面もあり、その点でも警戒感がある。このような印中間の利害が衝突しつつあるため、東南アジア、中央アジア、中東、アフリカの各国に対する外交は比較的競争的であるといえる。

ただ、このような印中間の競争的な姿勢は、国境問題合同作業委員会の協議の断続的な実施、偶発的な衝突回避のためのホットラインの設置、(164) 資源獲得競争における過度な競争の防止のための協力等によって、(165) 外交的に緩和させる努力も払われており、アメリカ軍撤退後にむけたアフガニスタン政策や国連気候変動枠組みでも共闘し、両国間の貿易も拡大している等、積極的に協力している分野もある。経済発展が続くインドにとって中国との戦争は避けたいところであるが、一方で警戒感も高まっており、インドは関与政策を進めつつも中国に対する対抗手段の構築に力を入れているといえる。

このように二〇〇〇年代のインドの安全保障面における外交姿勢は、武器体系をロシアに依存した状態において、次第にアメリカとその同盟国に接近しつつ、中国に対抗する姿勢をみせている。ただ、インドは、パキスタンを支援するアメリカに対する警戒感も捨ててはおらず、中国にも関与しながら、独自の外交路線を追求していく傾向にある。

前述のようなカルギル危機後の外交の安全保障面の状況をよくあらわしているのが武器取引の状況である。インドの輸入額は一九九〇年代に低調だったが、カルギル危機後回復してきた。特に、アメリカ、イギリス、ロシア、イスラエルの武器輸出額をみてみると、インドの対旧ソ連依存度に変化はないが、二〇〇〇年代に入り、アメリカ、イギリス、イスラエルがインドに武器を販売するようになってきた傾向がわかる（第五章・図5－1参照）。イスラエルからは、主に早期警戒機用レーダー、哨戒機用レーダー、艦艇用火器管制レーダー、対地レーダー、地対空ミサイル、空対空ミサイル、無人機、精密誘導弾を輸入しており、主にハイテク製品が多い。またアメリカからは攻撃ヘリコプター、揚陸艦、大・中型輸送機、輸送ヘリコプター、空対艦ミサイル、精密誘導爆弾、対戦車ミサイル等の購入を契約し、一〇〇両以上の空輸可能な装甲兵員輸送車や一四五門の超軽量火砲の購入も検討している。比較的大型の正面装備の傾向だけではみえない変化であるが、注目すべき傾向である。(166) 結果として一九九九年と二〇一四年のインドの武器体系における対旧ソ依存度は戦車で六四%から九六%へ上昇しているが、水上戦闘艦艇は六一%から五六%へ、戦闘爆撃機については八三%から八一%へと低下している。依然として旧ソ連製への依存度は高いが、海空軍において若干の変化がみられる。(167)

四　まとめ

以上のようにカルギル危機は、スリランカ介入の失敗とソ連の崩壊で打撃を受けていたインドにとって、その実力をあらためて証明しなおす機会となった。インドは、軍事、外交をリンクさせた対策に成功し、インドの軍事史に輝かしい成功の文字を刻んでいるといえる。

特に軍事的動向上は、当初は奇襲されたにもかかわらず素早く立て直したことが、インドの組織としての実力を証明した点で素晴らしかった。

外交的動向上も、軍事攻撃ではなく強制外交を選択した点は、核保有国として責任ある態度を示したものとして特にアメリカとの関係に影響を与えた。そして、すでに一定程度進展しつつあったアメリカとの関係がこの危機を通じて強く促進された。

同時になぜ奇襲されたのか、なぜ抑止できなかったのか等、具体的な課題を多く示し、インドの軍事的抑止体制が不十分であるとの危機感を喚起する戦争となった。

インドはカルギル危機を境により大国らしい、抑制的でありながらも軍事的に合理性のある戦略を模索していくことになる。カルギル危機は、インドの二一世紀における戦略形成において重要な戦争であった。

第五章　三つの戦争が軍事戦略に与えた影響

本書は、インドが軍事的経験から獲得してきた戦争の性質の変化に伴う戦略の変化を、長期的な軍事動向上の変化と採用された戦略の効果から説明し、インドの軍事力について分析を試みるものである。そのために、序章では同じような非対称戦に直面しているアメリカの経験から仮説を提示した。第一章ではインドの二八の軍事作戦から事例にふさわしい三つの戦争を抽出し、第二章、第三章、第四章において、三つの戦争の事実関係を軍事的動向と外交的動向にわけて整理した。本章ではこれらの事実関係に基づき序章で提示した仮説を検証する。ここでは、まず三つの戦争の長期的な軍事動向上の変化について分析して仮説①を、次に戦争とその当時の戦略について分析して仮説②③を検証する（仮説の検証結果はそれぞれ一（六）、二（四）に記述）。

一　三つの戦争と長期的な軍事動向上の変化

長期的な軍事動向上の変化は、グローバルなテロや海賊等の多様で不確定な脅威に対して一定の能力整備を行う「能力ベース」の軍事力整備をする場合と、脅威となる国家を特定して防衛力整備を行う「脅威ベース」による軍事力整備を行う場合とでは違いがあるが、[1]本書の長期的な軍事動向上の変化を把握するのには、「脅威ベース」の発想に基づいて、脅威（仮想敵）を想定して考える必要がある。そこでここでは、第二章から第四章までのデータを、インドの安全保障に重要な影響を与えたと考えられる国別に対米、対日、対ソ（露）、対中、対パキスタンの五つに対する長期的軍事行動にまとめなおし、仮説①（非対称戦における勝敗は、古典的な戦争における勝敗に比べ長期的な軍事動向上の変化を起こさない。そのため非対称戦では勝っても成果が小さい）を検証することとする。

（一）対米軍事動向

① 全体の流れ

アメリカとインドの軍事的関係は、独立当初にさかのぼる。インドはアメリカから武器を輸入していた。朝鮮戦争のころを境にアメリカは徐々にパキスタンよりにシフトしたため同時にインドとの関係は冷却化する傾向がみられるが、一九六二年の印中戦争後、再び印米の軍事的な結びつきは強まった。この戦争中、インドはアメリカに印空軍への支援を求めており(2)、アメリカは空母機動部隊を派遣してこれに応え、戦後も軍事支援を行い、さらに両国の情報機関はチベット独立派支援等でも協力した(3)。しかし一九六五年に第二次印パ戦争が起きると、印パ双方に対する武器禁輸を実施し、印米の軍事的関係は再び停止した。このような経緯から、印米の軍事的な関係は不安定であり、印米関係が再び強化する可能性と悪化する可能性が常にあったといえよう。こうして一九七一年第三次印パ戦争を迎えることになった。

第三次印パ戦争は、印米の軍事的な関係の方向性を決めたといえる。第三次印パ戦争開始の過程において印ソ平和友好協力条約（一九七一年）が締結され、準同盟状態（印ソのどちらかが第三国と戦争を始めても、もう片方は自動的に参戦する義務はない(4)）になると同時期に、アメリカはパキスタンを経由地として中国と対ソ封じ込めにつながる協力関係を模索した。そして第三次印パ戦争においてアメリカは空母機動部隊を派遣した。インドはこれをアメリカによる威嚇と捉え、以後、印米関係は基本的には冷却した期間となる。

スリランカ介入が起きた過程には、インドのアメリカに対する不信感がある。アメリカは一九七九年のソ連のアフガニスタン侵攻以来パキスタンを経由した対ソ・ゲリラ支援を実施し、一九七一年ディエゴ・ガルシア島も基地化し[5]、スリランカにある戦略的重要地トリンコマリー港に対する関心も高め、イスラエルと協力してスリランカを軍事拠点にしてインド洋全域に海軍を展開させる動きをみせた。インドがスリランカに平和維持軍を派遣する事を定めたインド・スリランカ合意には付属文書があり、スリランカに駐留する外国軍や特にトリンコマリー港の使用について記述した部分が多いことは[6]、インドのスリランカ介入がアメリカのインド洋展開阻止を目的としている事を示している。

ところが、アメリカは、インドのスリランカに対する平和維持軍派遣を支持した。印米関係は一九八五年のラジブ・ガンジー訪米以降良くなる傾向にあっただけでなく、ソ連のアフガニスタン侵攻があって、パキスタンを経由して対ソ・ゲリラを支援していたアメリカにとって、インドがパキスタン以外の地域への軍事的関心を高めることは国益上の利益があったと考えられる[7]。結局、スリランカ介入の間、印米関係は、むしろ良好になり、一九八八年のモルディブ介入では海軍同士が協力して事態対処に当たった。

一九九〇年代に入ると、次第に印米関係は強化されてゆく。その原因は冷戦の終結とソ連の崩壊で、印米は双方とも徐々に中国を念頭においた戦略を模索するようになったことがある。また、湾岸戦争においてインドは多国籍軍の領内空輸を認め、一九九二年には印米間の軍事協力が始まり、国防組織・軍種間の協議や共同演習が始まった。インドの経済改革も始まり、印米の経済的な協力関係も強化された。このころイスラエルからインドに対する武器輸出も本格的に始まるのである。

印米関係は表面的には一九九八年の核実験で一時冷却化したが、実際には交流を継続していた。例えば米国務副長官のストローブ・タルボットとインドのジャスワト・シン外相との会合等に代表される双方の交渉は続いていたのである[8]。そして一九九九年のカルギル危機はこのような印米関係改善傾向の中で起きた。

カルギル危機では、アメリカはインドの抑制された対応を核保有国として責任あるものとして歓迎すると共に、パキスタンに対して侵入者を撤退させるよう説得した。インドはアメリカの行動が変化していることを戦争という敵味方関係が際立つ場で感じることができ、その後の二〇〇一年のインド国会襲撃事件においてもカルギル危機と同じような、かつ、より大規模化した強制外交を展開した。(9)

カルギル危機以後の印米関係は急速に強化される傾向にある。先の章でも言及したとおり、二〇〇〇年のクリントン大統領の訪印ではインドに五日間、パキスタンに五時間滞在するという時間に大きな差のある訪問となった。(10)九・一一後は印米は共にイスラム過激派のテロに悩まされる国という共通の立場をとるようになり、核実験後インドにかけていた制裁を解除した。二〇〇六年に訪印したジョージ・W・ブッシュ米大統領は印米原子力合意に至り、二〇一〇年のバラク・フセイン・オバマ大統領の訪印以降、アメリカはインドを「自然な同盟国（natural ally）」(11)「真のパートナー（true partner）」(12)という用語を使って喜ばせるようになった。印米は一〇年で六〇回以上の共同訓練も実施している。(13)

② 武器取引の変化

このような印米関係の変化は武器取引に反映されている。第一にアメリカおよびイスラエル(14)の対印武器輸出をみると、印米間の武器取引はすでに第二次印パ戦争が起きた一九六五年以降、つまり第三次印パ戦争前から途絶えていたが、第三次印パ戦争後、長期にわたって途絶えたままであった。その後、スリランカ介入前後の時期から若干取引があり、カルギル危機直前から米・イスラエル両方の対印武器輸出が増え始め、カルギル危機後の二〇〇〇年代に急速に伸びていることがわかる。二〇〇五年に印米両国国防相が武器の共同生産やミサイル防衛における協調などを定めた「印米防衛関係の新たな枠組み」に署名すると、印米間の武器取引も増加している（図5－1）。

第二にアメリカの対パ武器輸出をみてみる（イスラエルは表向きにはパキスタンにまとまった武器を輸出していないので、図5－2には反映されていない）。これをみると、第三次印パ戦争前は印パ双方とも武器禁輸措置が取られているが、第三次印パ戦争直前の一九六九年から一九七〇年ごろ米パ武器取引交渉は再開され、(15)第三次印パ戦争後、急速に伸びている。その後、ソ連のアフガニスタン侵攻もあったため、インドがスリランカに介入していた時期のアメリカ

図５－１　アメリカ・イスラエルの対印武器輸出額推移

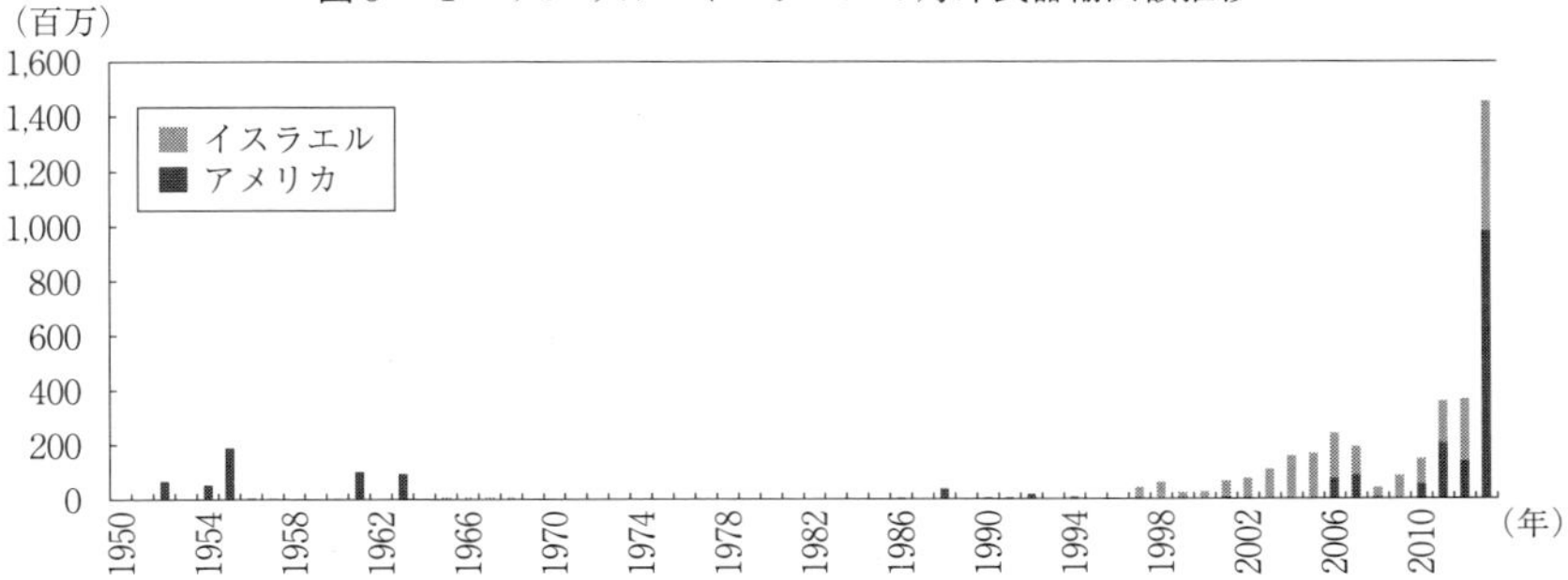

図５－２　アメリカの対パ武器輸出額推移

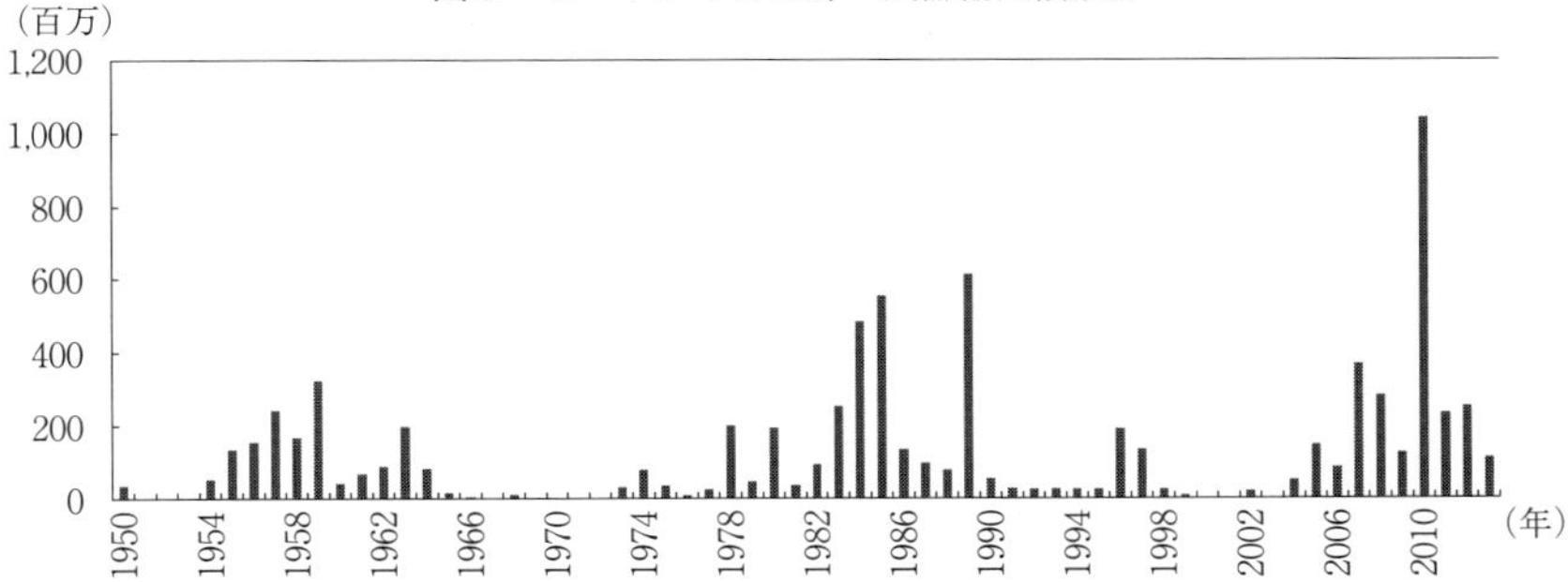

図５－３　アメリカの対印周辺３カ国への武器輸出額推移

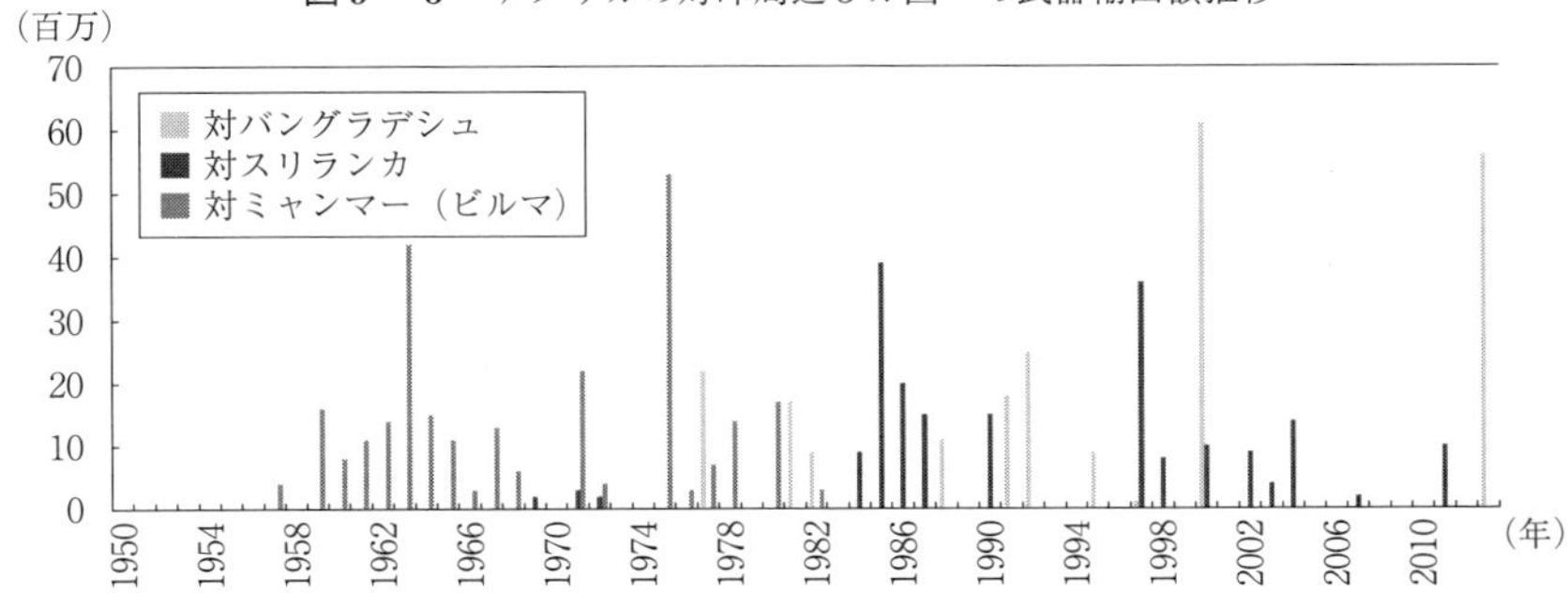

注：図５－１～５－３の縦軸はSIPRI独自の通貨単位。
　　図５－３については，ネパールにも少額武器を輸出したことがある。
　　図５－３については，イスラエルの武器輸出は少額である。
出典：図５－１～５－３は，Stockholm International Peace Research Instituteのデータベース（http://www.sipri.org/databases）より作成。

の対パ武器輸出額は非常に多いが、ソ連がアフガニスタンから撤退する一九八九年を境に急速に下落している。カルギル危機後はパキスタンに対する武器輸出はほとんどない。対パ武器輸出はパキスタンが国内のタリバン掃討作戦を強化した二〇〇四年以降伸びている（図５－２）。

インドはこのようなアメリカの対パ武器輸出には神経をとがらせてきた[16]。そのためアメリカは二〇〇〇年代に入ってから印パのバランスを考えたとみられる提案をしている。例えば、攻撃ヘリコプターであればパキスタンに対してＡＨ一売却後インドにはＡＨ六四を提案しているし、同様にパキスタンへのＦ一六Ｃ／Ｄ戦闘爆撃機売却ではインドにＦ一六Ｉを提案、パキスタンにＣ一三〇Ｅ輸送機売却後は、インドにＣ一三〇Ｊ売却というような形となっており、パキスタンに売却したのと同じ武器のより最新型をインドに売却提案するようにしているとみられる（前掲表４－８参照）。パキスタンが先に購入してからインドに提案しているので、ある意味当然であるが、アメリカによる配慮とも受け取れる動きである。

第三に、他の印周辺諸国に対する武器輸出である（図５－３）。第三次印パ戦争との関連性はあまりないようにみえるが、スリランカ介入直前にアメリカはスリランカに多額の援助を行っている。また、カルギル危機前後に若干武器輸出を行っている。

これらを集計すると、第三次印パ戦争前はアメリカとインドの関係は良い方向にも悪い方向にも変わる可能性があったが、第三次印パ戦争よってはっきりと冷却化し、アメリカはパキスタンとの軍事的なつながりをもつ一方で、インドとはつながりをもたなかった。

その後アメリカはスリランカを支援したが、インドが反応して軍を派遣すると同時期に、インドの行動を支持し、スリランカにおける軍事的な活動、特にトリンコマリー港における海軍関連施設建設や武器輸出をやめることになった。

カルギル危機に至る過程においてはアメリカと特にイスラエルによる対印武器輸出が伸び始めているが、カルギ

図5－4　インド海軍保有艦数推移

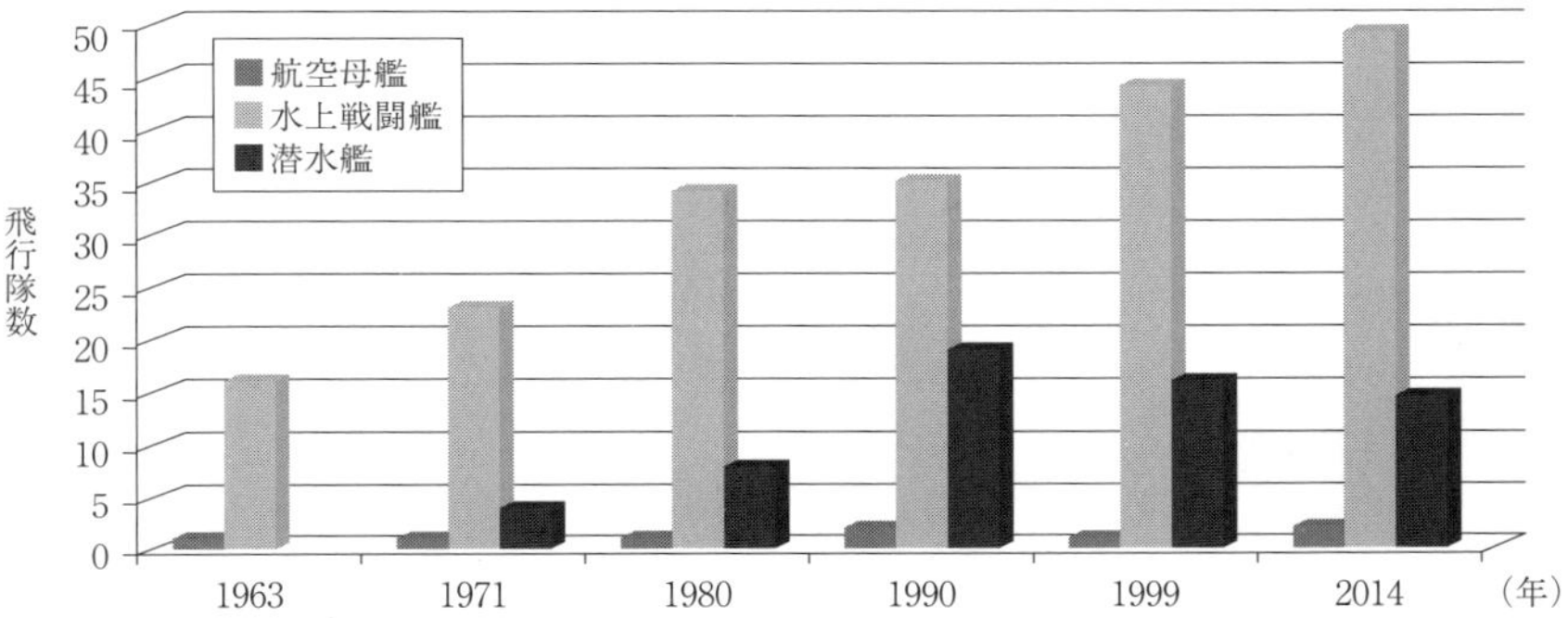

	第三次印パ戦争		スリランカ介入	カルギル危機	
	戦前1963 ～1971	戦後 ～1980	戦前・中 ～1990	戦間期 ～1999	戦後 ～2014
航空母艦	1	1	2	1	2
水上戦闘艦	16→23	34	35	44	48
潜水艦	0→ 4	8	19	16	14
合計数	17→28	43	56	61	64
増加数	9	15	13	6	3

出典：The International Institute of Strategic Studies, *The Military Balance* 参照。

ル危機後の二〇〇〇年代では代増加傾向は顕著である、とまとめることができる。

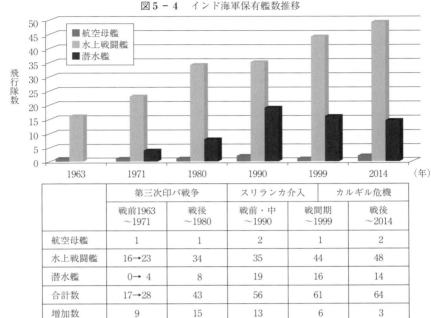

③　インド軍の変化

印米関係に呼応したインドの軍事的な対策の変化は主に海軍動向と核戦力整備の中にみられる（図5－4）。

インド海軍の航空母艦、水上戦闘艦（大きい順に戦艦、巡洋艦、駆逐艦、フリゲート艦、コルベット艦の合計、なおインドは戦艦を保有したことはない）、潜水艦の合計数をみてみると、第三次印パ戦争後からスリランカ介入が終わる一九九〇年にかけて二八隻増強されているが、その半分以上、一五隻が潜水艦である。潜水艦は待ち伏せ兵器であり、商船等を待ち伏せて行う通商破壊を得意とするため第一次世界大戦後、保有を禁止する条約が協議された兵器である。そのため世界にはタイのように航空母艦は保有しても潜水艦を保有したことのない国もあるし、インドも一九六三年には同様の編成であった（インドは潜水艦保有を強く希望していたが英米が売らなかったためで、一九六八年に最初の潜水艦を入手した）[17]。ではなぜインドが潜水艦を原子力潜水艦一隻を含む一九隻まで増強するに至ったか。

一九六四年の政府から認可を受けた艦隊構想ではインド海軍は航空母艦二隻、駆逐艦及びフリゲート艦二八隻、潜水艦二四隻を保有するとなっている。そのため、過去最大の海軍を保有した一九九〇年の時点で航空母艦二隻、駆逐艦及びフリゲート艦二五隻を保有していることからすれば潜水艦一九隻の保有というのはむしろやや少ないくらいである[18]。しかし、実際には、インドが米空母機動部隊対策の介入に対抗する意図があったものと判断できる三つの理由がある。第一に潜水艦は米空母機動部隊対策として有効であることがある。インドは小型の航空母艦や水上戦闘艦も保有しているが、これらの艦ではアメリカの空母機動部隊に太刀打ちできない。しかし潜水艦であれば、予想される航路で待ち伏せて、米空母機動部隊に一撃を加えられる可能性がある。実際、第三次印パ戦争においてインド海軍は少なくとも一隻の潜水艦を米空母機動部隊待ち伏せ用に配置している[19]。

第二にインドが潜水艦を保有する動きをソ連が強く後押ししていることがある。インドが初めて入手した潜水艦はソ連製であり、増強された一五隻の潜水艦の内一三隻がソ連製であり、原子力潜水艦一隻もソ連のリースである。そしてソ連はインドが潜水艦建造技術を獲得することも支援している。二〇一四年現在インドで建造中のアリハント級原子力潜水艦のプロジェクトは一九七〇年代ソ連の技術支援によって始められたものである[20]。冷戦下の米ソ対立が反映された形で、インドの潜水艦増強の動きがあったものと考えることができる。

第三に、その後の経過との比較を実施すると、インド海軍は第三次印パ戦争後の一九七二年から一九九〇年の時期以外、あまり潜水艦を重視しているとはいえないことである。駆逐艦及びフリゲート艦に加え、巡洋艦とコルベット艦も含めた水上戦闘艦全体の数の推移をみてみると、一九六三年の一六隻から二〇一〇年の四三隻までほぼ増加傾向にあるといえるが、潜水艦の数については一九九九年には一六隻、二〇一四年一二月には一三隻になり、このままいけば二〇一五年には一〇隻にまで減少する可能性もある[21]。つまり、第三次印パ戦争における米空母機動部隊の派遣によって潜水艦増強を求める機運が高まった時は潜水艦を増強しているが、他の時は潜水艦を増強する構想だけが残り、実際には増強していないといえるのである。ここから第三次印パ戦争後の潜水艦の増強の動きは、米空母機動部隊を念頭においた動きと考えられるのである。

前述のような動きは、第三次印パ戦争後の時期にイギリス海軍がインド洋から撤退し[22]、かわって米ソ海軍がインド洋に進出し、特にアメリカによるディエゴ・ガルシア島の基地化、米艦艇のスリランカ・トリンコマリー港への寄港、トリンコマリー港での海軍指揮統制通信施設建設とみられるボイス・オブ・アメリカの施設の建設計画等から、米海軍によるインド洋展開が進む中で行われた。

しかしこれらの施設建設は、インドのスリランカ介入後終わり、モルディブ介入における印米両海軍の協力、湾岸戦争での協力、九・一一後のアフガニスタン作戦でも米海軍のマラッカ海峡通過を印海軍が護衛する等[23]、友好関係が増進してゆく。その過程の中で一九九〇年以降の印海軍には、対米軍事力強化の要素がみられず、潜水艦数も若干減少している。第三次印パ戦後の緊張は一九九〇年代に緩和していき、むしろ印米の海軍協力が進みつつあるといえる。

もう一つは核戦力整備についてである。この点でも第三次印パ戦争は印米関係に一定の影響を与えたといえる。第三次印パ戦争において派遣された米空母機動部隊は核兵器を搭載しているものとみられ、インドからみると核の脅しとしての側面があったからである[24]。一九七四年にインドが核実験を実施した理由の一つは、この第三次印パ戦争における米空部機動部隊の派遣の影響があったとみられる。

核兵器の運搬手段の開発についてはパキスタン向けとみられるアグニⅠ、ディエゴ・ガルシア島を射程に入れるためアメリカ向けとしても使用可能なアグニⅡ、中国向けとみられるアグニⅢが開発、配備されている。ただ、一九九八年の核実験では、アメリカの偵察衛星に兆候をつかませない等の努力は行われたが、アメリカを対象とした核兵器開発という側面が薄くなっている。カルギル危機の後インドはミサイル防衛の開発を進めるが、インドの国産ミサイル防衛システムはイスラエル製のレーダーを使用し、アメリカのミサイル防衛システムとほぼ同じ性能をもつものを三種類開発中である。このことから、二〇〇五年の「印米防衛関係の新たな枠組み」にあるように[25]、印米間のミサイル防衛に関する協力が進んでいると考えられる。

この他、陸軍をみても南部には二個師団しか配置されていないし、空軍も対艦攻撃用の飛行隊は一個しか配置しておらず、アメリカを念頭においた動きとしては弱い。

④ 小結

以上からインドの対米長期的な軍事動向上の変化をまとめると、第三次印パ戦争における米空母機動部隊の派遣の後、インドは南アジアに域外国からの介入を許さないというインディラ・ガンジー・ドクトリンに基づいた対米対決型の側面を示すようになったといえる。しかし、その後のスリランカ介入においては、その介入そのものが対米対決の中で起きた側面があるにもかかわらず、結局は印米関係に影響を与えず、むしろ良好となったといえる。そしてカルギル危機は印米関係が良くなり始めた時期に起き、その関係を促進する効果を上げたといえる。

(二) 対日軍事動向

インドは戦前（第二次世界大戦）日本に対するイメージがよく、その結果として戦後の日本を、戦前の日本になぞらえてみる傾向がある。インドで戦前日本のイメージがよい背景には、第二次世界大戦中に日本がスバス・チャンドラ・ボース率いるインド国民軍を支援してインド北東部に侵攻したことがある（インパール作戦として知られる。兵站面で無謀な作戦であった）。その後イギリスはこの国民軍の将校三人を死刑にしようとしたが、イギリスが一八五七年のセポイの乱（インドにとって最初の独立戦争とされる）のきっかけとなった反逆兵士（インドでは英雄）の処刑と同じ場所で死刑判決を出して見せしめにしようとしたこと、三人の宗教がインドを代表するヒンドゥー、イスラム、シーク教であってインド全体で関心が高まったこと、第二次世界大戦後独立運動を再開した国民会議派は独立運動を盛り上げるきっかけを模索していたことがあって、死刑判決後独立運動が盛り上がってしまった(26)。その後の反乱や暴動もあって二年後インドは独立したため、結局日本の支援はインドで日本に対するいいイメージを醸成したといえる。インドでの世論調査でも戦後一貫してインド人は日本が好きであり(27)、そのような関係もあって、インドは、戦後日本の軍事的な動向に比較的注目してきた国といえる。

特に一九八〇年代末、日本が経済的に台頭してきている姿に、インドは日本との軍事的な協力関係への関心を高め、特に日本は非核保有国として大国になっていたため、インドでは核兵器開発の意義についての関心が低くなった(28)。インドにとって日本は非核大国の理想の姿の一つとみられていたといえる。しかしこの時日本はインドとの戦略的関係に関心を示さなかった。日本は一九九〇年代インドが破産に瀕した際に大量の資金を提供したため、その点ではインドから感謝されているものの、日本は援助の条件として印国防費の削減を求めており(29)、日印の軍事的な関係に関心をもっていなかったといえる。

日本がインドとの軍事的な関係に関心を示さなかったのには、日本側の事情がある。例えば、日本は保有する戦闘爆撃機がアメリカ製のライセンス生産（二〇一四年の比率で七八％、二六四機）及び日米共同開発の機種（二〇一四年の比率で二二％、七六機(30)）であり、すべての機体で一部アメリカ製の部品を使っているものと考えられ、アメリカに極端に依存している(31)。このような依存状態は日本の安全保障関連全体にみられる傾向であり、日本の軍事的な動きはアメリカの動きと連動せざるを得ない状況にあるといえる。一九九〇年代の印米関係は良くなり始めたばかりであり、日本のインドへの関心が低かった。そして、もしインドがアメリカとは一線を画した日印関係を望んだとしてもそれは実現不可能であった。

それでも日本が自主性を示す時もあるが、それがインドに対して理不尽に厳しい場合がある。例えば、日本が一九九八年のインドの核実験に対して行った制裁は他の国の制裁より極端に強かった。日本の制裁は比較的強い制裁をかけたアメリカが行った制裁よりも強かったし、日本が中国やフランス等の核実験に対して制裁をかけたことがないことからも、日本の制裁はインドにだけ強かったといえる。インドはこの点に強い不公平感をおぼえていた。

二〇〇〇年代に入り、印米関係の強化が明確になってくると日本とインドとの間では軍事面での協力関係が強化される傾向になっている。九・一一を契機に核実験時の制裁もなくなり、首脳の相互訪問の度に安全保障関連の進展がある。政府レベルでは日印の外務・防衛次官級協議の他、日米印での定期協議を構築する方針であるし[32]、特に海上自衛隊は、九・一一後のインド洋給油、五カ国共同演習であったマラバール二〇〇七等の共同訓練への参加、海賊対策による艦艇派遣とジブチにおける基地設置等、インド洋での活動を活発化させていて、二〇〇七年以降二〇一〇年までに日印間で行われている八回の共同訓練もすべて海軍間のものである。二〇一二年以降、より本格的な共同訓練ジメックス（ＪＩＭＥＸ）が始まり、毎年行われることになった。また陸上自衛隊もネパールにおける国連の活動に軍事監視要員と連絡調整要員を派遣している他、陸海の活動を支援するため航空自衛隊もインド洋周辺で活動しつつあり、インドはこれらの動きを歓迎する傾向にある。

つまり、日印の軍事的な関係は、カルギル危機後印米関係強化の結果もたらされた現象であるため、カルギル危機は間接的にインドの対日戦略に影響を与えたといえる。

(三) 対ソ（露）軍事動向

① 全体の流れ

三つの戦争におけるソ連の姿勢をみると、第三次印パ戦争では印ソ平和友好協力条約を結び、軍事支援を実施し、インド支援の艦隊も派遣し、スリランカ介入でもインドの介入を支持し、カルギル危機ではパキスタンによる侵略を強く非難する等、一貫してインド支持を貫いている。その関係は印米関係以上に武器取引関係に反映されているといえる。

図５－５　対印武器輸出額累積上位５カ国推移
（全体の93％を占める）

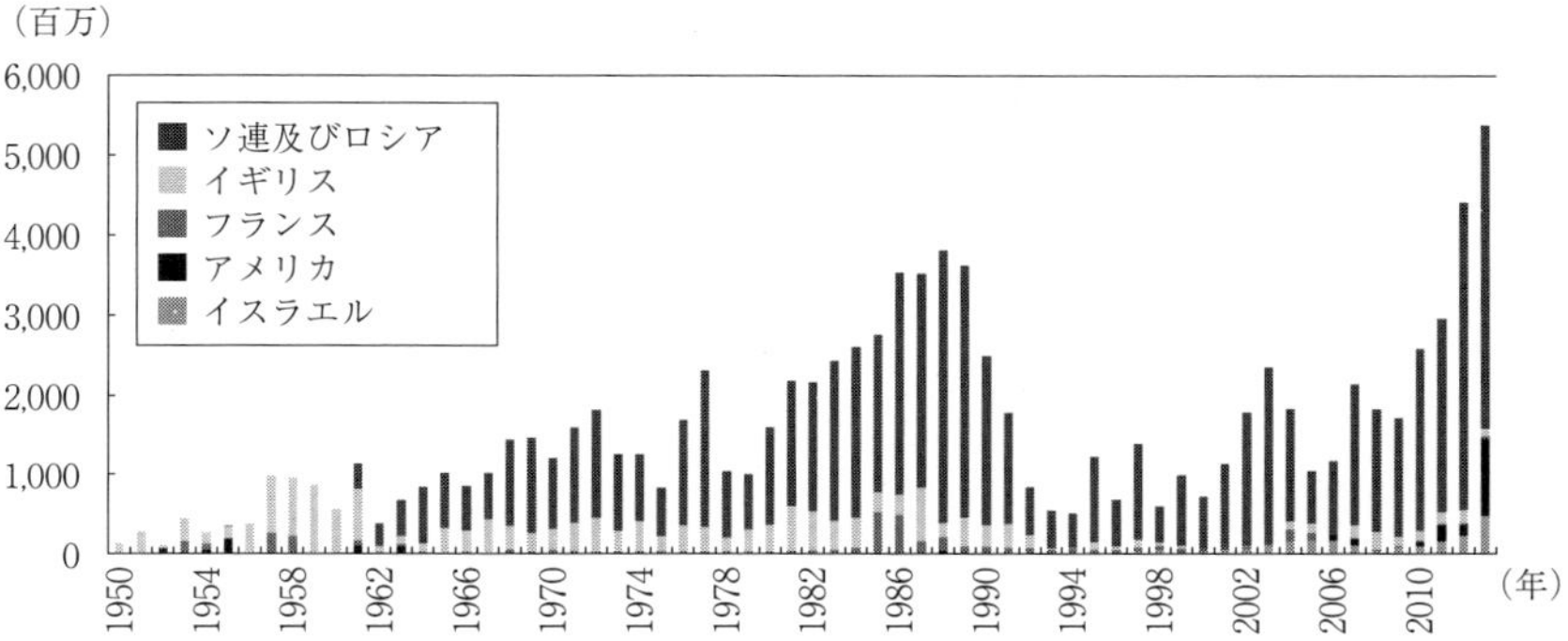

図５－６　ソ連（露）の対印周辺国武器輸出額推移

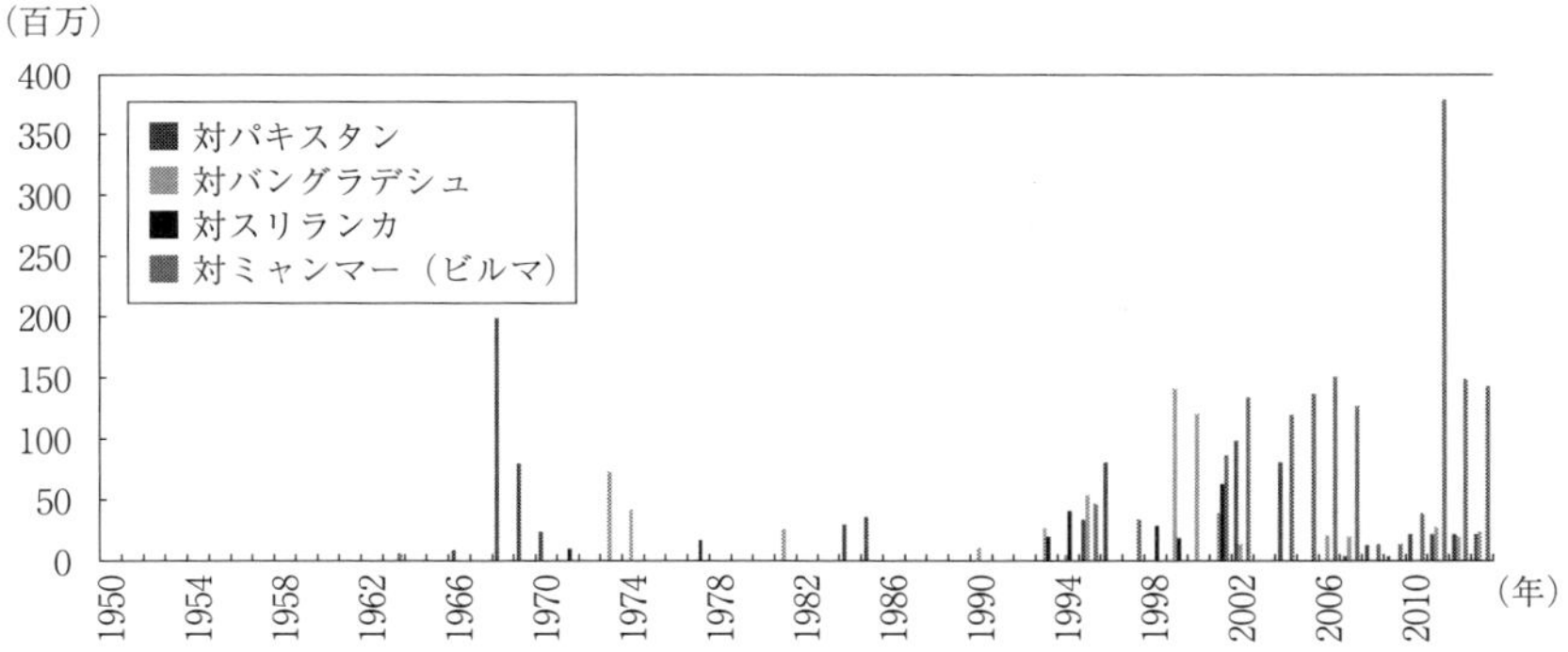

注：図５－５，５－６の縦軸はSIPRI独自の通貨単位。
図５－６についてソ連（露）はミャンマー，ネパールにも少額の武器を輸出している。
出典：図５－５，５－６は，Stockholm International Peace Research Institute のデータベース（http://www.sipri.org/databases）より作成。

②　武器取引の変化

印ソ間の武器取引をみると、第三次印パ戦争前から印ソ間では武器取引が始まっているが、そのころ印ソ間ではソ連のパキスタンへの武器輸出でもめており、両国の軍事的関係は固定化されていたものではない。しかし、第三次印パ戦争準備の過程で印ソ平和友好協力条約が締結されるとその関係は強固なものになった。さらに第三次印パ戦争では、ソ連はインド洋に艦隊を派遣してインドに対する米空母機動部隊の威嚇に対抗しようとしたし、軍事顧問団を派遣し、兵器の部品を供給してインドの戦争準備を助けた。そしてそれ以後、印ソ間は非常に良好であり、武器取引は急拡大している（図5－5）。

スリランカ介入前の状況は、一九七九年以降にソ連がアフガニスタンに侵攻しており、アメリカの援助がパキスタンを経由して入るようになると、インドもソ連からさらに大量の武器を購入している状況である。スリランカ介入の時期は、印ソ間の武器取引のちょうどピークに当たる。

このような経緯から、印ソ間の武器取引は一貫して多く、インドの武器体系はソ連依存の状態となっていったことがわかる。

第二に、ソ連（露）の印周辺国に対する武器取引をみてみると（図5－6）、ソ連（露）は、印周辺国に対する武器輸出も控えていることがデータからわかる。インドとの間でもめた第三次印パ戦争前の対パ武器輸出の後、カルギル危機後若干武器輸出をしているだけである。これは第三次印パ戦争前に結ばれた印ソ平和友好協力条約の第九条において、印ソ両国が印ソ両国と紛争を抱えている第三国にいかなる援助もしないことを取り決めた影響であり[33]、この点でも印ソ間が強力な結びつきをもっていることがわかる。

このように武器取引で結びついた印ソ関係は非常に強固であった。ただ、このような印ソ間の安定した武器取引関係は、インドの軍需産業の育成には役立っていない。インドがライセンス生産で製造した兵器は、インドがソ連製兵器を購入するよりも大分少なかったし、ソ連は、インドが製造した部品を他のソ連兵器使用国へ輸出するのを規制していた。そのため、インドの軍需産業は育っておらず、一九七〇年代から計画したアージュン戦車は二〇〇四年に完成、一九七〇年代に計画したデリー級駆逐艦は一九九七年に完成、一九八〇年代に計画したテジャズ戦闘爆撃機は二〇一四年になってようやっと配備され始めるところで、時間がかかっているだけでなく、依然として搭載機器の多くを外国製品に頼った状態である[34]。このような状態であるため、ソ連が崩壊すると部品供給が滞ったインド軍は大きな打撃を受けた。

図5－7　インド空軍の戦闘爆撃機飛行隊数推移

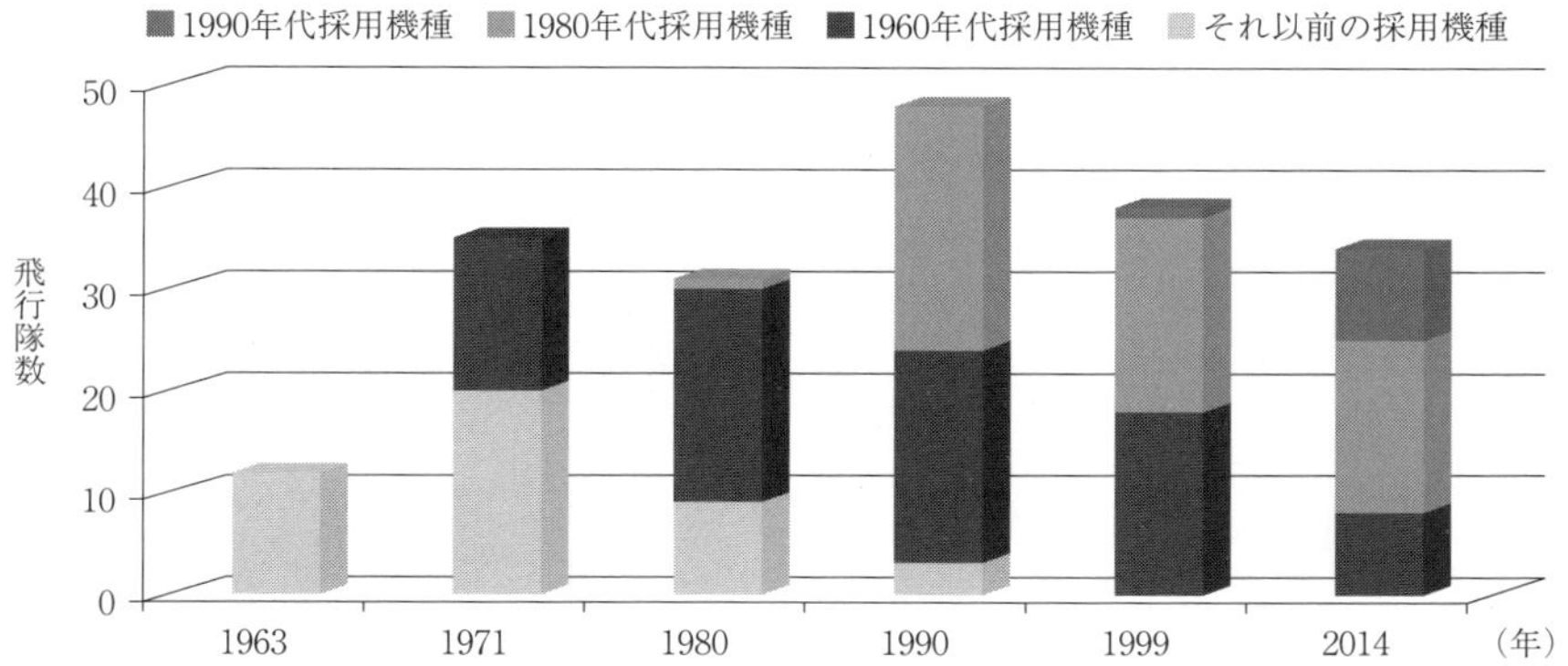

	第三次印パ戦争		スリランカ介入	カルギル危機	
	戦前1963 ～1971	戦後 ～1980	戦前・中 ～1990	戦間期 ～1999	戦後 ～2014
戦闘爆撃機 飛行隊数	15→35	31	48	38	34
増　減	+20	+11	+17	-10	－4
新機種の導入	マルート Su－7 ミグ21	なし	ミグ23, ミグ27 ミグ29, ジャギュア, ミラージュ 2000	スホーイ30	テジャズ

出典：The International Institute of Strategic Studies, *The Military Balance* 等参照。

その結果、一貫した印ソ関係の友好的な状況とは裏腹に、徐々に変化の兆しが出ている(35)。その変化の兆しは第一にソ連依存の武器体系が老朽化したことに始まる。

例えばインド空軍が保有する戦闘爆撃機飛行隊数をみてみると、二〇一四年においても一九八〇年代以前に採用した機種を使用している飛行隊が全体の七割以上を占めており、その内一九六〇年代採用の機体（ミグ二一）が二割以上ある（図5－7）。ジャギュアのようなインド国内で製造ラインを維持している機体を除けば、老朽化は深刻で事故が多発している。インドは老朽化した戦闘爆撃機に代わる新しい戦闘爆撃機を大量に購入する必要がある。このような武器の大量購入の必要性は、陸海空全軍に及んでおり、どこの国の武器を購入するかでインドの武器体系

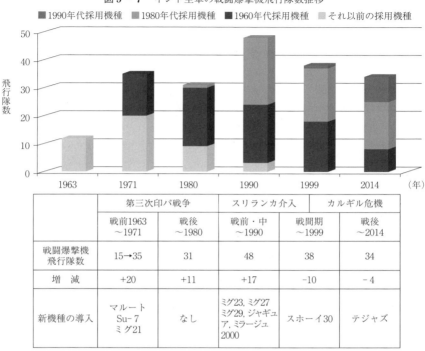

図5－8　インドの武器輸入額推移

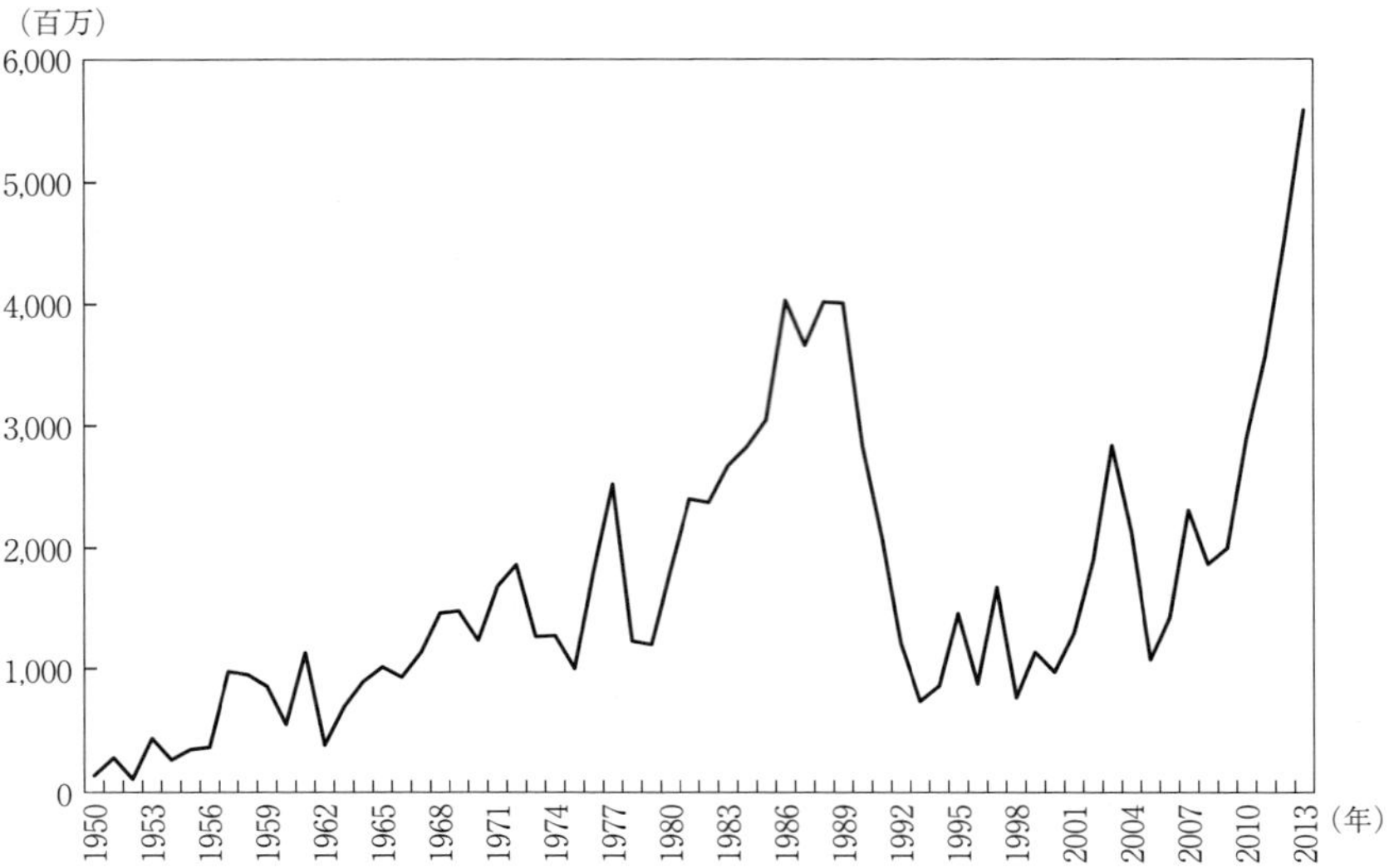

注：縦軸はSIPRI独自の通貨単位。
出典：Stockholm International Peace Research Instituteのデータベース（http://www.sipri.org/databases）より作成。

の依存度を大きく変え、長期的な軍事動向上、大きな影響を与える可能性がある。

しかも、カルギル危機はこの武器の老朽化の問題を喚起した戦争となった。インドの武器購入額をみると、一九九〇年ほどではないものの、カルギル危機の後、活発に武器購入を開始していることがわかる（図5－8）。

そのような武器購入増加の中で、特に海空の兵器でアメリカやイスラエルの兵器を採用する動きがみられるようになった。共同開発においても、イスラエルとの共同開発が増えつつあり、正面装備である戦車、水上戦闘艦、戦闘爆撃機の旧ソ連依存度をみれば、特に海空で、その数字が一九九〇年代をピークに二〇〇〇年代に低下しつつあることがわかる（図5－9）。このような傾向は、戦車以外の陸上兵器についてもみられ、インド軍全体にみられる傾向となっている。さらに二〇一四年にはロシアはパキスタンへ攻撃ヘリコプター輸出を開始。それに伴い、インドはロシアへ懸念を表明するようになった。印露関係の変化として注

図５－９　インド軍の正面装備における対ソ連（露）依存度

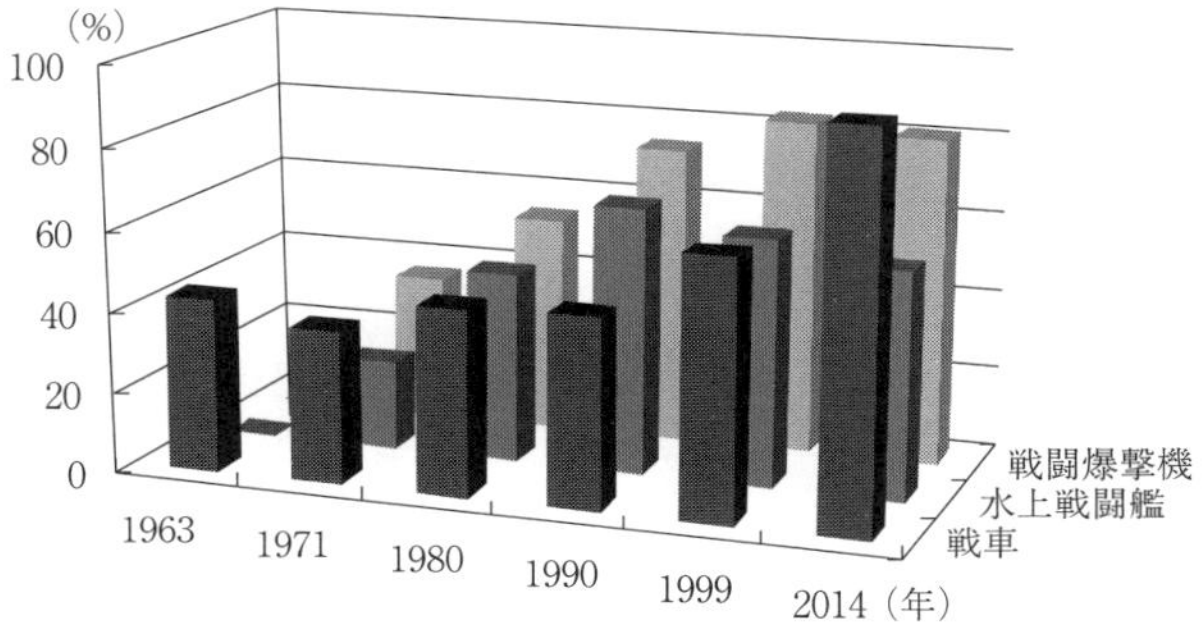

	1963年	1971年	1980年	1990年	1999年	2014年
戦　車	43%	38%	46%	48%	64%	96%
水上戦闘艦	0％	22%	47%	66%	61%	56%
戦闘爆撃機	0％	36%	54%	75%	83%	81%

出典：The International Institute For Strategic Studies, *The Military Balance* をもとに筆者作成。

目される。

③　小結

以上からインドの対ソ軍事動向をまとめると、第三次印パ戦争は大きな変化を与えたといえる。印ソの軍事的な関係は第三次印パ戦争準備の過程で強化され、それ以後現在に至るまで長い友好関係を保ってきた。

一方、スリランカ介入自体はあまり影響を与えていない。ただ、スリランカ介入の失敗とソ連の崩壊はほぼ同時に起き、ソ連だけに依存してきた武器体系が如何に脆弱であるかをインドに認識させることになった。

同様に、カルギル危機自体も印ソの軍事上の関係にあまり影響を与えていない。ただ、カルギル危機を境に認識された武器体系老朽化の問題の解決のために大量に武器を購入した際に、ロシア以外の国からも武器の購入が始まり、特に印米関係強化を受けた米・イスラエル製武器購入の動きが起きたため、二〇〇〇年代にインドで旧ソ連製装備のシェアを若干低下させる兆候がでている。このことから、インドがロシア依存からの変化を望んでいることが推測されるが、変化はゆっくりとしたものになっており、二〇一四年時点でインドの武器体系構築の方向が明白に変わったと結論付けるほど明確な変化を示していない。今後どうなるかが注目される状況である。

(四) 対中軍事動向

① 全体の流れ

印米間、日印間、印ソ間と違い印中は陸上国境で接しており、断続的に衝突がある。そのため、印中間の警戒は印中が直接国境をめぐって戦うことに対する警戒感と、印周辺国に対する影響力をめぐるものとの二つの側面があった。そして印中間は関与と警戒でいえば常に警戒が強い関係であった。

インドの対中警戒感が形作られたのは、一九六二年の印中戦争における敗北である。その後、一九六五年の第二次印パ戦争でアメリカの対印パ武器禁輸が行われると、中国はパキスタンに武器を輸出し、一九六七年にはナチュラ事件、チョーラ事件が起き、インド国内で毛沢東主義が蜂起するとこれを支援し、インド北東部での独立派も支援した。

そのため、第三次印パ戦争前の状況では、特に中国がパキスタンと協力してインドの国防上の弱点を攻撃することが懸念された。特に心配していたのは、インドの本体部分とインド北東部をつなぐ細い国境であった(図5-10)。インドが第三次印パ戦争前に印ソ平和友好協力条約を締結したのには、インドが東パキスタンを攻撃する際に中国軍が国境で緊張を高めないようにソ連ににらみを利かせてもらう目的があった。作戦実施も印中国境が凍る冬まで延期したことからみても、インドがいかに心配していたかがわかる。

このような環境の下で第三次印パ戦争は起きた。第三次印パ戦争における中国の反応は、インドを日本の満州国建国になぞらえて激しく非難するものであり[36]、ダッカ陥落が迫るとインド側の国境侵犯があったとして国境付近での緊張を高める姿勢をみせた。

結局、第三次印パ戦争で東パキスタンがバングラデシュとして独立すると、インド側の国防上の懸念は大幅に緩

図5－10　1971年時にインドが直面していた国防上の重点

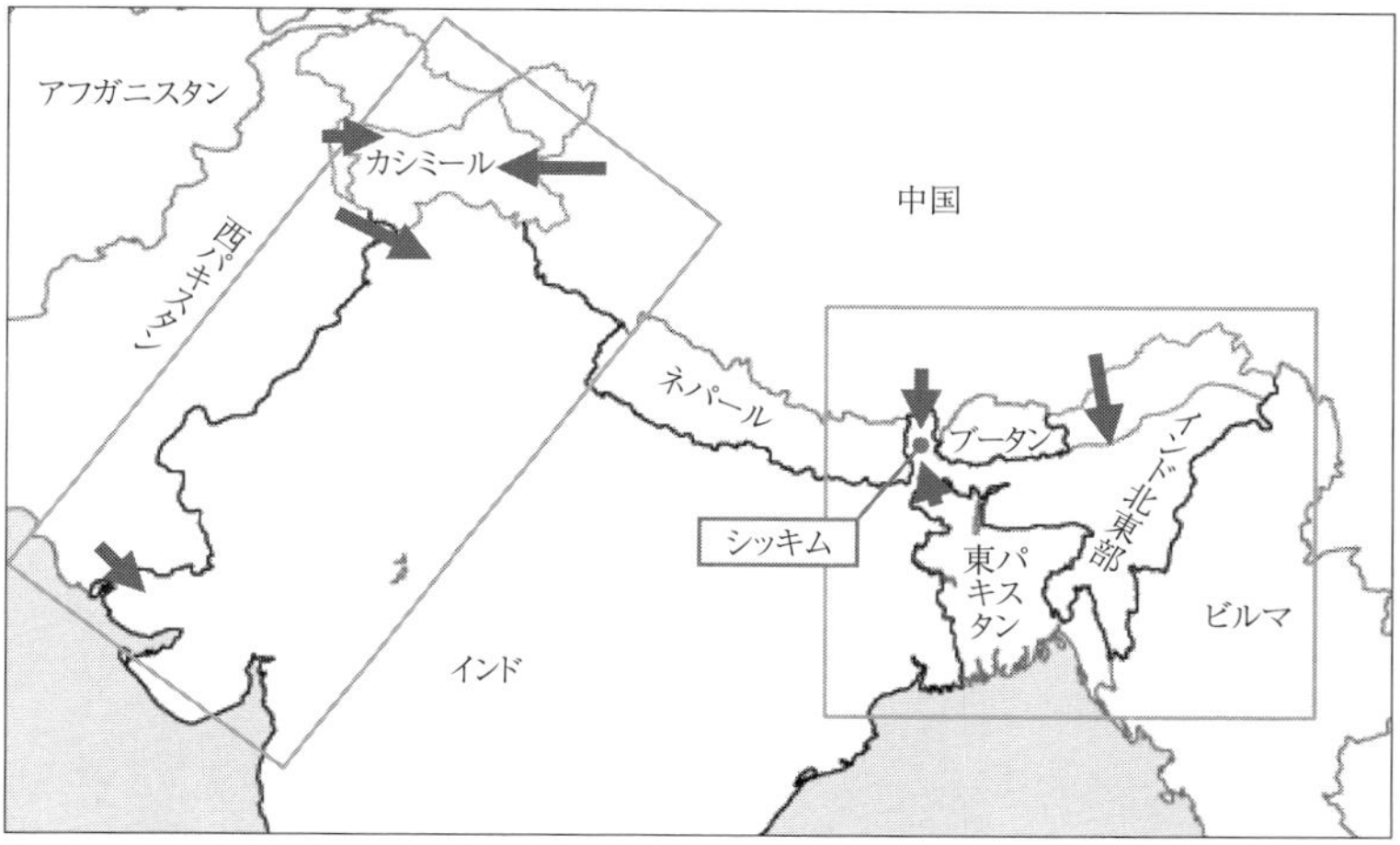

出典：筆者作成。

和されたといえる。

同時に第三次印パ戦争後徐々に、印中間で関係改善の動きがみられるようになった。その最初の機会が一九七九年の印外相の訪中であった。この時、インド側は中国によるインド国内における武装勢力支援について言及したところ、中国側の回答は過去のものになる、というものであった(37)。一九八六年には印中国境で中国側の部隊増強と侵入が伝えられ、インド軍はファルコン作戦、チェッカーボード演習を実施するが、その後、一九八八年にはラジブ・ガンジー首相の訪中があり、印中関係は比較的良好であった。そのため、スリランカ介入が印中間で問題となることはなかった。

スリランカ介入後の一九九〇年代、印中関係は比較的良好であったといえるが、それにはスリランカ介入の失敗で、インドが軍事的な活動を抑えていたことが間接的に影響した可能性がある。特に一九九六年には、印中間の事実上の国境となっている実効支配線付近の配備兵力について合意がなされたが、これはインド側の大きな譲歩であった。もし印中国境に兵力を急速に増強する場合、高地間を移動する中国側と、平地から登って兵力を配備しなければならないインド側とでは、兵力を増強するペースに差がある。だから対等に配備兵力を制限した場合、インドに不利な合意になるが[38]、しかし、インドは合意に至り、印中国境での緊張緩和の方向性となったのである。

一九九八年の核実験で中国の核の脅威に言及したインドの姿勢に、印中間は冷却化したが、一九九九年のカルギル危機が起きた際の中国の対応は、むしろ緊張緩和の雰囲気を反映したものであったといえる。中国は印中国境に部隊を前進させ、道路建設を行ったり、パキスタンから首相や参謀長の訪問を受け協議し、中国軍高官をパキスタンに派遣したりはしたが、パキスタンに対する明確な支持を避けたからである。

カルギル危機後の二〇〇〇年代に入り、インドの中国に対する警戒感は徐々に高まる傾向にあるといえる。中国の軍備の近代化のペースは速く、印中国境の中国側の道路、鉄道、空港の整備が進んでいることはインドの強い懸念事項で、二〇〇〇年代末になるに従ってインドの外相、国防相、陸軍参謀長等がはっきりと懸念を示すようになった[39]。

②　武器取引等の変化

インドの中国に対するもう一つの懸念事項は、中国が印周辺国に対して武器を輸出していることと、印周辺国に中国軍の拠点を設置する動きをみせていることである。

中国の印周辺国に対する武器輸出をみると、まず、第三次印パ戦争後、パキスタンは失った装備を大量に補充する必要に迫られたが、その時期に中国も大量の武器をパキスタンに輸出している（図5－11）。そしてその後も一貫してパキスタンに武器を輸出し続けている。

インドはこのような中国のパキスタンへの多額な輸出には、ミサイルの輸出規制に抵触するものが含まれているだけでなく、核技術も含まれていると考えている[40]。また、パキスタン以外の印周辺国に対する武器輸出をみてみると、インドがスリランカ介入して苦戦した時期、つまり一九八八年以降徐々に中国と印周辺国の武器輸出が増えている（図5－12）。

図５－11　中国の対パ武器輸出額推移

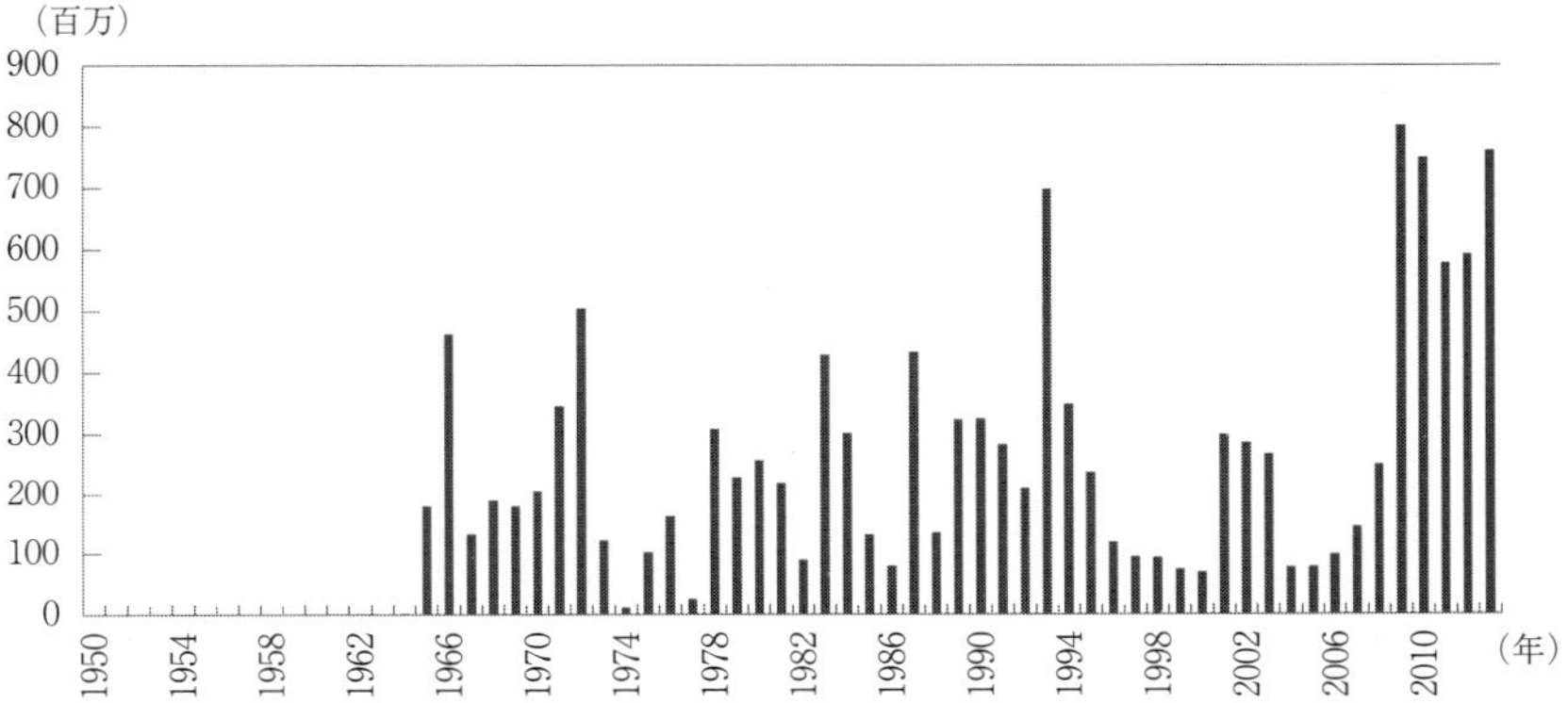

図５－12　中国の対印周辺３カ国に対する武器輸出額推移

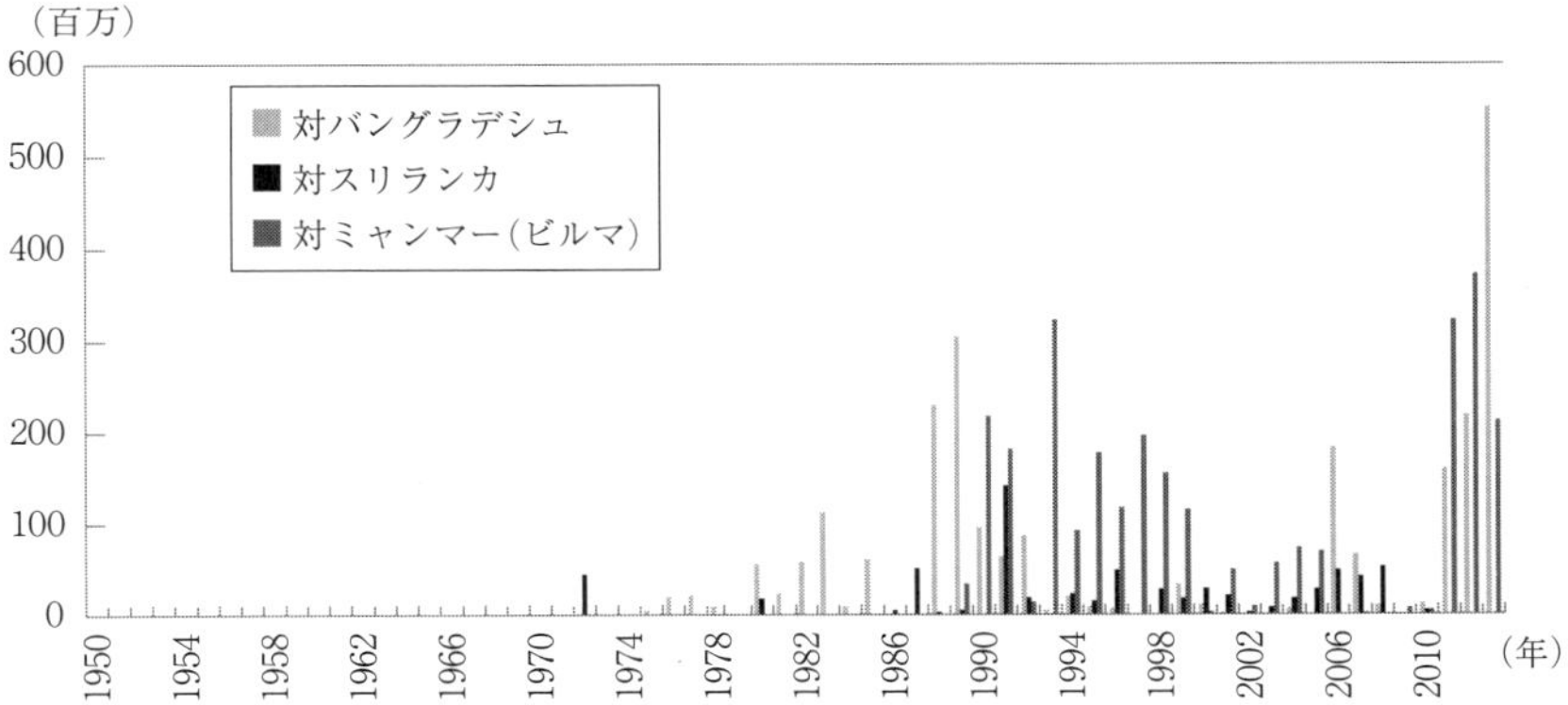

注：図５－11，５－12の縦軸はSIPRI独自の通貨単位。
出典：図５－11，５－12は，Stockholm International Peace Research Instituteのデータベース（http://www.sipri.org/databases）より作成。

そのため、二〇一四年三月現在、印周辺各国の武器体系に占める中国の割合は高く、中国依存の状態にある国が少なくない（表５－１）。

さらに二〇〇〇年代に入ると、武器輸出だけでなく、パキスタン、スリランカ、バングラデシュ、ミャンマーにおいて海軍展開の拠点としても使用できる港湾施設の建設にも着手し、「真珠の首飾り戦略」としてインドの強い警戒感を招いている。ミャンマーのココ諸島に軍事施設を設置（図

表5－1　インド周辺各国の軍の正面装備における対中依存度

	パキスタン	スリランカ	バングラデシュ	ミャンマー
戦　車	73%	0%	100%	68%
水上戦闘艦	36%	0%	25%	50%
戦闘爆撃機	41%	35%	90%	73%

注：パキスタンは戦車と戦闘爆撃機について中国と共同開発しているが，これはパキスタンの国産として計算している。ミャンマーの水上戦闘艦の場合も同様。
ブータンとネパール，モルディブは表にあるような大型の兵器は保有していないが，ネパールには中国製装備が輸出されている。同様にスリランカについても，2007年にアメリカが対スリランカ武器援助を禁止したため，中国はスリランカにとって最も重要な武器供給先となっている。

出典：The International Institute of Strategic Studies, *The Military Balance 2014*をもとに作成。

5－13）、また中国の原子力潜水艦の活動[41]、中国によるパキスタンへの潜水艦六隻、バングラデシュへの潜水艦二隻の売却計画[42]も伝えられている。ここから、中国の印周辺国への軍事的な援助と戦争との関係をみてみると、第三次印パ戦争後増え、スリランカ介入後さらに増え、カルギル危機後さらに増えるという傾向になっている。

③　**インド軍の変化**

このような印中間の軍事情勢の変化の中でインドの中国を念頭においた軍事的姿勢の変化は、陸海空核で比較的明確にでている。全体の傾向としては、第三次印パ戦争後、インドは陸海空の戦力増強の中で、対中国境に配備される戦力を強化した。ただ、この時期核実験はしたものの、核兵器の配備化は進めていない。しかし、スリランカ介入の失敗後、インドは対中国境の陸海空軍の戦力の内、特に陸軍を対パ国境に移動させており、対中国境配備の通常戦力を減少させる一方で、一九九八年に中国を理由とした核実験を実施した。これは通常戦力の不足を核戦力で補おうとする動きと推測される。カルギル危機後の二〇〇〇年代になりインドは対中国境の陸海空戦力の増強に努めており、中国を念頭においた核戦力の配備も進めている。以下、より詳しく分析する。

まず、陸軍の師団数の推移をみてみると、一九六二年の印中戦争の敗北の結果創設された山岳師団は一〇個であったが、第三次印パ戦争後、増減しながら一九九〇年までに一一個師団に増強されている。ところが、スリランカ

図５－13　印中のインド洋周辺における施設建設動向

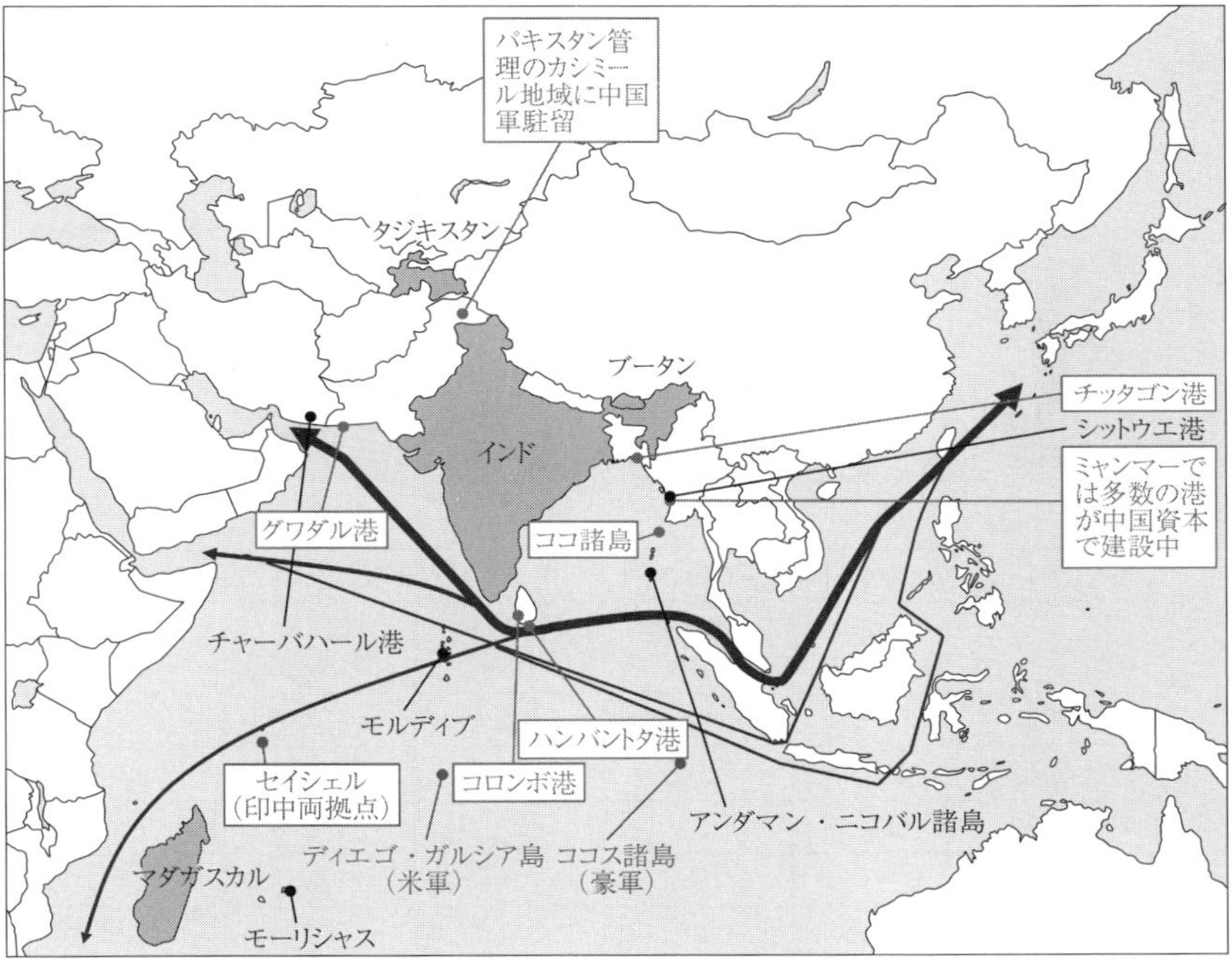

注：□は中国資本で建設されている港と中国軍施設があるココ諸島。

▒はインド軍の施設があると考えられる国々（文字は黒色）アンダマン・ニコバル諸島はインド領である。なお，タジキスタンにあるのはインド空軍の施設。

タジキスタンの基地には150人の要員とヘリコプター，軍の病院部隊が派遣されており，滑走路の延長作業等が進められている（“Army chief leaves for Tajikistan to bolster military”, *The Times of India*, 10 Nov. 2010.「海外論調　タジキスタンにおけるインド軍事基地の戦略的意義について」『海洋安全保障月報　2006年８月号』（海洋政策研究財団）９ページ。

(http://www.sof.or.jp/jp/monthly/monthly/pdf/200608.pdf#page =11)

出典：筆者作成。


介入後の一九九〇年代、山岳師団は九個師団に減らされ、カシミールに派遣される等、対パキスタン戦力、反乱対策として転用されるようになった。そしてカルギル危機後の二〇〇二年、山岳師団は再び一〇個師団に増強され、二〇〇〇年代後半になるとカシミールに派遣されていた師団もシッキム州の印中国境付近に戻され、二〇一一年に山岳師団はさらに、二個師団に増強された。そして二〇一四年さらに山岳師団二個の創設に着手した。

図5－14　インド陸軍の師団数推移

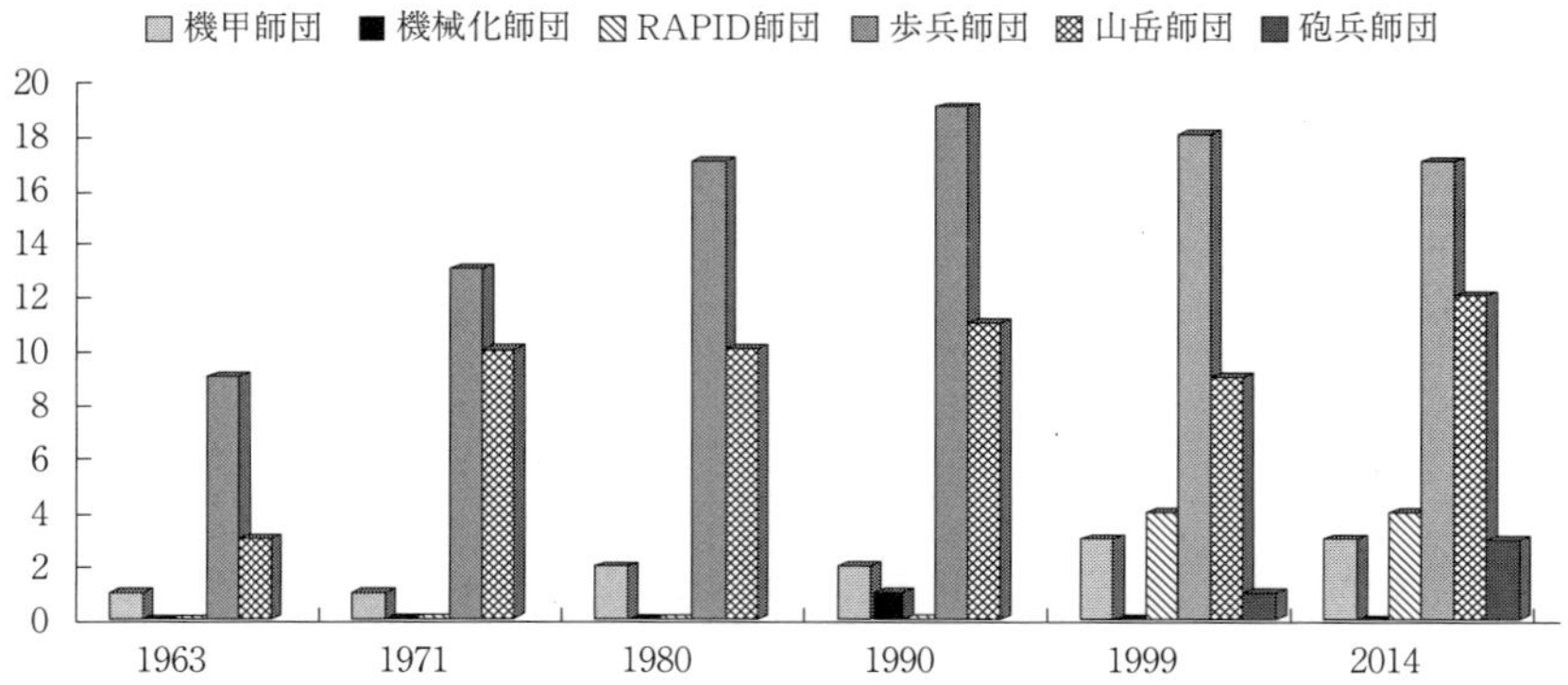

	第三次印パ戦争		スリランカ介入	カルギル危機	
	戦前 1963～1971	戦後 ～1980	戦前・中 ～1990	戦間期 ～1999	戦後 ～2014
機甲師団	1→1	2	2	3	3
機械化師団	なし	なし	1	なし	なし
RAPID 師団	なし	なし	なし	4	4
歩兵師団	9→13	17	19	18	17
山岳師団	3→10	10	11	9	12
砲兵師団	なし	なし	なし	1	3
総師団数	13→24	29	33	35	39
増加師団数	11	6	2	2	4

出典：The International Institute of Strategic Studies, *The Military Balance* を参照。

このような師団増強の動きの中で最も注目されるのは最近の動きである。二〇一四年に増強に着手した二個師団は空輸可能な軽戦車や装甲車、超軽量火砲で攻撃力を増し、打撃軍団（第17軍団）として再編する計画である（図5－14、5－15）。もしこの構想が実現すれば、インドは対中攻勢的防御作戦の実施能力を獲得する可能性がある。

インドがこのような構想を進める背景には、インドが地形上不利なことがある。もし印中が戦争に陥り、中国側がインド側の拠点を占領した場合、インドは低地にあり中国が高台にあるという状態になり、容易には奪還できない。そこで、高台に陣取る中国軍を攻撃する際に、ま

図５－15　2012年のインド陸軍各師団の配備状況（推定）

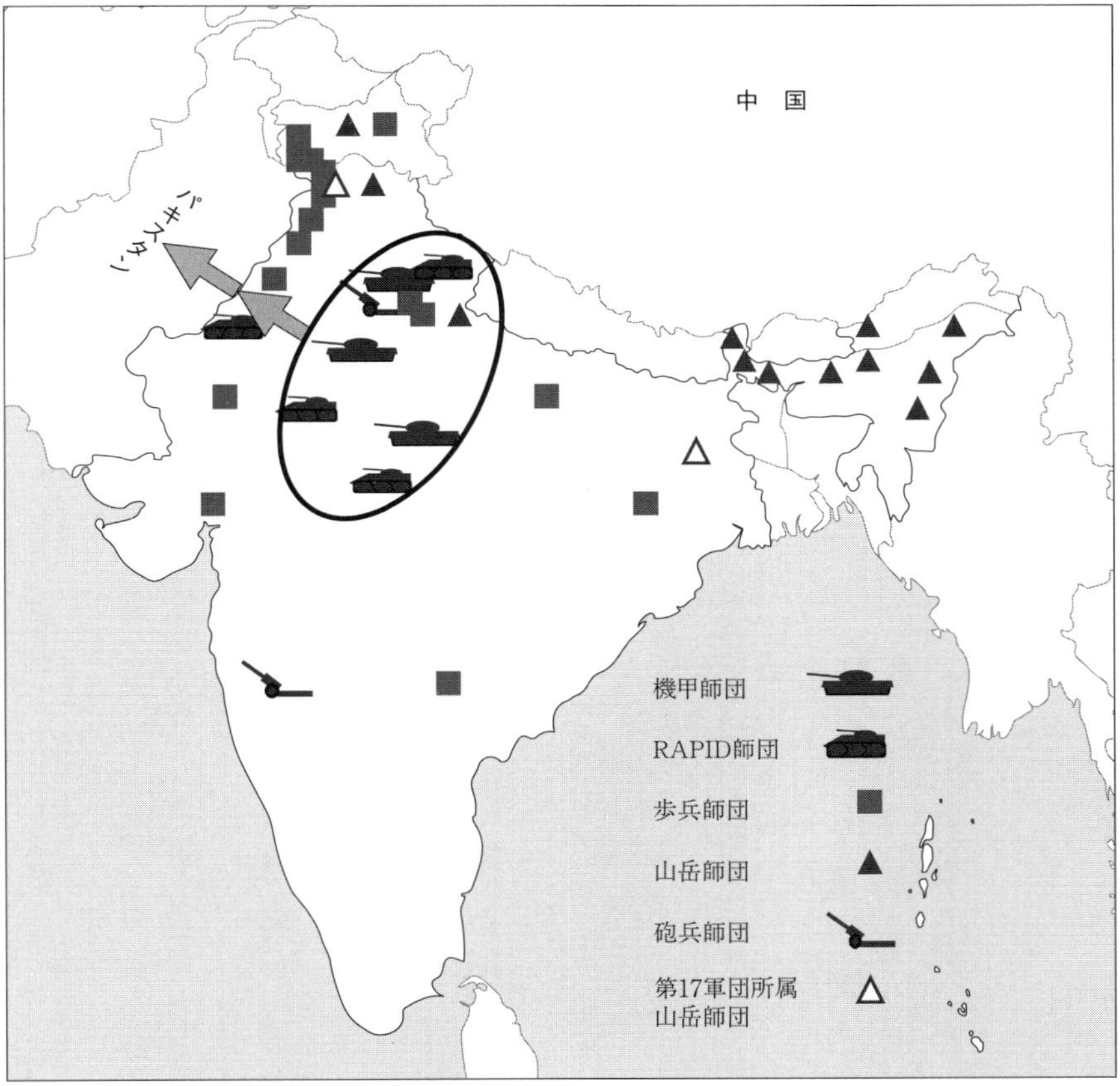

注：対パ戦力は国境沿いの歩兵師団が防御，後方の機甲部隊が攻撃に移る体制といえ，攻撃のために機甲部隊を一度国境付近に前進させる必要があるが，パラカラム作戦時はこれに３週間かかった。しかし防御的な体制であるため相手を無用に刺激せず，大事な機甲戦力を敵の奇襲から守りやすい利点もある。
山岳師団は対中国国境の防衛だけでなく，対パ予備戦力でもあり，反乱対策にも従事している。
太い楕円で囲んだ部隊（３つの打撃軍団）を新しい戦略コマンドの下で統一的に運用する構想がある。

出典：完璧なものではないが全体像の把握のため，白地図（http://www.sekaichizu.jp/）をもとに独自に作成した。

図５－16　インド空軍基地分布図（推定）

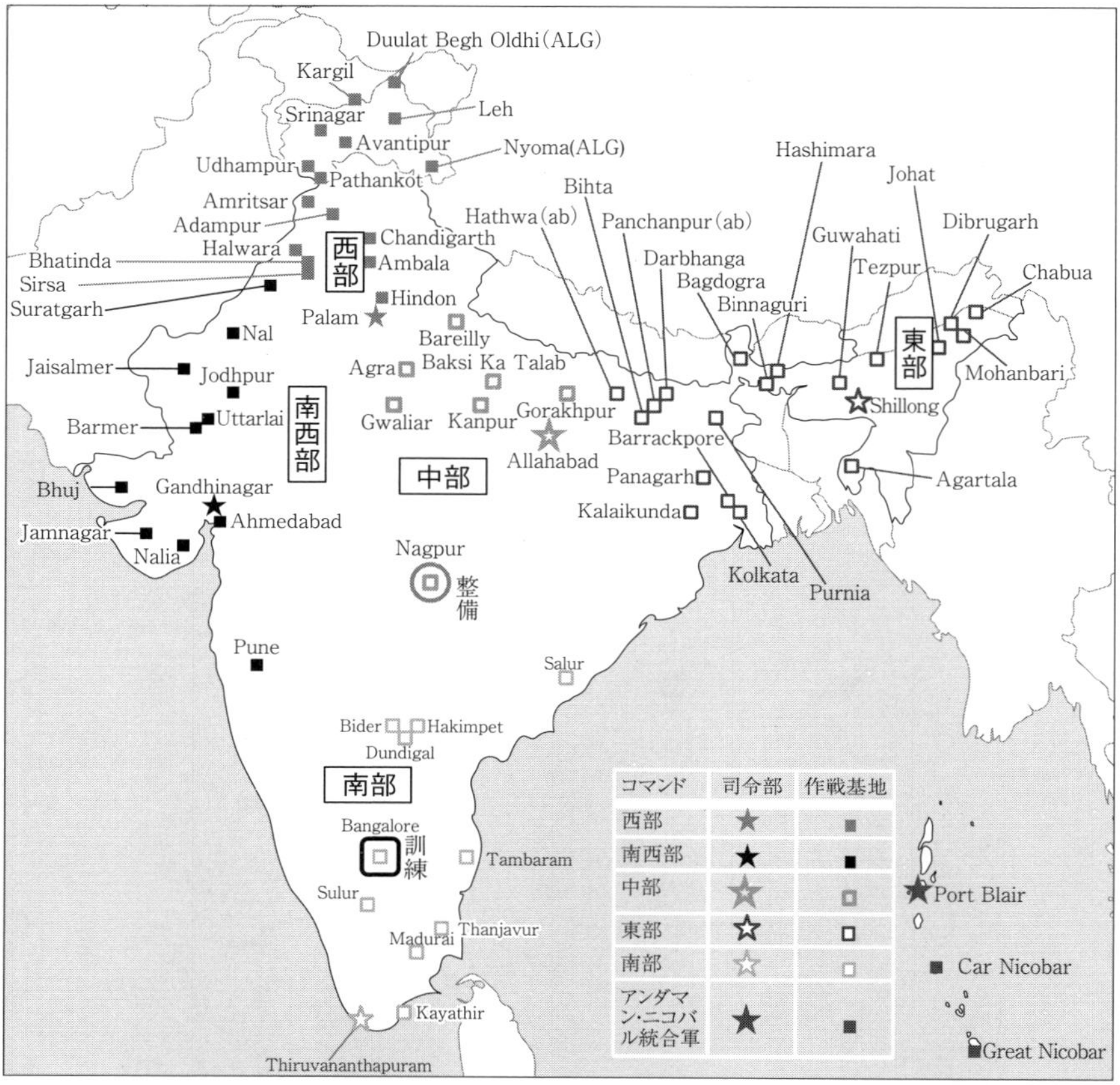

注：この地図は主作戦基地と前進作戦基地（Forward Base Support Unit）を描いたものであるが，他に前進着陸地点（Advanced Landing Grounds），ヘリパッド，空中投下地点によるネットワークも構築されている。前進着陸地点は小型機が晴天時に着陸可能な地点で，地上の支援はない。

出典：完璧なものではないが全体像の把握のため，白地図（http://www.sekaichizu.jp/）をもとに独自に作成した。

ず、新編される打撃軍団でもって中国軍の後方の補給拠点を攻撃して敵の補給を断って、敵を弱めることが有効である。インドはカルギル危機でこの種の作戦を実施した経験があり、インドの新しい打撃軍団はこの目的をもって整備するべきだという議論ももともとあった[43]。そしてインド陸軍参謀長もインド軍の山岳部での攻撃能力獲得の意志を明言していることから[44]、これまでのインド軍の印中国境での防御的な姿勢から攻勢的防御もとり入れた体制への転換を図る動きといえるのである[45]。

しかも、二〇一一年以降インド北東部には六個師団が配置され、それに加えて第一七軍団が増強されることになる。これは対中国強制外交を兼ねた演習である一九八六～八七年のチェッカーボード演習時の六個師団を上回る戦力である[46]。そのため、対中国兵力としては史上最大規模になる。このようにみると、スリランカ介入後対中国境戦力を減らしてきたインド陸軍は、二〇〇〇年代後半にインド史上最大規模の対中対決型の兵力配置の状態に移行したといえる。

次に空軍の動きであるが、これも二〇〇〇年代後半に印中国境重点配備の動きがみられる（図5－16）。インドの戦闘爆撃機で一九九〇年代以後採用されたのは一機種、スホーイ三〇だけであるが、このスホーイ三〇は空中戦に優れているだけでなく、中国の主要部を爆撃する能力がある。そしてこのスホーイ三〇の配備位置をマスコミ情報より集計してみると、二〇一四年七月の時点で配備計画が報道されているのは印中国境の基地に七カ所、印パ国境に三カ所、インド洋方面に四カ所になっており、内、少なくとも印中国境の三カ所（Bareilly、Tezpur、Chabua）に四飛行隊、インド洋方面一カ所（Pune）に三飛行隊、印パ国境二カ所（Halwara、Jodhpur）に二飛行隊は配備されている（図5－17）。これは一〇〇％確実な情報とはいえないが、全体的にみればインドがスホーイ三〇を中国対策の要として考えていることがうかがえる[48]。ただ、それでも印空軍参謀長によれば印中の空軍の戦力比は一対三で中国が有利な情勢で[47]、インドの危機感がわかる[48]。

図５－17　2014年のインド空軍戦闘爆撃機最新７機種飛行隊の配備状況（推定）

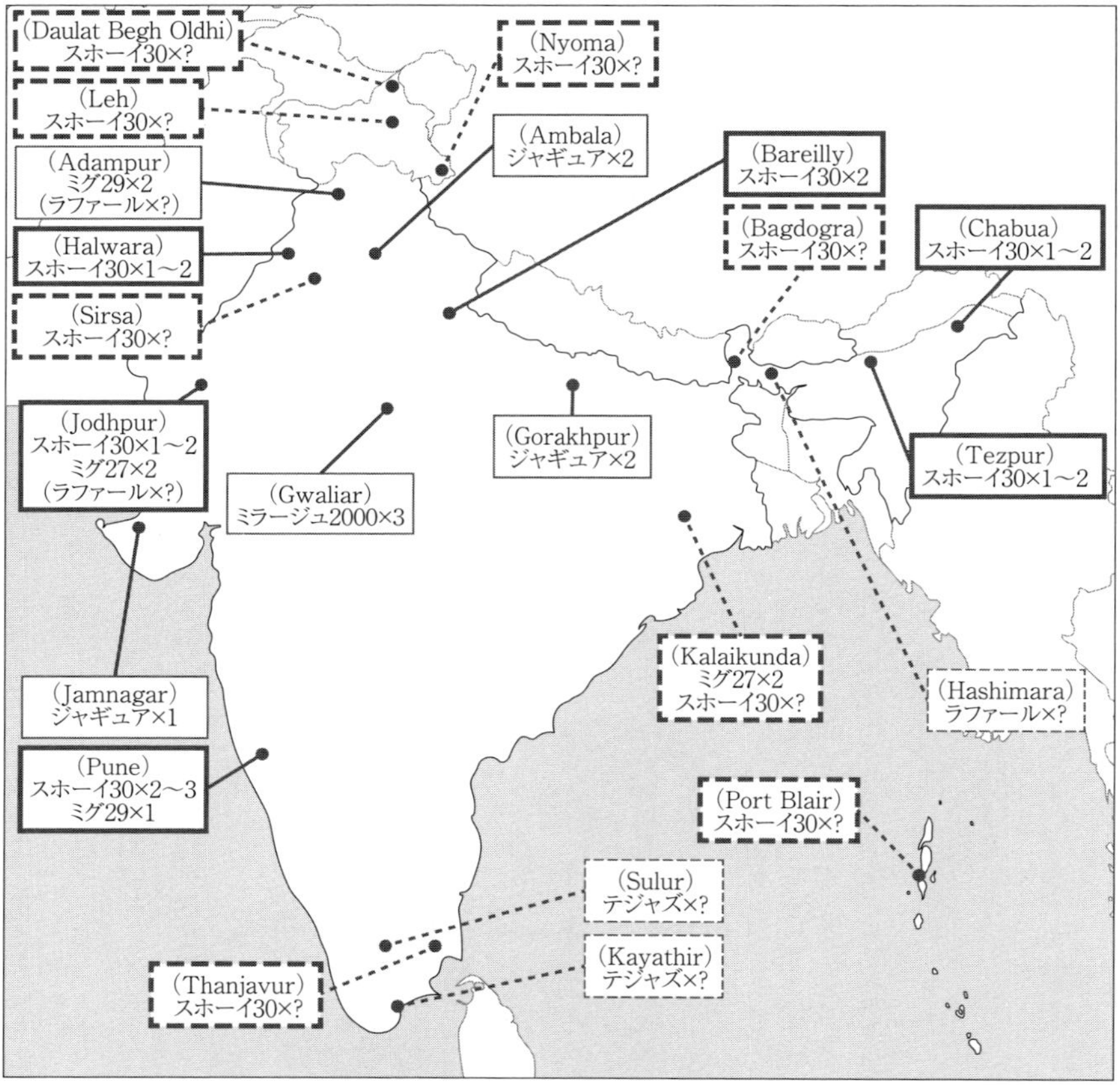

注：カコミ枠の実線はすでに配備，点線は計画中。「×１～３」は飛行隊の数で，18～20機／１飛行隊みられる。太い線はスホーイ30，細い線はその他の機種をさしている。
早期警戒管制機や空中給油機はアグラに配置されている。
インドが2011年２月現在保有している戦闘爆撃機では主に防勢的防空のみを担当するミグ29，防空任務も航空阻止任務も行うミラージュ2000とスホーイ30，航空阻止任務を主とするジャギュアとミグ27，そして防空と近接航空支援を行う数種類のミグ21戦闘爆撃機を配備しているが，この内ミグ21については，退役する方向性にあり，2020年には保有していないものと考えられるため，新たに加わるテジャズとラファールを加えた７機種の配備位置に重点を置いた図を作成した。
出典：完璧なものではないが全体像の把握のため，白地図（http://www.sekaichizu.jp/）をもとに独自に作成した。

図５－18　2014年のインド海軍配備状況（推定）

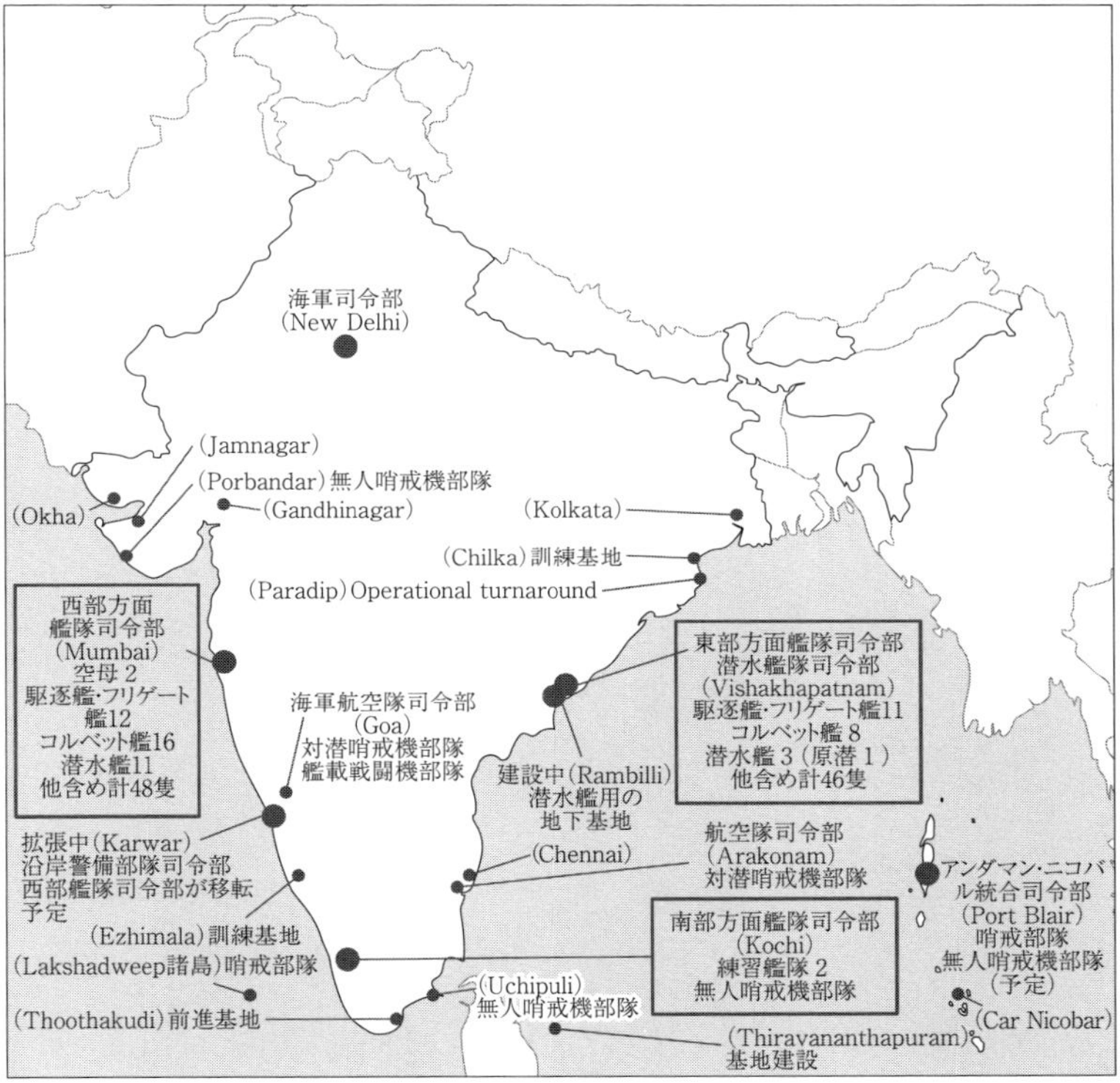

	西部方面艦隊	東部方面艦隊	南部方面艦隊
空母	ヴィラート級(29161t)×1 ヴィクラマディティア級(46129t)×1	（建造中）ヴィクラント級 (40642t)×1	
駆逐艦・フリゲート艦	デリー級(6808t)×3 タルワー級(4100t)×5 ブラマプトラ級(4521t)×3	シヴァリク級(6299t)×3 ラジプット級(5054t)×5 ゴダヴァリ級(4277t)×3	タルワー級(4100t)×1
コルベット艦	アヴァヤ級(493t)×4 ヴィール級(462t)×12	コーラ級(1483t)×4 ククリ級(1446t)×4	
潜水艦	シシュマール級(1880t)×4 シンドゥゴーシュ級(3125t)×7	チャクラ級(原潜)(9246t)×1 シンドゥゴーシュ級(3125t)×2	

注：東部艦隊と西部艦隊が戦闘用で，南部艦隊は訓練や整備を担当する。
上図は海軍の司令部の配備状況であるが，この他に小さな基地があり，また，空軍の対艦ミサイルを装備したジャギュア戦闘爆撃機の飛行隊がJamnagarにもおり，対艦攻撃を担う。
出典：完璧なものではないが全体像の把握のため，白地図（http://www.sekaichizu.jp/）をもとに独自に作成した。

インドの軍事力配置は、陸海空核すべてにおいて対パキスタン以上に対中国を念頭に置いたものに変わりつつあるが、特に空軍の配置は、新規の部隊のほとんどを中国国境に配置するという、対中対決型兵力配置を顕著に示したものである。

また海軍も動きがある。海軍は老朽化が進んでいる関係もあって多くの新造艦艇を必要とするのは事実であるが、総数一三六隻の海軍で一〇〇隻建造中・計画中というのは異例である。しかもその中には空母二隻、原子力潜水艦一隻が含まれ、その他に原潜を少なくとも一隻リースすることになっており急速な増強であるだけでなく、海軍を外洋化させていることがわかる。

また、インド海軍は過去、水上艦艇対策に対艦ミサイルを搭載した艦艇が多い一方で潜水艦対策の艦艇が充実しておらず、比較的対潜能力が低いと指摘されている。(49) これはインドが米空母機動部隊等の水上艦の脅威に比べれば、潜水艦の脅威を深刻に受け止めていなかったことを意味している。しかし、二〇〇〇年代に入ってインド経済が成長してシーレーン防衛が議論され、中国の潜水艦がインド洋で活動することに対する危機感が高まるにつれて、対潜能力の高い艦艇が配備され始めている。特にP八対潜哨戒機の導入については、この対潜哨戒機がアメリカ以外にインドしか保有していない新型であることを考えると、インド洋での中国の原潜の活動を危惧している印米両国の利害が一致したものとみられ、(50) 中国を念頭においたとみられる軍備増強の動きはかなりはっきりしたものがあるといえる。

艦艇の建造と同時にインド海軍は拠点の設置にも力を入れている(図5-18)。インド海軍は印東部に潜水艦用の大規模基地の他二カ所前進基地を増設し、演習地域も南シナ海や日本近海にも及んでいる。(51) インドはスリランカの内戦終結に際し、スリランカ政府に非公式に軍事支援を提供し、東南アジア諸国との南シナ海における共同軍事演習やオマーン等中東湾岸諸国との共同軍事演習を頻繁に行うと共に、イランには港湾施設を建設し、モルディブ、セーシェル、モーリシャス、マダガスカル等には軍事施設を建設しているものとみられるが、(52) これも「真珠の首飾り戦略」とよばれる中国によるインド周辺国における海洋進出活動に対抗したものと考えられる[53]。

インド海軍は一九九二年、インド軍の中で対米軍事協力を最初に進めた軍種であり[54]、印米協力を推進しながら、インド洋、南シナ海方面においても対中対決型の動きがみられるといえよう。

最後に、核戦力動向であるが、インドの核戦力整備は、印中戦争の敗北と中国の核実験を契機として始まり、第三次印パ戦争後の一九七四年に核実験を行った。インドはスリランカ介入の失敗後、むしろ核兵器への依存を強める政策を進め、一九九〇年代後半に核実験を実施した。二〇〇〇年代に入りインドは北京を射程におさめるアグニⅢの配備と中国全土を射程に収めるアグニⅤの開発を急ぐと共に、ミサイル防衛の開発においても第二段階においても中国のミサイルを念頭においたとみられる開発を行っている（特にミサイル防衛については、中国が開発中の対艦弾道ミサイルによってインド海軍の空母機動部隊が無力化されることへの懸念も生じているため、核戦略上の重要性だけでなく、通常戦力としても重要性が増しつつある）[55]。このことから、インドの核開発は中国を明らかに念頭において進められており、三つの戦争を境に強化される方向にあるといえる。

④　小結

以上からインドの対中軍事動向をまとめると、まず、第三次印パ戦争でインドは国防上重要な欠点を克服することができたことは、インドの対中状況を大きく改善した。その後、外交的な緊張緩和の時期も挟みながらも、軍事面では一九八六～八七年のファルコン作戦、チェッカーボード演習を行う等、比較的対決型であったといえる。しかし、スリランカ介入で失敗した後、中国による印周辺諸国に対する武器輸出が増加する等、インドにとって中国の行動は必ずしも友好的にはみえないが、印中国境における通常戦力を減らし、国境近くの配備を制限する合意を結ぶ等、外交上の緊張緩和を進めた時期となった。そしてカルギル危機の後の二〇〇〇年代は、特に後半になってから印中国境、インド洋両面で中国の軍備増強に関する懸念が強くなり、再び対決型の配置になりつつあるところである。つまりインドの対中軍事動向と三つの戦争の関係をみれば三つともインドが軍事力を増減させる契機となっているが、第三次印パ戦争による地形的な欠点の克服以外は対立の度合いの変化に留まっており、印米、印ソに比べ劇的な変化ではないことを指摘できる。

(五) 対パキスタン軍事動向

印パ関係は外交上は緊張状態と緊張緩和時期があり、一定の波がある。一九九〇年危機を境とした信頼醸成措置は両国の国境から一〇km以内の飛行禁止や[56]、両国の核関連施設への攻撃の禁止とその施設のリストの交換まで進んでいる[57]。二〇〇一年から二〇〇二年に行われたインド国会襲撃事件とその後のパラカラム作戦の後、二〇〇三年以降の和解の動きに至ったことも重要な変化ではある。二〇〇四年に始まった複合的対話(composite dialogue)が二〇〇八年のムンバイ同時多発テロで中断するまで続けられてきた。一方で、通常戦力・核戦力の動向では一貫して対立関係にあり、三つの戦争と対パ軍事戦略の変化を考える際、対立の度合いの変化を捉え難い。また武器輸出という面からみれば、パキスタンはスリランカやバングラデシュの輸出の実績はあるものの、基本的には武器の輸入国である側面が強く、輸出国として大きな影響力を有していない。そのためインドの三つの戦争と対パ軍事戦略上の変化について把握する際、ここでは、印陸海空軍の動向に焦点を当てて軍事動向を分析することとする。

インドの対パキスタン軍事動向からみると第三次印パ戦争の影響は大きいといえる。それは東パキスタンがバングラデシュとして独立したことで、インドは国防上の欠点であったインド本土と北東部をつなぐ部分の防衛が容易になり、かつまた東西パキスタンの二正面作戦も強いられなくなったからである[58]。そのため、インドの対パキスタン戦力は西パキスタンに集中できるようになった(図5-19)。

一方この状況をパキスタンからみると、パキスタンは二正面戦略を採用できなくなっただけでなく、両国の人口やGDP等を考慮に入れてももはや印パ間は通常戦力上インドが優位なのは明白になったといえる。そこで、パキ

図5－19　印パ機甲戦の一例

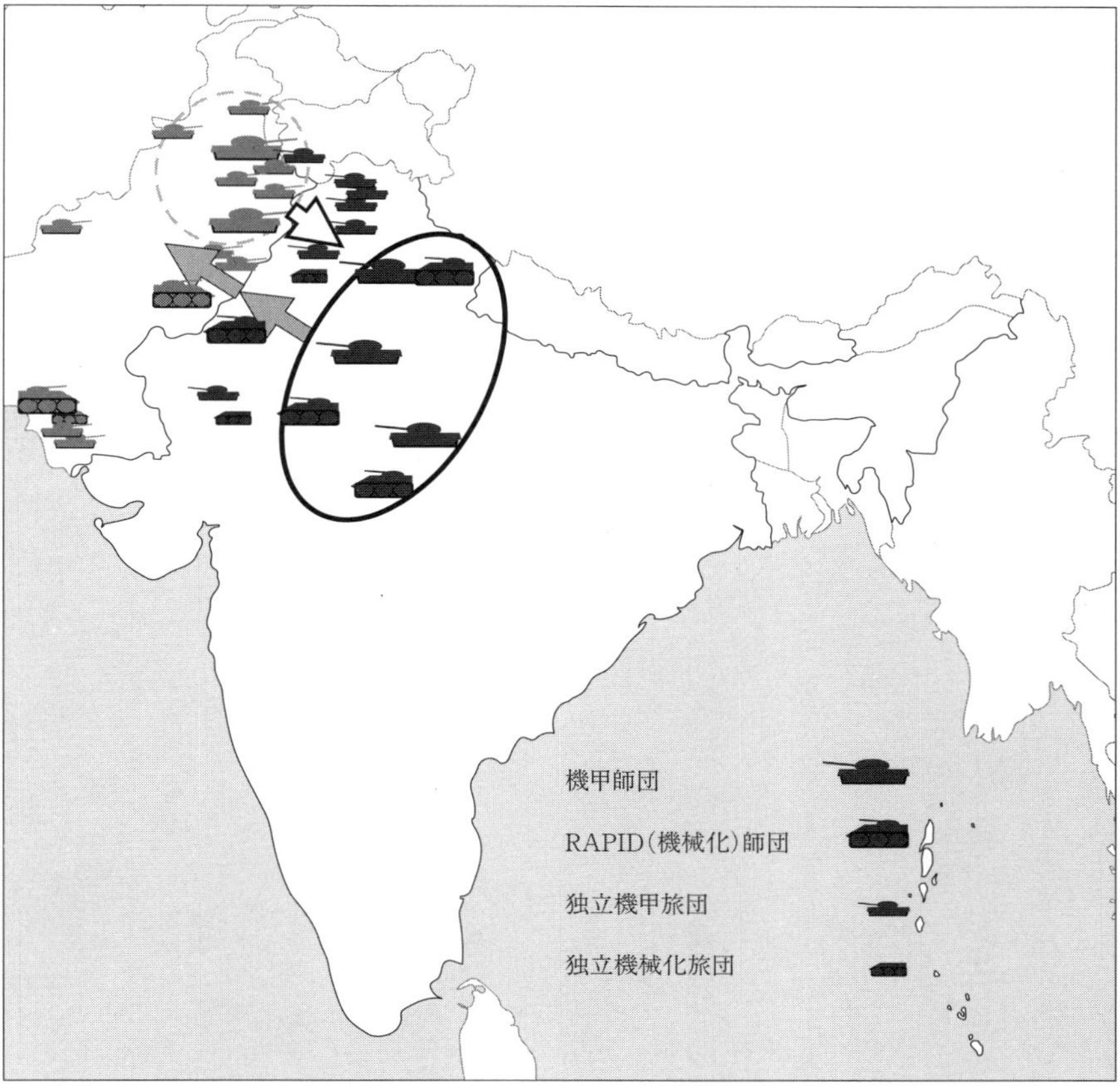

注：スンダルジー・ドクトリンとリポスト・ドクトリンを想定した従来型機甲戦の一例。
出典：マスコミ資料に基づき，白地図（http://www.sekaichizu.jp/）を利用して筆者作成。

スタンは通常戦力で対抗するだけでなく核兵器開発とインド国内の分離独立を求める武装勢力等に対する支援の強化をより重視するようになった。

こうして一九八〇年代になるとインドとパキスタンの状況は大きく変わり始めた。まず、パキスタンの核兵器開発は進みつつあった[59]。そしてパキスタンはインド北東部だけでなく、インド・パンジャブ州におけるシーク教徒の反乱を支援するようになった[60]。その結果、インドは新しいドクトリンの研究を進め、その新しいドクトリンに基づくブラスタクス演習を実施した。ブラスタクス演習は、第三次印パ戦争後のインド陸軍増強の方向性をよく示した演習であった。この演習の主力は機甲師団、機械化師団（及びその後創設されるＲＡＰＩＤ師団）といった機甲戦力であった。そして、この大規模な機甲戦力を用いればパキスタン軍の防御網を突破し、パキスタンを南北に分断することができるように思われた。ことドクトリンは演習を主導したクリシュナ・スワミ・スンダルジー大将の名をとってスンダルジー・ドクトリンともよばれる。ただ、この機甲戦力中心のドクトリンは欠点を抱えていた。第一に、このドクトリンの要である機甲戦力は、平時は内陸に配置されており、攻撃に出るには一度国境地帯に移動する必要があった。つまりインド陸軍は防御的な配置にしており、攻撃するには時間が必要で、相手が十分に備えてしまう可能性があった。そして、このような大規模な機甲部隊でパキスタンを攻撃すれば、パキスタンが核兵器を使う可能性も全く排除できないものであった(61)。実際ブラスタクス演習の後、パキスタンは核の兵器化に進んでいったのである。

一方、同時期に、検討してもおかしくない別のドクトリンが策定される可能性があった。それは、インド空軍による戦略爆撃のドクトリンで、特にパキスタンの核施設や武装勢力を支援する拠点等の戦略目標を限定精密爆撃するドクトリンである。実際、一九八〇年代にインド空軍はジャギュア戦闘爆撃機を保有し、空軍独自にパキスタンの核施設や武装勢力支援の拠点等を空爆する能力を保有し始めていた。そのため、パキスタンは頻繁に懸念を表明していたが、実際には空軍のドクトリンは依然として陸軍を支援することに合わせたものであり、戦略目的の爆撃に関するドクトリンとしての研究はまだ進んでいなかった（核施設への攻撃については、一九九〇年の核危機を境に始まった信頼醸成措置で禁止が決まった）。

このような環境の中で、インドはスリランカ介入に踏み切った。スリランカ介入は三年弱続き、直接印パ間で交戦したわけではないが、インドの対パキスタン兵力配置に一定の影響を与えることになった。スリランカ介入後の一九九〇年代に現れた変化は、一つは、インドが通常戦力の優位を減じたことからくる影響であった。一九七九年から一九八九年まで続いたソ連のアフガニスタン侵攻の最中、パキスタンはアメリカの援助でアフガニスタンとの国境を警備する二個軍団を増設した。この二個軍団は、ソ連がアフガニスタンから撤退すると対印予備戦力となり、印パ間の通常戦力の差を縮めた。しかもパキスタンは自らの縦深が浅いという欠点を克服するため、機甲戦力を用いた攻勢的防御、つまりインド側に攻撃にでることで自らの防衛力を高めるリポスト・ドクトリンを模索していた。インドはこの攻撃を阻止する必要があったが、ソ連崩壊後の予算的制約は大きく、人員削減によって近代化を模索していたこともあって兵力不足であった。当時、印中国境に配備されている山岳師団を対パ国境に移動させたのは、こうした背景があったものと考えられる。

二つ目の変化は、パンジャブ州やスリランカにおける経験から対反乱戦の重要性が認識され、軍内にラシュトリア・ライフルズという専門部隊を創設して本格的な反乱対策に取り組むことにしたことである。同時に、パキスタンは対ソ・ゲリラとして育成した戦士をカシミール・インド管理地域に送り込み、インド国内で反乱を激化させる戦略をとったため、一九九〇年代、インド軍は対反乱戦に追われた。

そして一つ目と二つ目の変化は三つ目の変化をもたらした。それはパキスタンの反乱支援に対し、インド軍は通常戦力をもってパキスタンに懲罰を与える、ないしは武装勢力支援拠点を攻撃する計画を立てたことである。ただ、インド軍はスリランカ介入の失敗以降、軍事的活動を抑制する傾向にあり、また、インド軍の能力はこのような小規模限定作戦用に編成されていなかったこと、そしてパキスタンが核兵器による脅しをかけられる状態にあったこと等から、実施されることはなかった。

さらに四つ目の変化も起きた。それは、スリランカ介入における失敗の反省もある中で、湾岸戦争で自らが軍事顧問団として派遣して訓練したイラク空軍が完敗するのをみたインド空軍は、陸軍に合わせたドクトリンからはなれて、独自のドクトリンの研究を開始したことである。一九九七年にはドクトリンとしてまとめられ、第一歩を踏み出した。

五つ目の変化も起きた。それはパキスタンの核兵器保有であった。スリランカ介入の直前に当たる一九八七年のブラスタクス作戦後はパキスタンは核の兵器化に本格的に着手した。そして一九九八年にはインドの核実験に続いて核実験を実施した。もし戦争になれば、通常戦力の差から、先に核兵器を使用するのはパキスタンである事が想定されるが、使用すればインドの報復も招く可能性があり、その抑止力がどの程度信憑性をもつものであるかはわからない。しかし、インドの政治家の決断をより慎重にさせる効果はあったと推測され、そのため一九九〇年代半ばよりインドはミサイル防衛に関心を高めることになった。

一九九九年のカルギル危機は、このような環境の中で起き、インドに通常戦力を使用した新しいドクトリンの必要性を喚起したといえる。カルギル危機と二〇〇一年から二〇〇二年にかけて実施されたパラカラム作戦では、大規模侵攻の構えをみせてパキスタンを威嚇し、若干の効果は上げたともいえるわけであるが、パキスタンの核保有が明白になる中で、このような大規模かつ時間のかかるドクトリンが本当に実施可能なのか、疑問に思うきっかけにもなったからである。そこで、インド軍は、パキスタンが核兵器を使うには小規模すぎ、かつまたパキスタンの防衛準備が間に合わず、国際社会の介入も間に合わないような即応性のある限定攻撃をかけるドクトリンを模索したのである。結果登場したのがコールド・スタート・ドクトリンの研究であり、パキスタンへの限定攻撃で、パキスタンの武装勢力支援に対する抑止効果を期待した。しかし、二〇一四年七月現在、このドクトリンを実施できる体制にないものと考えられる。その理由は、このドクトリンは陸海空三軍の統合ドクトリンといっても主力は陸軍であり、その陸軍の態勢が整っていないからである。陸軍の装備は古く、自走砲等の重要な装備がない上、平時は機甲戦力を後方に配置しており、攻撃には準備期間を必要とすると考えられる。さらにパキスタンはコールド・スタート・ドクトリンのような限定攻撃に対して、戦術核（より小さな核兵器）を使った対応を検討している。これについてもインドはどう対応するのか難しい課題となっている。そのため、このドクトリンは、あくまで研究段階にあるといえるが、二〇一一年以降三つの打撃軍団を一つの戦略コマンドとしてまとめる動きがでており[62]、コールド・スタート・ドクトリンに基づいた動きとも考えられ、注目する必要がある。

またコールド・スタート・ドクトリンの研究が本格化した二〇〇四年以降、インドは陸海空の特殊部隊による敵地奥深くの施設に対する攻撃を研究してきた。そのため、陸海空三軍ドクトリンとしてまとめられることになり(63)、コールド・スタート・ドクトリンの要の一つである第二軍団の中に、大規模な特殊部隊が創設され、訓練を実施している(64)。ただ、これについては部隊の能力を疑問視する見方もある(65)。

海軍も対パキスタン対策では重要な役割を占めつつある。カラチ港を封鎖するための艦隊整備だけでなく、海上から上陸作戦を実施できる能力の取得に努めていることは、パキスタン軍の国境防衛網を迂回して後方に上陸する能力の取得を意味する(66)。ただ、現時点では揚陸艦の数も海兵隊の数も不足している。また、ムンバイ同時多発テロが海から上陸したテロリストによって実施されたため沿岸防衛網の強化が図られているが(67)、これも対パ軍事動向上の備えといえる。

空軍独自のドクトリン形成については、実施される可能性のある段階に入りつつある。ムンバイ同時多発テロ後、空軍が爆撃を準備した可能性があるが(68)、空軍によるパキスタン国内の拠点に対する爆撃はより現実的な選択肢となりつつあり、今後、実施される可能性がある。

二〇〇四年以降パキスタン軍の三〇～四〇％が国内の対タリバン戦でアフガニスタンとの国境付近に移動して作戦に当たっているため(69)、二〇一四年七月現在では印パ国境の緊張が高まり難い状況がある。しかしアメリカ軍がアフガニスタンから撤退する等の過程で、今後アフガニスタンの情勢が変化することも予想されるため、インドの対パ軍事動向上の変化が予想されよう。

前述から三つの戦争と対パ軍事動向上の変化をまとめると、第三次印パ戦争は大きな変化をもたらしている。しかしスリランカ介入、カルギル危機の後については、インド軍は多くの教訓を得て新しいドクトリンの研究を行っているが、まだ実現には至っておらず、第三次印パ戦争後にたてたドクトリンが現在でも戦力配備の基礎となっていることから、大きな変化を与えたとはいえない。

(六) 仮説①の検証

序章で、パワーバランスの変化とは、本書では、戦争によってその国自身のパワーが強くなることと同時に、「同盟」関係が変化してパワーに変化が起きること、と記述したが、その観点から前述の長期的な軍事動向と戦争との関係をまとめると、第三次印パ戦争はインドの長期的な軍事動向上決定的な影響を与え、パワーバランスに大きな変化を起こしたといえる。第一に、インドは以前より強い国になった。パキスタンとは軍事面でも経済面でも差が開きインドは南アジアの大国としてゆるぎない地位を得たし、対中・対パ戦略上の地形上の弱点も克服し、余力のできた兵力と予算で対パ正面の戦力だけでなく、対中正面の戦力も増強することができた。第三次印パ戦争は、インド自身のパワーを高めたといえる。

第二に、「同盟」関係が変化した。インドはソ連と「同盟」関係に入り、対米対決も考慮に入れた海軍の増強に踏み切った。増強された兵力は、ファルコン作戦・チェッカーボード演習等の対中対決型の軍事行動実施に至った。多くの面で第三次印パ戦争は長期的な軍事動向上、決定的な影響を与えたといえる。

それに比べればスリランカ介入の影響は小さく、パワーバランス上も変化を与えていない。インドのスリランカ介入がパワーバランスに変化を与えるとすればそれには三つの場合があった。一つ目はスリランカ介入によってインド自身がより強くなったり弱くなったりする場合である。実際にはインドはスリランカで苦戦し、撤退に至り、以後軍事行動により消極的になった。しかし、依然としてインドは南アジアの大国であり、スリランカ介入はインド自身のパワーにはあまり影響を与えていない。二つ目は、インドがスリランカにおいてどの程度影響力を示すかは、南アジアの他の周辺国における、南アジア域外からの介入を阻止して、インドの安全保障環境を改善する場合である。インドのスリランカへの介入の目的には米海軍のスリランカ進出を阻止することがあった。しかし、インドのスリランカ介入は域外国の南アジア介入を阻止することにつながらなかった。インドの介入後アメリカはスリランカから撤退したが、インドがスリランカで苦戦している内に、中国の対印周辺国武器輸出が増えてしまった。スリランカ介入はこの場合、大きな影響を与えなかったのである。

三つ目はこの介入によって「同盟」関係が変化する場合であるが、これも変化は小さかった。スリランカ介入前から印ソ関係は友好的で、スリランカ介入で苦戦し撤退することになり、ソ連がロシアに変わってもその友好関係には変わりがなかった。パワーバランスに変化があったとすれば、それはインドのスリランカ介入ではなく、ソ連そのものが崩壊した結果であった。本来アメリカの介入に対抗してスリランカ介入に至った側面があるのに、アメリカはインドの介入を支持し、介入後印米間はむしろ良好になった。変化があったのは、対中関係で、ソ連の崩壊とスリランカ介入での苦戦の後、インドは中国と緊張緩和を模索し、対中国正面の山岳師団を減らし、対パ国境や反乱対策に振り向けることになった。つまりより消極的になったといえる。しかし、長期的な軍事動向上消極的になったとしても、そのことでインドの「同盟」関係が変わったわけではない。

つまり、三つのどの場合においても第三次印パ戦争と違い、スリランカ介入はパワーバランスにあまり影響を与えていない。ソ連の崩壊がインドのパワーに影響した側面があったとしても、スリランカ介入がパワーバランスに与えた影響は小さかったといえる。

カルギル危機もインドの長期的な軍事動向上、一定の影響を与えた戦争であるが、パワーバランスの変化という点では小さな変化しか起こしていない。第一にインドのパワーという観点からみれば、カルギル危機に勝利したことで、対パ正面においても、対中正面においても攻勢的防御を含むより積極的なドクトリンが検討されるようになった。さらに、カルギル危機によって軍事力の重要性を再認識したインド政府によって国防費が増額されていくようになった点でもインドのパワーを強くするきっかけとなったといえる。しかし、カルギル危機自身は、インドは自ら支配している地域を取り戻しただけであり、その点ではパワーの増大に何も貢献していないし、国防費増額の最も大きな原因は経済成長であり、カルギル危機はそのきっかけを与えただけである。そう考えると、カルギル危機のインド自身に対するパワーの増大への影響はあまり大きなものではない。

第二に「同盟」関係という観点からみれば、インドがカルギル危機で世界に示すことができたのは、核保有国としての責任ある抑制された態度であった。これは、冷戦後進展しつつあった印米関係強化の動きを強く促進する効果を上げた。その結果、日印関係強化の流れをもたらした。また、カルギル危機がインドの通常兵力整備の必要性を喚起した結果、インドは多くの武器を購入するようになり、その過程でロシア以外の装備品の購入が増え始めた。ただ増え始めたといってもインドの武器体系は依然としてロシア依存の状態にある。また、経済成長中のインドは中国との戦争は避けたいところであるが、一方で、カルギル危機後の二〇〇〇年代は、対中国境及びインド洋において中国を念頭においたとみられる戦力の増強を進めている。これは中国自身の戦力の近代化や対印国境における戦力の増加、インド洋における活動活発化から起きたことでもあるが、カルギル危機を境としたインド自身の国防費の増額が影響していることを考えれば若干の影響があったといえよう。

これらをまとめてパワーバランスの変化という観点からみると、インドの経済成長を含めた総合的なインドのパワー増大の中で、カルギル危機の勝利はそのパワーの配分を軍事面に振り向けるきっかけを果たしているものの、第三次印パ戦争のようなインドのパワー増大の直接的な原因にはなっていない、といえよう。

ここから仮説①「非対称戦における勝敗は、古典的な戦争における勝敗に比べ長期的な軍事動向上の影響を与えない。そのため非対称戦では勝っても成果が低い」は正しいようにみえる。この仮説はいいかえると、スリランカ介入やカルギル危機は第三次印パ戦争に比べ長期的な軍事動向上の影響を与えない、というものだからである。

二　三つの戦争と戦略の効果の変化

インドにおける軍事作戦の分析は、本書の性質上、軍事作戦の実施を決定し、立案し、実行する国家の指導者、軍の司令官の立場から分析することになる。そこで、本書では、日本の軍事組織である陸上自衛隊の戦術の考え方の順番も参考にしながら、軍事作戦立案者の思考にできるだけ近付けた形で五つの軍事作戦の情報をまとめることにした。以下、まず軍事作戦に至る過程の分析を行った後、軍事作戦の状況の分析を、目的・目標、作戦地域、戦力、結果と分けてまとめなおし、最後に仮説②及び③を検証することにする。

（一）軍事作戦に至る過程の差異

第三次印パ戦争では、東パキスタンで厳しい弾圧が始まり、インドに難民が大量に流入し始めた一九七一年三月二六日以降、インドは即軍事作戦を検討したが、準備不足と判断して延期した。その結果、九カ月（二五四日）に及ぶ準備期間を入手することになった。その間にインドは三つのことができた。一つは、東パキスタン国内の独立派武装勢力を支援し、その組織をまとめること。二つ目は、ソ連と交渉して軍事支援を受けると共に、中国の介入を抑止すること。三つ目は、軍事作戦の目的・目標を整理し、装備の修理や訓練等、軍隊の態勢を整えて軍事作戦遂行能力を上げることである。このような手段により、インド軍は、戦争の準備を十分整えることができた。

それに比べスリランカ介入では状況が大きく異なる。スリランカ介入の際、インドはスリランカ北部の独立派武装勢力を支援していたが、味方となる武装勢力は次第に駆逐されていき、インドにとって管理し難いＬＴＴＥ（タミル・イーラム解放の虎）が主導権を握るようになった。しかもインドはそのようなＬＴＴＥに対して支援を継続していた。そしてインドの軍事作戦の実施は、スリランカ政府に対するタミル人への攻撃中止の警告や、人道物資輸送船団の派遣や空軍による物資の投下等を経ていく、その過程の中で決まった。インド陸軍は元々インド南部における作戦をほとんど想定していなかったため、ろくな地図すらもたないままスリランカに派遣されることになった。

一方カルギル危機は、すでにカシミール・インド管理地域で対反乱戦を継続している最中に起きた。この反乱は、パキスタンの強力な支援を受けており、すでに国境では印パ両軍による越境砲撃戦も展開されていた。そして反乱は一九九六年ごろからは若干鎮静化の兆しをみせつつあった。カルギル危機は、一九八〇年代末からのカシミールにおける反乱からみれば、パキスタンによる反乱勢力の復興を目指す作戦といえる。このような経緯をもとにカルギル危機が始まったため、カシミール・インド管理地域には大規模なインド軍が駐留しており、比較的防衛網が整っていたといえる。そのため、奇襲されたのにもかかわらず素早く軍を展開することができた。

このような三つの軍事作戦の準備段階の特徴をまとめると、長い期間を経て準備をほぼ完全に整えることができた第三次印パ戦争と、流れの中で軍事作戦に至ってしまったスリランカ介入、そして突発的に軍事作戦を求められたカルギル危機という三つの別々な特性がある。

(二) 軍事作戦の状況の分析

三つの戦争において行われた作戦は全部で五つあるといえる。第三次印パ戦争では西パキスタンに対する作戦と、東パキスタンに対して行われた作戦がある。スリランカ介入は全部で一つで、カルギル危機では、カルギル地区周辺において侵入者を追い出すべく展開した作戦と、パキスタンに対する全面攻撃を準備して威嚇した作戦がある。ここではこの五つの作戦を分析する。

① 目的・目標の分析

第三次印パ戦争における軍事作戦の目的については、当初から明確だったわけではないようである。ただ、インドは一九七一年三月に難民が流入し始めて、それを帰還させるための軍事作戦を決定した時、その作戦を準備不足として延期した。そして三〜一二月までの九カ月の準備期間に十分な検討が行われ、目的を具体的に示すことができたのである。つまり、西部国境においては、過去に失った領土の一部を回復する以外は、敵の攻撃を阻止することである。そこには明確な国境線があり、それが目標となる。一方東部国境においては、東パキスタンの占領であり、そのためのダッカ占領が目標となる。このような明確な目標があって一四日間で目標を達成した。インドが西パキスタンの占領まで踏み切らなかったのには、米空母艦隊や中国の動向、軍用品を補給しているソ連からの圧力の影響も考えられるが(70)、もともと明確で具体的な目標をもっていたことが第一の要因といえよう。

また、第三次印パ戦争時のインドの目的が明確であることが勝利につながった点としてもう一つ指摘しておくべきことは、インド軍の東パキスタンからの撤退が比較的早かったことである。一九七二年三月には撤退するわけであるが、バングラデシュがこの後、混乱することを考えれば、インドはこれに巻き込まれる前に撤退したといえる。もし駐留を続けていれば、混乱に巻き込まれ、結果として軍事作戦の目的が変わってしまう可能性があったが、それを避けることができた。

それに比し、スリランカ介入における当初の目的は、戦争当事者のスリランカ軍とＬＴＴＥを引き離し監視すること、タミル人武装組織（特にＬＴＴＥ）から引き渡された武器・弾薬を管理すること、一九八七年五月以降に設置されたスリランカ政府軍駐屯地を撤去すること、地元民の自宅への帰還及び彼らの平和な生活を維持することであり、具体的にどの程度の状態に達したら達成した状態になるのか、どのくらい時間がかかるのか明確にし難い目的が多かった。そのため十分な時間をかけて検討するべきであったが、その時間がないまま介入が決まり、ＬＴＴＥが武装解除を拒否し、武装闘争を再開することで極端に困難な任務となっていった。武装解除を拒否して武装闘争を続ける相手を武装解除するには、武器を破壊するだけでなく、相手が再武装する作業も止めなければならない。ところがＬＴＴＥが使うような武器は小型で密輸も製造も容易であるため、完全に再武装を止めることは非常に難しく、武器をいくら押収してもＬＴＴＥの武装が解除された状態にはならなかった。しかもＬＴＴＥはすでに四年も武装闘争を経験しており、実力をつけていた。そのためインドは、ＬＴＴＥが自ら進んで武装を手放すような状況に追い込むか、または、ＬＴＴＥそのものを壊滅させる必要がでてきたのである。

結果、ＬＴＴＥ壊滅のための作戦が多く遂行された。ＬＴＴＥ壊滅のためにはＬＴＴＥ指導者の逮捕・殺害、ＬＴＴＥの戦力に対する打撃が必要となった。そのために、ＬＴＴＥ指導者や拠点に対する都市部でのコードン・アンド・サーチ、ジャングルでのサーチ・アンド・デストロイ、待ち伏せを行うアンブッシュ形式の作戦が行われた。また、ＬＴＴＥの補充・補給ルートの壊滅のため、ＬＴＴＥと住民を分離させる必要があった。そのためには、住民の心をつかむ作戦ハーツ・アンド・マインド形式の作戦が実施された。さらに、派遣された軍の補給や、住民の生活の保障のためにはＬＴＴＥによる重要な道路に対する攻撃を防ぐ必要があった。そのため道路上の地雷やＩＥＤといった爆発物を除去するためのロード・オープニング形式の作戦が常に行われた。これらの作戦の特徴は、多くの場合、目標達成のための具体的な基準がわかり難い点にある。例えばＬＴＴＥの拠点はいくつあるのか正確にわからないし、ＬＴＴＥの要員も正確にわからない上、訓練のレベルも高くなく、住民から簡単に補充を受けることができるため、損害を与えてもそれがどの程度の損害なのかよくわからない。ロード・オープニング等の作戦でも、地雷やＩＥＤが発見されなければそれが成功とはいえず、常に監視して爆発を防がなくてはならない。

つまり、スリランカ介入は、当初、軍事作戦の目的を検討した段階で明確かつ具体的な目標を詳細に検討しておらず、結果、ＬＴＴＥ壊滅という短期間では達成困難な目標に変化していったといえる。

カルギル危機の際、インドは目的を明確に定め、それを厳守した。それはカシミールにおける管理ラインまで侵入者を押し戻すことであった。そのため侵入者に占領された領土を奪還することが明確かつ具体的な目標となった。問題はこの目標が越境軍事作戦なしに達成できるかであった。もし、長期間にわたって目標を達成できない場合、インドはカルギル危機で敗北する危険があった。しかも戦局が悪いのに越境作戦を実施できないでいるのは、インドがパキスタンの核兵器を恐れているからだという印象を与えかねず、カルギル危機と同種の攻撃を別の場所で誘発しかねなかった。そのためインドは別の作戦を実施した。それは管理ラインないし印パ国境を越えて大軍で攻撃を行う姿勢をみせて威嚇するものであった。ただ、もしインドが越境作戦を実施した場合、今度は当初の目的が曖昧になって、戦争終結の機会を失いかねなかった。

結局インドの目標選定は成功したといえる。管理ラインのインド側だけの軍事作戦で、侵入者たちの拠点を奪還することに成功した。インドの越境作戦の準備と越境を抑制している姿はアメリカを動かし、パキスタンに圧力を加えることができた。そのため、まだいくつかの拠点を占領していた侵入者はパキスタンからの呼びかけを受ける形で撤退した。インドが設定した目標は完全に達成されたのである。

②　作戦地域の分析

軍事作戦が行われる地域の特性はどこかという点について第三次印パ戦争では、東西パキスタン及び沿岸のインド洋等が戦場となったのに対し、スリランカ介入では、スリランカ北部及び東部が戦場である。そしてカルギル危機では、インド側の軍の動きからして戦場となったカシミールのインド側管理地域のカルギル地区周辺だけでなく、カシミールのパキスタン側管理地域、そしてパキスタン全土に対する（限定的な）軍事作戦を実施する姿勢をみせているため、これらの地域についても検討する必要がある。以下、派遣地域の戦略的な特性と、その地域における地形・気象条件、そして現地住民の状況について分析する。

A　派遣地域の兵站的特性

まず、派遣地域がどこで、そこに軍を派遣することはどのような意味をもつのか、特に補給面の考慮から派遣可能なのかどうかの分析であるが、第三次印パ戦争は陸続きの隣国に対して行われており、作戦開始前の部隊の駐屯地域はインド国内である。そのため、軍の移動に隣国からの政治的な制約が少なく、準備を行いやすい環境にあるといえる。結果、東部国境地帯において当初一個師団しか配備されていなかった兵力は、作戦開始前には一〇個師団まで増加することが可能だったのである。

それに対し、スリランカ介入は、派遣先がインド南部の海を隔てた外国にある。インド軍はパキスタンと中国に対する備えを固めてきたため、兵力の配置そのものがインド北部や西部にあり、補給計画もそれに合わせたものであった。そのため南部への輸送・補給計画はあまり整えられてこなかったものと考えられる。しかも、北部や西部への輸送と違い海を隔てているので、道路や鉄道では輸送できず、十分な船、港湾施設、航空機、空港を必要とするため一朝一夕に整うものではない。このようにスリランカへの軍の派遣は軍事作戦の補給面からすればリスクが高いものであり、北部や西部に派遣するよりも時間をかけて詳細に計画するべきものであるが、実際には成り行きで急速に決まっていったのである。スリランカ介入では、治安維持任務における人数比が問題となり、ゲリラ一人に兵士一〇~三〇人がいることが必要ともいわれているにもかかわらず、実際には六人しかいなかったとの指摘がある(71)が、このような兵力不足の一因は補給面から制約があったものと考えられる。

このような補給面の準備の差はカルギル危機においてはっきり示されたといえる。カルギル危機は敵の奇襲を受けて突発的に始まったため、準備をする時間がなく、補給態勢を整える時間もなかった。ところが、インド軍は全く道路で結ばれていなかった第一次印パ戦争以降、カシミール・インド管理地域に兵力を展開させるための道路等のインフラ建設に取り組んでおり、一九八〇年代末からはより多くの兵力をカシミール・インド管理地域に展開していて常日頃から補給態勢を整えていた。パキスタンに対抗するための兵力の移動の計画も「ユニオン・ウォー・ブック」にある通り、一定の整備がなされており、実戦に合わせて四四六本の軍用列車が整えられて輸送と補給を実施した(72)。このような平時の備えが、カルギル危機のような突発的事態に対して有効に機能したといえる。

B　現地の地形・気象

第三次印パ戦争においては地形・気象条件を念入りに検討した。特に東パキスタンは大小多くの河川に分断されており、陸軍は頻繁に渡河しなくてはならないが、渡河作戦は困難な作戦である。特別な装備が必要で、準備にも時間がかかり、渡河の最中は隠れる場所もなく無防備になる。そのため、東パキスタンは本来守りに向いた地形で、攻撃するインド軍は困難に直面することが予想された。しかも気象条件からいえば、東パキスタンの河川は、ヒマラヤの氷が溶けることや、モンスーンの影響で水かさが増し、渡河困難になる時期がある。その時期は例年五〜九月であった。

さらに、中国の介入の可能性をなくす必要もあった。インド本土とインド北東部を結ぶ地域はネパール、シッキム、ブータン、東パキスタンに囲まれた細い地域で、中国から攻撃を受ける際のインドの防衛上の弱点であった。そのため、ヒマラヤ山脈を通る国境の道路が凍る一一月末以降になるまでは中国軍の脅威は東パキスタンの作戦に大きな影響を与える可能性があった。こうしたことから第三次印パ戦争は、地形・気象条件を十分考慮に入れて軍事作戦実施時期を一二月とするのである。これは正しい決断であった。

一方、スリランカにおける地形で注目するべきことの一つは、敵味方の補給ルートの安全性にかかわる地形・気象条件である。不正規戦では多くの兵員を必要とすることは一般論として多くの指摘があるが、そのような多くの兵員を派遣すれば、当然補給は膨大なものとなる。膨大な補給が必要であるということは、戦闘の焦点も相手の補給を断つためにはどうしたらよいかという点に集まり、補給路は戦場の中心となる。結果、ソ連のアフガニスタン侵攻におけるサラガ・トンネルやカシミール・インド管理地域における武装蜂起の際のジャムー－スリナガル－レー道等は戦局全体に影響を与える戦闘の焦点となってきた(73)。スリランカ介入においても同様のことがいえる。スリランカ北部・東部では、すでにスリランカ政府軍とタミル人武装勢力との間で戦闘が行われており、その際の焦点はジャングルの中にある道の確保であった。この道は軍が展開する際、部隊の移動及び補給上重要となるからである。しかし、この道は両側がジャングルであるため、武装勢力側の待ち伏せに遭いやすい。そのため、このようなジャングルにある道に補給を依存しなければならないところに軍を送り不正規戦を展開することは避けたいところで、インドにとっては元々不利な要素があったといえる。しかし、このような軍事上の不利な点がインド軍が派遣される前に十分に考慮されたとは言い難い。そもそもインド軍は十分詳細な地図をもたずに派遣されることになるのである。

同様にスリランカ介入における武装勢力の補給路については、ＬＴＴＥが多くの支援をインドを含む海外から受けていた点も重要である。スリランカの北部・東部には水深の浅い海岸が多く、小舟はともかく、取り締まる側の比較的大型の船が侵入し難い地形であった。軍事作戦を開始する前に十分考慮して装備や戦術を整えて軍事作戦に臨むべきであった。

さらに、人口密度が高いことも考慮されるべきであった。スリランカ北部・東部では狭い地域に多くの人が住み、そこでの軍事作戦は、民間人を巻き込む戦いになりやすいのである。このような市街戦における不正規戦について、インドは、スリランカ介入直前に始まったパンジャブ州における反乱で遭遇していたが、まだ十分な対策を施していなかったといえる。

カルギル危機もまた地形・気象が重要な要素を占めている。ただ、この場合、当初どこで戦うか決めたのは侵入者とパキスタンであり、インドには選択の余地がなかったといえる。高地では山頂を確保して要塞化している侵入者たちが圧倒的に有利で、印陸軍参謀長は戦力差九対一以上ないと攻略できなかったと指摘している(74)。ただ、インドはパキスタンを攻撃する準備を進めた。この作戦においては攻撃する側が場所の選択権を握る。パキスタンは北からカシミール周辺の山岳部、灌漑用水路のあるパンジャブ平原、砂漠地帯、南の湿地帯と続くが、この平原と砂漠地帯は、大規模な機甲部隊を使った戦場に向いていることから、インドの三つの打撃軍団の能力発揮には最適な場所といえる。時期からいえば、一部カシミールの冬、暑すぎる五月、六～七月のモンスーン季、湿地帯については水没する五月については作戦困難であるため、九～三月が作戦に適しているとされる。そのため実際に作戦が準備された五月末～七月はモンスーン季で作戦上有利ではないが、限定的な攻撃であれば実施される可能性があった。その点でパキスタン本土への攻撃は、脅しとしての一定の効果を示す選択肢と考えられる。

C　現地住民の状況

三つ目は住民の状況に関する考慮である。第三次印パ戦争においては、東パキスタン住民は選挙で過半数をとったにもかかわらず政権を譲らない西パキスタン主導の支配に大変強い反発を示しており、独立を求める武装蜂起に至った。その結果起きた西パキスタン出身者を主体とする部隊による軍事作戦の結果、さらに激しく西パキスタンに対する敵意を抱いていた。一方インドは独立派を支援していたため、東パキスタンの住民はインドを強く支持していたといえる。(75)

それに比し、スリランカ介入時はより複雑であった。まず、ＬＴＴＥはスリランカ北部・東部のタミル人武装勢力の間で主導権を確立しており、シンハラ人主体のスリランカ政府に強い反感を抱いてインドから支援を受けていたが、インドが軍を派遣して介入することには批判的であった。一方、スリランカ北部・東部のタミル系住民は、当初、インド軍に対し非常に強い期待をもっており、派遣を歓迎していた。つまり、インド軍が派遣された最初の時点では、住民の支持はインド軍にあったといえる。ところが、スリランカ北部・東部のタミル系住民の期待というのは、インド軍がシンハラ系住民を追い出すというもので、過大な期待であった。そのため期待が裏切られる過程で、スリランカ北部・東部のタミル系住民の一定程度が、インド軍支持からＬＴＴＥ支持へ転換したといえる。インドが軍を派遣する前の段階でこのような住民の反応を予測できていれば状況は違っていたかもしれないが、インド軍派遣に反対だった情報機関等の意見は採用されず、首相府と外務省主導で作戦は計画され、住民の状況に十分配慮した派遣とはならなかった。

カルギル危機の際は、侵入された地域の住民にはインド軍のカシミール駐留に批判的な住民と好意的な住民の両方がいて、地域により差異があり、特にシーア派ムスリムや仏教徒等インドに対して好意的な住民は、武装勢力の攻撃やパキスタン軍越境砲撃の対象となっていた。ただカルギル危機でより重要なのは、戦場となった地域にあまり住民がいないことであった。カルギル危機はその点で、より純粋に軍事的な意味で結果が決まる戦いとなった。

一方で、もしインドが国境・管理ライン越えの限定的軍事作戦を実施した場合は状況が大きく異なる。パキスタ

表５－２　当初の戦力の比較

戦　争	第三次印パ戦争		スリランカ介入	カルギル危機	
作戦地域	西パキスタン	東パキスタン	スリランカ北部・東部	カシミール・インド管理地域で直接戦闘に従事	パキスタン全支配地域（総兵力）
敵戦力（陸）	10個師団	4個師団	4000人	5000人	21個師団
印戦力（陸）	11個師団	8個師団	6000人	20000人	35個師団
比（陸）	1：1.1	1：2	1：1.5	1：4	1：1.6
敵戦力（艦数）	9	2	密輸ボート	なし	18
印戦力（艦数）	19	7	輸送（その後，戦闘参加）	なし	61
比（海）	1：2.1	1：3.5	比較不能	なし	1：3.4
敵戦力（戦闘爆撃機飛行隊数）	12	1	なし	なし	18
印戦力（戦闘爆撃機飛行隊数）	20	11	輸送（その後，攻撃ヘリ参加）	少数機	38
比（空）	1：1.6	1：11	比較不能	比較不能	1：2.1

出典：筆者作成。

ンの住民はインドの侵攻に対して抵抗する可能性も考えられ、また、多民族国家であるパキスタンが分裂するようなことがあれば大混乱となり、インドは長期にわたって面倒を抱え込むことになるかもしれない。その点で、インドがもし限定作戦を成功させ、パキスタンの一部を占領したとしても、成り行き次第でその地域を長期に占領し続けることになれば、一定の困難が予想される状況であったといえる(76)。

③　戦力の分析

A　当初の戦力比

第三次印パ戦争時のインド軍はパキスタン軍に比べ、西部国境方面では陸軍の師団数で一・一倍、海軍の艦数で二・一倍、空軍の戦闘爆撃機の飛行隊数で一・六倍程度の差しかないのに対し、東部国境では同じ数字が二倍、三・五倍、一一倍と大きな差がある（表５－２）。実際の戦闘の結果が、この戦力の違いをそのまま反映した結果になったことは正規戦の興味深い側面を示しているといえる。

それに対し、スリランカ介入ではインド軍はＬＴＴＥの一・五倍程度の人数であり、あまり戦力の差がなかったといえる。そもそも六〇〇〇人程度の戦力で戦車も三両しかなく、ほとんど重火器をもたず派遣しており、もともとインドは、実際に行われたような戦闘を考えていなかった。

カルギル危機は、インド側が主導権をもって行われた作戦ではないが、カシミールのインド管理地域にはすでに相当数のインド軍部隊が配備されていたため、短期間の間に侵入者の四倍近い二万人もの兵力を動員できたといえる。結果からみれば、カルギル危機も戦力比が反映された結果となった。同時にインドはパキスタンに対する攻撃も準備したわけであるが、その際の兵力では、陸軍の師団数で一・六倍、海軍の艦数で三・四倍、空軍の戦闘爆撃機の飛行隊数で二・一倍と、印パ間に一定の戦力差があり、数字上はインドに若干有利であったといえる。ただ、作戦が実施されることはなかった。

B　戦力投入の推移

戦力の投入の割合と同様にその戦力をどのような推移をもって投入していったのかということは、その軍事作戦の性質を示す興味深いことである。例えば第三次印パ戦争においては、当初の目的が東パキスタンの占領であったため、当初東部国境地域の戦力が充実しており、その後、空軍の一部を西部国境地帯に移動させたが、基本的には最初に配置した兵力のほとんどが最後まで担当地域にいた。つまりインドは当初から目的達成に十分な戦力を保有していたといえる。しかもインドはその後、地域での反乱・治安対策としてインド軍及び警察軍を派遣したが、その数は反乱軍の数と比較して三〇倍以上という圧倒的な兵力を投入していたため、占領当初から治安がよく維持されたⁿ。インドの反乱対策の例からは二〇倍で効果を上げるとされる中で(77)、戦後処理という観点からも十分な兵力を準備したといえる。

一方、スリランカ介入時の戦力は、途中で作戦の目的が変わったことを非常によく示している。一九八七年七月二九日に合意して以降、一〇月一〇日に平和執行の作戦を開始し、当初苦戦を強いられるまで、インド軍はスリランカに六〇〇〇人しか派遣していない。それが一〇月三一日には一万六〇〇〇人になり、一二月には三万人、一九八八年一一月には六万人になり、以後五万人態勢へと移行していく。そして一九八九年になると撤退を開始、一九九〇年三月に最後の二五〇〇人が撤退していく。これは、インド軍のスリランカ介入の目的が変わるにつれて急速に兵員を増強する必要性が出てきたものの、その人数がどれくらいかわからず、輸送・補給面から兵力の増強の速度も制限されている環境の中で、徐々に戦力を増強しながら任務の遂行に当たったことを示している。しかも、増えたといっても、最も多い時で六万人ということは、ＬＴＴＥは最終的には一万人いたとみられ、ＬＴＴＥに比べ六倍の兵力しか派遣していないものとみられるが、治安作戦ではゲリラ一人に比して一〇〜三〇人の兵力が必要との意見もあるので、兵力は常に不足していたといえる。結局、最初から十分な兵力があればスリランカ介入の様相は異なったものと考えられるが、成り行きに左右された作戦に陥り、多くの戦力を無意味に浪費した作戦になってしまったといえる。

カルギル危機においては、補給面が整っていたこともあり、必要な戦力が急速に整えられ、実行された。担当地域の戦力は元々二個師団おり、その戦力に不足したものだけ増強されたわけであるが、特に五〇個砲兵連隊と空軍の参加は大きな影響があった。一方で、パキスタンへの越境攻撃を準備する戦力の移動も速やかであった。特に移動してきた戦力の内、予備となった山岳師団三個はインド北東部からの移動であり、その距離は長かったにもかかわらず、素早く移動したといえる。カルギル危機におけるインド軍の戦力の急速な増強は、インド軍が平時から準備してきた成果といえる。

C　投入戦力と全戦力の比率

投入された戦力がその国の戦力の中でどの程度の割合を示すものであるかということは、戦争の性質を探る上で重要な意味をもっている。第三次印パ戦争においては、インドは全二四師団中一九個師団を戦場に投じており、航空母一隻と巡洋艦・駆逐艦・フリゲート艦二三隻、潜水艦四隻の内、二隻を除いてすべて投入し、戦闘爆撃機、爆撃機三五飛行隊もすべてを投入している。まさしく全力を挙げた作戦であったといえる。

表５－３　投入戦力の推移と全戦力における割合

戦　争	第三次印パ戦争		スリランカ介入	カルギル危機	
作戦地域	西パキスタン	東パキスタン	スリランカ北部・東部	カシミール，インド管理地域で直接戦闘に従事	パキスタン全支配地域（全兵力）
陸上戦力投入の推移	11個師団	８個師団	１個師団（6000人）→４個師団（60000人）	無→２個師団（含50個砲兵連隊）	全師団
全師団数	24個師団		32～34個師団	35個師団（含161個砲兵連隊）	
海上戦力投入の推移	巡駆フ16，潜３	空母１，巡駆フ５，潜１	無→少数の戦闘艦艇	なし	全艦数
全艦数	空母１，巡駆フ23，潜４		空母２，巡駆フ25～29，潜11～18	空母１，巡駆フ20，潜16	
航空戦力投入の推移	24→27飛行隊	11→８飛行隊	輸送のみ→攻撃ヘリ投入	不明	全飛行隊数
戦闘爆撃機の飛行隊数	35飛行隊		34～49飛行隊	38飛行隊	
作戦期間	14日		967日	74日	

注：巡＝巡洋艦，駆＝駆逐艦，フ＝フリゲート艦，潜＝潜水艦。
出典：筆者作成。

一方、スリランカ介入時、インド軍は一九八七年で三二個師団、一九八八年には三四個師団保有していたものと思われるが、投入したのは最大四個師団である。その点では、インドは全力でスリランカに兵力を投入したとはいえない。もともとインド陸軍の焦点は対パ国境と対中国境のある北と西にあり、南にはほとんど部隊がいない。北と西を固める兵力を除き、補給面も考えると四個師団を派遣するというのはインド軍がスリランカまで自由に投入できる範囲としては限界だった可能性がある。結局この派遣は九六七日に及び、その点でもインド軍にとっては負担が大きい作戦だったものと考えられる。

カルギル危機においては二個師団しか投入していない。これは当時三五師団保有していたインド軍全体からすればほんの一部にすぎない。しかし、打撃軍団の各師団から砲兵連隊を抽出するなどしてカルギル危機の戦場に五〇個砲兵連隊も投入した。これはインド軍の全砲兵連隊一六一個の約三分の一弱にあたる。しかも残りの部隊もパキスタンとの戦争に備えて配置についており、インド北東部やアンダマン・ニコバル諸島からも部隊が移動している。その点ではこれも全力を挙げた作戦であったといえる（表5－3）。

つまり、これら三つの軍事作戦はインド陸軍にとってあまり余力のない作戦であった点では差がないと考えられるが、結果からいえば第三次印パ戦争とカルギル危機では十分な戦力が投入され、スリランカ介入では不足していたといえる。

D　火力の差の影響

この三つの作戦の戦術上の違いとして興味深いことの一つは、火力の差が戦局全体にどの程度影響を与えているかということである。

第三次印パ戦争においては、師団数の差で比較してみれば、西で一・一対一、東で二対一であるとすでに述べたが、より厳密に火力面から説明すると、第三次印パ戦争の陸上戦の結果は説明がつかない。パキスタン軍の一個師団はインドの一個師団に比べ偵察大隊や自走砲大隊を有しており火力が高い。そのため、戦力差はより縮まっていることになり、なぜ第三次印パ戦争においてインド軍が西ではやや優勢、東では圧倒的優勢な結果をもたらしたのか、陸上部隊の火力の差からは説明できないのである。

ところが空軍の戦力差をみると西パキスタンに比べ東パキスタンの戦線でインドがパキスタンを圧倒したのには、火力面の差がはっきりでている。表5－4は、三つの軍事作戦において出撃したインド空軍機の任務別出撃数を比較したものである。近接航空支援、航空阻止、戦略爆撃任務の出撃数の合計をみれば、西パキスタンに対するものの方が東パキスタンに対するものより多いが、西パキスタンの面積（八〇万三九四〇㎢）が東パキスタンの面積（一四万四〇〇〇㎢）の五倍以上であることを勘案すると、東パキスタンに対してより濃密な爆撃が行われていることがわかる。また、空軍の全体の出撃数の中で近接航空支援、航空阻止、戦略爆撃任務の比率を比較すると、西パキ

表5－4　空軍任務の内訳

<table>
<tr><td>戦　争</td><td colspan="2">第三次印パ戦争</td><td>スリランカ介入</td><td colspan="2">カルギル危機</td></tr>
<tr><td>作戦地域</td><td>西パキスタン</td><td>東パキスタン</td><td>スリランカ北部・東部</td><td>カシミール管理ラインインド側</td><td>パキスタン全支配地域</td></tr>
<tr><td>攻勢的・防勢的防空任務の出撃数</td><td>2471
（攻勢的401,
防勢的2070）</td><td>574
（攻勢的390,
防勢的184）</td><td>不明</td><td>983
（護衛500,
防空483）</td><td>不明</td></tr>
<tr><td>近接航空支援・航空阻止任務の出撃数</td><td>1862</td><td>1384</td><td>800
（攻撃ヘリ）</td><td>550</td><td>不明</td></tr>
<tr><td>戦略爆撃（特別戦略任務）の出撃数</td><td>36</td><td>52</td><td>なし</td><td>なし</td><td>不明</td></tr>
<tr><td rowspan="2">航空偵察・航空輸送・その他の出撃数</td><td>偵察140</td><td>偵察23</td><td rowspan="2">偵察（不明）,
戦術輸送2200
（航空輸送全体43107以上）</td><td rowspan="2">偵察152，他24,
ヘリによる補給・後送2185,
空輸（不明）</td><td rowspan="2">不明</td></tr>
<tr><td colspan="2">他輸送等5007</td></tr>
</table>

注：航空阻止は敵陸上部隊の補給ルート等に対する爆撃，近接航空支援は味方地上部隊前面の敵地上部隊攻撃，攻勢的防空とは敵航空基地の爆撃，防勢的防空とは自国領空（航空基地）防衛，特別戦略任務は重要施設等に対する戦略目的の爆撃を意味する。

出典：筆者作成。

スタンよりも東パキスタンで高い。これはインド空軍が東パキスタンでは制空権を獲得し、パイロットは敵の戦闘機を気にせず爆撃に集中できたことを示しており、当時強力な航空火力が投射されたことを意味している。つまり、第三次印パ戦争は火力の差が結果に反映された戦争といえる。

一方、スリランカにおいては、若干様相を異にする。スリランカでは当初戦車三両しか派遣していなかったインド軍が火力面で苦戦を強いられたが、その後、部隊が急速に増強される中で火力面の不足も急速に改善された。海軍も砲撃を行うようになったし、表5－4からは空軍が攻撃ヘリコプターを八〇〇回出撃させていることがわかる。これは四年間の数字であるとはいえ、カルギル危機の五五〇回より多いのは事実である。ところが、スリランカ介入においては、火力の差が戦局全体の差につながっていない。スリランカ介入のような不正規戦においては、火力が少なすぎては苦戦するが、多ければ

表5－5　軍事作戦の戦果と損害の差異

戦　争	第三次印パ戦争		スリランカ介入	カルギル危機	
作戦地域	西パキスタン	東パキスタン	スリランカ北部・東部	カシミール管理ラインインド側	パキスタン全支配地域
占領した領土	16279㎢	144000㎢	なし	550㎢	なし
失った領土	359㎢	なし	なし	なし	なし
敵死者	4066名	8389名	1500～2200名	737名	なし
敵負傷者	11399名	8988名	1220～2000名	700名以上	なし
敵捕虜	545名	74000名	472名	8名	なし
敵その他	海軍485名死傷，空軍不明		なし	なし	なし
敵損害	107872名		3192～4672名	1445名以上	なし
印死者	1520名	1478名	1155名	530名	なし
印負傷者	3782名	4204名	2984名	1365名	なし
印損害	11880（行方不明者含む）		4139名	1889名	なし
敵喪失装備推計	戦車181両 砲15門	戦車72両 砲105門	2988丁の歩兵用火器を回収	歩兵火器162丁，砲3門，スティンガーミサイル2基を回収	なし
	艦2隻，航空機75機				
印喪失装備	戦車51両 砲9門	戦車18両 砲0門	不明	歩兵装備，航空機4機	なし
	艦1隻，航空機71機				
戦　費*	215クロー		900クロー	1110クロー	
作戦期間	14日		967日	74日	

注：東パキスタンの敵の死傷者・捕虜には正規軍だけでなく警察軍も含む。
　　＊クロー＝1000万ルピー。
出典：筆者作成。

効果が上がるということではないことになろう。

カルギル危機では、火力は大きな影響を与えている。砲兵五〇個連隊の投入は戦局打開の切り札になったし、五五〇回出撃した空軍機は大きな成果を上げた。火力の差が戦局の差に大きく影響している。

（三）軍事作戦の戦果と損害の差異

戦果と損害を比較すると興味深い点が少なくとも二つある。まず、第三次印パ戦争は戦果が明確である。第三次印パ戦争においては、領土一六万㎢を占領した。敵の損害はインドの九倍（死傷者、捕虜、行方不明の合計）に及び、死傷者だけでも三倍となる。インド軍の損害の三・六倍の敵戦車、一三倍の敵火砲、二倍の敵艦を破壊している。ただ、空軍については敵味方拮抗した損害を出している（表5－5）。

これに比べ、スリランカ介入の戦果は獲得した領土、破壊した重火器等がない。あるのは歩兵火器の押収だけであり、敵味方の損害も曖昧な数字ながら拮抗した状態である。

カルギル危機は中間的といえよう。奪還した領土はあるものの何か得たものはない。押収した武器は少なく、敵味方の損害もまた拮抗したものである。

このようにみてみると第三次印パ戦争だけが明確な勝利を示す戦果がたくさんある。

一方で、損害を比較すると、損害と日数を比較した場合は、インドは第三次印パ戦争で一日当たり八四九人の損害（戦死者だけみれば二一四人）を出している。それに対し、スリランカ介入では一日当たり四人（戦死者だけみれば一人）、カルギル危機では二六人（戦死者だけみれば七人）の損害をだしていることである。多くの戦線で戦えば、多くの損害が出るわけであるから当然であるが、四個師団が投入されたスリランカ介入の損害は一個師団当たり一日一人（戦死者だけみれば〇・二五人）の計算になるが、一九個師団投入された第三次印パ戦争では四五人（戦死者だけみれば約一一人）、二個師団投入のカルギル危機では一三人（戦死者だけみれば六・五人）となるため、スリランカ介入の損害が明らかに少ないといえる。

（四）仮説②③の検証

以上の議論から仮説を検証する。まず、仮説②「非対称戦に直面した大国にとって明確な勝利を達成することは、古典的な戦争において明確な勝利を達成するのに比べ困難である」が、この仮説の答は、第三次印パ戦争とスリランカ介入の比較の中にあるといえよう。二つの戦争はどうちがったのだろうか。まず、勝利の状況について整理する必要があろう。

序章の定義から、勝利とは戦争の目的にあった具体的な目標を達成できたのか、そして達成した目標を覆される可能性がないかどうか、で分かれているといえる。そしてそれが明確か不明確かは、終戦・停戦時点での再発可能性に左右される。第三次印パ戦争においては、東パキスタンを陥落させ、西パキスタンでも必要な領土を占領した。この勝利はインドの圧倒的優位に裏付けされており、敵が今後戦争を継続しても獲得したものを奪い返せる可能性は低いといえる。これは明確な勝利といえよう。一方、スリランカ介入では、インド軍はＬＴＴＥとの激しい戦闘に負けたわけではないが、当初定めた武装勢力の武装解除という目標を達成できずに引き揚げることになった。この場合は、不明確な敗北であろう。

では戦略採否の際のどのような判断が、このような結果につながったのか、疑問がわく。そこから考えられる着目点は、目的にあった達成するべき目標の設定がどのようにして行われたのか、という点であろう。

第三次印パ戦争の決定過程をみて興味深い点は三点ある。まず、軍事作戦の実施を決めたと考えられる一九七一年三月の時点と、実際に実行した一二月の時点の目標が異なる点である。当初は、流入した難民を地域に戻す程度の限定的な地域の占領を考えていたとみられるが、結局東パキスタン全土を占領した。二点目は、インドは三月に軍事作戦を実施すると決めた時に、実行不能として延期したことである。つまり結果が正確に予想できていたことになる。そして三点目は、作戦地域や戦力を分析すると、三月の時点ではインドが不利だったことである。ここから勘案すると、三月の時点ではより限定的な目標ですら達成不可能であったものが、一二月には、より困難な目標が達成できるようになったということになる。

つまりインド軍は第三次印パ戦争において三月の時点で結果を正確に予測して、準備を重ねた結果、その過程の中で、達成可能な具体的な目標をみつけることができたということになろう。そしてその根源となったのは、古典的な戦争においては、敵の可能行動を比較的正確に予測することができるため、結果の勝敗も比較的容易に予測できたといえる。

では、同じことがスリランカ介入ではできなかったのだろうか。スリランカ介入を分析すると、まず、インド北部や西部中心に陸軍を配置しているインド軍にとってスリランカに派遣できる兵力には自ずと限界があったものと考えられる。そしてその兵力、つまり四個師団は、ＬＴＴＥを強制的に武装解除したり、壊滅させるのには不十分であった。しかも地形上は不利で、住民の感情も急速に悪化する可能性があった。そのことを開戦前に予想しておくべきであった。ではなぜ予想できなかったのか。

おそらく敵の可能行動の予測不可能性が非対称戦の特徴ではないかと考えられる。非対称な力関係が明白になると弱い側はすでに負けていることを自覚する。負けるとわかっていても戦うことは決めているのだから、戦う方法を変える。戦う方法を変えると、予測がつかない方向へ戦争が変化していくのである。特に非対称戦では、正規戦が不正規戦に変化しやすい。

二つの戦争のデータからは、正規戦と不正規戦の予測不可能性は火力の差の反映度合いであることがわかる。第三次印パ戦争は古典的な戦争であるため正規戦である。そのため火力の差が結果に反映されやすい。そこから第三次印パ戦争を実施することを考えたインド軍は三月時点の火力の差を計算した上で、勝つにはもっと準備が必要なことがわかったわけである。一方スリランカ介入のような非対称戦では、不正規戦が起きる可能性が高く、不正規戦では火力の差が反映され難い。結果、勝敗の予測がつき難かったのである。

ここから、仮説②「非対称戦に直面した大国にとって明確な勝利を達成することは、古典的な戦争において明確な勝利を達成するのに比べ困難である」は妥当性が高いといえよう。古典的な戦争は非対称戦に比べ事前に結果が予測しやすく、そのために達成できる目標を設定しやすく、明確な勝利で終えることができるのである。

最後に仮説③「非対称戦に直面した大国にとって不明確な勝利の追求する戦略は、明確な勝利を追求する戦略に比べ、成果の割にコストを抑えることができる効果的な戦略となる」について検証する。前述三つの戦争の人的損害を比較したデータからは、第三次印パ戦争の損害が最も多く、カルギル危機がその次で、スリランカ介入の損害は最も少ないことがわかる。ここからいえることは、戦争においては、成果は損害(コスト)よりも重要であり、成果を得られる場合、損害は勝敗に影響していないといえる(その点で序章のプロスペクト理論は少なくともインドの戦争を説明できていない)。しかし、仮説①の検証から、非対称戦は、古典的な戦争に比べ長期的な軍事動向上の影響を与えないため成果が低いことがわかっている。仮説②の検証から非対称戦では明確な勝利を達成することが比較的難しいこともわかっている。その理由は、非対称戦が不正規戦になりやすく、開戦前に予測をつけて準備し難いからである。つまり、仮説③はそのような成果が低く、明確な勝利を上げることの難しい非対称戦であるスリランカ介入とカルギル危機において、どうしたら勝利できるのか、という問いである。その答えは、インドがカルギル危機において、管理ライン及び印パ国境を越えなかった所にあるといえよう。カルギル危機においてインド軍は管理ライン回復のみを目標とした。管理ラインを回復しても、侵入者が戦力を維持しており、支援しているパキスタンがそのままであれば、問題は再発する可能性がある。しかし、インドは、目標達成のための越境攻撃は厳しく制限し、パキスタン本土の攻撃は威嚇だけにとどめた。これは序章の勝利の定義からすれば、インドが不明確な勝利を追求したこと、つまり明確な勝利の追求を放棄したことを意味している。

ではもしインドがカルギル危機で明確な勝利を追求していたらどうなっていたか、パキスタンに本格的な攻撃をかけたならばどうなったのか、一九六五年の第二次印パ戦争のようにとりとめのない限定戦争になっていたかもしれないし、核危機になっていたかもしれないし、パキスタン分裂後の混乱や武装勢力の鎮圧に悩んでいたかもしれない。インドはスリランカ介入時と同じく非対称戦における予測不可能性の問題に直面していた可能性がある。

ここから、インドがカルギル危機で勝てたのは不明確な勝利の範囲に抑制した軍事力行使を行ったからで、明確な勝利を追求しなかったからであるといえる。仮説③も妥当性が高いといえよう。

三　第三段階後の戦略はどうなるのか

以上から、アメリカの戦史から導き出した仮説①非対称戦における勝敗は、古典的な戦争における勝敗に比べ長期的な軍事動向上の変化を起こさない。そのため非対称戦では勝っても成果が小さい、②非対称戦における明確な勝利の追求は、古典的な戦争において明確な勝利を追求するのに比べ困難である、③非対称戦における不明確な勝利の追求は、明確な勝利の追求に比べ、成果の割にコストを抑え効果的である、という三つの仮説は、インドに当てはめても、すべて妥当性が高い。つまり圧倒的な大国になった民主主義国が、非対称な力関係に陥った時、その後どのように対処するべきか、ということに関し、アメリカとインドはそれぞれで問題に対処しながら同じ結論を出し、非対称戦を乗り切ってきたといえる。アメリカは世界レベルの圧倒的な大国であるが、インドもまた、南アジアの圧倒的な大国として経験豊かな洗練された戦略をもつ国といえよう。

ただ、仮説①〜③が真であることで、まだ証明されていない理論上の課題も新たに登場する。例えば仮説①からすれば非対称戦はパワーバランスの変化を起こさない戦争であるが、もし非対称戦が複数起こったらパワーバランスに変化が起きるのか、という疑問がわく。複数同時、または繰り返し非対称戦に直面する大国は次第に国力を削がれていくかもしれない。

また、仮説②、③については、第三段階（序章参照）で非対称戦を上手に乗り切った国がその後再び失敗することがないと仮定するのは無理な話である。繰り返し起こる非対称戦で不明確な勝利を追求する戦略を実施しても、やはり失敗して、再び不明確な敗北に陥る危険性が存在する。特に不明確ながらも勝利を重ねることで、失敗の教訓を忘れてしまえば、次の非対称戦では明確な勝利を追求する戦略を採用するかもしれない。

つまり第三段階後の大国の長期的な軍事動向としては、第三段階から第二段階に戻ってしまったり、再び第二段階から第三段階に来たりしながら、次第に国力を失っていき、大国から再び小国になっていく、そして第一段階の古典的な戦争に再び直面するかもしれないのである。

また、ある地域で圧倒的な大国になった国が、より広い舞台からみれば圧倒的な大国としてデビューする場合がある。その時は第三段階の戦争に直面していた国は、第一段階の戦争に直面するかもしれない。

このようにしてみると、第三段階の戦略まで発展していったとしてもそれが発展の最終形態ではなく、第一段階や第二段階へ変化する可能性は常にあるといえる。もしそうであるならば第一段階、第二段階、第三段階はぐるぐる曼荼羅のように回り続けるのかもしれない。

本書の最後は、これまでの議論を基盤として第三段階に至ったインドが将来、どのような陸海空軍を作ろうとしているのか、今後を考察するものである。

終章　インドの戦略、将来の注目点

本書はインドの軍事力についての分析のために、インドの実戦経験に着目し、特に戦争対処の戦略について検討したものである。そのため、序章でアメリカの戦史から仮説をたて、第一章から第五章までで分析したインドの過去の戦略の発展と一致することを発見し、インドが過去から現在に至るまで、アメリカに負けない実戦経験に基づく戦争対処の戦略を発展させてきたことを証明した。

その上で、分析するべき最後の段階が登場する。それはインドの将来の戦略がどうなるかという観点である。将来インドがどのような戦争に直面するか一〇〇%確定的なことはいえないので、将来の戦争対処の戦略についても確定的なことはいえない。しかし、第一章から第五章までの分析の結果、インドが将来戦争対処の戦略を決める際に影響を与える長期的な軍事動向について価値ある情報を整理することは可能である。すでに第五章で述べた通りインドは現在、軍事力を急速に強化させつつあり、インド洋全域に活動範囲を広げ、東南アジアでも活動を活発化させる兆候が出始めている。また、インドのペルシャ湾周辺地域で産出される石油への依存度は現在七〇%近いが、経済発展に伴って九〇%になるともみられているため、[1]今後、インドがエネルギー安全保障を確立するために中東や中央アジア、アフリカにおいてどのような軍事的プレゼンスを展開するかも注目される。

そこで最終章では、長期的な軍事動向上の陸軍動向、海軍動向、空軍動向における戦力整備（造兵）、教育訓練（練兵）、戦力運用（用兵）の観点に絞り、最後に国防費や軍事をつかさどる政軍関係について分析しながら、インドが軍事力によるパワープロジェクション能力を生かしてどのような戦略を採用する可能性があるのか、その意志と能力について分析し、本書の締めくくりとすることにした。

一　陸軍動向——装備の近代化か人的増加か

すでに第四章で論じたように、インド陸軍はパキスタンを念頭においたコールド・スタート・ドクトリンの研究を進めているものと推測されるが、このような即応性を重視したドクトリンを実施するには指揮系統等の用兵上の問題の解決や、練兵上の問題の解決と並んで、造兵上の問題、つまり装備の老朽化の問題を解決する必要がある。そのため陸軍の機械化部隊の三つの柱である戦車、装甲車、自走砲の非常に大規模な取得を進めている。例えば、戦車はロシアが設計したT九〇戦車一六五七両と国産のアージュン戦車二四八両、計一九〇五両を取得中であるし、火砲についても自走砲を含め計二八一九門を購入予定である。(2) インド軍が現在保有している戦車が三二三三両、野戦砲等が三一八二門であることを考えると全体の三分の二からほぼすべて更新することになるし、(3) 日本の新しい防衛計画の大綱では戦車約三〇〇両、火砲約三〇〇門保有することにしているが、(4) これと比較すれば、インドの取得がいかに大規模なものであるかがわかる。(5)

またすでに中国を念頭においたとみられる山岳師団二個を中心とした山岳打撃軍団の創設を進めている。この部隊は空中機動力と強力な攻撃力をもって素早く展開することが考えられているが、これも専用の装備が必要となる。そのため、空輸可能な軽戦車の国内開発を進め、アメリカ製の空輸可能な装甲車について購入を検討中で、同じくアメリカ製の超軽量砲一四五門（山岳での使用に適し、空輸も比較的容易、前記二八一九門の一部）の購入も検討されている。(6) また、五個砲兵連隊向けの三九口径一五五㎜砲の購入（前記二八一九門の一部）、(7) 陸軍航空軍団の増強も検討中で、(8) 空軍もアメリカ製のC一七大型輸送機一〇機の購入を決め、すでに運用を始めた。しかもまだ山岳打撃軍団が創設されたとしても一個であるが、正面の対中戦力としても、対パキスタン戦の増援としても運用するには、二個軍団にする必要があるという指摘もあり、[9] より多くの装備の取得が必要とされよう。

さらに、この空中機動打撃軍団は当面は中国や対パキスタン用に使用することを念頭においた戦力と考えられるが、インド空軍は第二次世界大戦中にアメリカが整えて以来世界屈指の空輸能力をもっており、過去にも湾岸戦争の際にクウェートから一七万人のインド人を避難させた実績があるため、[10] 陸軍部隊の輸送という面でもインドのパワープロジェクション能力の中核として世界規模の展開を実施する戦力になる可能性がある。[11]

このようにインドは、装備を近代化して南アジアの大国としてのインド軍の構築を目指すと共に、将来は、世界の大国としての存在感を示す可能性もある。しかし、インドの場合、このような装備の近代化を進める上で障害となり得る要因もある。その最も大きな要因は国内治安情勢の悪化に伴って陸軍の人的増加圧力が起きることである。インドは二〇一四年現在でも毛沢東主義派の反乱に悩んでおり、警察及び警察軍を中心にその対処に当たっているが、軍を投入することも断続的に検討している。[12] そしてこのような反乱は、理論上、近い将来、増加、激化する可能性がある。サミュエル・ハンチントンの『文明の衝突』によると、スリランカで起きたシンハラ人武装組織の蜂起が一九七〇年代に、またタミル人武装組織の蜂起が一九八〇年代末に最高潮に達したことと、両集団の一五歳から二四歳の若者人口が総人口の二〇％を超えたこととの関連性を調べ、両方の時期が同じであることを指摘している。[13] 二〇一四年現在のインドをみると一五歳から二四歳の人口は総人口の約一八％を占め、一四歳までの人口が約三〇％であるため、[14] スリランカと同じような反乱が激化しやすい環境にあるといえる。

また、序章で言及したプロスペクト理論にあるように、経済成長が高まる時には社会の期待も高くなるため、「国内で経済成長が高い時こそ反乱が起きやすい」[15] という現象が起き得るが、インドの場合、現在経済成長が続き、次々と貧困から脱するものが出ている一方で、取り残される人も少なくないため、反乱が起きやすい環境にあるといえる。

しかもこのような反乱は、外国からの介入を招きやすく、特に印中パ関係が悪化した場合、中パにはインド国内の反乱を支援する動機があるが[16]、ダニエル・バイマンはこのような外国からの介入がある場合、反乱やテロは激化しやすいことを指摘している[17]。

そこで、反乱対策が必要となるが、本書第五章の分析でみられるように反乱対策においては装備の火力よりも治安部隊の人数が重要性をもつ。というのは、日本の交番システムを参考にするとわかりやすいところであるが、治安維持においては、地域の住民と交流し、その地域における地形、気象、住民の情報を収集し、きめ細かに対応することが必要となる。もし住民が犯罪者の報復を恐れて通報をためらえば治安は維持できないし、もし住民が警察を信用していなければ、やはり通報がなく、治安は維持できない。住民あっての治安なのである。反乱の場合はそのような環境において、より武装化した形で治安維持が行われるわけであるが、基本的な要素は変わらない。そしてそのような任務においては、治安部隊一人当たり何人の住民がいるか、は重要であり、住民の人口に比して、治安部隊は多ければ多いほどよい。インドで人口が増加しつつあるということは、同時に治安維持のための治安部隊も増加させる必要があるということになる[18]。

インド陸軍の人的構成をみてみると、印中国境紛争以降急激な人的増加がみられるが、それ以降は安定的微増の傾向がある。一九九〇年代には、後にカルギル危機を指揮することになるV・P・マリク陸軍参謀長の下で人員を削減して装備を購入する資金を捻出する作業が実施されたが、それ以外の時期はおおむね増加傾向にあり（図終-1）、二〇一〇年でも三万人弱の兵員が増加された。その増加の割合は一九六四年の八二万五〇〇〇人と二〇一四年の一一二万九九〇〇人を比較すれば、三七％増えている計算になる[19]。これは、一九六〇年代のインドの人口が五億人で二〇〇〇年代には一〇億人と、二倍に人口が増加していることを比べれば[20]、その増加速度は遅い。

ただ、インド陸軍の人員増加が人口の増加に比べて少ないのは、実際には、反乱対策の専門部隊や予備役の人的増加、警察軍（準軍隊）の人的増加によって補われている側面がある。インドには国防省だけでなく、首相府及び

図終－1　インド陸軍兵員数推移

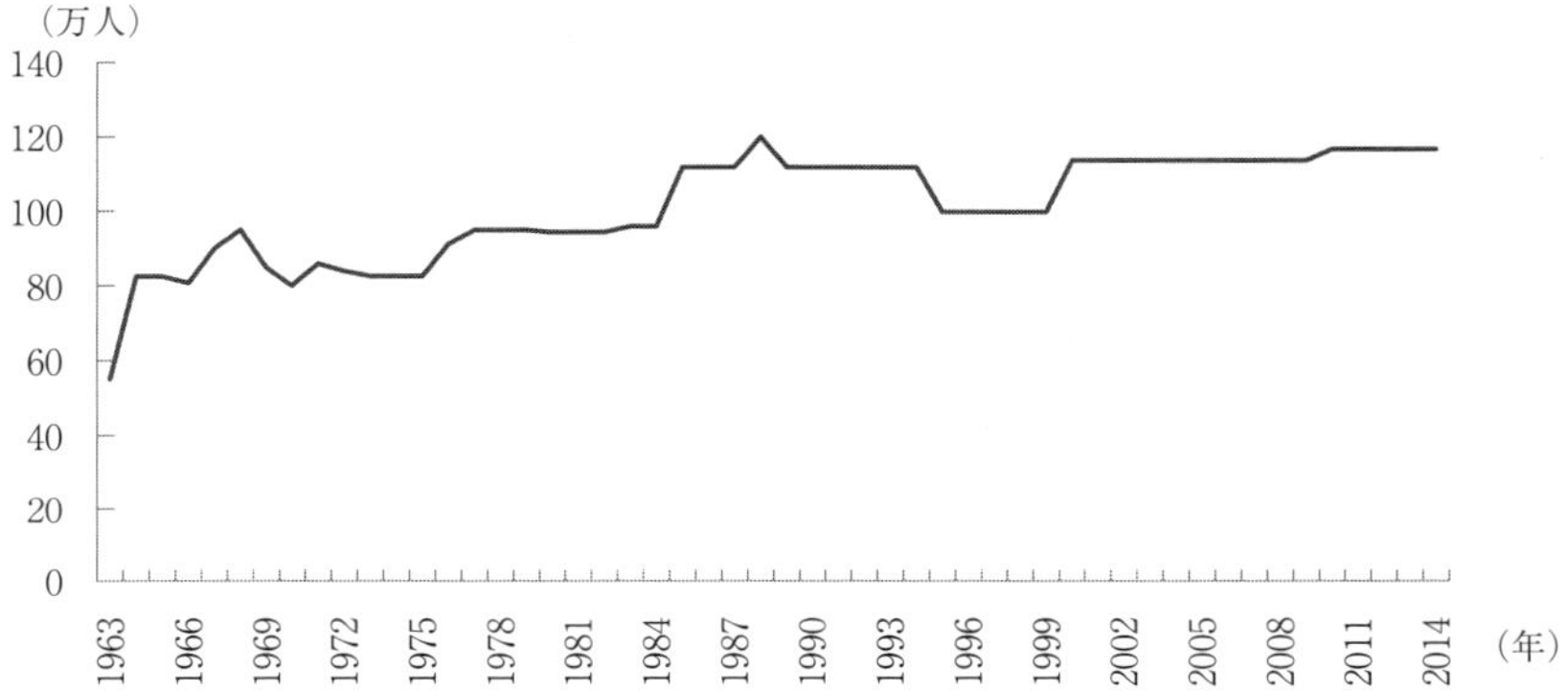

出典：The International Institute of Strategic Studies, *The Military Balance* 参照。

内務省所属の警察軍が存在する。警察軍は、編成や装備の面からは歩兵だけで構成された軍事組織であるが、これらの組織は一部軍で訓練を受けるなど国防上の予備兵力である一方で、特に反乱対策や対テロ戦等国内治安面を主任務としている。そのような組織は、戦争や危機、反乱等が起きるたびに増強され続け、独立以来組織数、人数ともに増加の一途をたどっており、近年も、急速な人的増強が行われている。

インドがこのような警察軍を増強する背景には、対外的な軍の任務と国内治安を担当する内務省の任務を分ける目的がある他、クーデターを警戒する政府の性質上、軍を本格投入する前に警察軍で対処する段階を設けたい事情等があると推測される。ただ、警察軍の力では不十分な事例もでており、それでも二〇一〇年四月には毛沢東主義派の待ち伏せ攻撃で一回に七五名もの警察軍兵士が死亡した。そのため陸軍が訓練面で、空軍がヘリコプター等による偵察・輸送面で支援を実施し、軍も死傷者を出している。今後、警察軍では対応しきれない場合がより多く出てくれば軍が投入される場合も想定される(21)。インド軍は過去、すでにインド北東部、パンジャブ州やカシミール・インド管理地域では実際に投入された経験もあり（表終－1の内、ラシュトリア・ライフルズの投入は、軍の投入を意味する）、今後、インドの治安情勢の状況次第で、インド軍の投入されることが予想されよう。しかし、そのような軍を反乱対策に当てる動きは、インド軍の反乱対策能力強

表終－1　インドの軍反乱対策専門部隊，予備役，警察軍一覧

組織名称	創設年，所属，目的，戦歴等	2011年の規模
アッサム・ライフルズ（Assam Rifles）	1835年創設。内務省所属だが指揮権は国防省にある。印北東部（アッサム州）を含む反乱対策が主任務。印北東部以外に，印中国境紛争，スリランカ介入，カシミール・インド管理地域での対反乱・テロ戦にも参加。	6万3883～6万5000人（42～46個大隊）
鉄道防護隊（Railway Protection Forces）	1882年創設。内務省所属。鉄道の防護。	7～10万人（165個大隊）
中央予備警察隊（Central Reserve Police Force）	1939年創設。内務省所属。当初，英領の英人保護。第2次印パ戦争，印国会襲撃事件，毛沢東主義派との戦闘，PKO，選挙における投票所防衛等に従事。1992年に即応隊（Rapid Action Force）創設。	22万9699～30万人（125～206＋108個大隊〔含即応隊13個大隊，マヒラ（女性）2個大隊〕）
国防安全保障軍団（Defence Security Corp）	1947年創設。国防省所属。国防省関連施設，兵器開発関連施設，核施設等に対する警備を担当。	3万1000人
国家候補生軍団（National Cadet Corps）	1948年創設。国防省所属。予備役。	102万5000人（＋50個大隊）
国防義勇軍（Territorial Army）	1949年創設。国防省所属。英領時代の組織を引き継ぐ形で創設した予備役。印北東部，印中戦争や印パ戦争，スリランカ介入，パンジャブ，パラカラム作戦等参加。	50万人
国境道路組織（Border Road Organization）	第1次印パ戦争及び印中国境紛争への危機感から1960年創設。国防省所属。国境地域における道路建設と要塞化に従事。	7万5000人
インド・チベット国境警察隊（Indo-Tibetan Border Police ）	1962年の印中国境紛争直後創設。内務省所属だが国防省が指揮権を要求中。国境警備に従事。毛沢東主義者の反乱対策にも投入。2014年インドの新政権は大幅な拡充を検討中。	3万6324～5万7715人（43＋13個大隊）
特別国境隊（Special Frontier Force）（創設時名称「機構22」）	1962年の印中国境紛争直後創設。創設に米CIA関与。首相府所属。チベット人で構成され，第3次印パ戦争ではムクティ・バクニに参加。チベットにおける独立運動に関与，要人警護や対反乱・テロに従事。	1万人
ホームガード（Home Guard）	1962年の印中国境紛争直後創設。内務省所属。各地のボランティア組織をホームガードに合流させたため拡大。民間防衛，国境警備隊の支援に従事。	47万2000～48万7821人
民間防衛隊（Civil Defence）	1962年の印中戦争直後創設。内務省所属。民間防衛，NBC兵器からの防護を担当。	50万人
サシュトラ・シーマ・バル（Sashastra Seema Bal ）	印中国境紛争後の1963年創設。内務省所属。印中国境地帯での住民の訓練に従事。印北東部，第3次印パ戦争のムクティ・バクニ訓練，カルギル危機における高地戦等。2001年よりネパールやブータンとの国境警備も担当。2013年よりカシミールや，毛沢東主義派の支配地域にも展開。	3万1554＋3万2000人（41 ＋32個大隊）

（表終－１つづき）

国境警備隊（Border Security Force）	1965年のカッチ湿地における国境紛争直後創設。内務省所属。国境警備担当。３分の１がカシミール・インド管理地域に展開，PKO 参加，毛沢東主義派の反乱対策にも投入。	20万～20万8422人（159 ＋29個大隊）
沿岸警備隊（India Coast Guard）	1977年創設。国防省所属。海賊対処，沿岸警備。	6906～9550人（強化中）
中央産業保安隊（Central Industrial Security Force）	設置法案は毛沢東主義派の反乱後の1969年，組織は1983年創設。内務省所属。産業・重要施設の防護，PKO 参加。	９万4347～12万人
国家保安警備隊（National Security Guards）	1984年のパンジャブの独立運動におけるブルースター作戦直後に創設。首相府所属。ブラックサンダー作戦，ムンバイ同時多発テロでも主要な役割。要人警護，対反乱・テロ戦に従事する。	7357～１万4500人（地方ハブを設置する等強化中）
特別防護隊（Special Protection Group）	インディラ・ガンジー首相暗殺を受けて1985年創設。内務省所属。要人警護担当。ラジブ・ガンジー首相暗殺を受け強化。	3000人
ラシュトリア・ライフルズ（Rashtriya Rifles）	1990年創設。国防省所属。軍の反乱・テロ対策部隊。パンジャブ，カシミール，カルギル危機。陸軍の部隊が交代で担当。	５万～７万人（63～66個大隊）

注：なお，陸軍には予備役として退職後５年以内のフルタイムの予備役が30万人，さらに50歳まで継続したものが50万人おり，その他も含め陸軍が96万人，海軍５万5000人，空軍14万人とされる。また，上記各種警察軍の合計は約100万人である。
「＋」は計画中の増強。
１個大隊の目安は約1000人。
出典：筆者作成。

化、すなわち人的増加圧力となることが予想される。もし大幅に人員が増加されれば、装備の近代化にかけるべき予算が人員の増加に使われてしまい、経済発展に伴う給料や手当、年金等の増加と相まって予算全体を圧迫し、インド軍の近代化を遅らせる要因になることが予想される。

つまり、インド陸軍が世界の強国としての軍事力を整えるに当たっては、こうした人的増加を一定程度に抑え、その分、装備の近代化を進めることができるかどうかにかかっているといえる。

二　海軍動向――本当に重視されているのか

インドが南アジアの域外（東南アジア、インド洋周辺、中東、中央アジア等）までその軍事的な影響力を行使する大国になるかどうかを占う指標として海軍の動向は最も重要である。なぜなら、歴史上インドを統一することができた三つの国家、マウリヤ朝、ムガル帝国、英領インドのすべてがカイバー峠を大きく越えて世界展開した歴史をもち得なかった原因は南アジアが山脈に囲まれていることに原因があるものと推測されるからである。高い山脈に囲まれていると、その外に出るには、低い土地から高い土地へ軍を進めるという比較的難しい作戦を実行せざるを得ない。そのような地形上の制約は、今後も変化しないため、現代のインドが陸軍を増強したとしても、その活動範囲は南アジア域内周辺に限られることになるのである（同様にヒマラヤ山脈も大規模な軍事作戦を実施するには高すぎると考えられ、一九六二年に実際に起きるまで大規模な軍事作戦は考え難かった）。

その一方で、インドは歴史的に海上からその版図を拡大した歴史をもつ。例えばチョーラ王朝はインドにおいては南部沿岸だけを支配していたが、強力な海軍を保有し、二〇一四年現在ではモルディブ、スリランカ、バングラデシュ、ミャンマー（ビルマ）、マレーシア、インドネシア、シンガポール等に当たる地域を影響下におさめた大帝国となった。また、英領インド時代のイギリスもその強力な海軍力を利用して、世界各地にインド兵を送り、その軍事的な影響力を示した。つまり、インドが南アジアを越えて軍事的な影響力を示すかどうかという問題は、地理的な面から海軍力に負うところが大きいといえる。

そこで独立後インドの海軍動向が注目されるわけであるが、すでに本書では、第三次印パ戦争の後のインドは海軍を以前より重視するようになり、一九九〇年代の軍備全体の危機的状況の後、二〇〇〇年代に再び増強する傾向になっていることを指摘している。(22) インドの国防費全体に占める海軍のシェアも一九八九年の一三・五％から二〇

図終－2　満載排水量3000 t 以上の水上戦闘艦数推移

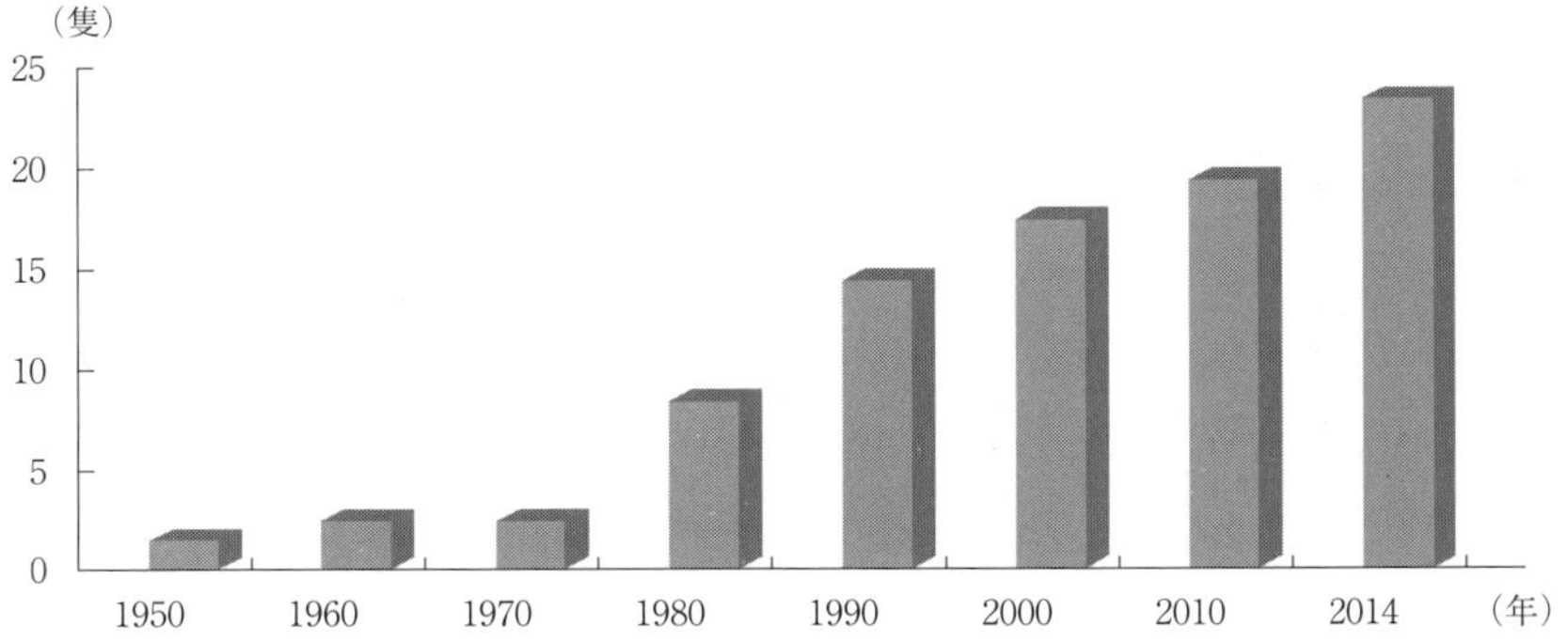

注：水上戦闘艦は戦艦，巡洋艦，駆逐艦，フリゲート艦，コルベット艦。
出典：木津徹編『世界の海軍　2014-2015』（海人社，2014年），The International Institute of Strategic Studies, *The Military Balance* 参照。

一三年には一八％に伸びている（後掲、図終－3）。問題はインドがいつごろ、インド洋の広域、そしてインド洋を越えた外まで、その影響力を発揮可能な海軍力を保有するか、である。

例えば造兵面からその能力を読み解こうとする一つの基準は、近代化に際し艦艇が大型化しているかどうかである。艦艇が大型化するということは、大量の武器や物資を積むことができるということで、つまり遠洋海軍としての能力を高めていることを意味するからである。

そこでインド海軍の新造艦艇についてみてみると、例えば、航空母艦でみれば、現在保有している航空母艦ヴィクラートの満載排水量は二万八七〇〇tであるが、新しく配備された航空母艦ヴィクラマディティアは四万五四〇〇t、建造中の航空母艦ヴィクラントは四万tであり、次期の空母は六万五〇〇〇tといわれ、大型化しているし、潜水艦では原子力潜水艦の増強に力を入れ、ロシアからリースしたアクラⅡ級を保有、国産のアリハント級もすでに就役間近とみられる。そして二〇一一年に満載排水量二万七五〇〇tの補給艦二隻が就役したが(23)、これは海上自衛隊が保有している最大の補給艦（ましゅう級補給艦、満載排水量二万五〇〇〇t）よりも大きく、かなり大型の補給艦といえる。そして満載排水量三〇〇〇t以上の水上戦闘艦の数についてみれば、一九五〇年代以来、増加の一途をたどっていることがわかり、特に近年増加の速度が速いことがわかる（図終－2）。このような動きはインド海軍が近い将来、現在よりも遠洋での活動能力を向上させることを意味している。

遠洋海軍としての能力の向上と共に、訓練地域の拡大も挙げられるが、特にマラッカ海峡や南シナ海で東南アジア各国と共同演習をする例が増えている。シムベックス演習やミラン演習、二国間の共同パトロール等はほぼ毎年（ミラン演習は二年に一度）行われており、それ以外に二〇〇七年はマラバール演習において日本、アメリカ、オーストラリアと共に、シンガポールが参加する等、インド海軍と東南アジア諸国との共同演習は継続的であり、比較的活発であるといえる。[24] ベトナム海軍で新設される潜水艦部隊の訓練も行う等、[25] 潜水艦戦力の増強が進みつつある東南アジア地域での海軍の指南役としての存在感もみせつつあり、二〇一二年にはインド海軍のD・K・ジョシ参謀長が、もし南シナ海での共同資源開発などが脅かされ、必要があれば、艦艇を派遣する用意があることを表明した。[26] 外洋海軍としての能力向上とともに、東へ活動が活発化しているといえる。

さらに、インドは今後、海兵隊ないし海軍歩兵のような水陸両用部隊を増強する可能性があり、[27] インドが発表した『海洋の自由な使用―インド海洋軍事戦略―』では、インド海軍の陸上攻撃能力の重要性が指摘されており、[28] インドはアメリカから大型のトレントン級揚陸艦（一万七二四四t）を購入しているし、トロペックス演習（TROPEX）では上陸演習を実施している。[29] 二〇一四年現在インドは、三年ごとのローテーションで一個旅団の陸軍部隊を水陸両用任務につけているため、[30] あまり大規模ではないし、練兵上も問題があるといえるが、もし専門の部隊を設置し、大規模な拡充を行って一個軍団（二個師団）規模にまで拡大させた場合、インドの水陸両用部隊は二つの理由から有用な戦力になる可能性があるため、インドがこのような水陸両用部隊の拡充に本格的に着手する可能性は高い。[31]

その一つ目の理由は、対パキスタン戦力としてきわめて有用であると考えられることである。パキスタンはインドの通常戦力による攻撃を防ぐために部隊をインドとの国境に集中しており、インド陸軍がこれを突破するには、比較的大きな損害を覚悟する必要がある。しかし、もしインドが一個軍団規模の水陸両用部隊を保有していれば、パキスタンがあまり防衛していない海岸部に上陸することができる。そしてパキスタンの防衛線を後方から攻撃することができる。

もう一つの理由として考えられるのは、海を通じて陸上部隊を派遣する能力の向上で、近隣の小国への対策等、より広い地域への展開を考えている可能性である（表終-2参照）。水陸両用装備を購入することで世界の三〇％の海岸にしか上陸できない二〇一四年現在のインド軍の能力が、世界の七〇％の海岸に上陸できるようになる。(32) 世界の主要都市の六〇％は海岸から数百km以内にあるので、水陸両用能力の獲得が与える軍事的影響力は大きい。(33) 特にインド洋周辺各国に対しては大きな影響力を与えることが可能になるといえる。

そして、インド海軍は今後、空母機動部隊にミサイル防衛能力をもたせるかもしれない。中国が開発中の対艦弾道ミサイルは、本来、米空母機動部隊を対象としたものとみられるが、当然インド海軍に対して使用することができる。インドはその南部の一部を除き、中国が開発中の弾道ミサイルの射程内に入っており、迎撃能力がなければ、インドの港湾施設も印空母機動部隊も無力化される可能性がある。(34) そのため、艦隊は弾道ミサイルに対する防衛能力を向上させる必要があるわけであるが、このようなミサイル防衛能力をもった空母機動部隊をインドが運用することは、強力な防空ミサイル部隊を、海を通じて各地に移動させることも意味する。つまり、防衛であると同時にパワープロジェクション能力の向上でもあるといえる。

このようにインド海軍は、パワープロジェクション能力を高めようとしているとみられる多くの兆候がある。もしインドが大国として海軍のパワープロジェクションによる軍事的な影響力を重視しているとすれば、今後、インド海軍はより大規模な拡充を受け、南アジア域外へ展開していくことも考えられる。二〇〇〇年代のインド国防費における陸海空軍のシェアにおいても、インド陸軍のシェアが六〇％近いところから五〇％近いところまで徐々に

表終－２　インドとASEAN諸国間で定期的に行われる主な海軍共同訓練

名　称	訓練地域	相手国
シムベックス（SIMBEX）	アンダマン海，マラッカ海峡，南シナ海	シンガポール
ミラン（MILAN）	アンダマン・ニコバル諸島のポート・ブレアで２年に１回実施	オーストラリア，ブルネイ，バングラデシュ，インドネシア，ミャンマー，マレーシア，ニュージーランド，シンガポール，スリランカ，タイ，ベトナムが艦艇ないし人員を派遣（2008年）
共同パトロール２回（INDINDO Corpat）	IMBL（International Maritime Boundary Line）に沿って年２回実施	インドネシア
共同パトロール	IMBLに沿って実施	タ　イ

出典：Ministry of Defence Government of India, *Annual Report* (http://mod.nic.in/reports/welcome.html) 参照。

落ちる一方で、インド空軍がシェアを二〇％から三〇％近くまで伸ばしてきていたが、その間、インド海軍のシェアも徐々に伸ばしてきており、次第に伸びが大きくなっている。第四章でみたように一三六隻のインド海軍が一〇〇隻の艦艇を建造・計画中であることからも、インドが海軍力増強に力を入れる傾向が強まってきたといえる。(35)

問題は、インド海軍には二〇〇八年のムンバイ同時多発テロ事件以降、沿岸警備の強化も求められていることである。大規模な沿岸警備強化は、設備だけでなく、継続して維持管理費用もかかるはずで、その費用は、遠洋海軍用の装備の予算に打撃を与えるかもしれない。すでにその兆候を示す報道もある。(36)

さらに装備の近代化が老朽化に追い付くかどうか、も疑問である。(37)特に潜水艦の建造が大幅に遅れている点は注目される。独立後、インドが潜水艦を保有することをアメリカやイギリスは好まず、一九六三年にソ連から購入するまで、インドは潜水艦取得に苦労した経緯がある(38)が、二〇一四年現在でもフランス製潜水艦取得に手間取っており、(39)このままいくと現在保有する潜水艦が退役する年に潜水艦を補充できない可能性もでている。(40)

加えて、二〇一四年現在のペースでは二〇二〇年に二〇〇隻を超える艦艇を保有する可能性がでている。しかし、艦艇を増やし、沿岸警備も増やすには、人員を増やす必要もあるが、その点も明確でない点も問題となろう。

今後、インド海軍が、インド周辺に対する域外大国の介入を防ぐための海軍から、発展する経済の大動脈としてのシーレーン防衛を担う遠洋海軍に変化し、南アジア域外にもその軍事的な影響力を及ぼすようになるかどうかは、インド政府自身の意思、どのような海軍を保有するのかを明確にできるかどうかにかかっているといえよう。

図終－3　1989～2013年度のインドの国防費における陸海空の比率

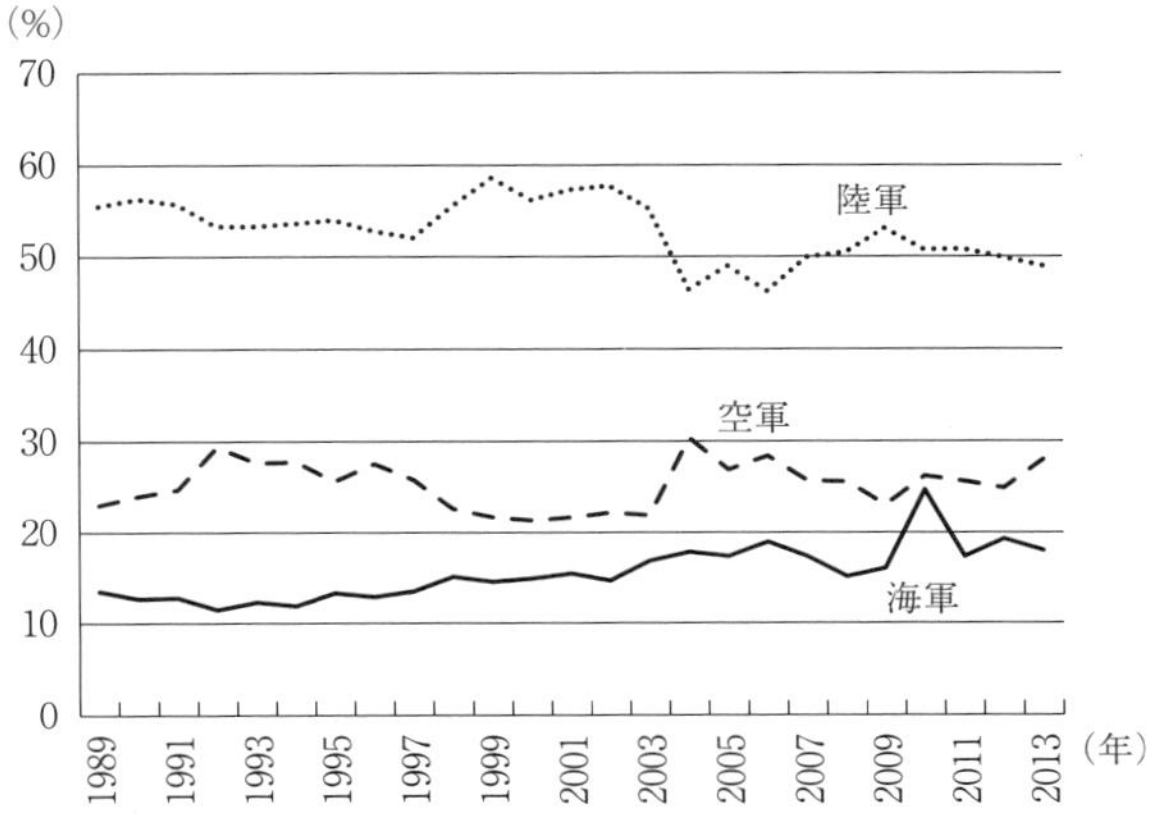

出典：Ministry of Defence, Government of India, *Annual Report* より作成。

三　空軍動向――近代化のペースを加速できるか

インドは空軍の近代化にも力を入れている。予算取得傾向をみると、インド空軍は一九九〇年代、二〇〇〇年代、二〇一〇年代と一貫して二〇～三〇％台のシェアを維持しているが、国防費全体が伸びていることを加味すれば予算が増え続けていることがわかる（図終－3）。より詳細にみると、その重視度合いがわかるのは、新装備購入費（Capital Expenditure）である。インドは、軍の維持管理費（Revenue Expenditure）と新装備購入費とのバランスを二〇〇〇年代末の六対四から将来は五対五の状態にしたいと考え[41]、新装備購入費を増加させているところであるが、二〇一一年度の新装備購入費において陸軍は二七％（二〇一〇年度二九％）、海軍は一九％（同二〇％）、空軍は四四％（同四二％）を占め、空軍が新装備購入費増加の恩恵のかなりの部分を受給している[42]。組織の規模との比較でいえば、陸軍の人員は一一二万九九〇〇人、海軍は五万八三五〇人、空軍は一二万七二〇〇人であるため、[43] インドが海軍と空軍により重点をおいた装備の近代化を進めていることがわかる。

問題は、このようなインド空軍の近代化の背景にはどのような意図があるのか、という点である。インド空軍参謀長は「ホルムズ海峡からマラッカ海峡まで」という表現をつかってインド洋における空軍によるパワープロジェクション能力にも関心をもっているが、[44]「南シナ海」「エネルギー安全保障」にも言及している。[45] インド空軍は、タジキスタンの基地の拡張工事を進めており、[46] マラッカ海峡出口のアンダマン・ニコバル諸島にある基地にもスホーイ三〇を配備する計画があり、インド空軍は南アジア域内だけでなく、広くインド洋全域や東南アジアや中東、中央アジアを含めた広域に展開する意志をもっているといえる。

そのため、インド空軍は造兵面で大規模な近代化を進めており、予算的な好条件から結果をだしつつある。すでに新型の指揮系統のシステムも整い、早期警戒管制機や空中給油機の採用と相まって空軍機の効率的運用能力を大幅に高めているし、既存の戦闘爆撃機についても最新の空対空ミサイルや精密誘導弾を使用できるアップグレードを実施している。墜落事故が多発しているが、その原因の一つである練習機の不足も、新練習機の採用により、今後改善されると思われる。そして大型輸送機の採用は、第二次世界大戦時にアメリカが整えて以降、継承されてきたインドの優れた空輸能力をさらに向上させることになろう。二〇一〇年度のインド空軍は装備の五〇%が老朽化した状態であるが、二〇一四年度中に二〇%に下げる目標を掲げている。[47]

インド空軍の戦闘爆撃機の装備取得傾向をみてみると、二〇一四年現在インド空軍は戦闘爆撃機三四飛行隊を保有しているものとみられるが、実際には全六四飛行隊、戦闘爆撃機は四五飛行隊まで保有することが必要と考えられている。[48] 一飛行隊一八〜二〇機で換算すると八一〇〜九〇〇機保有することが考えられる。

二〇一四年現在インドが取得を計画ないし取得中の戦闘爆撃機をみてみるとスホーイ三〇が二七二（内三機は事故で喪失）、テジャズが一二〇〜一四〇機、多目的中戦闘爆撃機が一二六機、PAK-FAが二五〇〜三〇〇機で合計七六六～八三六機となるため、ほぼその路線に沿ったものといえよう（表終－3）。この他にインド国産中戦闘機開発の動きもあり、能力的に優れた戦闘機が予定通り導入され[49]、訓練も進めば、一〇年先、二〇年先には、インド空軍の能力は飛躍的に高まるといえる。

しかし、このようなインド空軍の意志実現には二つの不安がある。一つは、本書でみたように、インドはこれまで空軍主導の軍事作戦を実施したことがほとんどないため、陸軍主導の作戦を離れて空軍主導で作戦を進めた場合、どの程度の実力を発揮するか未知数な点だ。もし陸軍の作戦に沿った形から離れられないのであれば、必然的にインド空軍の作戦は陸続きの南アジア域内とその周辺にとどまることになる。

二つ目は、陸海空軍全体にいえることであるが、装備の選定、国産装備の開発・生産・配備に時間がかかっており、その間、装備の老朽化に拍車がかかっていることである。そのため二〇一四年現在

表終－3　インド空軍が導入する新型機の予定

機　種	開発国	機　数	導入予定時期	特　徴*
スホーイ30	ロシア	272	1997～	重戦闘爆撃機
テジャズ	インド	120～140	2013～	軽戦闘爆撃機
ラファール	フランス	126	2014～	中戦闘爆撃機
PAK-FA	インド・ロシア	250～300	2017～	ステルス重戦闘爆撃機

注：＊ここでは離陸重量で重（30t 以上），中（20～30t），軽（10t）とした。一般的に，重い戦闘爆撃機は大型で多くの弾薬を搭載し，多様な任務をこなすことができるが，値段が高く，滑走路等の設備も充実していないと運用できない。

表終－4　2020年のインド空軍戦闘爆撃機構成予測の一例

	採用時期	機　数	機種ごとの比率(%)	飛行隊数
ラファール	2010年代	126～200	17～25	7～11
テジャズ	2010年代	125	15～17	7
スホーイ30	1990年代	280	34～38	15
ミグ29	1980年代	50	6～7	3
ミラージュ2000	1980年代	50	6～7	3
ジャギュア	1980年代	110	13～15	6
合　計		741～815	100	41～45

出典：表終－3，終－4とも，Asyley J.Tellis, *dogfight!: India's Medium Multi-Role Combat Aircraft Decision*（Washington, D.C.: Carnegie Endowment, 2011）(http://carnegieendowment.org/files/dogfight.pdf)，p.121参照。当時選定中だった多目的中戦闘機については機種が決まったため，機種名「ラファール」に変更。

図終－4　近い将来インド軍が実現可能な選択肢

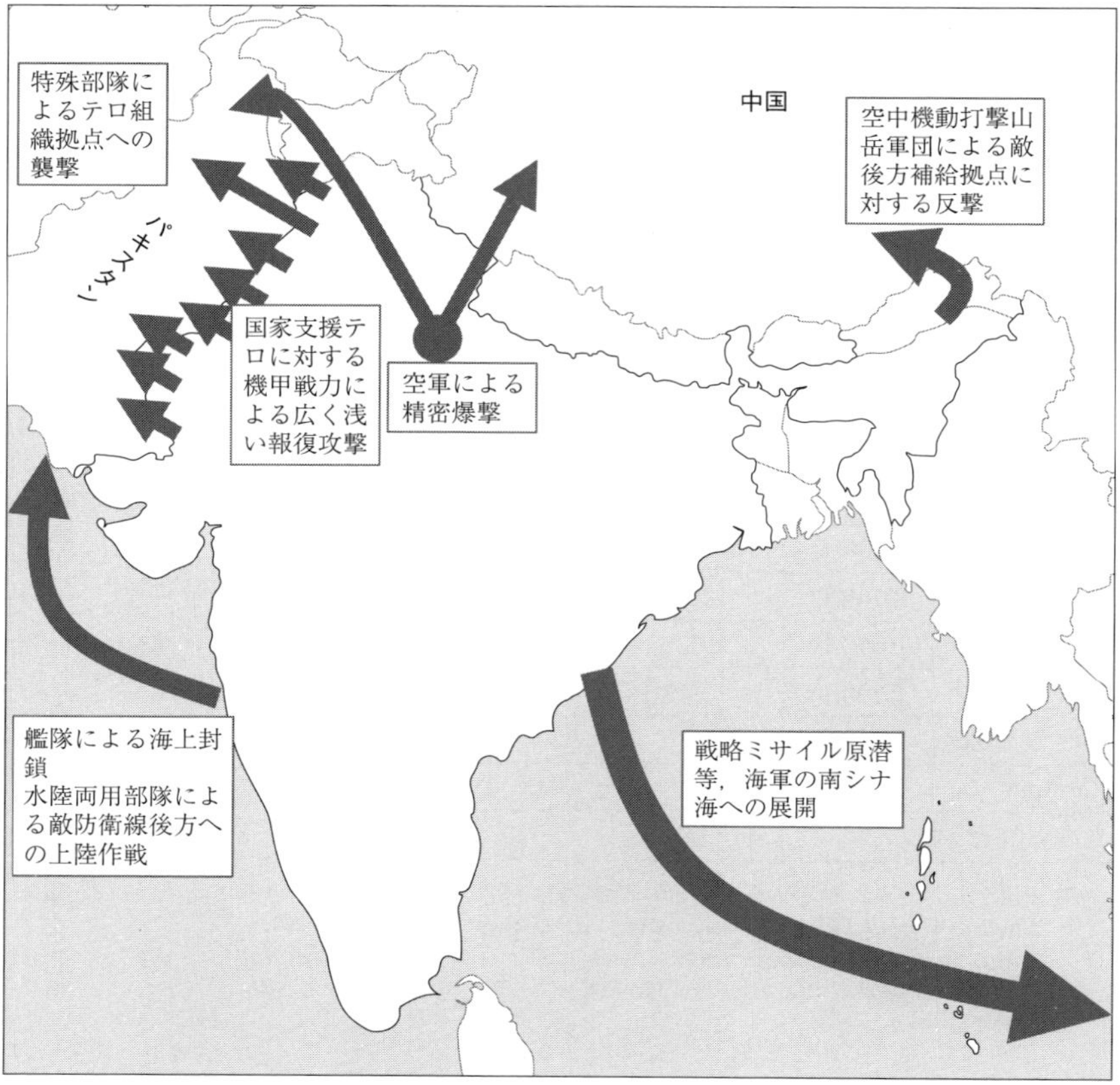

出典：筆者作成。

のペースからいえば、最悪の場合、二〇二二年には二〇個飛行隊まで減少してしまうとの指摘がある[50]（表終－4）。そのことはインド国防省でも認識されており、国防相自身が不満を表明し[51]、またライセンス生産しているスホーイ三〇の生産数を年産一四機から一八機まで増加するなどして対応しようとしているが[52]、二〇一四年度中に配備が開始されるテジャズは開発に三〇年もかかっているし[53]、二〇一二年にフランス製ラファール戦闘機に一度決まった多目的中戦闘機の選定は、これまで延期を繰り返しており、二〇一四年現在でもまだ完全には選定が終わっていない状況にある。かつては、一九九一年に始めたレーダー取得プロセスの遅延で、一部レーダーが監視していないギャップの地域を生じる等[54]、信じがたいほどの遅延が生じており、インドの国防体制に不備が出ることに対する危機感が十分でないものと思われる。そのため、今後、新型の戦闘爆撃機が計画通り配備されるとは予想し難い。

さらに、技術進歩に伴う戦術の変化が著しい空軍という分野においては、今後の戦術的な動向を図り難い部分もあり、インド空軍が将来の戦場にあった発想ができるか否か、という点も重要な要因といえる。正規戦であれ、対テロ戦であれ、宇宙空間、サイバー空間での戦いはますます重要性を増してきている。例えば、全地球位置測位システム（GPS）は、湾岸戦争において多国籍軍の勝利に大きく貢献した。GPSのおかげで、多国籍軍は従来横断不可能と思われていた広大な砂漠を横断してイラク軍の防衛ラインの側面をつくことができたからである。同様に、九・一一後の対テロ戦において無人攻撃機はGPSで位置を確認しながら、レーザー誘導の爆弾でアルカイダの拠点を攻撃している。ここから、GPSのような位置測位システムを無効化できるかどうかで、戦争の帰趨も決まるようになる。位置測位システムの多くは人工衛星を利用したシステムであるので衛星破壊能力や防護能力、つまり宇宙空間における戦いが戦場を制することになる。このような技術的革新が戦争の帰趨を変える点では、コンピューター化が進むサイバー空間も同様である。インドはすでに宇宙空間やサイバー空間での戦いについて検討を開始しているが[55]、このような技術的発展の結果、起きる戦場への対処についてより広い視野や柔軟な発想で将来の戦場への対処が求められよう（図終-4）。

ここから、インド空軍は広域への展開の意志も保有しているが、ドクトリン上も造兵上も発展途上であり、インドの南アジア域外への軍事展開という観点からは、今後、相当な改善を必要とする状態にある。

四　インドは軍事的な能力を上手に運用できるのか——その意志と能力

以上からインド軍の将来を予測すると、まず次のような三つの能力を保有しつつあるといえる。

一つは南アジア域内である対パキスタン戦を念頭においた能力である。コールド・スタート・ドクトリンで研究されているような限定攻撃能力では、全体としては広く浅い攻撃を想定しているが、陸海空の特殊部隊によってパキスタンの奥深くにある拠点を襲撃する可能性もある(56)。同時に、海軍動向からは、従来実施が検討されてきた海上封鎖だけでなく、水陸両用部隊による海岸線からの侵攻能力を獲得する可能性がある。空軍については新しい空軍機の導入や精密誘導弾の導入で精密爆撃の能力が向上しており、空軍による精密爆撃は有力な選択肢となる。これらの攻撃は、パキスタンが支援する武装勢力が大規模テロ事件を起こした場合への報復能力を確保することを意味し、抑止力の向上につながる動きになると考えられる。

二つ目は対中国作戦の能力である。中国側の方が軍事的にも地形上も有利であるが、もし中国側が攻撃をかけてきた場合の反撃能力としての山岳打撃軍団が創設され、攻勢的防衛と防勢的防衛を組み合わせたより強力な防衛力を備えると考えられる。特に攻勢的防衛作戦を実施する場合の焦点は、敵の補給を断つことであり、威力を発揮するかもしれない。また空軍が航続距離の長い新型の空軍機を配備し、精密爆撃能力の向上、およびそれらを運用するための空軍のインフラ整備は、敵地上空での作戦遂行能力を高め、敵補給拠点や弾道ミサイル発射基地、空軍基地等の無力化に効果を上げるものと思われる。そのため総じてインドの対中抑止力は高まるものと考えられる。

三つ目はより遠方での作戦能力についてである。インド海軍の艦船大型化や補給艦の整備は、インド海軍の遠洋での活動能力を高めつつあり、日本周辺、東南アジア、中東、アフリカ東岸等で演習を行っていることからも、活動範囲を広げつつある。空中機動の師団や輸送機の整備、水陸両用部隊の増強の動きはインド洋周辺地域におけるインド陸上部隊の展開に貢献することが考えられる。空軍はマラッカ海峡に近いアンダマン・ニコバル諸島にも航続距離の長いスホーイ三〇を配備する計画があるが、これは東南アジア付近でのインドの空軍力の増強を意味する。陸軍の新しい山岳師団も空中機動化、水陸両用部隊の大規模化が進めば、かなり広い範囲に投入することができる。中央アジアの空軍基地の拡張が進めば、中央アジアでもインドの存在が大きくなるかもしれない。このような遠方での作戦の動きは対中国を念頭においている部分もあるが、インド経済の成長に伴うエネルギー安全保障やシーレーン防衛の観点から進められており、より広い意味合いでも捉える必要がある。

ここからいえば、インド軍が二〇〇〇年代に進めている軍事力の近代化は、インド軍が長年ドクトリンの中心としてきた防勢的防衛から、限定的な攻勢的防衛の導入に踏み切りつつあることが指摘できるが、同時に攻勢的防衛能力の拡大に伴ってパワープロジェクション能力を拡大しつつあり、南アジア域外における活動能力を獲得しつつあるといえる。

しかもこのような軍事力増強の動きを支えているのは経済発展に伴う国防費の増加であるが、今後も増加する可能性が高く、二〇一四年現在の軍事的な能力向上が順調に進めば、能力的には東南アジアから中東、アフリカ東岸、中央アジア地域における限定的な軍事展開も不可能ではないものと予想される。

しかし、インドが造兵、練兵、用兵上の計画を順調に進めれば実現できることであっても、順調に進まない可能性がある。今後、より多くの反乱に遭遇してインド軍は装備の更新よりも人的増加に資金を回さなければならないかもしれないし、陸海空の装備の取得は計画よりも大幅に遅れる傾向がある。そして最も影響するのは、インドの政治のレベルで軍事力をどう考えるかという方針である。例えば、インドが今後パワープロジェクション能力を高めるには海軍にもっと力を入れる必要があるし、空軍にも陸軍のドクトリンとは別のより遠方への展開を重視した

図終－5　インドの国防費推移

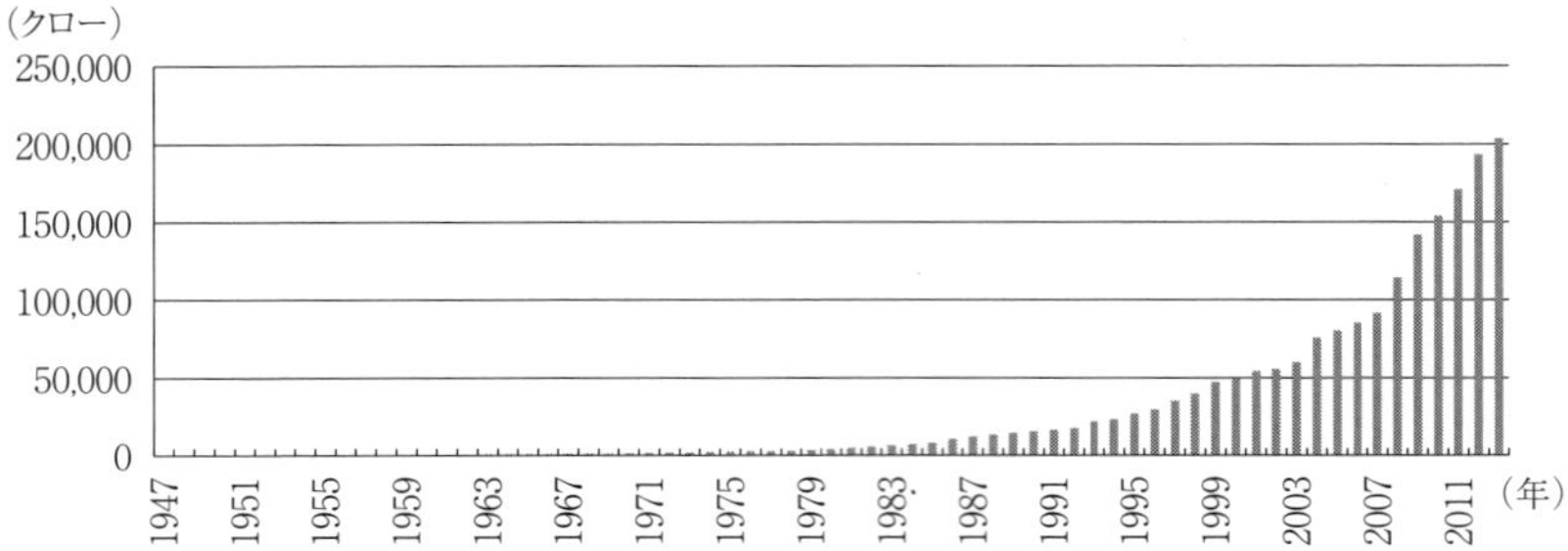

図終－6　インドの国防費の伸び率推移

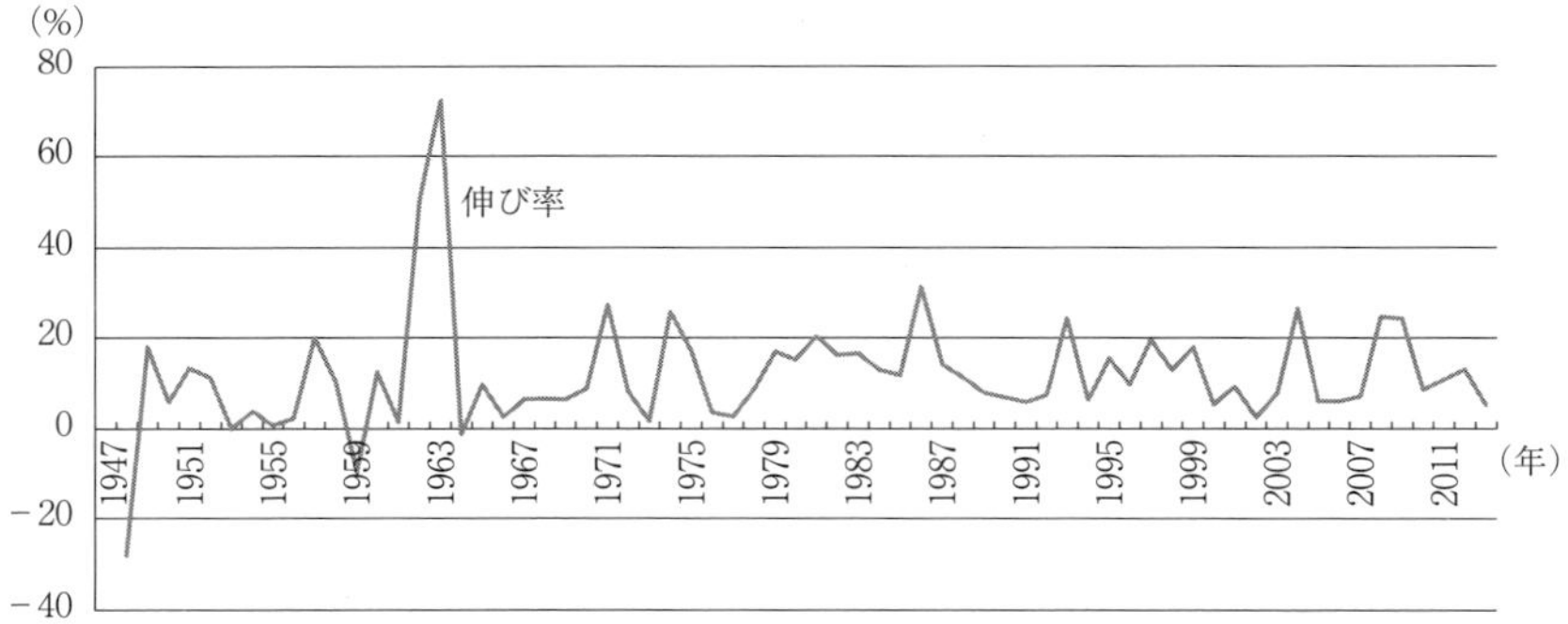

出典：図終－5，終－6とも，Ministry of Defence, Government of India, *Annual Report* より作成。

ドクトリンを検討させる必要があるが、そのような決定は軍隊の中だけで進められる計画ではなくインド政府全体で定めるものだからである。

そのため、インドが獲得できるかもしれない軍事的な能力を実際に手にすることができるのか、それを戦争の対処戦略として有効に活用できるかどうか、という問題は、第一にインドの国家安全保障戦略の中で軍事がどのような位置付けにあるのか、その結果どのような軍事戦略を構築していくのか、という問題である。序章の着想で述べたように、ジャワハルラル・ネルーの影響もあって軍事力の使用に否定的感情をもち、国連平和維持活動のような場合を除き、インドは軍事力を遠隔地に投射することに否定的とみられる。(57)しかも、本書で検証してきたように、インドは戦争に対応する形で戦争対処の戦略を発展させた一方で、より長期的な軍事戦略の研究を十分にしていないと考えられる部分がある。その一例が国防費の伸び率である（図終－5）。インドの国防費の推移をみると、国防費は一貫して伸びてきているようにみえるが、その伸び率はきわめて不安定であり、特に独立後の極端な減少、印中国境紛争の直後に極端な増加が起きる等、インドが政治レベルで軍事力を軽視し、状況に合わせて短期的な視点で増減させていることを示している（図終－6）。国防費のGDP比についても一九八〇年代半ばから一九九〇年までは三〜三・五％近くあったが、以後一九九〇〜二〇〇〇年代には二〜二・五％、二〇一〇年代は一・七〜一・九％に落ちており、インドの政治家が軍事力の問題に無関心であるとの指摘が絶えない。インド政府は自ら手にしつつある軍事的な能力について十分理解しているのだろうかと疑問がある。

このような傾向は、インドが今後、その強力な軍事力を戦争対処の戦略として上手に運用できるか否か、という点で第二の課題につながるものである。軍事問題に関心が薄いともいわれるインドの政治家と、陸軍主導で構成されてきた陸海空軍は、縦割りの垣根を越えた効率的な指揮系統を整えて戦争に対処できるのであろうか。

インドの政軍関係の歴史は、他のアジア諸国、特にパキスタンで軍事クーデターが起きたことに危機感が強かったインドの政治家が軍人を軍事の決定機構の中から排斥してきた歴史といえる。独立当初ルイス・マウントバッテン総督が提案したシステムは内閣の内閣国防委員会（Defence Committee of Cabinet）、国防省の国防相委員会（Defence Minister Committee）、軍の参謀委員会（Chief of Staff Committee）で構成された三段の委員会で、そしてそのすべての委員会には軍人が主要メンバーとして参加するというものであった(58)。しかし一九五二年に国防省マニュアルが改訂され、軍は官僚を通してしか政策を提案できないように変更された。さらに一九五五年には、議会が参謀委員会の長を変更できるようになった。印中戦争の敗北後の一九六二年、クリシャナ・メノン国防相が退任すると、内閣国防委員会は内閣緊急委員会（Emergency Committee of Cabinet）となり、さらに一九七一年には内閣政治委員会（Cabinet Committee of Political Affairs）となったが、これらの委員会では、軍人はよばれた場合のみ出席することとなった。

このような状態でインドがこれまで何度も戦争や危機を乗り越えてきたのは、インドが戦争や危機の際、首相を中心に少人数で対処し、その少人数のグループの中に有能な軍人がいたからであった。インディラ・ガンジー首相は陸軍参謀長サム・マネクショー元帥とは友人で、月に一度、陸海空三軍の長と茶会を開くなどして非公式な関係を保っていたし、[59]ラジブ・ガンジー首相の友人には軍事に理解のあるアルン・シン国防閣外相やクリシュナ・スワミ・スンダルジー陸軍参謀長がいたのである。

しかし、このような状態は、スリランカ介入が失敗した後の一九九〇年代より次第に問題として認識されるようになり、会議派に代わって政権をとったジャナタ党から国家安全保障会議の設置等が提案された。そして一九九八年人民党政権において改革が行われた。その過程において登場したのが、内閣安全保障委員会（Cabinet Committee on〔National〕Security）である。この委員会は、長期的な戦略を討議するものではなく、短期的な危機を処理するために話し合うもので、首相を中心に意志を決定する機関となる。メンバーとしては首相、国防相、外相、内相、財務相、厚生相、民間航空相で、軍関係者は、必要に応じてよばれる形式となっている。一方、国防の長期計画等は一九九八年設置された国家安全保障会議（National Security Council）で話し合う。アタル・ビハリ・バジパイ政権のブラジェシ・ミシュラ安全保障顧問はこの国家安全保障会議と関係機関の調整役を担っていた。結果、内閣政治委員会、内閣安全保障委員会、国家安全保障会議の三つもの委員会が最高意思決定の場となっており、それぞれ担当分野を決めて分けた。[60]

この改革の結果、カルギル危機において内閣安全保障委員会は陸海空三軍の長が常に出席しながら毎日開かれることになり、首相府、国防省、外務省、内務省の担当者すべてが毎日連絡を取り合う関係が構築され、大勝利を挙げた第三次印パ戦争中もなかった比較的緊密な連携関係が可能になった。[61]ただ、カルギル危機でも戦争遂行における重要な決定は、バジパイ首相の周辺の取り巻きを中心に少数で決定された点では変わりはなく、バジパイ首相も、インディラ・ガンジー首相と同じような茶会を開いて陸海空軍参謀長と意思疎通を図った。そしてその茶会は、戦争が終わり、個人的なつながりのある人物（V・P・マリク陸軍参謀長）が退役すると途絶えてしまったのもまた事実であった。[62]

その後、核兵器の運用面や九・一一同時多発テロへの対応等もあって、状況対応型の形でインドの指揮系統が整えられている。例えば、二〇〇一年一〇月には統合参謀長も創設され、二〇〇三年には核司令部の下、核兵器を運用する陸海空の垣根を越えた戦略軍コマンドが整えられた。このような改善は、核兵器は発射から数分という短い時間内に決定を迫られ、九・一一のようなテロでも、乗っ取られた旅客機を撃墜するかどうか、即断即決、上意下達の指揮系統を整えることが必要だという認識が生まれたために起きたことである。現時点では核司令部内で核兵器使用の決定権限を有する政治評議会には軍人が参加していない等、まだ検討すべき部分は多いが、インドの軍事指揮系統は以前に比べれば改革がなされつつある。

このような経緯をまとめると、インドの政治家は戦時においてすら組織的に軍人と意見交換する十分な機会をもっておらず、平時についてはそもそも軍事への関心が低いため、十分な知識を得ようと努力をしていないという問題点があるが[63]、状況に対応する形で徐々に改善している側面もあり、今後、陸海空軍の能力が向上する中で、インドが南アジアの範囲を超えて問題に直面するようになれば、その問題に対応する形で指揮系統が整えられていくことになると推測される。

以上のようにインドは造兵面では老朽化する装備と更新の遅延、練兵面では経済発展で軍への志願者の減少[64]と人員増加の必要性、用兵面では軍事問題に関心のない政治家と陸海空の指揮系統の未発達であること等、様々な問題をかかえている。しかし、経済発展に伴う国防費の増加はインド軍に新たなチャンスをもたらす可能性があり、本書で検証したように、第三次印パ戦争、スリランカ介入、カルギル危機といった実戦の中で、状況に対応する形で、大国としての責任ある軍事力行使についての戦略面、戦術面のノウハウも発展させてきているため、軍事的潜在性は非常に大きいといえる。インド海軍が発表した『海洋の自由な使用―インド海洋軍事戦略―』の中には「インドは発展を続けている国である。つまり「明日」は「今日」よりもよいだろう（"India is a developing country; 'tomorrow' is expected to be better than our 'today'."）[65]」と書かれているが、この文言の通り、インドが二一世紀の世界の軍事情勢をリードする国になることは間違いないといえよう。

註

序章　軍事戦略を分析する枠組み

（1）ウィリアムソン・マーレー、マクレガー・ノックス、アルヴァン・バーンスタイン編著、石津朋之、永末聡監訳、歴史と戦争研究会訳『戦略の形成　上─支配者、国家、戦争─』（中央公論新社、二〇〇七年）一四ページ。

（2）ガンジーやネルーの考え方がインドの軍事戦略形成に一定の影響を与えたという指摘は広く一般的に信じられていることであり、筆者自身も一定程度信じている。具体的には例えば、インドの軍事情勢研究において優れた文献であるスティーブ・フィリップ・コーエン著、堀本武功訳『台頭する大国インド─アメリカはなぜインドに注目するのか─』（明石書店、二〇〇三年）一一九ページには「インドの政界や官僚のトップの中で軍歴や外交官歴をもつ者は少なく、経済社会問題を重視して軍事と戦略の重要性を軽視するという強固な伝統が存在する。この伝統はガンディーの非暴力主義とネルーの政策がもたらしたものである」とある。

（3）ウィリアムソン・マーレーほか編著『戦略の形成　上』二〇ページ。

（4）The International Institute of Strategic Studies, *The Military Balance* をもとに計算。

（5）土山實男『安全保障の国際政治学─焦りと傲り─』（有斐閣、二〇〇四年）三八～四三ページ。

（6）ケネス・ウォルツ著、河野勝、岡垣知子訳『国際政治の理論』（勁草書房、二〇一〇年）一三五ページ。

（7）T.V. Paul, *Asymmetric Conflicts: War Initiation by Weaker Powers* (Cambridge University Press, 1994).

（8）I. William Zartman eds., *Negotiating with Terrorists* (Boston: Martinus Nihoff Publishers, 2003).

（9）Robert A. Pape, *Dying to Win : Strategic Logic of Suicide Terrorism* (Random House, 2005).

（10）金谷治訳『孫子』（岩波書店、一九六三年）二一ページ。

（11）クラウゼヴィッツ著、篠田英雄訳『戦争論　上』（岩波書店、一九六八年）二九ページ。

（12）同前、五八ページ。

（13）「物理的強力行為」「精神的強力行為」の部分について、クラウゼヴィッツ著『戦争論　上』を参照したが、カール・フォン・クラウゼヴィッツ著、日本クラウゼヴィッツ学会訳『戦争論　レクラム版』（芙蓉書房出版、二〇〇一年）では、「力」

と訳している。本によって違う部分でもあるので、本書では「強制」という概念を使用することとする。

(14) クラウゼヴィッツ著『戦争論　上』二九ページ。

(15) NHKニュース、二〇一〇年一月八日。

(16) 佐渡龍己『テロリズムとは何か』（文芸春秋、二〇〇〇年）。

(17) カウティリア著、上村勝彦訳『実利論（上）（下）』（岩波書店、一九八四年）。

(18) 現在でも、ゲリラという表現も小さな戦争（small wars）という表現も両方が使われている。

(19) D. Suba Chandran, *Limited War: Revisiting Kargil in the Indo-Pak Conflict* (New Delhi: India Research Press, 2005).

(20) 革命戦争とは「軍事力の行使による政治権力の獲得を意味する」とされる。別のいい方をすれば、不正規戦争に用いられる手法をすべて利用して、国内において力によって政権をとる行為である。毛沢東の言葉が革命戦争戦略の本質をよく言い表している「政権は銃口から生まれる」（ジョン・シャイ、トーマス・W・コリア「革命戦争」ピーター・パレット編、防衛大学校「戦争・戦略の変遷」研究会訳『現代戦略思想の系譜―マキャベリから核時代まで―』（ダイヤモンド社、一九八九年）七〇三～七四二ページ）を参照した。革命戦争の定義については七〇五ページである。毛沢東の言葉については、（伊達宗義監修、堤昌司「軍事史学上の名著を読む　毛沢東『人民戦争論』」『歴史群像』一九九九年秋・冬号（一九九九年一一月）一六一ページ）を参照。

(21) 服部実「新しい戦争―不正規戦争―」高坂正堯、桃井真共編『多極化時代の戦略　下　さまざまな模索』（財団法人日本国際問題研究所、一九七三年）三七一～四二九ページ。

(22) メアリー・カルドー著、山本武彦、渡部正樹訳『新戦争論―グローバル時代の組織的暴力―』（岩波書店、二〇〇三年）。

(23) Rupert Smith, *The Utility of Force: The Art of War in the Modern World* (London: Penguin Books, 2005).

(24) 山内敏秀「軍事力と外交」防衛大学校・防衛学研究会編『軍事学入門』（かや書房、一九九九年）三〇～五一ページ。宮坂直史「低強度紛争への米国の対応」『国際安全保障』第二九巻第二号（二〇〇一年九月）六八ページ。

(25) 片山善雄「低強度紛争概念の再構築」『防衛研究所紀要』第四巻第一号（二〇〇一年八月）（http://www.nids.go.jp/publication/kiyo/pdf/bulletin_j4-1_4.pdf）。

(26) 塚本勝一、寄村武敏「間接侵略とは―序論」塚本勝一編著『目に見えない戦争　間接侵略』（朝雲新書、一九九〇年）一六～三二ページ。

（27）第一世代の戦闘とは隊列を重視して人間の数が戦闘に最も影響を与える戦闘で、だいたいフランス革命が起きた一八世紀の戦略・戦術を指す。第二世代の戦闘とは火力重視の戦闘で、第一次世界大戦のような戦闘を指す。第三世代は機動戦を指し、第二次世界大戦において戦車や爆撃機を使って空地一体となって機動力を発揮した戦闘を展開したことを指す。そして第四世代は毛沢東以来の不正規戦を指す考え方である（William S. Lind, Keith Nightengale（USA）, John F. Schmitt, Joseph W. Sutton（USA）, and Gary I. Wilson, "The Changing Face of War: Into the Forth Generation", *Marine Corp Gazette: Professional Journal of U.S. Marine*（Quantico, Virginia: US Marine Corp Association, 1989）; Thomas X. Hammes, *The Slingn and The Stone: On War in The* 21st *Century*（St. Paul: Zenith Press, 2006）; Thomas X. Hammes, "Fourth Generation Warfare Evolves Fifth Emerges", *Military Review*（Combined Arms Center, US Army, May–June 2007））。

（28）もともと米陸軍教範で使用されるようになった表現で、陸上自衛隊でもよく利用されるようになった表現である。筆者も二〇〇七年四月に陸上自衛隊研究本部で開かれたフルスペクトラム作戦に関するシンポジウムに参加した。フルスペクトラム作戦の説明としては、例えばGlobal Security のサイト（http://www.globalsecurity.org/military/library/policy/army/fm/3-0/ch4.htm）がある。

（29）この表現は、主にインド陸軍が使用しており"sub conventional war"という表現も使用している。これらの表現は過去にインド陸軍のホームページでドクトリンが公表された際にそのドクトリンに含まれているものである（Indian Army Headquarters Army Training Command, *Indian Army Doctrine Part 1-3*（2004）; Indian Army Headquarters Army Training Command, *Doctrine For Sub Conventional Operation Part 1-2*（2006）, p. 9）。

（30）火力を戦争でどのように生かすかという観点からみた考え方であり、その後、限定戦争における空軍の使用等において研究されている（Paul K. Davis, *Effects-Based Operations: A Grand Challenge for the Analytical Community*（Santa Monica, CA : RAND, 2001）（http://www.rand.org/content/dam/rand/pubs/monograph_reports/2006/MR1477.pdf））。

（31）Micah Zenko, *Between Threats and War: U.S. Discrete Military Operations in The Post-Cold War World*（Stanford University Press, 2010）.

（32）インド軍のドクトリンでは様々な戦争を区分けした概念図が載っているが、必ずしも本書の定義とは一致しない（Indian Army Headquarters Army Training Command, *Indian Army Doctorine Part 1*, p. 12; Indian Army Headquarters Army Training Command, *Doctorine For Sub Conventional Operation Part 2*）。

(33) 古典的な戦争という表現はより厳密に用いられることがある。例えば日露戦争や第二次世界大戦のように、大軍を動員して戦場へ機動して決戦するという会戦形式の作戦が大きな比重を占め、相手が滅びるまで徹底的に戦う戦争だけを指す場合である。しかし、第二次世界大戦後、国家間で、そのような古典的な戦争は起きていない。これは核兵器を含む近代兵器が発達し、徹底的なエスカレーションをおこすと過大なコストを払うことになると明示されたことと、国際連合の成立による集団安全保障体制が一定程度整備されたためであると考えられる。一九四七年に独立したインドも会戦形式の戦争は経験していない。そのため、会戦形式の戦争だけを古典的な戦争と表現する概念は、昨今の戦争の変化を区分する概念としては有用でない。本書では、最近の戦争の変化を表現するために古典的な戦争と非対称戦という概念を使用するが、その古典的な戦争は、古典的な戦争に近いものをより広く含む概念として使用するものである。

(34) T.V. Paul, *Asymmetric Conflicts*, pp. 20–22.

(35) Ivan Arreguin Toft, *How Weak Win Wars?* (Cambridge University Press, 2005).

(36) マスコミ資料及びグロニンゲン大学のアンガス・マディソン氏が公表している一九五〇年代から二〇〇九年までの人口、GDPのデータベースより作成 (http://www.ggdc.net/MADDISON/oriindex.htm)。GDPは一〇〇万国際ゲアリーケイミスドルで計算されている。これは各国通貨を購買力平価で換算した、一九九〇年基準の実質値。

(37) 石津朋之、永末聡、塚本勝也編著『戦略原論—軍事と平和のグランド・ストラテジー—』(日本経済新聞出版社、二〇一〇年) 一一ページ。

(38) 防衛大学校・防衛学研究会編『軍事学入門』(かや書房、一九九九年) 一三〇ページ。

(39) クラウゼヴィッツ著『戦争論　上』一七六ページ。

(40) 同前、二五二ページ。

(41) リデル・ハート著、森沢亀鶴訳『戦略論(下)』(原書房、一九七一年) 三五一ページ。

(42) 戦略研究学会編、片岡徹也編著『戦略論体系③　モルトケ』(芙蓉書房出版、二〇〇二年) 三六ページ。

(43) リデル・ハート著『戦略論(下)』三八六ページ。

(44) 同前、三五三ページ。

(45) 同前。

(46) 同前、三八一ページ。

(47) 同前、三五三ページ。
(48) 「抑止とは、費用と危険が期待する結果を上回ると敵対者に思わせることで、自分の利益に反するいかなる行動をも敵対者にとらせないようにする努力である」（ゴードン・A・クレイグ、アレキサンダー・L・ジョージ著、木村修三、五味俊樹、高杉忠明、滝田賢治、村田晃嗣訳『軍事力と現代外交―歴史と理論で学ぶ平和の条件―』（有斐閣、一九九七年）二〇四ページ）。なお、抑止の議論としては自然界の事象等も参考にその根源を探った研究がある（村主道美「防衛と抑止の諸問題」『学習院大学　法学会雑誌』第四六巻第一号（学習院大学、二〇一〇年九月）二一九～三〇六ページ）。
(49) 「強制外交の戦略（あるいは強要と称するものもある）では、たとえば、侵入を止めさせるか占領地を放棄させるような、敵対者に侵略を行わせないように威嚇や限定的な軍事力を用いる」（同前、二二〇ページ）。
(50) トーマス・シェリング著、河野勝監訳『紛争の戦略―ゲーム理論のエッセンス―』（勁草書房、二〇〇八年）五ページ。
(51) ゴードン・A・クレイグ、アレキサンダー・L・ジョージ著『軍事力と現代外交』、同前『紛争の戦略』以外に、Thomas C. Schelling, *Arms and Influence*（Yale University Press, 1966）；Alexander L. George and William E. Simons, eds., *The Limits of Coercive Diplomacy: Second Edition*（Boulder, Colorado: Westview Press, 1994）；Alexander L. George, *Forceful Persuasion: Coercive Diplomacy as an Alternative to War*（Washington, D. C.: United States Institute of Peace Press, 1991）；Lawrence Freedman ed., *Strategic Coercion: Concept and Cases*（Oxford University Press, 1998）, pp.17–20; Peter Viggo Jakobsen, *Western Use of Coercive Diplomacy after the Cold War: A Challenge for Theory and Practice*（New York: Palgrave Macmillian, 2002）；Daniel Byman and Matthew Waxman, *The Dynamics of Coercion: American Foreign Policy and the Limits of Military Might*（Cambridge University Press, 2002）；Martha Crenshaw, "Coercive Diplomacy and the Response to Terrorism" in Robert J. Art and Patrick M. Cronin, eds., *The United States and Coercive Diplomacy*（Washington, D.C.: US Institute of Peace Press, 2003）；Robert A. Pape, *Bombing to Win: Air Power and Coercion in War*（Cornell University Press, 1996）；長尾賢「小国の核は大国の軍事的影響力を無効にするのか？―9・11とインド国会襲撃事件後の対パキスタン強制外交を例に―」『防衛学研究』第三九号（二〇〇八年九月）一二一～一四二ページを参照した。
(52) 防衛大学校・防衛学研究会編『軍事学入門』一四一～一四八ページ。
(53) 筆者は一時期自衛隊と外務省の両方に所属し、国際軍事情勢に関して分析した文書作成過程において議論を行った結果わかったことであるが、これは自衛隊の業務では作戦戦略と戦術の区別が重要であるのに対し、外務省の仕事の中ではあまり重要でないと考えられているため起こったことではないかと推測される。外務省の定義は戦略核・戦術核と分けるための定義に近い。

(54) インド軍のドクトリンには「作戦の成功」とは「敵に対しては決定的な勝利を早期に、我が軍については最小限の損害で、達成すること」となっている（Indian Army Headquarters Army Training Command, *Indian Army Doctrine Part 1*, p. 26）。

(55) ゴードン・A・クレイグ、アレキサンダー・L・ジョージ著『軍事力と現代外交―歴史と理論で学ぶ平和の条件―』二五四ページ。

(56) G・ジョン・アイケンベリー著、鈴木康雄訳『アフターヴィクトリー―戦後構築の論理と行動―』（NTT出版、二〇〇四年）一八六ページ。

(57) 防衛大学校・防衛学研究会編『軍事学入門』一四六ページ。

(58) T.V. Paul, *Asymmetric Conflicts*, p. 27.

(59) イラク軍の戦車、装甲車、火砲の撃破率は平均七九％であったが、肝心の大統領警護隊については平均二〇％しか撃破されていなかった（木田秀人『湾岸戦争』（陸戦学会、一九九九年）五九三ページ）。

(60) United States of America, Joint Chief of Staff, *The National Military Strategy of United States of America 2011: Redefining America's Military Leadership*（2011）（http://www.jcs.mil/content/files/2011-02/020811084800_2011_NMS_-_08_FEB_2011.pdf).

(61) 防衛省『平成二二年版　日本の防衛―防衛白書―』一三一ページ（http://www.clearing.mod.go.jp/hakusho_data/2010/2010/index.html）。

(62) Rahul K. Bhonsle, *Securing India: Assessment of Defence and Security Capabilities*（New Dehli: Vij Books, 2009）, pp. 79–82.

(63) Indian Army Headquarters Army Training Command, *Indian Army Doctrine Part 1–3*.

(64) Indian Army Headquarters Army Training Command, *Doctrine For Sub Conventional Operation Part 1–2*（2006）.

(65) Integrated Headquarters of Ministry of Defence (Navy), *Freedom Use of Sea India's Maritime Military Starategy* (2007).

(66) 一九九九年度以降の各号はホームページに掲載されている（Ministry of Defence Government of India, *Annual Report*）

(http://mod.nic.in/reports/welcome.html)。

(67) Indian Air Force Air Head quarters Doctrine Team "Basic Doctrine of the Indian Air Force 2012" (2012).

(68) インド海軍戦略の中では、インド軍統合ドクトリンに基づく概念として「大戦略」の下に「統合軍事戦略」を規定し、その下に「陸軍戦略」「海軍戦略」「空軍戦略」が存在するとしている（Integrated Headquarters of Ministry of Defence (Navy), *Freedom Use of Sea: India's Maritime Military Strategy*, pp. 1-3)。

(69) United States of America Department of Defense, *Quadrennial Defense Review Report* (2001) (http://www.dod.gov/pubs/qdr2001.pdf).

(70) 印パ間ではしばしば核戦力の分析に重点が置かれることが多いようにみられるが、核抑止下においても通常戦力の使用が完全に抑止されているわけではないことは考慮し、バランスある分析にする必要がある（長尾賢「小国の核は大国の軍事的影響力を無効にするのか？」『防衛学研究』第三九号、一二一〜一四二ページ）。

(71) 例えば一見して同じ兵器でも中身が大きく違う場合がある。戦車の装甲の種類や戦闘機のレーダー等が違えば、同じ兵器でもほとんど別の兵器であるかのような大きな差がでる場合がある。しかも中に何が積んであるか、正確に細かく公表されないことが多い。具体的な例としては、ソ連は国内向けのT七二戦車の装甲には新型の複合装甲にしていたが、輸出向けのT七二戦車の装甲は複合装甲にしていなかった。複合装甲は一般的に使用されていたHEAT弾に対する防御力が格段に高いので、同じT七二戦車でも両者の装甲防御力は大きな差があったといえる。なお、この区別は湾岸戦争を境に廃止された（『世界の戦闘車両　二〇〇六〜二〇〇七』（カリレオ出版、二〇〇六年）五四〜五五ページ）。

(72) Pinaki Bhattacharya, "Harpoons: India to pay US almost three times more than Pak" (*Indian Today*, 19 Jan. 2011).

(73) T八〇及びT七二の中にはミサイルを発射できない古い型もある。

(74) ロシアの戦車砲は西側の戦車の戦車砲に比べ数㎜大きめの口径に設計されている。そのため、ロシアの戦車は西側の戦車砲弾を使用できる場合がある。ただ、使用できるというだけで、寸分違わず狙い通り正確に飛んでいくわけではない。それでも弾のない大砲よりは有用であり、ロシアが実戦における補給の欠乏を重くみていることがわかる設計である（陸上自衛隊情報部門のトップであった塚本勝一氏へのインタビューより）。

(75) そのためヨーロッパの三十年戦争では弾薬や食料を輸送することができる川沿いばかりが進撃ルートとなったし、第二次世界大戦の北アフリカ戦線では内陸の砂漠ではなく、海から補給ができる海沿いの道路ばかりが進撃ルートとなった（M・

V・クレヴェルト著、佐藤佐三郎訳『補給線─ナポレオンからパットン将軍まで─』（原書房、一九八〇年））。

(76) 一個機甲連隊の戦車数を比べてみるとインドは五五両、ソ連なら九三両である。インドについては四六両（一旅団で一五六両）とする資料もある（The International Institute of Strategic Studies, *The Military Balance 2010* (London : IISS)；「軍事研究」編集部編『ソ連地上軍』(Japan Military Review, 一九八九年）一七〇～一七九ページ。ワールドフォトプレス編『世界の戦車』（光文社文庫、一九八五年）一五〇～一五五ページ)。

(77) G. D. Bakshi, *The Rise of Indian Military Power: Evolution of an Indian Strategic Culture* (New Delhi: KW, 2010), pp. 153–159.

(78) Richard Sisson and Leo E. Rose, *War and Secession: Pakistan India and the Creation of Bangladesh* (University of California Press, 1990), p. 51.

(79) 保有武器の八〇％以上がアメリカ製だった。

(80) Bhashyam Kasturi, "The State of War with Pakistan", Daniel P. Marston eds., *A Military History of India and South Asia: From the East India Company to the Nuclear Era* (Indiana University Press, 2007), p. 146 ; G. D. Bakshi, *The Rise of Indian Military Power*, p. 120.

(81) インドのロシア依存度は本書でより詳しく分析する。

(82) 当時の世界三大海軍である日英米の総トン数をみてみると、日本が一〇九万五〇〇〇ｔなのに対し、アメリカは一三五万二〇〇〇ｔ、イギリスが一三八万八〇〇〇ｔであるが、特に戦局を決定づけた航空母艦のトン数では、日本が一七万八〇〇〇ｔであるのに対し、アメリカは一三万五〇〇〇ｔ、イギリスが一六万一〇〇〇ｔである。つまり日本は大型で優れた航空母艦を多数保有しており、海軍力では英米に劣らないものであった。本書ではアメリカの立場でみているが、日本の立場からみれば、このように強力な兵力が日本の対米戦争決断に大きく影響したとの指摘がある。これと同じことが陸軍についてもいえ、世界三大陸軍は当時日独ソであったが、特に日本の陸軍は日中戦争中に戦死、戦傷、戦病一一五万人もの兵力を失いながらも一七個師団から五一個師団に急速に増強した。伊藤正徳は「五一個師団あったからこそ、太平洋戦争の冒険を踏み切ったのであって、それが二五師団か三〇個師団の程度だったら、絶対に戦争には突入しえなかった」とし、日中戦争中の臨時予算による戦力の激増が太平洋戦争を招いたと研究している。さらに日本には当時空軍という組織はなかったが、空軍力という観点からみると、米国戦略爆撃調査団がまとめた報告『ジャパニーズ・エア・パワー』にあるように一九四一年一二月七日の時点で「十分な数的優勢にあると彼らは信じていた」として日本の戦力における自信を示している（伊藤正徳『連合艦隊の最後―太平洋開戦史―』（光人社、一九九三年）三二六〜三二九ページ。伊藤正徳『帝国陸軍の最後1　進攻編』（角川文庫、一九七三年）二九四〜二九七ページ。米国戦略爆撃調査団著、大谷内一訳編『ジャパニーズ・エア・パワー米国戦略爆撃調査団報告　日本空軍の攻防』（光人社、一九九六年）三九〜四二ページ）。

(83)　マスコミ資料及びグロニンゲン大学のアンガス・マディソン氏が公表している一九五〇年代から二〇〇九年までの人口、GDPのデータベース参照（http://www.ggdc.net/MADDISON/oriindex.htm）。

(84)　アメリカがかかわらない戦争においても、例えばドイツがダンケルクに追い詰めたイギリス軍を徹底的に攻撃しないで撤退を許したのは、ドイツに徹底的に攻撃する戦力がなかったのではなく、イギリスとの和平を模索したことが原因の一つであるとの見方がある。戦争の途中からイタリアは連合国の一員に加わっていたことも第二次世界大戦において和平交渉が一定の影響を与えたことを示している。その点では第二次世界大戦においても完全勝利以外の戦略が追求されたともいえる。ただ、第二次世界大戦ではこのような講和の動きのほとんどが結実しなかったのもまた事実で、第二次世界大戦後の戦争だけでなく、一七〜一九世紀の戦争と比較してもこの傾向は顕著である。本書は、このような明確な勝利追求の戦略が採用された原因として戦争の性質の変化に焦点を当てることとした。

(85)　もしケネス・ウォルツならば、これを強大国に対抗するための対抗的連合による勢力均衡策になるかもしれないが、ここで想定しているのは、A国が圧倒的に強い場合である。ケネス・ウォルツは勝者が明確になった場合、B〜G国は勢力均衡ではなく勝ち馬に乗る（バンドワゴン）を選択するとしているが、この場合は、B〜G国の中に依然として勢力均衡をはかる国が存在する場合を想定している。その点でケネス・ウォルツの想定とは若干違う（ケネス・ウォルツ『国際政治の理論』一六二〜一六九ページ）。

(86)　ヘンリー・A・キッシンジャー著、岡崎久彦監訳『外交　下』（日本経済新聞社、一九九六年）四二ページ。

(87)　ドミノ理論については、中華人民共和国成立後の朝鮮戦争の四カ月前にでた国家安全保障会議文書第六四号にすでに登場しており、一九五二年の国家安全保障会議文書では定式化し、それを大原則とし、「インドシナへの攻撃を『敵対的かつ侵略的な共産中国の存在に由来する』危険として述べ、東南アジア諸国をただ一国失うことも『残りの国に共産主義への比較的速やかな従属、あるいは共産主義との同盟をもたらす。さらに、共産主義と東南アジアの残りの国およびインド、長期的には（パキスタンとトルコを除くとしても）中近東との間で、同盟が漸次起こることになろう』と論じた」（ヘンリー・

A・キッシンジャー著『外交　下』二五三ページ)。

(88) 児島襄『朝鮮戦争　I』(文春文庫、一九八四年)一五九～一六七ページ。

(89) 同前、八七～一七〇ページ。

(90) 本書のベトナム戦争についての資料については、塚本勝一編著『目に見えない戦争　間接侵略』、W・モーマイヤー(元戦術空軍司令官)著、藤田藤幸訳『ベトナム航空戦―超大国空軍はこうして侵攻する―』(原書房、一九八二年)、Archer Jones, *Elements of Military Strategy: An Historical Approach* (Westport, CT: Greenwood, 1996), Amazon kindle edition; 大野正義「第10章　ベトナム戦争」陸戦学会戦史部会編『現代戦争概説　下巻』(陸戦学会、一九八二年)二二一～二四六ページ参照。

(91) この時期の外交については、キッシンジャー著『外交　下』四〇一～四四〇ページ。大野正義「第10章　ベトナム戦争」陸戦学会戦史部会編『現代戦争概説　下巻』四二～四八ページ参照。

(92) 本書の朝鮮半島情勢についての分析は、塚本勝一『現代の諜報戦争』(三天書房、一九八六年)。塚本勝一『北朝鮮　軍と政治』(原書房、二〇〇〇年)。塚本勝一『超軍事国家―北朝鮮軍事史―』(亜紀書房、一九八八年)。塚本勝一『朝鮮半島と日本の安全保障』(朝雲新書、一九七八年)。関川夏央、恵谷治、NK会編『北朝鮮軍動く―米韓日中を恫喝する瀬戸際作戦―』(文藝春秋、一九九六年)。児島襄『朝鮮戦争　I、II、III』。その他マスコミ資料等を参照。

(93) コリン・パウエル、ジョゼフ・E・パーシコ著、鈴木主税訳『マイ・アメリカン・ジャーニー―統合参謀本議長時代編―』(角川文庫、二〇〇一年)一六七～一六九ページ。

(94) 本書の湾岸戦争に関する資料については前述のパウエル統合参謀本部議長の書籍(コリン・パウエル、ジョゼフ・E・パーシコ著『マイ・アメリカン・ジャーニー』)以外に、米軍の公刊戦史である二冊、リチャード・P・ハリオン著、服部省吾訳『現代の航空戦　湾岸戦争』(東洋書林、二〇〇〇年)、F・N・シューベルト、T・L・クラウス編、滝川義人訳『湾岸戦争　砂漠の嵐作戦』(東洋書林、一九九八年)及び、木田秀人『湾岸戦争』を参照した。

(95) 木田秀人『湾岸戦争』五九三ページ。

(96) 同前。

(97) 同前。

(98) 同前、五九一ページ。

（99）ＮＨＫ「シリーズ日米安保五〇年　第四回　日本の未来をどう守るか」（二〇一〇年一二月一一日放送）。

（100）United States of America, Joint Chief of Staff, *The National Military Strategy of United States of America 2011: Redefining America's Military Leadership*, p. 13.

（101）九・一一のアフガニスタンやイラクにおける介入は大規模で苦戦に陥った。しかし、結局イラクにおける戦略も不明確な勝利の追求と早期撤退を模索しており、アフガニスタンでも同じような戦略を模索している。また、ソマリア（二〇〇七年）、イエメン、リベリア、パキスタンにおいては、限定攻撃を行って素早く撤退しており、まるでゲリラのようなヒット・アンド・ラン作戦を展開しているといえる。これらの戦略はベトナム戦争のころと違って、バランス思考の戦略の範疇であると考えられる。

（102）Robert Gilpin, *War & Change in World Politics*（Cambridge University Press, 1981）, p. 15.

（103）ケネス・ウォルツ著『国際政治の理論』一六二～一六九ページ。

（104）Robert Gilpin, *War & Change in World Politics*, p. 175.

（105）*Ibid*., p. 89.

（106）Glenn H. Snyder, "Deterrence by Denial and Punishment", Davis B. Bobrow eds., *Components of Defence Policy*（Chicago: Rand Mcnally & Company, 1965）, pp. 209-237の邦訳、高坂正堯、桃井真共編『多極化時代の戦略　上　核理論の史的展開』（財団法人日本国際問題研究所、一九七三年）三七～七二ページ。

（107）プロスペクト理論については、土山實男『安全保障の国際政治学』及び Rose McDermott, *Risk-Taking in International Politics: Prospect Theory in American Foreign Policy*（The University of Michigan Press, 2001）参照。

（108）土山實男『安全保障の国際政治学』一五〇ページ。

（109）ヘンリー・A・キッシンジャー著『外交　下』二六〇ページ。

（110）リデル・ハート著『戦略論（下）』三九四ページ。

（111）同前、三九七ページ。

（112）同前、三九七～三九八ページ。

（113）本書は北朝鮮が核保有したことがアメリカの北朝鮮攻撃の抑止力になっているという指摘に対し一定の疑問をもっている。というのは、北朝鮮が核保有する前から、アメリカは北朝鮮攻撃をしていないからである。なお、印パ間の核兵器がどの程度通常戦力の使用に影響を与えるかについては、長尾賢「小国の核は大国の軍事的影響力を無効にするのか?」『防衛学研究』第三九号、一二一～一四三ページを参照。

(114) Ivan Arreguin Toft, *How Weak Win Wars?*, pp. 219–224.

(115) リデル・ハート著『戦略論（下）』四〇二ページ。

(116) 同前。

(117) 同前。

(118) 同前、三九四～四〇四ページ。

(119) 同前、四〇三ページ。

(120) Gil Merom, *How Democracies Lose Small Wars* (Cambridge University Press, 2003), p. 10.

(121) Rupert Smith, *The Utility of Force : The Art of War in the Modern World*, p. 397.

(122) Ivan Arreguin Toft , *How Weak Win Wars?*, p. 225.

(123) 筆者の自衛隊での経験を参考にしたものであるが、当然訓練が長ければより練度は増すのであくまで目安である。

第一章　インドの戦争――事例の抽出

(1) Ramachandra Guha, *India After Gandhi: The History of the World's Larges + Democracy* (New York: Happer Perennial, 2008), pp. 64–65.

(2) K. C. Praval, *Indian Army: After Independence* (New Delhi: Lancer, 1987), pp. 29–99; Pradeep P. Barua, *The State at War in South Asia* (University of Nebraska Press, 2005), pp. 159–166; G. D. Bakshi, *The Rise of Indian Military Power: Evolution of Indian Strategic Culture* (New Delhi: KW, 2010), pp. 108–111.

(3) G. D. Bakshi, *The Rise of Indian Military Power*, pp. 108–111.

(4) *Ibid.*

(5) Ramachandra Guha, *India After Gandhi*, pp. 65–71; K. C. Praval, *Indian Army*, pp. 100–114; G. D. Bakshi, *The Rise of Indian Military Power*, pp. 111–115.

(6) S. P. Sinha, *Lost Opportunities: 50 Years of Insurgency in the North–east and India's Response* (New Delhi: Lancer,

2007）; Vivek Chadha, *Low Intensity Conflicts in India: An Analysis*（New Delhi: Sage, 2005）; Pradeep P. Barua, *The State at War in South Asia*, pp. 231–236; Renaud Egreteau,"Militant mire: Battling insurgency in northeast India", *Jane's Intelligence Review*（Jane's information Group, February 2008）, pp. 18–23.

（7） 一九七九年二月のバジパイ外相の訪中の際、バジパイ外相はインド北東部ナガランド及びミゾラムの武装勢力に対する中国の支援について言及したところ、中国側は過去のものになるとの回答であった。実際支援を止めたものとみられている。ただ、この時の印中間の関係正常化はほぼ同時に行われた中国のベトナム侵攻によって中断した（V. N. Khanna, *Foreign Policy of India-6th Edition-*（Vikas, 2007）, p. 127）。そのため中国は一九七九年以降、武装勢力に対する支援を停止したとみられているが、最近インド北東部の武装勢力が中国で武器を調達している実態が政府により確認され、発表されている（Government of India, "Inputs Suggest Visit to China by Leaders of NE Insurgent Groups"（10th March 2011）（http://pib.nic.in/newsite/erelease.aspx?relid=70786））。

（8） Wabir Hussain, "Bhutan's Response to the Challenge of Terrorism", S. D. Muni eds., *Responding to Terrorism in South Asia*（New Delhi: Manohar, 2006）, pp. 269–300; Praveen Kumar, "External Linkages and Internal Security: Assessing Bhutan's Operation All Clear", *Strategic Analysis*（Institute for Defence Studies and Analyses, Jul.-Sep. 2004）, pp. 390–400（http://www.idsa.in/system/files/strategicanalysis_pkumar_0904.pdf）; Anthony Davis and Rahul Bedi, "Pressure from India leads to Bhutan insurgent crackdown", *Jane's Intelligence Review*（Jane's information Group, February 2004）, pp. 32–35.

（9） ＵＬＦＡのリーダーはバングラデシュで捕えられてインドに送還されており、両者の和平交渉が始まっている（"Peace in sight? Ulfa-Centre talk for the first time"（*The Times of India*, 25 July 2010））。

（10） Chandra Bhushan, *Terrorism and Separatism in North-East India*（New Dehli: Kalpaz, 2004）, pp. 155–166.

（11） Ramachandra Guha, *India After Gandhi*, pp. 65–71, 168–170, 184–186, 331–333, 737; K. C. Praval, *Indian Army*, pp. 209–214; G. D. Bakshi, *The Rise of Indian Military Power*, pp. 115–116.

（12） Srinath Raghhavan, "A Bad Knock: The War with China, 1962", Daniel P. Marston and Chandar S. Sundaram, *A Military History of India and South Asia: From the East India Company to the Nuclear Era*（Indiana University Press, 2007）, pp. 157–174; V. N. Khanna, *Foreign Policy of India: 6th Edition*（New Delhi: Vikas, 2007）, pp. 111–140; Pradeep P. Barua, *The*

State at War in South Asia, pp. 159–181; G. D. Bakshi, *The Rise of Indian Military Power*, pp. 117–126; 和泉洋一郎「中印国境戦争の概要」陸戦学会『陸戦研究』二〇一一年二月号、一〇三〜一一七ページ、二〇一一年三月号、五三〜七四ページ。

(13) 一九五〇年末には中国がカシミールのラダク地方と現在のアルナチャル・プラデシュ州の一部を占拠され、インド側の懸念は高まっていた。

(14) 中国は一五〇〇機、インドは五五九機の空軍機を保有していたとみられるが（History Division, Ministry of Defence Government of India, *The History of the Conflict with China, 1962*, pp. 356–357.（http://www.bharat-rakshak.com/LAND-FORCES/Army/History/1962War/PDF/））、インドがもし空軍を投入していた場合、中国空軍は当時燃料不足に陥っていた上、練度も装備もインドの方が良かったので、戦局を覆す力があったという説がある。ただ、中国軍はジャングルを歩兵で浸透して、インド陸軍の側面を衝いて攻撃を継続していた。このような戦闘で、インド空軍機がジャングルに隠れた中国軍に与える打撃には限界があり、戦局に影響を与える力にはなり得なかった、との分析もある（P. V. S. Jagan Mohan and Samir Chopra, *The India-Pakistan Air War of 1965*（New Delhi: Manohar, 2005）, pp. 28–31）。

(15) ネルーはこの時、米空軍の支援を求めたのであるが、その支援は秘密裏に行われた（Stephan P. Cohen and Sunil Dasgupta, *Arming without Aiming: India's Military Modernization*（New York: The Brookings, 2010）；"Jawaharlal Nehru pleaded for US help against China in 1962"（*The Times of India*, 16 Nov. 2010））。

(16) P. R. Chari, Pervaiz Iqbal Cheema and Stephen P. Cohen, *Four Crises and a Peace Process: American Engagement in South Asia*（Washington, D.C.: Brookings, 2007）, pp. 20–21; K. C. Praval, *Indian Army*, pp. 314–317.

(17) Pradeep P. Barua, *The State at War in South Asia*, pp. 182–196; G. D. Bakshi, *The Rise of Indian Military Power*, pp. 127–135; 中薗博文「第9章　インド・パキスタン戦争」陸戦学会戦史部会編『現代戦争史概説　下巻』（陸戦学会、一九八二年）、九三〜九九ページ；ロン・ノルディーンJr.著、江畑謙介訳『現代航空戦史事典―軍事航空の運用とテクノロジー―』（原書房、一九八八年）、一一九〜一四〇ページ。

(18) G. D. Bakshi, *The Rise of Indian Military Power*, p. 132.

(19) パキスタン側の弾薬の不足は深刻で保有する弾薬の内八〇%を使用していた。それに比べインド軍は前線では保有する弾薬の内一四%しか使用しておらず、後方からの輸送手段等に問題があったとしてもそれほど深刻な弾薬不足とはいえなかった（Bhashyam Kasturi, "The State of War with Pakistan", Daniel P. Marston and Chandar S. Sundaram eds., *A Military*

History of India and South Asia: From the East India Company to the Nuclear Era（Indiana University Press, 2007）, p. 146; G. D. Bakshi, *The Rise of Indian Military Power*, p. 120）。

（20） Gautam Das, *China Tibet India: The 1962 War and The Strategic Military Future*（New Delhi: HAR-ANAND, 2009）, pp. 215–216; Illustrated Weekly India, "Tense Vigil-Photo Feature of Nathu La"（Bharat-Rakshak）（http://www.bharat-rakshak.com/LAND-FORCES/History/1962-71/271-Tense-Vigil.html）; Official History, "The Chola Incident"（Bharat-Rakshak）（http://www.bharat-rakshak.com/LAND-FORCES/History/1962-71/270-Chola-Incident.html）;V. N. Khanna, *Foreign Policy of India*, pp. 111–140.

（21） A. K. Verma, "Naxal Threat in India: A long & Arduous Battle lies Ahead"（South Asia Analysis Group, 2009）（http://www.southasiaanalysis.org/papers36/paper3526.html）, 井上恭子「まだ『春雷』はとどろいている」広瀬崇子、近藤正規、井上恭子、南埜猛編著『現代インドを知るための六〇章』（明石書店、二〇〇七年）八八～九二ページ。

（22） この時期がターニングポイントだとの指摘がある。毛沢東主義派が本格的なゲリラ戦部隊に転換したからである（K. Srinivas Reddy, "Formation of PLGA a turning point in the Maoist movement"（*The Hindu*, 5 Dec. 2010））。

（23） 過去三年間の事件数、市民、治安関係者の死者数については、Government of India, "Naxal Violence"（http://pib.nic.in/newsite/erelease.aspx?relid=71102）。

（24） Vishwa Mohan, "Maoists develop tech to clone AK series rifles"（*The Times of India*, 18 Jan. 2010）; Rahul Bedi, "Cross-border links strengthen India's insurgent groups", *Jane's Intelligence Review*（Jane's information Group, Norvember 2004）, pp. 22–25.

（25） ただ、インドの警察軍はカシミール・インド管理地域（ジャム・カシミール州）に七〇個大隊も展開させているにもかかわらず、毛沢東主義派が活動している七つの州には計六二個大隊しか展開させていない（"Centre may bring back at least 10,000 troops from J&K"（*The Times of India*, 13 Feb. 2011））。

（26） "Audio slideshow: India's insurgents"（BBC, 11 Nov. 2010）.

（27） Pradeep P. Barua, *The State at War in South Asia*, pp. 197–228; G. D. Bakshi, *The Rise of Indian Military Power*, pp. 137–152；中薗博文「第9章　インド・パキスタン戦争」陸戦学会戦史部会編『現代戦争史概説　下巻』一〇〇～一一九ページ。

（28） インド軍は一九七二年三月にはバングラデシュから撤退し、第三次印パ戦争は完全な勝利となるが、その後の両国関係に安全保障上の問題がなかったわけではない。ファラッカ堰をめぐる水問題や国境での銃撃戦もあり、一九八二年には海上の国境線をめぐる小競り合いもあった（Anuj Dhar, *CIA's Eye on South Asia*（New Dehli: Manas Publications, 2009）, p. 295）。

（29）　向和歌奈「核不拡散体制の逆説的な含意」『国際安全保障』（第三五巻第四号、二〇〇八年三月）五一～六七ページ。

（30）　スティーブ・フィリップ・コーエン著、堀本武功訳『台頭する大国インド―アメリカはなぜインドに注目するのか―』（明石書店、二〇〇三年）二〇九ページ。

（31）　V. N. Khanna, *Foreign Policy of India*, pp. 124–125; Ramachandra Guha, *India After Gandhi*, p. 482.

（32）　Pradeep P. Barua, *The State at War in South Asia*, pp. 252–258; P. R. Chari, Pervaiz Iqbal Cheema and Stephen P. Cohen, *Four Crises and a Peace Process*, pp. 21–23; 前掲、スティーブ・フィリップ・コーエン著『台頭する大国インド』二二四～二三八ページ。

（33）　Pradeep P. Barua, *The State at War in South Asia*, pp. 236–239; C. Christine Fair, *Urban Battle Fields of South Asia: Lessons Learned from Sri Lanka, India and Pakistan*（Santa Monica, CA: RAND, 2004）（http://www.rand.org/pubs/monographs/2004/RAND_MG210.pdf）, pp. 69–99; Lt Col Vivek Chandha, *Low Intensity Conflicts in India*, pp. 163–218.

（34）　この事件では兵士も死亡した（Sanjeev Chopra, "Army admits 34 soldiers killed in '84 anti-Sikh riots"（*The Indian Express*, 25 Oct. 2008））。

（35）　P. R. Chari, Pervaiz Iqbal Cheema and Stephen P. Cohen, *Four Crises and a Peace Process*, pp. 23–28; Srinivas Laxman, "Morarji threatened to smash Pak N-sites in 1979"（*The Times of India*, 23 Dec. 2010）.

（36）　Gautam Das, *China Tibet India*, pp. 216–217; V. Natarajan, *The Sumdorong Chu Incident*（Bharat Rakshak）（http://www.bharat-rakshak.com/LAND-FORCES/History/1972-99/286-Sumdorong-Incident.html）; スティーブ・フィリップ・コーエン著『台頭する大国インド』二三四～二三八ページ。

（37）　Gautam Das, *China Tibet India*, pp. 216–217.

（38）　この時の作戦は、インドの中国国境における対処の一例として、現在でも再実施される可能性が指摘されている（"Checking China: 24 yrs later, 'Op Falcon' still awaits nod"（*The Times of India*, 7 June 2010））。

（39）　P. R. Chari, Pervaiz Iqbal Cheema and Stephen P. Cohen, *Four Crises and a Peace Process*, pp. 39–79; Kanti P. Bajpai, P. R. Chari, Pervaiz Iqbal Cheema, Stephen P. Cohen and Sumit Ganguly, *Brasstacks and Beyond: Perception and*

Management of Crisis in South Asia（New Delhi: Manohar, 1995）.

（40） G. D. Bakshi, *The Rise of Indian Military Power*, pp. 179–183; Bharat Verma, G. M. Hiranandani, B. K. Pandey, *Indian Armed Forces*（New Delhi: Lancer Publishers & Distributions, 2008）, p. 167.

（41） P. A. Ghosh, *Ethnic Conflict in Sri Lanka and Role of Indian Peace Keeping Force*（*I.P.K.F.*），（New Delhi: A. P. H., 1999）; Pradeep P. Barua, *The State at War in South Asia*, pp. 239–249.

（42） G. D. Bakshi, *The Rise of Indian Military Power*, pp. 179–183; Bharat Verma, G. M. Hiranandani, B. K. Pandey, *Indian Armed Forces*, pp. 98–99; スティーブ・フィリップ・コーエン著『台頭する大国インド』五二七ページ、注三五。

（43） 近藤則夫「ラジーブ・ガンディー政権期のインドの国際関係」近藤則夫編『現代南アジアの国際関係』（アジア経済研究所、一九九七年）五〇～五五ページ。

（44） V. K. Sood and Pravin Sawhney, *Operation Parakram: The War Unfinished*（New Delhi: Sage, 2003）, pp. 29–58; Pradeep P. Barua, *The State at War in South Asia*, pp. 249–252; G. D. Bakshi, *The Rise of Indian Military Power*, pp. 184–194.

（45） 全体の六〇～八〇％がカシミール外から来たテロ要員と指摘する意見もある（G. D. Bakshi, *The Rise of Indian Military Power*, p. 187）。

（46） 軍以外に警察軍も展開しているが、二〇一一年二月現在、警察軍七〇個大隊（七万人）がカシミール・インド管理地域に展開している。二〇一一年中に一〇個大隊（一万人）減らされる見込みであるが、毛沢東主義派の活動する七つの州に六二個大隊展開しているのに比べると、いかに濃密に展開しているかがわかる（"Centre may bring back at least 10,000 troops from J&K"（*The Times of India*, 13 Feb. 2011）; "More troops may be pulled out of Kashmir valley"（*The Times of India*, 14 Feb. 2011））。なお、軍と警察軍の役割分担については、Thomas A. Marks, "Jammu & Kashmir: State Response to insurgency–The Case of Jammu", *Faultlines: Writing on Conflict and Resolution volume 16*（Institute for Conflict management, 2005）（http://www.satp.org/satporgtp/publication/faultlines/volume16/Article%201.pdf）を参照。

（47） パキスタンによる越境砲撃は、テロ要員が実効支配線を越えられるように支援する意味があると考えられている（G. D. Bakshi, *The Rise of Indian Military Power*, p. 188）。

（48） インドのテロ問題研究機関 Institute For Conflict Management のホームページ参照（http://www.satp.org/satporgtp/countries/india/states/jandk/data_sheets/annual_casualties.htm）。

（49）長尾賢「小国の核は大国の軍事力を無効にするのか?―9・11とインド国会襲撃事件後のパキスタンの強制外交を例に―」『防衛学研究』第三九号（二〇〇八年九月）一二一～一四二ページ。

（50）P. R. Chari, Pervaiz Iqbal Cheema and Stephen P. Cohen, *Four Crises and a Peace Process*, pp. 80–117; P. R. Chari, Pervaiz Iqbal Cheema and Stephen Philip Cohen, *Perception, Politics and Security in South Asia: The compound crisis of 1990* (New York: RoutledgeCurzon, 2003).

（51）インド軍は一九八九年にパキスタン国境沿いで作戦を準備したが、中止になった。

（52）ソ連のアフガニスタン撤退後、パキスタンがかなり積極的に対インド攻勢を仕掛けたのには、核兵器開発の進展や、ソ連のアフガニスタン侵攻に対処するためのアフガンゲリラ支援戦術に自信をもったこと等があるが、それ以外にも、通常戦力で大きく自信を深めたことがある。ソ連のアフガン侵攻時のアメリカの支援によって、パキスタンは対アフガニスタン国境に陸軍二個軍団を創設した。この二個軍団は、ソ連のアフガニスタン撤退と共に対インド戦に流用できるようになった。そのため、対インド戦の通常戦力は、従来の五個軍団で防御しながら二個軍団で攻撃の体制から、五個軍団で防御しながら四個軍団で攻撃することができるわけである。この構想に基づいて一九八九年にもザーブ・エ・モーミン演習も実施された。このようなパキスタン軍にとっての有利な状況が、パキスタンの積極的な対インド攻撃の背景となったと考えられ、一九九〇年危機における軍事行動につながったものと考えられる。なおこの優位は九・一一後、タリバン政権が倒れることで失われた（G. D. Bakshi, *The Rise of Indian Military Power*, pp. 195–202）。

（53）なお、一九九〇年に中国で行われた核実験の一部としてパキスタンは核実験を行ったと伝えられる。

（54）"India, Pakistan exchange lists of nuclear installations"（*The Times of India*, 1 Jan. 2010).

（55）"Pak breaches pact as jets fly near Indian airspace"（*The Times of India*, 20 Jan. 2011).

（56）向和歌奈「核不拡散体制の逆説的な含意」。

（57）Strobe Talbott, *Engaging India: Diplomacy, Democracy, And The Bomb*（Washington, D.C.: Brookings, 2004), pp. 37–38.

（58）長尾賢「非対称戦における報復のルール」『政治学論集』（学習院大学大学院政治学研究科、二〇〇四年）五一～一〇五ページ。

（59）V. K. Sood and Pravin Sawhney, *Operation Parakram*, pp. 29–58; 長尾賢「小国の核は大国の軍事力を無効にするのか?」。

（60） Rahul K. Bhonsle, *Securing India: Assessment of Defence and Security Capabilities*（New Delhi: Vij Books, 2009）, p. 19; "India came close to striking Pak after 26/11: Air chief"（*The Times of India*, 29 May 2009）.

（61） "PAF had deployed 75 p. c. of its units on Indian border"（*The Hindu*, 1 June 2009）; "Troop changes after India tension"（*BBC*, 26 Dec. 2008）.

（62） インド軍ホームページより（http://indianarmy.nic.in/Site/FormTemplete/frmTemp2PLMLM4C.aspx?MnId=r7AZ1zNFGac=&ParentID=0+tfAjEp50Y）。

（63） Ibid.

（64） Government of India, "Indian Soldiers Posted in UN Mission"（25 Aug. 2010）（http://pib.nic.in/newsite/erelease.aspx?relid=65264）.

（65） Government of India, "UN Peace Mission"（7 Mar. 2011）（http://pib.nic.in/newsite/erelease.aspx?relid=70601）.

（66） 連隊システムについては、インドの文献にも優れたものがあるが、塚本勝一『自衛隊の情報戦―陸幕第二部長の回想―』（草思社、二〇〇八年）二二九～二三三ページを参照。

（67） Rajat Pandit, "Army to refine promotion policy"（*The Times of India*, 3 Nov. 2010）.

（68） Asyley J. Tellis, *dogfight!: India's Medium Multi-Role Combat Aircraft Decision*（Washington, D.C.: Carnegie Endowment, 2011）（http://carnegieendowment.org/files/dogfight.pdf）, p. 121.

（69） 装甲連隊（装甲車）三個、騎兵連隊一個、歩兵大隊一一個とイギリス製火砲を保有しており、そのほかに不正規部隊として、騎兵隊一個と歩兵大隊四個、守備大隊にホームガード、及びラザカーという民兵組織を保有していた（Major K. C. Praval, *Indian Army*, pp. 100–114）。

（70） 数字は、グロニンゲン大学のアンガス・マディソン氏が公表している一九五〇年代から二〇〇九年までの人口、ＧＤＰのデータベースより作成（http://www.ggdc.net/MADDISON/oriindex.htm）。

（71） ＧＤＰは一〇〇万国際ゲアリーケイミスドルで計算されている。これは各国通貨を購買力平価で換算した、一九九〇年基準の実質値。

（72） 一九七一年は印一六億五六〇〇万ドル：パ七億一四〇〇万ドル、一九七二年は印一八億一七〇〇万ドル：パ四億五五〇〇万ドル（The International Institute of Strategic Studies, *The Military Balance*）。

（1）パキスタン側の懸念の中には、東パキスタンにおける分離独立運動が、多くの独立運動を抱える西パキスタン各地へ波及する懸念もあった（Richard Sisson and Leo E. Rose, *War and Secession: Pakistan India and the Creation of Bangladesh* (University of California Press, 1990), p. 175）。

（2）バングラデシュでは当時の戦争犯罪についての裁判が進み始めている。"Islamist leaders in Bangladesh jailed for 1971 'war crimes'."（*The Times of India*, 10 August 2010）.

（3）難民の数は印パ間でもめている。九月一日にパキスタンの駐米大使は二〇〇万人を超える難民が出たとしているのに対し、インド側は八〇〇万人を超えると主張しているからである（Richard Sisson and Leo E. Rose, *War and Secession*, p. 297）。

（4）Pradeep P. Barua, *The State at War in South Asia*（University of Nebraska Press, 2005）, pp. 194-196.

（5）Sugandha, *Evolution of Maritime Strategy and National Security of India*（New Delhi: Decent Books, 2008）, p. 279; Rahul Roy-Chaudhury, *India's Maritime Security*（New Delhi: KW, 2000）, p. 127.

（6）インド空軍の創設は英領時代にさかのぼるが、第二次世界大戦においても陸軍支援を中心とした任務が割り当てられた。その影響もあると考えられる（George K. Tanham and Marcy Agmon, *The Indian Air Force: Trend and Prospects*（Santa Monica, CA: RAND, 1995）, pp. 13-16）（http://www.rand.org/content/dam/rand/pubs/monograph_reports/2006/MR424.pdf）。

（7）P. V. S. Jagan Mohan and Samir Chopra, *The India-Pakistan Air War of 1965*（New Delhi: Manohar 2005）, pp. 25-27.

（8）イギリスはインドが爆撃機を保有することを好まず、インド空軍に関するブランケット報告書では爆撃機飛行隊を保有しないことを勧告しているが、インドはアメリカ軍が残置したB二四爆撃機のスクラップを再生して、その勧告の発表とほぼ同時期に爆撃機を保有した（Jasjit Singh, *Defence from the Skies: Indian Air Force through 75 years*（New Delhi: KW, 2007）, p. 66）。

（9）P. V. S. Jagan Mohan and Samir Chopra, *The India-Pakistan Air War of 1965*, p. 301.

（10）インド空軍は一九六七年ごろから敵地奥深く侵入する戦闘爆撃機の選定を進め、後にジャギュア戦闘爆撃機を選定することになった（George K. Tanham and Marcy Agmon, *The Indian Air Force*, p. 71）。

（11）*Ibid.*, pp. 44-49.

（12）第二次印パ戦争開戦初日にインド陸軍から近接航空支援を受けたインド空軍は八機出撃したが、パキスタン空軍によって三機を撃墜され一機を大破させられた上で、インド陸軍を誤爆して大きなダメージを与えた（*Ibid.*, pp. 28–29）。

（13）第三次印パ戦争の西部国境地帯の作戦はこの転換を反映したものとなった（Pradeep P. Barua, *The State at War in South Asia*, p. 299; History Division, Ministry of Defence Government of India, "Official History of the 1971 India Pakistan War", pp. 420, 594–595（http://www.bharat-rakshak.com/LAND-FORCES/History/1971War/280-War-History-1971.html））。

（14）ただ、インド空軍はその後も、航空阻止については集中して努力しているものの、近接航空支援については無視していると批判されている（Asyley J. Tellis, *dogfight!: India's Medium Multi-Role Combat Aircraft Decision*（Washington, D. C.: Carnegie Endowment, 2011）（http://carnegieendowment.org/files/dogfight.pdf）, pp. 37, 50）。

（15）この場合、戦闘爆撃機及び爆撃機等を指す。輸送機等は含まない。

（16）Jasjit Singh, *Defence from the Skies*, pp. 62–69.

（17）George K. Tanham and Marcy Agmon, *The Indian Air Force*, pp. 23–24, 74–76.

（18）ロン・ノルディーンJr.著、江畑謙介訳『現代航空戦史事典―軍事航空の運用とテクノロジー―』（原書房、一九八八年）一四四ページ。

（19）イスラエルのように、相次ぐ実戦の最中に兵器産業の技術基盤育成に成功した国もある。

（20）西脇文昭『インド対パキスタン―核戦略で読む国際関係―』（講談社現代新書、一九九八年）七二～九一ページ。

（21）アワミ・リーグの活動が与えるインドへの悪影響については、当時インド国内で活動していた毛沢東主義派の活動について、東西のパキスタンが連携して支援するようになることへの懸念があったのではないかという見方もある。ただ、それ以外にはあまり考え難い（Richard Sisson and Leo E. Rose, *War and Secession*, p. 134）。

（22）亡命政権がM・A・G・オスマニ将軍（元パキスタン軍中佐）を中心に軍事力の建設に着手したのは四月一四日（*Ibid.*, p. 183）。

（23）インドの国境警備隊にはもともとインド軍を退役した人員が多く含まれている。

（24）パキスタンの情報機関によると一一月の時点で五九の訓練キャンプがあったようである（Richard Sisson and Leo E. Rose, *War and Secession*, p. 184）。

（25）武器については、インド軍から供与される武器は時代遅れのものだったため、亡命政権は武器を自ら購入していた。

（26）Richard Sisson and Leo E. Rose, *War and Secession*, p. 211.

(27)パキスタン政府は治安組織の再建のため、最終的には一万人を超える（一一月の段階）The East Pakistan Civil Affairs Force、独立運動に加担した東パキスタンライフル隊に代わる三〇〇〇人の Internal Security Force（二二個中隊内八個中隊は元治安関係者）、三〇〇〇人の Vulnerable Points Force を創設し、達成できなかったが目標数一万一五〇〇人の新しい東パキスタン人の警察隊を創設しようとした。さらに西パキスタンから警察官五〇〇〇人もよびよせた。また警察軍として Mujahids と Razakars の創設も試み、Mujahid は一三個大隊、四七個の独立中隊で構成され、Razakars は二つの下部組織で構成され、正規軍の支援に当たった。その二つの内一つは、Al-Shams で、橋や都市周辺の防衛を担当し、もう一つは Al-Badr というマドラサ出身者で構成された特殊部隊で襲撃を担当した。これらの治安組織に共通していることは、主に、西パキスタンのパンジャブ人やパシュトン人（Pathan）及び東パキスタンにいるマイノリティ Bihari で構成されており、住民からは孤立していたことである。また、一部には旧 East Pakistan Rifles のメンバーを再雇用した例もあるが、独立派ゲリラ組織に対する暗黙の支援が行われ、組織として信頼できなかった（*Ibid.*, pp. 163-165）。

(28)この事件では、インドはパキスタン政府内過激派の関与を指摘、パキスタンは、ハイジャック犯はインドの工作員で、インド上空の飛行を制限するためのインドによる陰謀と指摘した。ハイジャック犯は第三次印パ戦争後解放されたが、そのままパキスタン国内で制限なしで活動している。もしパキスタン政府が本当に「インドの工作員」だと考えているならば、このようなことは考え難いと指摘されている（*Ibid.*, pp. 134-137）。

(29)一九六七年に始まったインド国内の毛沢東主義派の活動は、この当時活発であった。そしてインドの中央政府は、インドの共産主義政党と武装組織である毛沢東主義派が連携することを懸念していた。そのため、前述の一九七〇年代から一九七一年初めにおける軍事力強化の流れも、インド国内で活動する毛沢東主義派を抑えるとともに、一九七〇年三月に中央政府の直轄州となった西ベンガル州における治安を維持するためのものである。また、三月に行われた西ベンガル州議会選挙で再び共産党が勝利をおさめ、四月二日に政権に就くという流れの中で、インドは治安の問題を懸念していた。

(30)Sukhwant Singh, *India's Wars: since Independence* (New Delhi: Lancer, 2009), pp. 33-39).

(31)リチャード・サイソンとレオ・E・ローズは次のような四つの理由から中国の軍事介入の可能性はあまり高いものではないと分析している。まず、一九六五年の印パ戦争時、中国はパキスタンを支援する軍事行動は、あまり活発ではなかった。第二に、一九七一年東パキスタンにおける混乱の最中、中国側で軍事行動の準備ととれる動きがない。第三に冬になれば、シッキム—チベット間の道、ラダク—チベット間の国境地帯は封鎖される。第四に、一九七一年九月に起きた林彪事件直後で、中国が内政上の混乱の最中にあるためである（Richard Sisson and Leo E. Rose, *War and Secession*, p. 216）。しかし、それでもなお、インドが中国の軍事介入を懸念しなければならないのは、その影響が大きいからである。

（32）この時の作戦立案は陸海空統合で進められ、特に東部国境地帯では比較的うまくいった（George K. Tanham and Marcy Agmon, *The Indian Air Force*, p. 35）。

（33）当時すでに選挙の実施は不可能な治安情勢だったが、結局、インドの侵攻後の一二月七日、選挙の実施は無期限に延期されることとなった。

（34）Richard Sisson and Leo E. Rose, *War and Secession*, p. 211.

（35）Pradeep P. Barua, *The State at War in South Asia*, pp. 197–228; G. D. Bakshi, *The Rise of Indian Military Power: Evolution of Indian strategic Culture*（New Delhi: KW, 2010）, pp. 200, 202.

（36）印パ双方四機ずつ参戦（ロン・ノルディーンJr.著『現代航空戦史事典』一四八ページ）。

（37）パキスタンではすでに一〇月九日には灯火管制の訓練を実施し、一〇月一二日、パキスタン空軍アラート体制へ移行、サウジアラビアに派遣していたパイロットも招集していた。

（38）この沈没は、爆発から数日後、インド海軍のダイバーにより確認されたが、当初インドが撃沈したものと思われた。しかし、潜水艦が自分で設置した機雷に触れたともいわれている。なお、この潜水艦はパキスタン海軍にとって遠距離展開できる唯一の比較的大型の潜水艦だった（Pervaiz Iqbal Cheema, *The Armed Forces of Pakistan*（Oxford University Press, 2002）, p. 101）。

（39）七日から一一日までに四五〇〇人、五一五ｔの装備というデータもある（Pradeep P. Barua, *The State at War in South Asia*, p. 223）。

（40）この時のヘリボン作戦（ヘリコプターで戦闘部隊を輸送して攻撃すること）は、インド軍が戦争でヘリボン作戦を行った初めての事例である。ミル四ヘリコプター一四機を使用した。

（41）Richard Sisson and Leo E. Rose, *War and Secession*, p. 202.

（42）この攻撃はニアジ司令官の会議の時間に正確にあっており、精密誘導爆弾を使わなかったにもかかわらず精密で付随的被害をほとんどもたらさなかった（George K. Tanham and Marcy Agmon, *The Indian Air Force*, p. 38）。

（43）ニアジ司令官は、その爆撃の最中、辞任する文書を書き、翌日降伏した（Pradeep P. Barua, *The State at War in South*

Asia, p. 223.)。

(44) History Division, Ministry of Defence Government of India, "Official History of the 1971 India Pakistan War", pp. 613–614.

(45) B. Raman, *The Kaoboys of R&AW: Down Memory Lane* (New Delhi: Lancer, 2007), pp. 7–23.

(46) Richard Sisson and Leo E. Rose, *War and Secession*, p. 309.

(47) 当時この三隻のミサイル艇は二隻のコルベット艦と共に活動していたため、五隻と記述する資料もある。

(48) この活動は、攻撃前にパキスタン船であるかどうか厳しく見定めるようにしたこともあり、あまり成果はなかった(Pradeep P. Barua, *The State at War in South Asia*, p. 226)。

(49) 第三次印パ戦争は、第三次中東戦争に引き続き対艦ミサイルが使用された二回目の戦争でもある。

(50) History Division, Ministry of Defence Government of India, "Official History of the 1971 India Pakistan War".

(51) *Ibid*., p. 452.

(52) パキスタンの燃料の喪失は激しく、燃料や潤滑油等は年末までもたないと考えられた(Anuj Dhar, *CIA's Eye on South Asia* (New Delhi: Manas, 2009), p. 225)。

(53) インドの経験からは二〇対一から三〇対一あれば治安を維持できるとされる(G. D. Bakshi, *The Rise of Indian Military Power*, p. 309)。

(54) History Division, Ministry of Defence Government of India, "Official History of the 1971 India Pakistan War", pp. 689–690.

(55) *Ibid*.

(56) 一九七五年に、インド空軍が担ってきた海上哨戒の任務がインド海軍に移管されたことは、インド海軍がインド南部の防衛を担う組織として重視されるようになったことを意味する一例である(George K. Tanham and Marcy Agmon, *The Indian Air Force*, p. 46, note 60)。

(57) インドの国防費でよく議論されるRevenue Expenditureとは人件費等の維持管理費を指し、Capital Expenditureとは新装備購入費を指す(Bharat Vohra, *Defence Economics* (Delhi: Sumit Enterprises, 2010), pp. 28–29)。

(58) Stephan P. Cohen and Sunil Dasgupta, *Arming without Aiming: India's Military Modernization* (New York: Brookings, 2010).

(59) ジャギュアの一部は対艦ミサイルを使用できるよう改造された。これはインドがジャギュアに対海上防衛任務、つまりパキスタン海軍や米空母機動部隊への対策も期待していたことを意味している。

（60） Josy Joseph, “Panel suggests merging Aviation Research Centre with RAW”（*The Times of India*, 11 July 2012）.

（61） 一九八五年七月二三日の『タイムズオブインディア』紙は、アメリカが核兵器使用を検討したと報道している（History Division, Ministry of Defence Government of India, “Official History of the 1971 India Pakistan War”, p. 697）.

（62） 西脇文昭『インド対パキスタン』七二～九一ページ。

（63） スティーブ・フィリップ・コーエン著、堀本武功訳『台頭する大国インド―アメリカはなぜインドに注目するのか―』（明石書店、二〇〇三年）二一三ページ。

（64） 印中戦争後創設されたインド陸軍の山岳師団の内、少なくとも八個師団の装備はアメリカの支援によるものであり、ソ連のミグ二一の提供も印中戦争の結果起きたことであった（Stephan P. Cohen and Sunil Dasgupta, *Arming without Aiming*）。

（65） Richard Sisson and Leo E. Rose, *War and Secession*, pp. 196–202.

（66） IISS, *The Military Balance* を元に、SIPRI, Bharat Rakshak 等の情報を加えて作成した。

（67） 米ソは、収容能力を超えたトリプラ州の難民キャンプから西ベンガルやアッサム州の難民キャンプに難民を移送するため空軍の輸送機を派遣して協力する等、支援自体は行っていたが、それは一〇〇〇万人と予想される難民の人数に比べ不十分であった。国際社会は、四月の終わりの時点で難民キャンプの維持管理に必要と見積もられるコストの約四分の一しか拠出していないと考えられている（Richard Sisson and Leo E. Rose, *War and Secession*, p. 178）。なお、アメリカの輸送支援はＣ一三〇輸送機四機によってトリプラ州からアッサム州に一万三一六五人の難民を輸送し、トリプラ州に一七五〇ｔの米を輸送したもので、六月半ばから七月半ばに行われた。終了した理由は、モンスーンの時期に入り、輸送機による輸送が効率的でなくなったためにインド政府から輸送を停止するよう要請があったからであるが、これは、インド政府が、難民は来た場所に戻す政策を決定したためと考えられている（*Ibid.*, p. 300）。

（68） アメリカは、一九六五年の戦争時に対印パ武器禁輸を行い、若干修正されながら継続していたが“one time exception rule”に基づいて、一九七〇年一〇月に米パ合意がなされ、三〇〇両の兵員輸送車、七機のＢ五七爆撃機（すでに保有している機種の代替用なので、新規の「致死性兵器」の輸出でないとして正当化した）、六機のＦ一〇四戦闘機（一九六五年の戦争で失われた分の補充なので新規の「致死性兵器」の輸出でない）、四機の哨戒機及びその他「非致死性兵器」（米国務省と米国防省で定義が違う）の輸出が決まり、一九七一年三月二五日までに三五〇〇万米ドルに相当するライセンス生産の権利等も協議していた。しかし、これを問題視する意見が米国務省内で上がり、四月六日に決断がなされ、三月二五日以後の新規のライセンス生産の権利を禁輸することを決めた。しかし、本文中にあるように、六月になって、この決定を守っていないことがわかった。しかもこれは、実際には、法的に問題のある作業ではないこともわかった。なぜならば、パキスタンに輸送された武器は、三月二五日以前に契約され、輸送中だったものだからである。これについて七月一四日の米国務省のレポートは、パキスタンに輸送中の武器は一四九〇万米ドルに及ぶこと、内三分の二はライセンス契約がまさに切れるところで、四月六日の禁輸措置によりライセンス契約の延長が不可能になったこと、三月二五日から八月終わりまでに三六〇万米ドル相当の武器がパキスタンに輸送されたこと（一九六五年の禁輸前に契約された武器のスペアパーツ等）、二六〇万米ドル相当の武器のライセンス契約が失効していない状態にあることを指摘している。なお、アメリカは一九七一年一一月八日に武器売却を完全停止し、一二月の印パ開戦に伴って、軍事分野だけでなくすべての支援・輸出を禁止した（*Ibid.*, pp. 156, 186, 257, 314）。ただ、一九六五年の第二次印パ戦争開戦前のパキスタン軍は保有する武器の八〇％以上がアメリカ製であったが、その際の武器禁輸以降中国製を増やすなどして多様化を図っており、第三次印パ戦争時はアメリカ依存の状況から若干改善していた（Pervaiz Iqbal Cheema, *The Armed Forces of Pakistan*, p. 100）。ただ、このような中国製の武器について、ＣＩＡは、中国製の武器は品質が悪く、スペアパーツの供給も予定通り届いておらず、あまりいい状態ではないと指摘している（Anuj Dhar, *CIA's Eye on South Asia*, p. 200）。

（69）アメリカは、一九七一年七月に一九七一年会計年度で予定されていた対パキスタン経済援助七五〇万米ドルも差し止めた。一方で、一〇月一日に二五〇〇万米ドルのインドと東パキスタンにおける難民支援を決め、一二月に印パが開戦するまではインドに対する経済、軍事援助は継続したため、どちらかといえば、インドに対する支援の方が、パキスタンに対する支援よりも大きい状態となった（Richard Sisson and Leo E. Rose, *War and Secession*, pp. 257–258）。

（70）アメリカは、情勢の緊迫化と独立派亡命政府の要請により、独立派亡命政府とパキスタン政府との間の仲介のため接触を始めたが、これはほとんど成果をださなかった。この仲介作業は八月のパキスタン政府の独立議員に対する資格停止を受け、九月の終わりにインド政府から独立派亡命政府に対し、アメリカとの一切の接触をやめるよう指導が入り、停止された（*Ibid.*, p. 194）。

（71）*Ibid.*, pp. 162–163.

（72）インド国内には、国連の難民キャンプでの支援は、むしろ食糧支援等を受けるためにより多くの難民が流出することを促しており、結果としてパキスタンを間接的に助けていると考える見方もあった（*Ibid.*, pp. 190–191）。

（73）*Ibid.*, pp. 171–172.

（74）ソ連の対パキスタン軍事援助は、一九七〇年春には止めることを表明していたが、一九七〇年五月以前に契約された分のパキスタンへの輸送が継続していた。

（75）ソ連のアジア相互安全保障構想の中では、パキスタン、ネパール、スリランカが含まれなかったが、これらの国は共通して中国寄りだからである。ソ連の抗争がいかに対中戦略を重視していたかがわかる（Richard Sisson and Leo E. Rose, *War and Secession*, p. 312）。

（76）パキスタン国内でクーデターが起きたことや、パキスタンが中国との関係を堅持したことで、ソ連にとってのパキスタンの魅力は失われつつあった。これも条約締結の一因となったといえる。一九七一年三月二五日の東パキスタンにおける取り締まり開始からソ連は新規の契約をせず、一カ月くらいの間にその前に契約されたものの輸送も終え、ソ連とパキスタンの武器取引は停止した。

（77）インドはソ連と条約を結ぶ一方で、非同盟を主軸とする外交姿勢を維持することを目指し、同様の条約を他の国とも結ぶ用意があることを表明した。

（78）ソ連の態度が変化したことは報道からもわかる。一一月中旬に入り『イズベスチアニュータイムズ』が、パキスタンが東パキスタンにおいて政治的な和解をしないことを激しく非難し始めたからである（Richard Sisson and Leo E. Rose, *War and Secession*, p. 241）。

（79）驚くべきことにソ連からの輸送機がラホール空港で給油を受けてインドに向けて飛び立った事例があるが、これはパキスタン経由以外に空路がないためである。イラン経由が考えられたとしても、イランは拒否する可能性が高い。ちなみに、中国もパキスタンへの軍事援助を行ったが、これは中国とパキスタンの間の国境の道が一九八五年まで開設されておらず、海路にてカラチへ輸送された（*Ibid.*, p. 317）。

（80）一二月一三日付のタス通信はそのことを否定しているが、インドの報道によるとソ連が自国の軍人を直接印パ戦争に従事させていることを指摘している。また、パキスタン軍もソ連軍が西部国境地帯でＳＡ三地対空ミサイルをもちこんで戦闘に参加していることを指摘している（Anuj Dhar, *CIA's Eye on South Asia*, p. 232）。ソ連の軍事顧問団のなんらかの活動があったものと推測される。

(81) 各国がインドの軍事介入の可能性をどの程度深刻かつ正確に見積もっていたか、それによって国連での活動も違ったといえる。日本の場合、一一月になってもまだ全面戦争にならないとの判断が大勢で、陸上自衛隊の情報部門だけが一カ月以内の戦争を予想していた。この情報部門の判断は的中したが、これは、陸上自衛隊における戦車部隊の運用経験から、インドが戦車部隊を移動させ始めた際に、その本気度を測ることができたからであると、当時の陸上自衛隊の情報判断の責任者は述べている。この判断が正確であったこともあってか、以後、米軍は自衛隊の情報分析能力に着目するようになったとも指摘される（塚本勝一『自衛隊の情報戦―陸幕第二部長の回想―』（草思社、二〇〇八年）一四〇～一四一ページ）。

(82) 当時の中国軍の兵力は、チベットに三個師団いた模様である。その内二個師団はインドの東部国境に面した位置に配置されており、一個師団はラサに駐留していた。また増強された一個連隊がシッキムに面した地域に配備されており、もう一個連隊がラダク地方に面した新疆ウイグル自治区に配備されていた。計六万人の兵力であった（Richard Sisson and Leo E. Rose, *War and Secession*, p. 314）。

(83) *Ibid*., p. 261.

(84) 一二月一四日にソ連ブレジネフ書記長は、外部の勢力が介入するべきでないという声明を出した。

(85) ソ連の拒否権行使の影響もあったが、パキスタン自身も国連の介入を嫌がっていることもあり、国連において戦争の行方に影響を与える動きはほとんどなかった。

(86) Anuj Dhar, *CIA's Eye on South Asia*, p. 223.

(87) 中薗博文「第9章　インド・パキスタン戦争」陸戦学会戦史部会編『現代戦争史概説　下巻』（陸戦学会、一九八二年）一一四～一一五ページ。

(88) ＣＩＡの報告書によると、インディラ・ガンジー印首相は、一二月一〇日の時点で、バングラデシュ独立のめどがつけば停戦する意思を示していたが、その理由としてアメリカとのこれ以上の関係悪化、中国のカシミール・ラダクへの軍事介入の可能性を挙げていたことが報告されている（Anuj Dhar, *CIA's Eye on South Asia*, pp. 221-223）。

(89) アメリカは三個大隊の海兵隊にも準備を命じたようである（Josy Joseph, "US forces had orders to target Indian Army in 1971"（*The Times of India*, 6 Nov. 2011)）。

(90) この日付は Richard Sisson and Leo E. Rose, *War and Secession*, pp. 262-265 のものであるが、History Division, Ministry of Defence Government of India, "Official History of the 1971 India Pakistan War", pp. 671-675 では一二月九日にトンキン

湾を出て、一〇日にマラッカで集結、一二日にベンガル湾に入りそのまま八日間ベンガル湾のペナンとアチン間を航行、二一日にモルディブ沖へ去ったとなっている。

(91) History Division, Ministry of Defence Government of India, "Official History of the 1971 India Pakistan War", p. 673.

(92) Richard Sisson and Leo E. Rose, *War and Secession*, p. 217.

(93) *Ibid.*, pp. 262–265.

(94) これらの艦隊は実際にはもっと大規模で、原子力潜水艦も配備されており、核弾頭が配備されていて、米空母がインド洋に侵入した時にはすでにインド洋にいたとの見方がある（History Division, Ministry of Defence Government of India, "Official History of the 1971 India Pakistan War", p. 673）。

(95) 浦野起央「インド洋・ガルフ地帯における軍事バランス」『国際問題』一八一号（国際問題研究所、一九七五年四月）二一〜三二ページ。

(96) ニクソン大統領は、一九七二年二月の下院における演説で、インドが西パキスタンを攻撃しないように説得するときに、ソ連が果たした役割は大きかったと述べた（History Division, Ministry of Defence Government of India,"Official History of the 1971 India Pakistan War", p. 313）。

(97) 同時にそれまでソ連の報道では「東パキスタン」という名称を使用していたが、これもバングラデシュとなった（*Ibid.*, p. 313）。

(98) 東部国境地帯における戦闘での捕虜についての協議は一九七三年以降に持ち越された。

(99) Richard Sisson and Leo E. Rose, *War and Secession*, p. 314.

(100) 三年越しの努力の末、一九七九年二月のバジパイ印外相が訪中した。この成果は、中国がベトナムに侵攻したことで中断してしまうが、この訪中時にバジパイ外相は、インド北東部ナガランドやミゾラムの武装勢力に対する中国の支援に言及し、中国側から「過去のものになる」との回答を得た。実際に中国は支援を止めたものとみられている（V. N. Khanna, *Foreign Policy of India: 6th Edition*（New Delhi: Vikas, 2007）, p. 127）。

(101) History Division, Ministry of Defence Government of India, "Official History of the 1971 India Pakistan War", pp. 689–692.

(1) Rohan Gunaratna, *Indian Intervention in Sri Lanka: The Role of India's Intelligence Agency* (Colombo: South Asian Network on Conflict Research, 1993), p. 78.

(2) 西脇文昭『インド対パキスタン―核戦略で読む国際関係―』(講談社現代新書、一九九八年)四二~五二ページ。

(3) George K. Tanham, *Indian Strategic Thought: An Interpretive Essay* (Santa Monica, CA: RAND, 1992), p. 87 (http://www.rand.org/content/dam/rand/pubs/reports/2007/R4207.pdf).

(4) Timothy D. Hoyt, *Military Industry and Regional Defense Policy: India, Iraq, and Israel* (New York: Routledge, 2007), p. 40.

(5) このような外側からくる複数の敵に内側から対処する作戦を内戦作戦とよぶ。時間がたてば、外側の敵は内側に対して同時に攻撃をかけてくる。そのため、内側の我が方は、外側の敵を同時に相手にしないために、いかにして各個撃破するかが重要である。インドの場合、パキスタンと中国を完全に同時に相手にする兵力がないため、まずパキスタンを倒し、中国には後で対処する内戦作戦を展開することになるのである。

(6) G. D. Bakshi, *The Rise of Indian Military Power: Evolution of an India Strategic Culture* (New Delhi: KW, 2010), pp. 156–157.

(7) Stephan P. Cohen and Sunil Dasgupta, *Arming without Aiming: India's Military Modernization* (New York: Brookings, 2010).

(8) Subir Bhaumik, "India to deploy 36, 000 extra troops on Chinese border" (*BBC*, 23 Nov. 2010).

(9) N. Manoharan, "National Security Decision Making Structures in India: Lessons from the IPKF Involvement in Sri Lanka", *Journal of Defence Studies* (Institute for Defence Studies and Analysis, Octorber 2009), pp.49–63 (http://idsa.in/system/files/jds_3_4_nmanoharan.pdf).

(10) G. V. C. Naidu, *The Indian Navy and South East Asia* (New Delhi: KW, 2000), p. 73.

(11) Defense Perspective Plan 1985–2000において初めてインド陸軍及び空軍は、自らの予算枠を海軍に振り分けることに同意した。その他、GDPの四%を国防予算に振り分けると定めた点でも画期的な計画であった(Pradeep P. Barua, *The State at War in South Asia* (University of Nebraska Press, 2005), p. 288)。

(12) George K. Tanham and Marcy Agmon, *The Indian Air Force: Trend and Prospects* (Santa Monica, CA : RAND, 1995), pp. 61–62 (http://www.rand.org/content/dam/rand/pubs/monograph_reports/2006/MR424.pdf).

(13) Timothy D. Hoyt, *Military Industry and Regional Defense Policy*, p. 42.

(14) スティーブ・フィリップ・コーエン著、堀本武功訳『台頭する大国インド―アメリカはなぜインドに注目するのか―』（明石書店、二〇〇三年）二一八～二二一ページ。

(15) 注目するべき動きとして一九八五年に印米間で技術移転実施に関する覚書が調印されたことがあるが、実際に供与された技術は古いものであった（近藤則夫編『現代南アジアの国際関係』（アジア経済研究所、一九九七年）八四～八五ページ）。

(16) インドにミラージュ二〇〇〇を供給したフランスは、インドでの国産提案を行ったが、インドはコスト高からソ連製に切り替えてしまった。採用されたソ連製のミグ二九については、インドの強い要求でソ連国内向けの新型機が供給されたが、エンジンのトラブルが多く、インドは自らの整備施設をもたなかったため、いちいちソ連に送り返して整備・修理を必要とし、一九八七年には七六％あった稼働率が一九八九年には五七％まで落ちていった（George K. Tanham and Marcy Agmon, *The Indian Air Force*, pp. 67–71）。

(17) 軍事関連技術の関連として、インドは一九八九年初めて人工衛星を打ち上げたことも注目される。

(18) スティーブ・フィリップ・コーエン著『台頭する大国インド』二二四～二二八ページ。

(19) このようなパキスタンの核兵器開発が明確になるにしたがって一九九〇年代半ばからインドはロシアからS三〇〇地対空ミサイル（一定の弾道ミサイル迎撃能力がある）を輸入して六個連隊に配備し、ニューデリーをはじめいくつかの主要都市の防空に充てるようになったとの指摘もあるが、これについての詳細はよくわからない。もし配備されていればインドにとっては最初のミサイル防衛システムになる。

(20) "India, Pakistan exchange list of nuclear installations"（*The Times of India*, 1 Jan. 2010).

(21) Rohan Gunaratna, *Indian Intervention in Sri Lanka*, pp. 2–3.

(22) インドの対内情報機関諜報局（Intelligence Bureau）が英領インド時代の伝統をもっているのに対し、インドの対外情報機関である調査分析局は元々アメリカの情報機関であるＣＩＡの支援で一九六〇年代に創設された。インドの各種情報機関は一九六三年以後、合同情報委員会を通して活動を調整することになったが、少なくともこの二つの組織は首相に対し直に報告することになっている（スティーブ・フィリップ・コーエン著『台頭する大国インド』一二二～一二三ページ）。

(23) Rohan Gunaratna, *Indian Intervention in Sri Lanka*, p. 39.

(24) *Ibid*., p. 48.

(25) アジア太平洋問題小委員会議長のS・ソラースは「人道的な考慮が不介入の原則より重要となる例外的な場合もありうる」と答弁した（近藤則夫編『現代南アジアの国際関係』四五ページ）。

(26) 調査分析局、諜報局、Qブランチ（intelligence）は、LTTEが武装解除に抵抗すればインド・スリランカ合意は破綻すると警告していた。

(27) N. Manoharan, "National Security Decision Making Structures in India", pp. 54-55.

(28) この他に、住民投票でスリランカの北部と東部の統合が決まるが、その住民投票の決定方法が過半数となっており、スリランカ東部にいるシンハラ人とイスラム教徒だけで六〇％に達するため、統合されない可能性が高いこと。住民投票監視のための委員会のメンバー五人中四人が大統領より、一人が東部より選出されるということはタミル人が入る可能性がないこと等も不満であった（P. A. Ghosh, *Ethnic Conflict in Sri Lanka and Role of Indian Peace Keeping Force*（*I.P.K.F*）（New Delhi: A. P. H., 1999）, p. 84）。

(29) *Ibid*., p. 117.

(30) *Ibid*.

(31) Pradeep P. Barua, *The State at War in South Asia*, p. 242.

(32) P. A. Ghosh, *Ethnic Conflict in Sri Lanka and Role of Indian Peace Keeping Force*（*I.P.K.F*）, pp. 116-120.

(33) Depinder Singh, *Indian Peacekeeping Force in Sri Lanka*（New Delhi: Natraj, 2001）, pp. 38-39.

(34) スリランカでは一〇万人派遣されたと報道している。スリランカ側の推計の根拠に示されているが、四個師団の兵力を、当時の定数である歩兵師団一万七〇〇〇人、山岳師団一万五〇〇〇人であることから推計し、その内投入されたとみられる歩兵部隊を抽出し、その他の師団や司令部からの支援要員を足し、さらに一万人の海空軍及び警察軍を足し、二〇％がインドに教育や休暇、駐屯地の管理等で帰っていたとすると一〇万人くらいとなるというものである（Rohan Gunaratna, *Indian Intervention in Sri Lanka*, p. 269）。ただ、この数字はインド軍の組織が書面上の定数通りの編成であることが前提であるため、実際の人数よりも多くなる可能性が高い。本書ではより少ない数字の方が信憑性があるものと考えている。

(35) 火力を増強した装甲兵員輸送車。

（36）長距離を移動する戦略輸送に対局する概念。

（37）地上攻撃を行うヘリコプターは他にもあるが、一〇月二九日、攻撃ヘリコプターとしては最新の部類にはいるミル三五が投入された。

（38）この特殊部隊はIndia Maritime Special Forceとよばれる、一九八七年二月に米海軍の特殊部隊Sealsをまねてつくられた部隊で、現在のMaritime Command Forceの元になった組織である。

（39）Gautam Das and M. K. Gupta-Ray, *Sri Lanka Misadventure: India's Military Peace-Keeping Campaign 1987–1990*（New Delhi: Har-Anand, 2008）, p. 239.

（40）インド平和維持軍のその後の運命からみて、この時停戦を受け入れるべきだったとの指摘がある（P. A. Ghosh, *Ethnic Conflict in Sri Lanka and Role of Indian Peace Keeping Force*（*I.P.K.F*）, p. 125）。ただ、停戦を受け入れた場合でも、ＬＴＴＥが停戦期間を利用した軍備の再建を果たす可能性があり、武装解除に応じるかどうかはわからない。その後、スリランカ政府とＬＴＴＥとの戦いでは、しばしば停戦が軍備の補充期間として使われている。

（41）同じ年、インドの雑誌に掲載されたＬＴＴＥ指導者とその取り巻きの写真があるが、この写真はこの作戦があった地域でとられたとされる（Pradeep P. Barua, *The State at War in South Asia*, p. 248）。

（42）上記以外の多くの作戦があるが、これらについての分析はS. C. Sardeshpande, *Assignment Jaffna*（New Delhi: Lancer, 1992）, pp. 93–136が詳しい。

（43）Rohan Gunaratna, *Indian Intervention in Sri Lanka*, p. 315.

（44）P. A. Ghosh, *Ethnic Conflict in Sri Lanka and Role of Indian Peace Keeping Force*（*I.P.K.F*）, pp. 146–148.

（45）一九八八年九月ごろの状況。Rohan Gunaratna, *Indian Intervention in Sri Lanka*, p. 276.

（46）インド軍がＬＴＴＥから押収する武器は一九八七年のころの倍となっていた（P. A. Ghosh, *Ethnic Conflict in Sri Lanka and Role of Indian Peace Keeping Force*（*I.P.K.F*）, p. 105）。

（47）スリランカからの見方によると、この時インドはスリランカとの戦争も検討したといわれている。理由としてはコロンボ近海にインドの空母ヴィラートが待機していたこと、インド空軍の偵察機もスリランカ軍の行動を監視していたことを挙げている（Rohan Gunaratna, *Indian Intervention in Sri Lanka*, pp. 308–309）。

（48）ここにある各資料は、*Ibid.*, p. 315; P. A. Ghosh, *Ethnic Conflict in Sri Lanka and Role of Indian Peace Keeping Force*

(*I.P.K.F*), pp. 141–148; Gautam Das and M. K. Gupta-Ray, *Sri Lanka Misadventure*, p. 239; Pradeep P. Barua, *The State at War in South Asia*, pp. 239–249; G. D. Bakshi, *The Rise of Indian Military Power*, p. 175の数字をもとに他の資料と数字を照らし合わせたものである。

(49) Rohan Gunaratna, *Indian Intervention in Sri Lanka*, p. 315.

(50) P. A. Ghosh, *Ethnic Conflict in Sri Lanka and Role of Indian Peace Keeping Force* (*I.P.K.F*), p. 145.

(51) *Ibid*., p. 143.

(52) *Ibid*., p. 145.

(53) スティーブ・フィリップ・コーエン著『台頭する大国インド』二三二ページ。

(54) 例えばインドの国防費の国民総生産に占める割合は一九八六年には四%だったが、一九九三年には二・二四%になった（同前、二三三ページ）。

(55) このような作戦は一九八六年の「インド陸軍二〇〇〇構想」として研究され、一九八七年のブラスタクス演習において試みられた（西脇文昭『インド対パキスタン』三八〜四一ページ）。

(56) G. D. Bakshi, *The Rise of Indian Military Power*, pp. 159, 199.

(57) 一九八九年一二月に行われたパキスタン軍の演習はこの攻撃的防御を実験したもので、パキスタンは「戦略的には防御であるが、戦術的には攻撃の構え」の戦略を追求していた（Pradeep P. Barua, *The State at War in South Asia*, pp. 293–306; 西脇文昭『インド対パキスタン』三八〜四一ページ）。

(58) G. D. Bakshi, *The Rise of Indian Military Power*, p. 211.

(59) Sugandha, *Evolution of Maritime Strategy and National Security of India* (New Delhi: Decent Books, 2008), pp. 280–281.

(60) Asyley J. Tellis, *dogfight!: India's Medium Multi-Role Combat Aircraft Decision* (Washington, D.C.: Carnegie Endowment, 2011) (http://carnegieendowment.org/files/dogfight.pdf), pp. 11, 128.

(61) Stephan P. Cohen and Sunil Dasgupta, *Arming without Aiming*, amazon kindle edition.

(62) 一九九三年八月にインド空軍参謀長は、スペアパーツをみつけることが私の最優先課題だと発言している（George K. Tanham and Marcy Agmon, *The Indian Air Force*, p. 82）。

(63) Stephan P. Cohen and Sunil Dasgupta, *Arming without Aiming*, amazon kindle edition.

（64）スティーブ・フィリップ・コーエン著『台頭する大国インド』二六二〜二七二ページ。

（65）Strobe Talbott, *Engaging India: Diplomacy, Democracy, And The Bomb*（Washington, D.C.: Brookings, 2004）, pp. 37–38.

（66）バジパイ首相がクリントン大統領に送った書簡にこの表現がある（Jaswant Singh, *In Service of Emergent India: A Call to Honor*（Indiana University Press, 2007）, pp. 114–115）。

（67）スティーブ・フィリップ・コーエン著『台頭する大国インド』二二一ページ。

（68）一九八三年以降のスリランカの西側接近については、P. A. Ghosh, *Ethnic Conflict in Sri Lanka and Role of Indian Peace Keeping Force*（*I.P.K.F*）, pp. 50–67, 82が詳しい。

（69）*Ibid*., p. 57.

（70）*Ibid*., pp. 54, 66.

（71）*Ibid*., p. 75.

（72）*Ibid*., p. 87.

（73）三年越しの努力の末、一九七九年二月のバジパイ印外相が訪中した。この成果は、中国がベトナムに侵攻したことで中断してしまうが、この訪中時にバジパイ外相は、インド北東部ナガランドやミゾラムの武装勢力に対する中国の支援に言及し、中国側から「過去のものになる」との回答を得た。実際に中国は支援を止めたものとみられている（V. N. Khanna, *Foreign Policy of India: 6th Edition*（New Delhi: Vikas, 2007）, p. 127）。

（74）Gautam Das, *China Tibet India: The 1962 War and The Strategic Military Future*（New Delhi: HAR-ANAND, 2009）, pp. 216–217.

（75）Harish Kapur, *Foreign Policies of India's Prime Ministers*（New Delhi: Lancer, 2009）; V. N. Khanna, *Foreign Policy of India*, p. 223.

（76）G. D. Bakshi, *The Rise of Indian Military Power*, pp. 168–184.

（77）Anuj Dhar, *CIA's Eye on South Asia*（New Delhi: Manas, 2009）, pp. 302–306.

（78）スティーブ・フィリップ・コーエン著『台頭する大国インド』五二七ページ、注（35）。

（79）アメリカとスリランカの武器取引は二〇一〇年代に入ってからも計画されているが、インドを巻き込む等してインドへの配慮を示している。それでもインド側の警戒感は強い状態となっている（Nirupama Subramanian, "Sri Lanka wanted U.S. help as Indian radars 'not sufficient'"（*The Hindu*, 15 Mar. 2011））。

（80）一九九一年には第三次印パ戦争直前に結んだ印ソ平和友好協力条約も失効し、一九九三年に印露友好協力条約に調印するものの打撃は大きかった。

（81）一時期インドは日本に注目したようであるが、日本はその意思も力もなかった（スティーブ・フィリップ・コーエン著『台頭する大国インド』二六二ページ）。

（82）India-US Framework for Maritime Security Cooperation にみられるように印米軍事協力は特に海軍が先行して始まった。その一つの象徴がマラバール演習である。マラバール演習は一九九二年に初めて行われて以後、継続して実施され、うち二回には日本も、一回はオーストラリアとシンガポールも参加する大規模な多国間演習となっていった（Government of India, "Naval Exercise"（7 Mar. 2011）(http://pib.nic.in/newsite/erelease.aspx?relid=70598)）。

（83）V. N. Khanna, *Foreign Policy of India*, pp. 132-133.

（84）アメリカのインド研究の権威であるスティーブ・フィリップ・コーエンは「インドは、一九九〇年代中頃までにそのライバル国である中国が主要なアジア国家として台頭しつつあることを警戒するようになった」と指摘している（スティーブ・フィリップ・コーエン著『台頭する大国インド』五九ページ）。

（85）"India Upset At Russian Military Parts Supply"（*Aviation Week*, 1 Apr. 2011）; Rajit Pandit, "India looks to other countries for spares of Russian military equipment"（*The Times of India*, 6 May 2011）; Rajat Pandit, "India looks elsewhere to beat Russian defence spares crunch"（*The Times of India*, 9 May 2011）.

第四章　カルギル危機——印パ間の非対称戦

（1）"Musharraf admits Kashmir militants trained in Pakistan"（*BBC*, 5 Oct. 2010）; "Pak trained militant groups against India: Musharraf"（*The Hindu*, 5 Oct. 2010）.

（2）The Kargil Review Committee, *From Surprise to Reckoning: The Kargil Review Committee Report* (New Dehli: Saga, 2000), p. 86.

（3）G. D. Bakshi, *The Rise of Indian Military Power: Evolution of an Indian Strategic Culture* (New Delhi: KW, 2010), p.

188.

（4） The Kargil Review Committee, *From Surprise to Reckoning*, p. 92.

（5） このためインド側の失敗は、情報の収集の失敗というよりは、分析の失敗との指摘もある（Pradeep P. Barua, *The State at War in South Asia*（University of Nebraska Press, 2005）, p. 373）。

（6） *Ibid.*, p. 259.

（7） この会話盗聴記録は、V. P. Malik, *Kargil: From Surprise to Victory*（New Dehli: HarperCollins Publishers India joint venture with The India Today Group, 2006）, pp. 407–414に全文が掲載されている。

（8） The Kargil Review Committee, *From Surprise to Reckoning*, p. 76; V. P. Malik, *Kargil*, p. 216.

（9） Pradeep P. Barua, *The State at War in South Asia*, pp. 258–264; P. R. Chari, Pervaiz Iqbal Cheema and Stephen P. Cohen, *Four Crises and a Peace Process: American Engagement in South Asia*（Washington, D.C.: Brookings Press, 2007）, p. 122.

（10） 五〇〇〇人規模の部隊である。

（11） V. P. Malik, *Kargil*, pp. 221–222.

（12） The International Institute of Strategic Studies, *The Military Balance* によると当時インド陸軍は一六一個連隊の砲兵を保有。

（13） The Kargil Review Committee, *From Surprise to Reckoning*, p. 86

（14） ムシャラフ参謀長自身の著書の中で北部歩兵隊の関与について言及している（Pervez Musharraf, *In the Line of Fire: A Memoir*（London: Pocket Book, 2006））。

（15） V. P. Malik, *Kargil*, p. 96.

（16） The Kargil Review Committee, *From Surprise to Reckoning*, p. 78.

（17） Pervez Musharraf, *In the Line of Fire*, p. 95.

（18） G. D. Bakshi, *The Rise of Indian Military Power*, p. 221.

（19） R. Sukumaran, “The 1962 India-China War and Kargil 1999: Restrictions on the Use of Air Power”, *Strategic Analysis*（Institute for Defence and Studies, July-Sep. 2003）, pp. 332–356（http://idsa.in/system/files/strategicanalysis_

sukumaran_0903.pdf).

(20) インドはＭｉ三五攻撃ヘリを保有しているが、これほどの高地での使用には不向きだった（V. P. Malik, *Kargil*, p. 244)。

(21) 敵に直接損害を与えたという点では陸軍の砲兵隊の効果に比べ小さな影響しか与えなかったと指摘されているが、航空機が上空にいると敵陸上部隊の行動は大きく制限されるため、効果を発揮したといえる。

(22) V. P. Malik, *Kargil*, pp. 247–248.

(23) *Ibid.*, p. 246; J. A. Khan, *Air Power and Chanllenge to IAF* (New Delhi: APH, 2004), p. 192.

(24) D. Suba Chandran, *Limited War: Rivisiting Kargil in the Indo-Pak conflict* (New Delhi: India Research Press, 2005), p. 62.

(25) G. D. Bakshi, *The Rise of Indian Military Power*, p. 220.

(26) Rajit Pandit, "$50-bn defence deals since Kargil" (*The Times of India*, 1 Jan. 2010).

(27) Vivek Raghuvanshi, "Elite Indian Troops Practice Strategic Operations" (*Defense News*, 4 May 2009).

(28) "Armed Forces finalise tri-service doctrine" (*The Times of India*, 1 Oct. 2008).

(29) "India's Deep-strike Abilities Limited" (*Defense News*, 8 Dec. 2008) ; Josy Joseph, "India still a world away from surgical special operations" (*The Times of India*, 4 May 2011) ; Ashok Mehta, "India's Own Operation Geronimo?: Preparing for a strike today could avoid the need for an actual one tomorrow " (*The Wall Street Journal*, 9 May 2011).

(30) Government of India, "Military Infrastructure on Border" (7 Mar. 2011) (http://pib.nic.in/newsite/erelease.aspx?relid=70618) ; Sachin Parashar , "Now, Chinese rail link right up to Arunachal" (*The Times of India*, 14 Oct. 2010) (http://articles.timesofindia.indiatimes.com/2010-10-14/india/28260721_1_rail-link-brahmaputra-three-gorges-dam#ixzz12KbS9xY4).

(31) "China has 58,000 kms of road network in TAR: Antony" (*The Hindu*, 7 Mar. 2011) ; B. Raman, "PLA Conducts First Air-Ground Live Ammunition Drill in Tibet", *C3S Paper*, No. 642 (Chennai Centre for China Studies, 27 Oct. 2010) (http://www.c3sindia.org/military/1821).

(32) 本書ではインドの視点に立って中国の軍事動向について若干紹介するにとどめているため、中国の軍事動向について詳細を書くものではないが、本書の中国軍事研究に当たっては、特に、茅原郁生編著『中国の軍事力―二〇二〇年の将来予測―』（蒼蒼社、二〇〇八年）、茅原郁生編『中国軍事用語辞典』（蒼蒼社、二〇〇六年）、茅原郁生『中国エネルギー戦略』

（芦書房、一九九六年）を参照した。

（33） "Chinese troops enter Indian territory again, stop development work"（*The Times of India*, 9 Jan. 2011）; Manas Paul, "Chinese soldiers cross to India in search of 'love'"（*The Times of India*, 9 Aug. 2010）; Indrani Bagchi, "Spurt in Chinese 'intrusions': India"（*The Times of India*, 9 Aug. 2009）; "Airspace violations by Chinese choppers"（*The Times of India*, 30 Aug. 2009）; Josy Joseph, "China wrecks Indian wall near Tawang"（*The Times of India*, 18 Aug. 2011）; "Chinese troops erect fifth tent in Ladakh, deploy dogs"（*The Times of India*, 29 Apr. 2013）.

（34） Selig S. Harrison, "China's Discreet Hold on Pakistan's Northern Borderlands"（*The New York Times*, 26 Aug. 2010）; Rajat Pandit, "Chinese along LoC? Top general sounds warning"（*The Times of India*, 6 Apr. 2011）; Sachin Parashar, "US agencies confirm presence of Chinese troops along LoC in PoK"（*The Times of India*, 10 Apr. 2011）.

（35） Vimal Bhatia, "China-Pakistan war games along Rajasthan border"（*The Times of India*, 10 Apr. 2011）.

（36） インドの政治家の中には中国への脅威感を公然と表明する者もいる（"China readying to attack India, claims Mulayam"（*The Times of India*, 10 Nov. 2010））。

（37） "China's 'intentions' being closely monitored: India"（*The Times of India*, 31 Aug. 2010）; "Neighbours building military capabilities at feverish pace: Antony"（*The Times of India*, 7 Oct. 2010）; "Govt keeping watch on China developing rail links in border areas: Krishna"（*The Times of India*, 10 Nov. 2010）.

（38） "Modernisation of Chinese armed forces a serious concern: Antony"（*The Times of India*, 17 Feb. 2011）; "India 'well-prepared' to tackle threats from both fronts: Antony"（*The Times of India*, 14 Jan. 2011）.

（39） Rajit Pandit, "Army reworks war doctrine for Pakistan, China"（*The Times of India*, 30 Dec. 2009）.

（40） "Pakistan, China irritants for India: Army chief"（*The Times of India*, 15 Oct. 2010）.

（41） G. D. Bakshi, *The Rise of Indian Military Power*, pp. 248–251.

（42） Walter C. Ladwig Ⅲ, "A Cold Start for Hot Wars?: The Indian Army's New Limited War Doctrine", *International Security*（President and Fellows of Harvard College and the Massachusetts Institute of Technology, Winter 2007/08）, pp. 158–190（http://belfercenter.ksg.harvard.edu/files/IS3203_pp158-190.pdf）.

（43） 例えば三つの軍団を八つの師団に分けて使用するのであれば、三つの軍団を一つの指揮下におくコマンドをおくことは有効な手段である。そのため、この動きはコールド・スタート・ドクトリンと関連する動きと考えられる（Josy Joseph, "Indian Army set for its most radical revamp"（*The Times of India*, 13 Dec. 2011））。

(44) Rajat Pandit, "Babus bog down Army modernization"（*The Times of India*, 28 Sep. 2010）.

(45) John E. Peters, James Dickens, Derek Eaton, C. Christine Fair, Nina Hachigian, Theodore W. Karasik, Rollie Lal, Rachel M. Swanger, Gregory F. Treverton and Charles Wolf, Jr., *War and Escalation in South Asia*（Santa Monica, CA: RAND, 2006）(http://www.rand.org/content/dam/rand/pubs/monographs/2006/RAND_MG367-1.pdf).

(46) Manu Pubby, "No 'Cold Start' doctrine, India tells US"（*Indian Express*, 9 Sep. 2010）.

(47) Usman Ansari, "Pakistani War Games To Validate New Doctrines"（*Defense News*, 15 Apr. 2010）.

(48) Stephan P. Cohen and Sunil Dasgupta, *Arming without Aiming: India's Military Modernization*（New York: Brookings, 2010）, amazon kindle edition.

(49) カルギル危機の後創設された第一四軍団も、本来はカルギル地区の防衛強化であるが、中国との国境に当たるラダク地域を管轄している。ラダク地域はチベットとインドとを結ぶ道路が通っており、重要地域である。

(50) "Army has two new mountain divisions"（*The Times of India*, 8 Dec. 2011）; "Two mountain divisions being raised in the North-East: Antony"（*The Hindu*, 15 Feb. 2010）; Rajat Pandit, "2 mountain divisions to counter China"（*The Times of India*, 22 Nov. 2010）; Subir Bhaumik, "India to deploy 36,000 extra troops on Chinese border"（*BBC World*, 23 Nov. 2010）.

(51) Rajat Pandit, "Eye on China, Army focuses on mountain warfare"（*The Times of India*, 15 Jan. 2011）.

(52) このような議論はカルギル危機終了後の二〇〇〇年代初めから出ていた。それによるとインドは二個山岳打撃軍団を整備すべきであるという（G. D. Bakshi, *The Rise of Indian Military Power*, pp. 302–306）。

(53) インドは独立時期の暴動や第一次印パ戦争、印中戦争、スリランカやモルディブの介入等空輸を多用しており、世界有数の空輸能力を誇る（Stephan P. Cohen and Sunil Dasgupta, *Arming without Aiming*, amazon kindle edition）。

(54) Government of India, "804 KM of ROADS to be built along Indo-China Border"（10 Nov. 2010）(http://pib.nic.in/release/release.asp?relid=66915); Government of India, "Building of Roads along China Border"（4 Aug. 2010）(http://pib.nic.in/release/release.asp?relid=64148&kwd); Government of India, "All Out efforts being made to Improve

Infrastructure in border areas – Antony"（11 May 2010）（http://pib.nic.in/release/release.asp?relid=61763）.

（55） Rahul K. Bhonsle, *Securing India: Assessment of Defence and Security Capabilities*（New Delhi: Vij Books, 2009）, p. 266.

（56） Dr. Muhammad Anwar, *Friends near Home: Pakistan's Strategic Security Options*（Bloomington: Author House, 2006）, pp. 119–128.

（57） Integrated Headquaters Ministry of Defence（Navy）Government of India, *Freedom Use of Seas: India's Maritime Military Strategy*（2007）.

（58） G. D. Bakshi, *The Rise of Indian Military Power*, pp. 324, 330.

（59） Government of India, "Sea Change in Government's Approach to Coastal Security After 26/11: Antony"（23 Dec. 2010）（http://pib.nic.in/release/release.asp?relid=68647&kwd=）.

（60） "Navy gets fast-attack craft to secure coast"（*The Times of India*, 15 Oct. 2010）.

（61） "Radar sensors to be set up along coastlines"（*The Hindu*, 17 Oct. 2010）.

（62） Government of India, "Broad-Based Response to Coastal Security Issues Post – 26/11"（25 Nov. 2010）（http://pib.nic.in/release/release.asp?relid=67608）；"CCS approves Phase-II of coastal security scheme"（*The Times of India*, 25 Sep. 2010）.

（63） Integrated Headquaters Ministry of Defence（Navy）, *Freedom to Use the Seas*, pp. 59–60にはインド海軍にとっての優先順位の高い地域が最優先とその次とに分けてリストアップされている。最優先にはインド洋だけでなく、マラッカ海峡が含まれ、その次には南シナ海が含まれる。

（64） 「インド海軍司令官、インドは海洋大国になると言明」『海洋安全保障情報月報』二〇〇六年八月号（海洋政策研究財団）五ページ（http://oceans.oprf-info.org/wp/wp-content/pdf/200608pdf#page=5）。

（65） "China ship with 22 labs spied on India"（*NDTV*, 31 Aug. 2011）（http://www.ndtv.com/video/player/news/china-ship-with-22-labs-spied-on-india/209426&cp）.

（66） Vivek Raghuvanshi, "India, China Resume Border Dispute Talks"（*Defense News*, 6 Aug. 2009）. 長尾賢「インド洋に展開し始めた中国海軍の原子力潜水艦―インド海軍はどう対応するか―」『日経ビジネスオンライン』（日経ＢＰ社、二〇一三年五月二四日）（http://business.nikkeibp.co.jp/article/topics/20130520/248260/?P=1）。

(67) "Pak plans to acquire 6 submarines from China" (*The Hindu*, 9 Mar. 2011).

(68) K. R. Singh, *Maritime Security for India: New Challenges and Responses* (New Delhi: New Century, 2008), pp. 90–92.

(69) Integrated Headquaters Ministry of Defence (Navy), *Freedom to Use the Seas*, p. 41.

(70) Admiral Sureesh Mehta on "India's National Security Challenges-An Armed Forces Overview" (National Maritime Foundation, 10 Aug. 2009); 修正後の発言 Vivek Raghuvanshi, "India Not Trying To Match Chinese Force: Navy Chief " (*Defense News*, 11 Aug. 2009).

(71) Government of India, "Antony asks Navy to Increase Contact With Indian Ocean Region Countries" (27 Oct. 2010) (http://pib.nic.in/release/release.asp?relid=66605&kwd).

(72) モルディブはインドと緊密に連携をとっており、中国のインド洋進出に懸念を表明している("Maldives not in favour of Chinese naval expansion in Indian Ocean" (*The Times of India*, 26 Feb. 2011))。

(73) Robert D. Kaplan, "Center Stage for the Twenty-first Century: Power Plays in the Indian Ocean", *Foreign Affairs* (Council of Foreign Relations, March/April 2009), pp. 16–32.

(74) Commander Kamlesh Kumar Agnihotri, "Chinese Quest for a Naval Base in the Indian Ocean — Possible Options for China", *Commentaries* (National Maritime Foundation , 8 Feb. 2010) (http://www.maritimeindia.org/Commentaries/Chinese-Quest-for.html).

(75) "Indian Navy deploys surveillance aircraft in Seychelles" (*The Times of India*, 24 Feb. 2011) ; "Seychelles to get Indian aircraft for anti-piracy patrols" (*The Times of India*, 16 Feb. 2011).

(76) 二〇一〇年に訪問したインド陸軍参謀長は戦略的に重要なスリランカのトリンコマリー港を視察した。中国がハンバントタ港の建設を進める中で、興味深い動きである (B. Muralidhar Reddy, "Army Chief in Colombo to promote defence cooperation" (*The Hindu*, 6 Sep. 2010))。

(77) 二〇〇八年一一月には海賊に乗っ取られた船一隻を撃沈している。

(78) Rahul K. Bhonsle, *Securing India*, p. 175; "India OKs $6.5B Plan To Build Stealth Destroyers" (*Defense News*, 2 Sep. 2010).

(79) Stephen Saunders RN, *IHS Jane's Fighting Ships 2013–2014*, p. 322.

(80) "Eye on China, Navy boosts Eastern Command"（*The Times of India*, 8 Apr. 2011).

(81) Rajat Pandit, "Coastal security pressures 'sink' blue-water dreams"（*The Times of India*, 15 Aug. 2011).

(82) P. S. Das, "A Navy for 2020", V. P. Malik,Vinod Anand eds., *Defence Planning: Problems & Prospects*（New Dehli: Manas Publications, 2006), pp. 141–164.

(83) 二〇一〇年に一隻をリースするが、これは日本海で事故を起こしたアクラⅡ級のネルパである。

(84) 二〇一〇年でもインド海軍は近代化を続ける中国とパキスタンの両方を相手にするには潜水艦一八隻必要としているが、実際には二〇一〇年一二月には一四隻になり、二〇一五年には一〇隻にまで減少する可能性がある（Rajat Pandit, "Navy retires INS Vagli, India down to 14 subs"（*The Times of India*, 9 Dec. 2010)）。

(85) Vivek Raghuvanshi, "Eying China, India Plans New East Coast Navy Bases"（*Defense News*, 8 Dec. 2010）; Government of India, "Creation of Two New Forward Naval Bases"（8 Dec. 2010）(http://pib.nic.in/release/release.asp?relid=68238&kwd).

(86) J. A. Khan, *Air Power and Chanllenge to IAF*, p. 271.

(87) Sandeep Dikshit, "IAF unhappy with war doctrine"（*The Hindu*, 25 Nov. 2004).

(88) この中枢から攻撃できるという考え方は、湾岸戦争時にアメリカ空軍の作戦を立案したウォーデンⅢ世の考え方である。以降世界中の空軍で注目された（リチャード・P・ハリオン著、服部省吾訳『現代の航空戦―湾岸戦争―』（東洋書林、二〇〇〇年）一三七〜一四四、一八〇〜一八一ページ）。

(89) "India came close to striking Pak after 26/11: Air chief"（*The Times of India*, 29 May 2009).

(90) "Our Air force strength is one third of China: IAF chief"（*The Times of India*, 23 Sep. 2009).

(91) Vivek Raghuvanshi, "India Deploys Su-30s Near China"（*Defense News*, 11 Aug. 2010).

(92) 技術的進歩により昨今、米露中の弾道ミサイルは比較的正確に攻撃ができるようになったため、弾道ミサイルに通常弾頭を搭載して通常兵器として使用する可能性は増しつつある。そのため中国が弾道ミサイルを配備すれば印中国境の場合、インド軍の空軍基地や艦隊等を攻撃する目的でも使用できる。このような弾道ミサイルに対する対策として、発射台を爆撃する方法とミサイル防衛等で迎撃する方法がある。アメリカの報告書によると、中国は現在、インドとの国境地帯に核兵器搭載可能なCSS三及び五弾道ミサイルを配備しているとされる（Office of the Secretary of Defense, *Annual Report to Congress: Military and Security Developments Involving the People's Republic of China 2010*（2010）(http://www.defense.

gov/pubs/pdfs/2010_CMPR_Final.pdf) p. 38)。

(93) "To counter China, IAF to upgrade Ladakh airstrip"(*The Times of India*, 21 Sep. 2010);"IAF upgrading facilities in northeast: Air chief "(*The Times of India*, 2 Nov. 2010);"India To Improve Airbases Near China, Pakistan"(*Defense News*, 3 Nov. 2010);"Airfield to be reopened in east Ladakh"(*The Hindu*, 7 Apr. 2009).

(94) Rajat Pandit, "IAF going in for massive upgrade of airfields, helipads"(*The Times of India*, 13 Aug. 2010);Rahul K. Bhonsle, *Securing India*, p. 206.

(95) P. Sunderarajan, "India watching developments in all neighbouring countries"(*The Hindu*, 4 Oct. 2010).

(96) Rahul K. Bhonsle, *Securing India*, p. 31.

(97) George K. Tanham and Marcy Agmon, *The Indian Air Force: Trend and Prospects* (Santa Monica, CA: RAND, 1995), pp. 97–99 (http://www.rand.org/content/dam/rand/pubs/monograph_reports/2006/MR424.pdf).

(98) "IAF wants more improvements in Tejas: Defence minister"(*The Times of India*, 7 Feb. 2011);"IAF flies homegrown Tejas fighter jet"(*The Times of India*, 11 Feb. 2011).

(99) V. P. Malik, *Kargil*, p. 131.

(100) Government of India, "Incidents of Air Crashes" (16 Aug. 2010) (http://pib.nic.in/release/release.asp?relid=64832).

(101) Asyley J. Tellis, *dogfight!: India's Medium Multi-Role Combat Aircraft Decision* (Washington, D.C.: Carnegie Endowment, 2011), pp. 11, 128.

(102) "Indian Air Force modernisation to be completed by 2022: Browne" (NDTV, 30 Jun. 2012).

(103) "India to buy 250-300 fighter jets from Russia: Antony"(*The Times of India*, 7 Oct. 2010);Rajat Pandit, "India to spend over $25 billion to induct 250 5th-gen stealth fighters"(*The Times of India*, 5 Oct. 2010).

(104) Rahul K. Bhonsle, *Securing India*, p. 182.

(105) このような施策を通じて、今後数年で、インドは少なくとも最近機種を全体の五〇%にしたい意向である(Rahul K. Bhonsle, *Securing India*, p. 207)。なお、装備全体では、現在五〇%が老朽化しており、二〇一四年から二〇一五年までに老朽化装備の比率を二〇%まで下げたいと考えているようである("50% of IAF equipment obsolete, says IAF chief "(*The Times of India*, 4 Oct. 2010))。

（106）Government of India, “AFNET to Herald Network Centric Operations in IAF” （http://pib.nic.in/release/release.asp?relid=65621&kwd）.

（107）“IAF now on the glide path for network-centric operations” （*The Times of India*, 22 Jan. 2011）.

（108）Indrani Bagchi, “India working on tech to defend satellites” （*The Times of India*, 6 Mar. 2011）.

（109）T. S. Subramanian and Y. Mallikarjun, “Capability to neutralise enemy satellites proved” （*The Hindu*, 7 Mar. 2011）.

（110）Ministry of Defence Government of India, *Annual Report 2009-2010*, p.15 （http://mod.nic.in/reports/welcome.html）.

（111）Rajat Pandit, “India to gear up for ‘star wars’” （*The Times of India*, 25 May 2010）.

（112）インド空軍は一九七〇年より七〇〇件の衝突事故で一八〇人のパイロットを失っている。一九七一〜二〇〇三年度のデータでみると、一万時間当たり一・〇九機失い、毎年二三機、パイロット一〇〜一四人を失っている計算になる。そのため二〇一二年五月二日にインド国防相が議会で説明したところによれば導入されたミグ二一計八七二機の内、四七二機を事故で失っている（Government of India, “Purchase of MiG Aircrafts” （5 May 2012） （http://pib.nic.in/newsite/erelease.aspx?relid=82906））。

（113）「近年、インドの空軍機の事故率は改善傾向にあるが、依然として高い事故率となっている。その原因には大きく分けて、次の三つがある。一つ目は、インドが保有する戦闘機が老朽化していることだ。冷戦が終わる一九九〇年まで、インドの経済はソ連に依存していた。結果、ソ連の崩壊でインド経済は大きな打撃を受けた。国防費も十分に確保できなくなり、新型機も配備できなくなった。古い戦闘機ほど事故が多く、旧ソ連製航空機の事故率が高くなっている。

原因の二つ目は整備に問題があることだ。インドは自国で空軍機を製造する能力が低い。だから、空軍機を輸入している。しかし、ある一つの国からだけ輸入して、修理部品の供給などをその国に依存するのは避けたい。そこで、いろいろな国から空軍機を輸入して配備している。結果、アメリカ製、ロシア製、イギリス製、フランス製の航空機を多種多様に配備することになった。しかも、ソ連の崩壊で、旧ソ連製の航空機に使うことのできる部品を様々な国から輸入するようにもなった。部品の種類は非常に多くなり、整備は複雑だ。だから、ミスが起きやすくなっている。

しかし、それだけではない。第三の理由がある。実は、インド政府の調査は、パイロットの訓練不足を最も重要な原因として挙げている。訓練不足の原因は、適切な練習機が不足しているからだ。

戦闘機パイロットを例にとって説明すると、インドでは初等練習機、中等練習機、高等練習機を使って三段階で訓練している。これまで、このすべての段階で国産の機体を使ってきた。初等練習機『ディーパク』、中等練習機『キラン・マーク

Ⅰ』、高等練習機『キラン・マークⅡ』だ。しかし、様々な問題が出てきた。

まず、初等練習機ディーパクは、二〇〇九年に事故を起こし、二〇一〇年まで使用禁止になった。その間パイロットは、初等練習機を使えず、いきなり中等練習機を使う訓練から実施することになった。

その中等練習機キラン・マークⅠも問題を抱えている。老朽化しつつあり、エンジンの整備などに問題を生じ始めている状態だ。そこで、中等練習機『シターラ』の開発を進めているのだが、計画が大幅に遅延しており、まだ完成していない。

また、高等練習機キラン・マークⅡについては、老朽化以外の問題もある。特にミグ二一のような、高速だが不安定で操縦し難い戦闘機のパイロットを育てるには、高等練習機としての能力が十分でないのだ。パイロットは高等訓練を終えた後、次は本当の戦闘機に乗る。ミグ二一なら最高時速は約二二〇〇㎞、七〇〇㎞に達しないキラン・マークⅡの三倍以上の速度が出る。だから、高等訓練を終えたパイロットが戦闘機に乗った時、速度をコントロールできずに事故につながりやすいことが指摘されている。この速度の点も含め、十分な訓練ができる高等練習機が必要だ。

結局、初等、中等、高等すべての段階で十分な練習機が確保できず、パイロットの訓練が不十分な体制にあり、事故が起きやすい環境ができあがってしまったのである」（長尾賢「日印で練習機を共同開発しよう！」『日経ビジネスオンライン』（日系ＢＰ社、二〇一四年四月三〇日）（http://business.nikkeibp.co.jp/article/opinion/20140423/263400/?P=2&mds)）。

（114） 指標により様々であるが、保有機八〇～一六〇機に対し、二一～四〇機を事故で喪失したものと考えられる。本書では一四〇機の内、四〇機を喪失したとする記事のデータで計算した（“Another IAF jet crashes, kills pilot, teen” (*The Times of India*, 5 Aug. 2011)）。

（115） インドの国産兵器開発プログラムにかける予算は一九六〇年代には国防費の一％だったものが、一九七七年には二％、一九八二年には三％以上、一九八九年から一九九三年には四・二～四・九％になり、増加している。しかし、統合ミサイル開発プログラムのような例外を除き、継続的な予算投入が行われていなかった。その結果としてインドはミサイル開発には成功したものの、他の国産兵器開発プログラムにおいてなかなか進展しなかったことが指摘されている（Timothy D. Hoyt, *Military Industry and Regional Defense Policy: India, Iraq, and Israel* (New York: Routledge, 2007), p. 42)。

（116） Rajat Pandit, “Indigenous? Dhruv advanced light helicopters are ‘90% foreign’” (*The Times of India*, 6 Aug. 2010).

（117） Rajat Pandit, “India picks US engines over European for Tejas” (*The Times of India*, 1 Oct. 2010).

（118） 駐印米大使の視察によるとインドのＨＡＬ社の戦闘爆撃機生産設備はオートメーション化されておらず、アメリカより二

○年から三〇年遅れているとされる（"US doubts HAL's capability"（*The Times of India*, 19 Feb. 2011））。

(119) オフセット・ポリシーとは、もともと、インドに兵器を輸出する際には、同時にインドから兵器関連製品を購入する契約を結ばなくてはならないという政策である。その主要な目的は、外国から兵器を購入しつつ、インドの兵器開発・生産レベルを高めることにあり、世界で一三〇カ国以上が採用している政策でもある。ただ、インドのオフセット・ポリシーについては、国産化に効果を上げているかどうか、疑問視されている。特に、システムが複雑で不明確であることが問題で、契約には時間がかかり、武器購入契約全体が遅くなる原因となっている。また、システムが複雑すぎて不明確であると、解釈に頼る部分が起きて汚職が起きやすい。特に軍需は国営企業優遇のため、民間企業の活力を利用できず、結果としてインドの軍需全体の成長を抑えてしまっている側面もある。さらに、外国企業の直接投資の比率を二六％に制限しているため、このオフセット・ポリシーの下では、五〇％のオフセットで一〇％のコスト高となる。そうすると、儲けがあまり出ないため外国企業の投資熱そのものを冷ましてしまう可能性もある。こうした問題点の指摘が行われた結果、二〇一二年八月には、共同生産・開発を単純にオフセットとするよう簡略化され、二〇一四年からは外国企業の直接投資の比率を最大一〇〇％まで引き上げることも含め検討中である。状況の改善が期待されている。

(120) Government of India, "FDI in Defence"（http://pib.nic.in/newsite/erelease.aspx?relid=70623）.

(121) Vivek Raghuvanshi, "Indian Firms Push for More Flexibility in JVs"（*Defense News*, 23 Feb. 2011）.

(122) 田北真紀子「【ルピーの世界】インド　防衛産業への外国企業直接投資率緩和」（『産経新聞』二〇一〇年八月二日）。

(123) インドのこうした姿勢は一貫している。インドは世界中が核兵器を放棄すれば、自らも放棄するという立場である（Government of India, "Nuclear Weapon Policy"（5 Aug. 2010）（http://pib.nic.in/release/release.asp?relid=64194）。

(124) Government of India, "Cabinet Committee on Security Reviews Progress in Operationalizing India's Nuclear Doctrine"（4 Jan. 2003）（http://pib.nic.in/archieve/lreleng/lyr2003/rjan2003/r04012003/r040120033.html）.

(125) Rajat Pandit, "Army officer to head nuclear command"（*The Times of India*, 26 Aug. 2008）.

(126) "Strategic Command to acquire 40 nuclear capable fighters"（*The Times of India*, 12 Sep. 2010）.

(127) The International Institute of Strategic Studies, *The Military Balance 2010*（London, IISS）, p. 359.

(128) Rajat Pandit, "In a year, India will have nuclear triad: Navy chief"（*The Times of India*, 3 Dec. 2010）.

(129) 防衛省『平成一九年度　日本の防衛　防衛白書』七三ページ（http://www.clearing.mod.go.jp/hakusho_data/2007/2007/

index.html)。

(130) Sachin Parashar, "India lags behind Pakistan in nuclear armoury: US expert" (*The Times of India*, 8 Aug. 2010).

(131) Stephan P. Cohen and Sunil Dasgupta, *Arming without Aiming*, amazon kindle edition, 2285–2287 line.

(132) Rajat Pandit, "Army for tunnels to protect troops from nuclear attack" (*The Times of India*, 1 Nov. 2008).

(133) The Kargil Review Committee, *From Surprise to Reckoning*, p. 78.

(134) V. P. Malik, *Kargil*, p. 130 ; *Ibid.*, p. 101.

(135) P. R. Chari, Pervaz Iqbal Cheema and Stephen P. Cohen, *Four Crises and a Peace Process*, p. 122.

(136) V. P. Malik, *Kargil*, p. 50.

(137) 上申したメンバーの中には、スリランカ介入当時スリランカに派遣されていた外交官J・N・ディキシットもいた。

(138) V. P. Malik, *Kargil*, pp. 143–152.

(139) 当時EUからも呼びかけが行われた。

(140) Tom Clancy and Anthony Zinni, *Battle Ready* (New York: Berkley Books, 2004), pp. 346–348.

(141) The Kargil Review Committee, *From Surprise to Reckoning*, pp. 89–90.

(142) ムシャラフ参謀長は、当時のパキスタンの核兵器は使用可能な状態ではなかったと書いている(Pervez Musharraf, *In the Line of Fire*, pp. 97–98)。また、V・P・マリク印陸軍参謀長も、パキスタンの核兵器配備に関する情報はなかったと書いている。ただ、インドは、パキスタンのティラ・ランジのミサイル発射台に動きがあることはつかんでおり、七月五日、インドも対抗してアグニII弾道ミサイルを発射する提案がなされた。この提案は最終的には却下された(V. P. Malik, *Kargil*, p. 260)。

(143) V. P. Malik, *Kargil*, pp. 295–302.

(144) Bill Clinton, *My Life* (New York: Alfred A. Knopf, 2004), p. 865.

(145) Pervez Musharraf, *In the Line of Fire*, p. 201.

(146) Ministry of defence Government of India, *Annual Report 2002–2003* (http://mod.nic.in/reports/welcome.html).

(147) United States of America Department of Defense, *Quadrennial Defense Review Report* (2006) (http://www.defense.gov/qdr/report/Report20060203.pdf).

(148) "India, Russia begin joint combat exercise"（*The Times of India*, 17 Oct. 2010）; Rajat Pandit, "Flurry of wargames on anvil to boost military diplomacy"（*The Times of India*, 20 Oct. 2010）.

(149) インド軍は米アジア太平洋軍司令部に連絡将校を派遣しており、米中央軍司令部に准将級の連絡将校を派遣することも協議中である（"Army Chief to visit US Centcom HQ"（*The Indian Express*, 27 Feb. 2011））。

(150) 現在、三つの協定が注目されている。Logistics Support Agreement（LSA）, Communication Interoperability and Security Memorandum Agreement（CISMOA）, Basic Exchange and Cooperation Agreement for Geo-Spatial Cooperation（BECA）の三つである。これらの協定は、武器取引や共同訓練時にかかわるものなので、印米間の軍事的な関係に影響するからである（"Military pacts on hold but India, US continue with exercises, arms deals"（*The Times of India*, 22 Sep. 2010）。ただアメリカ側に比べ、インド側は協定締結を急いでいない模様である（"IAF says not inking pacts with the US will make no difference"（*The Times of India*, 15 Oct. 2010））。

(151) "India a natural ally of US: Pentagon"（*The Times of India*, 23 Nov. 2010）.

(152) Narayan Lakshman, "India a "true partner" but "not without limits": Roemer cables"（*The Hindu*, 17 Dec. 2010）.

(153) アメリカのインド接近は中国を封じ込める狙いがあり、特に二〇一〇年代になって進められているという指摘がある（"US partnering with India to contain China"（*The Times of India*, 4 Jan. 2011）。

(154) インドとイスラエルの外交関係については、P. R. Kumaraswamy, "India and Israel: Emerging Partnership", Sumit Ganguley eds., *India as an Emerging Power*（London: Frank Cass Publishers, 2009）, pp.192–206; Harsh V. Pant, *Contemporary Debates in Indian Foreign and Security Policy: India Negotiates Its Rise in the International System*（New York: Palgrave Macmillan, 2008）を参照。

(155) 防衛省『平成二二年度　日本の防衛　防衛白書』二九六～二九八ページ（http://www.clearing.mod.go.jp/hakusho_data/2010/2010/index.html）。

(156) 「米印と定期協議構築　政府　中国の海洋進出牽制」（『産経新聞』二〇一一年一月四日）。

(157) 防衛省『平成二二年度　日本の防衛　防衛白書』二九七ページ及び、Government of India, "Joint Military Exercise with China and Japan"（1 Dec. 2010）（http://pib.nic.in/release/release.asp?relid=67941&kwd=）より集計。

(158) Nabi Abdullaev , "India Set For 4-Year Run as Russia's Top Customer"（*Defense News*, 15 Sep. 2010）.

(159) 印露は防衛技術に関する定期的な協議を行っている（Government of India, "India, Russia to Hold Annual Military Technical Cooperation talks"（5 Oct. 2010）（http://pib.nic.in/release/release.asp?relid=66176&kwd=)）。

(160) Ananth Krishnan, "India-China trade surpasses target"（*The Hindu*, 27 Jan. 2011）.

(161) 例えばバジパイ政権の安全保障顧問を務めたミシュラは、中国がインドに対して二〇〇〇年代末からより敵対的になったと述べているし、中国側からも印中関係がもろく修復が大変であることを指摘する発言が出ている。印中共同演習も二〇〇七年と二〇〇八年の計三回行われたが、二〇〇九年及び二〇一〇年は行われていない。二〇一〇年には軍事交流自体がビザの発給問題で停止した。また、インドは二〇一〇年一月一日から、内務省に登録すればインド北東部三州（ナガランド州、マニプール州、ミゾラム州）に外国人が入ることを許可するようになり、旅行者の増加が見込まれるが、かつてこれらの独立派を支援していたとみられる中国人とパキスタン人に関しては引き続き外務省の許可がなければ入れないため、事実上締め出されている。この二国に対するインドの警戒感が強い事がわかる（印中共同演習は二〇一三年に再開）（"China-India ties fragile, need special care: Chinese envoy"（*The Times of India*, 13 Dec. 2010）; "Chinese PM Wen Jiabao begins bumper Indian trade trip"（*BBC*, 15 Dec. 2010）; Government of India, "Joint Military Exercise with China and Japan"（1 Dec. 2010）（http://pib.nic.in/release/release.asp?relid=67941&kwd=）; "Now, only Pak & China nationals need special permits to visit NE"（*The Times of India*, 1 Jan. 2010）; Sandeep Dikshit "India to suspend defence exchanges with China"（*The Hindu*, 28 Aug. 2010））。

(162) "India wants China to be more 'sensitive' on Pakistan issues"（*The Times of India*, 13 Feb. 2011）.

(163) "China-Pakistan N-ties need clarity: Rao"（*The Times of India*, 14 Feb. 2011）; "China using Pakistan to slow India's growth: Former US envoy"（*The Times of India*, 4 Nov. 2010）; "India wants China to be more 'sensitive' on Pakistan issues"（*The Times of India*, 13 Feb. 2011）.

(164) Sandeep Dikshit, "India, China to set up hotline"（*The Hindu*, 9 Aug. 2009）.

(165) 同時にインドは対抗策も進めており、印米でアフリカ政策で協力しつつあり、日本もインドとの協力を模索している（Indrani Bagchi, "India, US may jointly counter China influence in Africa"（*The Times of India*, 29 Oct. 2010））。

(166) Rajat Pandit, "Despite irritants, Indo-US military ties on upward trajectory"（*The Times of India*, 8 Nov. 2010）.

(167) The International Institute of Strategic Studies, *The Military Balance*（London, IISS）をもとにStockholm International

Peace Research Institute database, Bharat Rakshak（http://www.bharat-rakshak.com/）等の情報を加えて作成した。

第五章　三つの戦争が軍事戦略に与えた影響

（1）United States of America Department of Defense, *Quadrennial Defense Review Report*（2001）（http://www.dod.gov/pubs/qdr2001.pdf）.

（2）ネルーはこの時米空軍の支援を求めたのであるが、その支援は秘密裏に行われた（Stephan P. Cohen and Sunil Dasgupta, *Arming without Aiming: India's Military Modernization*（New York: Brookings, 2010）, amazon kindle addition; "Jawaharlal Nehru pleaded for US help against China in 1962"（*The Times of India*, 16 Nov. 2010）.

（3）ピーター・ハークレロード著、熊谷千寿訳『謀略と紛争の世紀―特務部隊・特務機関の全活動―』（原書房、二〇〇四年）三七八～四四六ページ。

（4）Richard Sisson and Leo E. Rose, *War and Secession: Pakistan India and the Creation of Bangladesh*（University of California Press, 1990）, pp. 196–201.

（5）ディエゴ・ガルシア島はイギリス領であったが、イギリスが一九六八年一月に「一九七一年までに英軍を極東、ペルシャ湾から完全撤退させる」と表明する直前の一九六六年にアメリカに貸与され、第三次印パ戦争直前の一九七一年三月以降住民の退去と基地化が進められた。

（6）P. A. Ghosh, *Ethnic Conflict in Sri Lanka and Role of Indian Peace Keeping Force*（*I.P.K.F*）（New Delhi: A.P.H., 1999）, pp. 175–182に全文がある。

（7）G. D. Bakshi, *The Rise of Indian Military Power: Evolution of an Indian Strategic Culture*（New Delhi: KW, 2010）, pp. 168–184.

（8）Strobe Talbott, *Engaging India: Diplomacy, Democracy, and The Bomb*（Washington, D. C.: Brookings, 2004）; Jaswant Singh, *In Service of Emergent India: A Call to Honor*（Indian University Press, 2007）.

（9）「強制外交の戦略（あるいは強要と称するものもある）では、たとえば、侵入を止めさせるか占領地を放棄させるような、敵対者に侵略を行わせないように威嚇や限定的な軍事力を用いる」（ゴードン・A・クレイグ、アレキサンダー・L・ジョージ著、木村修三、五味俊樹、高杉忠明、滝田賢治、村田晃嗣訳『軍事力と現代外交―歴史と理論で学ぶ平和の条件―』（有斐閣、一九九七年)、二二〇ページ)。

(10) このような日数の問題は特に少ない側が気にすることが多い。二〇一〇年には中国の温家宝首相がインドに二日、パキスタンに三日滞在した。

(11) "India a natural ally of US: Pentagon"(*The Times of India*, 23 Nov. 2010).

(12) Narayan Lakshman, "India a "true partner" but "not without limits": Roemer cables"(*The Hindu*, 17 Dec. 2010).

(13) "India, Russia begin joint combat exercise"(*The Times of India*, 17 Oct. 2010); Rajat Pandit, "Flurry of wargames on anvil to boost military diplomacy"(*The Times of India*, 20 Oct. 2010).

(14) イスラエルが開発した兵器にはアメリカ製の部品を使用しているものがあり、その武器輸出ではしばしばアメリカの輸出許可を必要とすることがある。また、イスラエルはNATO外同盟国(Major non-NATO ally)でもある。さらに、アメリカ・イスラエルの情報機関は一九八一年一一月の覚書以来協力した行動をとっており、インドがスリランカ介入に至るきっかけとなったイスラエルへの援助もアメリカ大使館内に設置されたイスラエル情報機関を通して行われた。このような両国の深い関係から、武器輸出についても一定の協力関係にあるものと推測される(P. A. Ghosh, *Ethnic Conflict in Sri Lanka and Role of Indian Peace Keeping Force*(*I.P.K.F*), pp. 55–58)。

(15) Richard Sisson and Leo E. Rose, *War and Secession*, p. 197.

(16) インドでは、アメリカからパキスタンに行われた援助一二三億米ドルの内、八六億米ドルは対印戦略に転用されたとみる見方もある(G. D. Bakshi, *The Rise of Indian Military Power*, PrologueXV)。

(17) G. V. C. Naidu, *The Indian Navy and Southeast Asia*(New Delhi: KW, 2000), pp. 36–40.

(18) Sugandha, *Evolution of Maritime Strategy and National Security of India*(New Delhi: Decent Books, 2008), p. 279.

(19) Stephan P. Cohen and Sunil Dasgupta, *Arming without Aiming*, amazon kindle addition.

(20) *Ibid.*

(21) インドは近代化を続ける中国とパキスタンの両方を相手にするには一八隻必要だとしている(Rajat Pandit, "Navy retires INS Vagli, India down to 14 subs"(*The Times of India*, 9 Dec. 2010))。

(22) 一九六八年にイギリスが「一九七一年までにイギリス軍を極東、ペルシャ湾から完全に撤退させる」と宣言した。

(23) Ministry of Defence Government of India, *Annual Report 2002–2003*(http://mod.nic.in/reports/welcome.html).

（24）一九八五年七月三日の『タイムズオブインディア』紙では、アメリカが核兵器使用を検討したと報道している（History Division, Ministry of Defence Government of India, "Official History of the 1971 India Pakistan War"（http://www.bharat-rakshak.com/LAND-FORCES/History/1971War/280-War-History-1971.html）p. 697）。

（25）防衛省『平成一九年度　日本の防衛　防衛白書』七三ページ（http://www.clearing.mod.go.jp/hakusho_data/2007/2007/index.html）。

（26）Chandar S. Sundaram, "The Indian National Army, 1942–1946: A Circumstantial Force", Daniel P. Marston and Chandar S. Sundaram eds., *A Military History of India and South Asia: From the East India Company to the Nuclear Era*（Indiana University Press, 2007）, pp. 131-138.

（27）岡本幸治『インド世界を読む』（創成社、二〇〇六年）二二四ページ。

（28）スティーブ・フィリップ・コーエン著、堀本武功訳『台頭する大国インド—アメリカはなぜインドに注目するのか—』（明石書店、二〇〇三年）二六二〜二六三ページ。

（29）G. V. C. Naidu, *The Indian Navy and South East Asia*, pp. 96–97.

（30）The International Institute of Strategic Studies, *The Military Balance 2012*（London, IISS）をもとに計算。

（31）一部でも部品が足りなければ戦闘爆撃機は飛べないことを考えると、このような状態は、アメリカ製部品の供給がなければ、日本は、稼動できる戦闘機が減ってしまい、大きく空軍力を下げる可能性があることを意味している。

（32）Sandeep Dikshit, "Pact on India-Japan-U. S. trilateral in the offing"（*The Hindu*, 9 Apr. 2011）; Indrani Bagchi, "India, Japan start crucial dialogue with eye on China"（*The Times of India*, 7 Apr. 2011）;「米印と定期協議構築　政府　中国の海洋進出牽制」（『産経新聞』二〇一一年一月四日）。

（33）Richard Sisson and Leo E. Rose, *War and Secession*, pp. 196–202.

（34）Rajat Pandit, "Indigenous? Dhruv advanced light helicopters are '90% foreign'"（*The Times of India*, 6 Aug. 2010）.

（35）"India Upset At Russian Military Parts Supply"（*Aviation Week*, 1 Apr. 2011）; Rajit Pandit, "India looks to other countries for spares of Russian military equipment"（*The Times of India*, 6 May 2011）; Rajat Pandit, "India looks elsewhere to beat Russian defence spares crunch"（*The Times of India*, 9 May 2011）.

（36）中薗博文「第9章　インド・パキスタン戦争」陸戦学会戦史部会編『現代戦争史概説　下巻』（陸戦学会、一九八二年）

一一四～一一五ページ。

(37) V. N. Khanna, *Foreign Policy of India: 6th Edition*（New Delhi: Vikas, 2007）, p. 127.

(38) *Ibid*., pp. 132–133.

(39) "Pakistan, China irritants for India: Army chief"（*The Times of India*, 15 Oct. 2010）; "China's 'intentions' being closely monitored: India"（*The Times of India*, 31 Aug. 2010）; "Modernisation of Chinese armed forces a serious concern: Antony"（*The Times of India*, 17 Feb. 2011）; "Neighbours building military capabilities at feverish pace: Antony"（*The Times of India*, 7 Oct. 2010）; "Govt keeping watch on China developing rail links in border areas: Krishna"（*The Times of India*, 10 Nov. 2010）.

(40) 中国はパキスタンに核兵器の設計図を提供し、一九九〇年に中国はロプノールの核実験場でパキスタンの核実験を行ったものとみられている（William J. Broad, "Hidden Travels of Atomic Bomb"（*The New York Times*, 8 Dec. 2008））。

(41) Vivek Raghuvanshi, "India, China Resume Border Dispute Talks"（*Defense News*, 6 Aug. 2009）. "Bangladesh Navy's Ming Class Subs"（Security-Risks. com, 8Apr, 2014）.

(42) "Pak plans to acquire 6 submarines from China"（*The Hindu*, 9 Mar. 2011）.

(43) G. D. Bakshi, *The Rise of Indian Military Power*, pp. 302–306.

(44) Rajat Pandit, "Eye on China, Army focuses on mountain warfare"（*The Times of India*, 15 Jan. 2011）.

(45) またこの山岳師団配備の意図として、新設される山岳師団が空輸による高い機動力をもつことから、対パキスタン予備兵力としての意味合いがあると推測されるが、この山岳師団以外に五〇〇〇人規模の偵察隊を二つ創設し、準軍隊も人的増員を行っているため、対中国境兵力増強の動きとしての意味合いがより大きいと考えられる。

(46) Subir Bhaumik, "India to deploy 36,000 extra troops on Chinese border"（*BBC*, 23 Nov. 2010）.

(47) "Our Air force strength is one third of China: IAF chief "（*The Times of India*, 23 Sep. 2009）.

(48) Bharat Vohra, *Defence Economics*（New Delhi: Sumit Enterprises, 2010）, pp. 28–29.

(49) K. R. Singh, *Maritime Security for India: New Challenges and Responses*（New Delhi: New Century, 2008）, pp. 90–92.

(50) 冷戦時代の一九八〇年代、アメリカは日本にP三C対潜哨戒機導入をもちかけたが、その裏には、日本のシーレーンを守るだけでなく、日本の海峡を通ってオホーツク海に展開したり、アメリカに接近するソ連の潜水艦を監視する意味があったとの指摘がある（ＮＨＫ「シリーズ日米安保五〇年　第三回〝同盟〟への道」（二〇一〇年一二月一一日放送））。現在アメリカのインドに対する対潜哨戒機売却は機数が増えつつあり、注目すべきものであるといえる。

（51）二〇〇七年と二〇〇九年、二〇一一年の日米印共同演習は日本近海で実施された（二〇一一年は東日本大震災により日本不参加）。

（52）Robert D. Kaplan, “Center Stage for the Twenty-first Century: Power Plays in the India Ocean”, *Foreign Affairs* (Council of Foreign Relations, March/April 2009), pp. 16-32.

（53）筆者が二〇一〇年一二月に行った交流事業におけるジャワハラ・ネルー大学教授の指摘によると、インド海軍が南シナ海で行っている東南アジア諸国との演習に対し、中国側が不快に思っているとの観測もあるが、インド側がこれを控える様子はない。

（54）India-US Framework for Maritime Security Cooperation にみられるように印米軍事協力は特に海軍が先行して始まった。

（55）Vinod Anand, “PLA Navy's Anti-Ship Ballistic Missile: Challenge to India” (New Delhi: Vivekananda International Foundation, 18 Jan. 2011)（http://www.vifindia.org/article/2011/january/18/%EF%BB%BFPLA-Navy-Anti-Ship-Ballistic-Missile-Challenge-to-India）.

（56）“Pak breaches pact as jets fly near Indian airspace”（*The Times of India*, 20 Jan. 2011）.

（57）“India, Pakistan exchange list of nuclear installations”（*The Times of India*, 1 Jan. 2010）; “India, Pakistan exchange lists of nuclear installations”（*The Times of India*, 1 Jan. 2010）.

（58）第三次印パ戦争当初パキスタン軍は守りやすい東で防御し、西で攻勢に出ることを考えていた（中薗博文「第9章　インド・パキスタン戦争」陸戦学会戦史部会編『現代戦争史概説　下巻』一〇六〜一〇七ページ）。

（59）パキスタンは一九八六年には決定から二週間以内に核兵器を組み立てる能力を身につけたものと考えられている（ゴードン・コレーラ著、鈴木南日子訳『核を売り捌いた男』（ビジネス社、二〇〇七年）八八ページ）。

（60）C. Christine Fair, *Urban Battle Fields of South Asia: Lessons Learned from Sri Lanka, India, and Pakistan* (Santa Monica, CA: RAND, 2004)（http://www.rand.org/content/dam/rand/pubs/monographs/2004/RAND_MG210.pdf）.

（61）パキスタンが核を使用すれば、インドは核で報復する可能性が高いため、実際にはパキスタンが核兵器を使用できるのか疑問であるが、インドの政治家にとってある程度抑止力になっている部分がある（長尾賢「小国の核は大国の軍事的影響力を無効にするのか?—九・一一とインド国会襲撃事件後の対パキスタン強制外交を例に—」『防衛学研究』第三九号(二〇〇八年九月)一二一〜一四二ページ)。

(62) Josy Joseph, "Indian Army set for its most radical revamp"(*The Times of India*, 13 Dec. 2011).

(63) "Armed Forces finalise tri-service doctrine"(*The Times of India*, 1 Oct. 2008).

(64) Vivek Raghuvanshi, "Elite Indian Troops Practice Strategic Operations"(*Defense News*, 4 May 2009).

(65) "India's Deep-trike Abilities Limited"(*Defense News*, 8 Dec. 2008).

(66) G. D. Bakshi, *The Rise of Indian Military Power*, pp. 330–331.

(67) The government of India, "Sea Change in Government's Approach to Coastal Security After 26/11: Antony"(23 Dec. 2010)(http://pib.nic.in/release/release.asp?relid=68647&kwd=).

(68) "India came close to striking Pak after 26/11: Air chief "(*The Times of India*, 29 May 2009);"PAF had deployed 75 p.c. of its units on Indian border"(*The Hindu*, 1 June 2009);"Troop changes after India tension"(*BBC*, 26 Dec. 2008).

(69) G. D. Bakshi, *The Rise of Indian Military Power*, p. 240.

(70) Stephan P. Cohen and Sunil Dasgupta, *Arming without Aiming*, amazon kindle edition.

(71) Rohan Gunaratna, *Indian Intervention in Sri Lanka: The Role of India's Intelligence Agency*(Colombo: South Asian Network on Conflict Research, 1993), p. 269 は、一〇人としているが、二〇〜三〇人とする意見もある(G. D. Bakshi, *The Rise of Indian Military Power*, p. 309)。

(72) V. P. Malik, *Kargil: From Surprise to Victory*(New Delhi: HarperCollins Publishers India joint venture with The India Today Group, 2006), p. 130.

(73) G. D. Bakshi, *The Rise of Indian Military Power*, p. 227.

(74) General V. P. Malik, *Kargil*, p. 217.

(75) ダッカにある Liberalion War Musium のホームページには当時の映像資料等が多数あり、当時の雰囲気を映像でみることができる(http://www.liberationwarmuseum.org/)(Anuj Dhar, *CIA's Eye on South Asia*(New Delhi: Manas, 2009), pp. 199–251; "Bangladesh to honour 226 Indians for role in 1971 'Liberation War'"(*The Times of India*, 14 Dec. 2010))。

(76) 一九九九年のデータではないものの、C・クリスチャン・フェアーとカルティク・バイダヤナサンは、パキスタン人がどの程度武装勢力に協力するかについて研究している（C. Christine Fair and Karthik Vaidyanathan, "The Practice of Islam in Pakistan and the Influence of Islam on Pakistani Politics", Rafiq Dossani and Henry S. Rowen eds., *Prospects for Peace in South Asia*（Stanford University Press, 2005), pp. 75–138)）。

（77） G. D. Bakshi, *The Rise of Indian Military Power*, p. 309.

終章　インドの戦略、将来の注目点

（1） G. D. Bakshi, *The Rise of Indian Military Power: Evolution of an Indian Strategic Culture*（New Delhi: KW, 2010), p. 323.

（2） "Armed forces' modernisation on track: MoD"（*The Times of India*, 21 Oct. 2010）.

（3） The International Institute of Strategic Studies, *The Military Balance 2012* (London: IISS).

（4） 防衛省「平成二六年度以降に関わる防衛計画の大綱について」（二〇一三年）二八ページ（http://www.mod.go.jp/j/approach/agenda/guideline/2014）。

（5） インドは二〇〇七年三月から二〇一〇年二月までの四年間に約二五〇億米ドルの武器取引契約を結んでいる（"Indian defence deals worth $42 billion up for grabs"（*The Times of India*, 27 Feb. 2011））。

（6） "Years after Bofors, Army may finally induct howitzers in 2011"（*The Times of India*, 18 Jan. 2011）.

（7） "Army's $647m howitzer howler"（*The Times of India*, 15 Feb. 2011）.

（8） "Indian Army Eyes Larger Aviation Corps"（*Aviation Week*, 20 Jan. 2011）.

（9） Maj Gen G. D. Bakshi, *The Rise of Indian Military Power*, pp. 300–302.

（10） Stephan P. Cohen and Sunil Dasgupta, *Arming without Aiming: India's Military Modernization*（New York: Brookings, 2010), amazon kindle edition, location 1215–1221.

（11） ただインド陸軍と空軍は、空輸に関する戦略策定をしていない（*Ibid.*, location 1439）。

（12） Supriya Sharma, "Army confirms first training base in Chhattisgarh"（*The Times of India*, 10 Jan. 2011）; Supriya Sharma, "Finally, Army moves into Maoist territory"（*The Times of India*, 14 Dec. 2010）.

（13） サミュエル・ハンチントン著、鈴木主税訳『文明の衝突』（集英社、一九九八年）三九四〜四〇四ページ。

(14) The International Institute of Strategic Studies, *The Military Balance 2012*.

(15) 土山實男『安全保障の国際政治学—焦りと傲り—』(有斐閣、二〇〇四年)一五二ページ。

(16) 中国は一九七九年支援を停止したとみられているが、最近インド北東部の武装勢力が中国で武器を調達している実態が政府により確認され、発表されている(Government of India, "Inputs Suggest Visit to China by Leaders of NE Insurgent Groups" (10 Mar. 2011) (http://pib.nic.in/newsite/erelease.aspx?relid=70786))。

(17) Daniel Byman, *Deadly Connections: States that Sponsor Terrorism* (Cambridge University Press, 2005), p. 1.

(18) 二〇〇七年一月一日のインドの警察官の数は、政府から許可されている必要数で一六三万二六五一人、実際の警察官数九二万七五四一人であり、人口が一一億三一〇四万三〇〇〇人とすると、警察官一人当たりの人口は一二一九人(必要許認可数通り警察官がいれば六九三人)ということになる。これは日本(二〇〇六年)の警察官の定員二八万八四五一人、人口一億二六二〇万六〇〇〇人、警察官一人当たりの人口四三八人と比較すると、約三分の一の密度であり、治安維持上不足した状態と考えられる。

(19) The International Institute of Strategic Studies, *The Military Balance*.

(20) グロニンゲン大学のアンガス・マディソン氏が公表している一九五〇年代から二〇〇九年までの人口、GDPのデータベースを参照(http://www.ggdc.net/MADDISON/oriindex.htm)。

(21) 二〇〇六年一月一日を基準とすると、インドには警察官が人口一〇万人当たり一四二人しかおらず、人的な不足は治安部隊全体に及んでいる(Stephan P. Cohen and Sunil Dasgupta, *Arming without Aiming*, amazon kindle edition, location 1819)。なお二〇〇七年一月一日を基準とした場合、人口一〇万人当たり一四四人の警察官(定員)がいることになる。

(22) Sunil Khilnani, Rajiv Kumar, Pratap Bhanu Mehta and Prakash Menon, Nandan Nilekani, Srinath Reghavan, Shyam Saran and Siddharth Varadarajan, "Nonalignment 2.0 : A Foreign and Strategic Policy for India in the Twenty First Century" (Center for policy Research, 2012), p. 38 (http://www.cprindia.org/sites/default/files/Non Alignment%202.0_1.pdf).

(23) Rajat Pandit, "2 new fleet tankers to boost naval presence" (*The Times of India*, 11 Dec. 2011); Manu Puddy, "With new fleet tanker, Navy to have enhanced footprint" (*Indian Express*, 22 Jan. 2011).

(24) 活動活発化に伴いインド海軍艦艇と中国海軍艦艇が南シナ海等で遭遇し、牽制する事件も起きたという報道もある。ただ、この報道についてインド政府は否定としている("China confronts Indian navy vessel" (*Financial Times*, 31 Aug. 2011);

Government of India, "Clarification on Media Reports Regarding Overseas Deployment of INS Airavat"（1 Sep. 2011）（http://pib.nic.in/newsite/erelease.aspx?relid=75408））。

(25) Rajat Pandit, "India to help train Vietnam in submarine operations"（*The Times of India*, 15 Sep. 2011）.

(26) "India will protect its interests in disputed South China Sea : Navy chief "（*The Times of India,* 3 Dec. 2012）.

(27) G. D. Bakshi, *The Rise of Indian Military Power*, pp. 330–331.

(28) Integrated Headquarters of Ministry of Defence（Navy）, *Freedom Use of Sea: India's Maritime Military Starategy*（2007）, pp. 99–113.

(29) Rajat Pandit, "Navy to flex muscles in western front wargames"（*The Times of India*, 5 Feb. 2011）.

(30) G. D. Bakshi, *The Rise of Indian Military Power*, pp. 330–331.

(31) "Indian Army mulls ambitious war plan"（*The Times of India*, 18 Sep. 2009）.

(32) G. D. Bakshi, *The Rise of Indian Military Power*, pp. 330–331.

(33) 江畑健介『アメリカの軍事戦略』（講談社現代新書、一九九六年）一〇ページ。

(34) Vinod Anand, "PLA Navy's Anti-Ship Ballistic Missile: Challenge to India"（New Delhi: Vivekananda International Foundation, 18 Jan. 2011）（http://www.vifindia.org/article/2011/january/18/%EF%BB%BFPLA-Navy-Anti-Ship-Ballistic-Missile-Challenge-to-India）.

(35) "Indian Navy set to complete nuclear triad: Admiral Verma"（*The Economic Times*, 25 June 2012）.

(36) Rajat Pandit, "Coastal security pressures 'sink' blue-water dreams"（*The Times of India*, 15 Aug. 2011）.

(37) Rajat Pandit, "CAG hits out at delays in indigenous warship projects"（*The Times of India*, 23 Mar. 2011）.

(38) G. V. C. Naidu, *The Indian Navy and Southeast Asia*（New Dehli: KW, 2000）, pp. 36–40.

(39) Government of India, "Scorpene Submarine"（14 March 2011）（http://pib.nic.in/newsite/erelease.aspx?relid=70972）.

(40) 現在インドは近代化を続ける中国とパキスタンの両方を相手にするには一八隻必要だとしているが、二〇一〇年一二月には一四隻になり、二〇一五年には一〇隻にまで減少する可能性がある（Rajat Pandit, "Navy retires INS Vagli, India down to 14 subs"（*The Times of India*, 9 Dec. 2010））。

(41) Rahul K. Bhonsle, *Securing India: Assessment of Defence and Security Capabilities*（New Delhi: Vij Books, 2009）, pp. 49–

53.

（42） "Defence budget up by 11˙6 pc"（*The Hindu*, 28 Feb. 2011）; Bharat Vohra, *Defence Economics*（New Delhi: Sumit Enterprises, 2010）, pp. 28–29; Laxman K. Behera, "India's Defence Budget 2011–12", *IDSA Comment*（Institute for Defence Studies & Analyses 7 March 2011）(http://www.idsa.in/idsacomments/IndiasDefenceBudget2011-12_lkbehera_070311).

（43） The International Institute of Strategic Studies, *The Military Balance*（2014）.

（44） P. Sunderarajan, "India watching developments in all neighbouring countries"（*The Hindu*, 4 Oct. 2010）.

（45） Rahul K. Bhonsle, *Securing India*, p. 31.

（46） "Army chief leaves for Tajikistan to bolster military"（*The Times of India*, 10 Nov. 2010）.

（47） "50% of IAF equipment obsolete, says IAF chief "（*The Times of India*, 4 Oct. 2010）.

（48） Asyley J. Tellis, *dogfight!: India's Medium Multi-Role Combat Aircraft Decision*（Washington, D.C.: Carnegie Endowment, 2011）(http://carnegieendowment.org/files/dogfight.pdf), p. 128.

（49） 清田智子はインドでの「計画」という言葉の使い方は「理想」を指しており、「必ずしも期限内に実現することを前提として立案されていない」と指摘している（清田智子「インド海軍の主力艦開発—軍事技術発展のインド・モデル構築に向けて—」『海外事情』平成二三年（二〇一一年）一一月号（拓殖大学海外事情研究所）一四四～一六〇ページ）。

（50） Rahul K. Bhonsle, *Securing India*, pp. 182–184.

（51） Government of India, "Defence Minister says not Satisfied with Pace of Modernisation"（15 Dec. 2010）(http://pib.nic.in/release/release.asp?relid=68531&kwd).

（52） Rajat Pandit, "IAF presses HAL for more Sukhois"（*The Times of India*, 29 July 2009）; "IAF holds talks with HAL for better aircraft maintenance"（*The Times of India*, 28 Oct. 2010）.

（53） Rajat Pandit, "Tejas has just reached semi-final stage: Antony"（*The Times of India*, 11 Jan. 2011）; Rajat Pandit, "IAF forced to fly MiG-21s till 2017 due to Tejas delay"（*The Times of India*, 3 Aug. 2011）.

（54） "Air Defence gaps due to govt failure: Antony"（*The Hindu*, 25 Oct. 2008）.

（55） Government of India, "Cyber Warfare Strategy"（13 Dec. 2010）(http://pib.nic.in/release/release.asp?relid=68461&kwd); Government of India "Antony Asks Forces to gear up to Fight Cyber Wars"（17 Feb. 2011）(http://pib.nic.in/newsite/

erelease.aspx?relid=69874).

(56) Vivek Raghuvanshi, "Elite Indian Troops Practice Strategic Operations"（*Defense News*, 4 May 2009）; "Armed Forces finalise tri-service doctrine"（*The Times of India*, 1 Oct. 2008).

(57) スティーブ・フィリップ・コーエン著、堀本武功訳『台頭する大国インド―アメリカはなぜインドに注目するのか―』（明石書店、二〇〇三年）一一九ページには「インドの政界や官僚のトップの中で軍歴や外交官歴を持つ者は少なく、経済社会問題を重視して軍事と戦略の重要性を軽視するという強固な伝統が存在する。この伝統はガンディーの非暴力主義とネルーの政策がもたらしたものである」とある。

(58) Pradeep P. Barua, *The State at War in South Asia*（University of Nebraska Press, 2005), pp. 286–291.

(59) V. P. Malik, *Kargil: From Surprise to Victory*（New Dehli: HarperCollins Publishers India joint venture with The India Today Group, 2006), p. 312.

(60) "Inside India's national security apparatus," *Jane's intelligence Review*（Jane's information Group, August 2002), pp. 36–39.

(61) V. P. Malik, *Kargil*, p. 312.

(62) *Ibid*.

(63) インドで戦略形成が進まなかった原因としてラウル・K・ボホンスルは、印中戦争前の政府と軍との間にある不信、政府が軍がクーデターを起こすことを恐れ続けていること、低強度紛争の多発の三つを挙げている（Rahul K. Bhonsle, *Securing India*, p. 11)。

(64) Government of India, "Shortage of Officers"（7 Mar. 2011）(http://pib.nic.in/newsite/erelease.aspx?relid=70632）; Sanjoy Majumder, "Indian army battles manpower crisis"（*BBC*, 12 Feb. 2009）; Ananya Dutta, "IAF to upgrade operational capabilities in northeast"（*The Hindu*, 3 Nov. 2010）; Amutha Kannan, "Navy looking to add quality officers for overcoming shortage"（*The Hindu*, 25 Jan. 2011）; Government of India, "Shortage of Personnel in Air Force"（29 Nov. 2009）(http://pib.nic.in/release/release.asp?relid=67768&kwd）; "20 top scientists quit DRDO in 6 months"（*The Times of India*, 30 Jan. 2011).

(65) Integrated Headquarters of Ministry of Defence（Navy), *Freedom Use of Sea*, p. 7.

インドはどのような大国になるだろうか。今後、強力な軍事力をもった時、インドはその力を振りかざし、周辺の小国に対して強硬な外交を推し進めるだろうか。本書で検証した通り、もしインドが過去の経験を生かしているならば、その可能性は低いといえよう。インドは、一九七一年以降、すでに南アジアでは圧倒的な大国になっており、スリランカ介入やカルギル危機を通じて、大国としての軍事力の使い方を学んできた。それは、圧倒的な大国になったら、周辺の小国に対して力づくで押しつぶさんとするよりも、軍事力の使用は最小限度にして程よく問題と付き合うようにする方が、利益とコストのバランスがとれた合理的な方法だ、というものである。だから、この経験が生きてくれれば、今後、南アジア域外へも影響力を及ぼすようになったとしても、インドは軍事力の行使に慎重な国になる可能性がある。

そのインドは二〇一四年、一つの転機を迎えつつあるといってよい。五月の選挙で実力派のナレンドラ・モディ政権が誕生したためだ。この「あとがき」を書いているのは九月であるが、すでにモディ氏の下で経済成長が加速しつつある。モディ氏は国防費の増額、印中国境地帯での兵力増強、軍備の国産化に熱心でもあり、安全保障上の多くの改革を成し遂げるであろう。また、モディ氏は日本に対して友好的な人物としても知られており、最初に訪問する主要国に日本を選んだ。日印関係の強化への期待も高まりつつある。アメリカのピューリサーチセンターが今年行った調査によるとどの国が同盟国になるかという質問に、インドにおける調査対象者の二六％が日本と解答している。アメリカと答えた人が約半数いて、ロシアと答えた人が二九％なので、日本は堂々の三位である（"72% of Indians fear border issue can spark China"（*The Times of India*, 15 Jul. 2014））。実際に日印関係が良くなることを期待したい。

本書は、学習院大学大学院政治学研究科に提出した博士学位論文「インドの戦略の発展―大国としての軍事力運用法―」をコンパクトにし、新しい情報を加えながら大幅に書き直したものである。博士論文執筆に当たっては、指導教授である村主道美先生（学習院大学）から非常に多くのアドバイスをいただいた。本書は、村主先生の下で大学二年より学び、大学院も含め一二年御指導を頂いた成果であり、謹んで深く感謝申し上げたい。

また博士論文、修士論文を通じて親身な御指導をくださった学習院大学の坂本孝治郎先生、井上寿一先生、中居良文先生、元田結花先生、平野浩先生、佐々木毅先生、故田中靖政先生及び草野芳郎先生、そして現在は学習院大学を離れられたが、学習院大学の安全保障論の先生だった秋山昌廣先生と小川伸一先生には深い感謝を申し上げたい。

インドについては堀本武功先生、広瀬崇子先生とG・V・C・ナイドゥ先生から非常に楽しく学ばせて頂いたことが多く、軍事戦略研究の手法は茅原郁生先生から学んだことが多い。深く感謝している。

本書の執筆に際しては、猪口孝先生と道下徳成先生からアドバイスを頂き、ミネルヴァ書房の田引勝二氏と堺由美子氏の御協力の下で、出版にたどり着いた。特に堺由美子氏の校正における御協力がなければ、本書の出版は不可能であった。深く感謝申し上げたい。

その他にも様々な形でお世話になった先生は多い。特に外務省勤務時代、そして、防衛省・自衛隊勤務時代に御世話になった方々への感謝はとても深いものがある。紙面の都合もあり、すべての先生方のお名前を挙げることができない非礼をお詫び申し上げると共に、お名前を挙げることができなかったとしても、感謝していることを申し上げたい。

そして最後に、私事ながら、家族に感謝を示したい。まず祖父（塚本勝一）は、実は本書に最も影響を与えた人の一人である。私がまだ幼稚園か小学生のころから冷戦について教え、国家戦略や安全保障、兵器とその運用法についてて教えてくれたのは祖父であった。私が修士論文でインドに着目し、博士課程でインドの軍事研究を始めようとしていた時、それを強く後押ししたのは祖父であった。そして本書の書き方は、祖父の著書『自衛隊の情報戦』（草思社、二〇〇八年）、『北朝鮮・軍と政治』（原書房、二〇一二年）等を参考に考えた部分も多い。祖父は今年九月で九三歳になったが、ぜひ元気でいるうちに、感謝をもって祖父に本書を送りたい。

また両親（長尾信、長尾育子）に深く感謝している。私が博士号も定職もない中、その研究を常に支えてくれたのは両親であり、その助けがなければ本研究は存在しない。そして、弟（長尾学）、祖母（故塚本淑子）、叔母（塚本康子）から得たアドバイスも随所に生かされている。

このように多くの人々の助けがなければ本書は存在しない。謹んで深い深い感謝を申し上げると共に、本書が世に出て、その知識が日本の安全保障に役立った時、本書の執筆のために支えてくれた人々の努力が報われることになるのであるから、今後も日本のために努力し、支えてくれた人々の努力が無駄ではなかったことを証明することを宣言して、本書を終えたいと思う。

二〇一四年九月一五日

長尾　賢

「国際政治・日本外交叢書」刊行の言葉

日本は長らく世界のなかで孤立した存在を、最近にいたるまで当然のこととしていた。たしかに日本は地理的にも外交的にもアジア大陸から一定の距離を保ちつつ、文字、技術、宗教、制度といった高度な文明を吸収してきたといってよい。しかも日本にとって幸いなことに、外国との抗争は、近代に入るまでそれほど頻繁ではなかった。七世紀、一三世紀、一六世紀とそれぞれ大きな軍事紛争に日本は参加したが、平和な状態の方が時間的には圧倒的に長かった。とりわけ江戸時代には、中国を軸とする世界秩序から大きく離脱し、むしろ日本を軸とする世界秩序、日本の小宇宙を作らんばかりの考えを抱く人も出てきた。

日本が欧米の主導する国際政治に軍事的にも外交的にも参加するようになったのは、一九世紀に入ってからのことである。日本を軸とする世界秩序構想はいうまでもなく現実離れしたものだったため、欧米を軸とする世界秩序のなかで日本の生存を図る考えが主流となり、近代主権国家を目指した富国と強兵、啓蒙と起業（アントルプルナールシップ）の努力と工夫の積み重ねが、すなわち日本の近代史であった。ほぼ一世紀前までに日本は欧米の文明国から学習した国際法を平和時にも戦争時にも遵守し、規律のある行動を取るという評判を得ようとした。それが義和団事変、日清戦争、日露戦争の前後である。

だが、当時の東アジアは欧米流の主権国家の世界ではなく、むしろ欧米と日本でとりわけ強まっていた近代化の勢いから取り残され、貧困と混乱と屈辱のなかで民族主義の炎が高まっていった。日本は東洋のなかで文明化の一番手であればこそ、アジアの心を理解できるはずだったが、むしろ欧米との競争に東洋の代表として戦っていると思い込み、アジアの隣人は日本の足枷になるとの認識から、彼らを自らの傘下に置くことによってしか欧米との競争に臨めないとの考えに至ったのである。

しかし、その結果、第二次世界大戦後には欧米とまったく新しい関係を育むことが出来るようになった。しかも一九世紀的な主権国家を軸とする世界秩序から、二〇世紀的な集団的安全保障を軸とする世界秩序を経験し、さらには二一世紀的なグローバル・ガバナンスを軸とする世界秩序が展開するのを眼前にしている。二一世紀初頭の今日、世界のなかの日本、日本の外交、そして世界政治についての思索が、今ほど強く日本人に求められている時はないといってもよいのではなかろうか。

われわれは様々な思索の具体的成果を「国際政治・日本外交叢書」として社会に還元しようとするものである。この叢書では、国際政治・日本外交の真摯な思索と綿密な検証を行う学術研究書を刊行するが、現代的な主題だけでなく、歴史的な主題も取りあげ、また政策的な主題のみならず、思想的な主題も扱う。われわれは所期の目的達成の産婆役としての役割を果たしたい。

二〇〇六年六月一日

編集委員　五百旗頭真・猪口孝・国分良成

白石隆・田中明彦・中西寛・村田晃嗣

《著者紹介》

長尾　賢（ながお・さとる）

1978年東京都生まれ。学習院大学法学部政治学科卒。同大学院で修士号取得。自衛隊幹部（陸），外務省で安全保障担当専門分析員，学習院大学東洋文化研究所 PD 共同研究員として勤務の後，2011年学習院大学大学院にて博士（政治学）取得。その後海洋政策研究財団研究員を経て現在は東京財団アソシエイト，学習院大学講師（安全保障論・非常勤），日本戦略研究フォーラム研究員，日本安全保障戦略研究センター研究員を兼務。2015年2月，3月に米戦略国際問題研究所（CSIS）客員研究員も兼務（予定）。

主論文　「非対称戦における報復のルール」『政治学論集』第17号，学習院大学大学院政治学研究科，2004年。

「日米変革の中における日本の役割」『平成18年度 安全保障に関する懸賞論文 新たな安全保障環境下における日米同盟の在り方について』優秀賞（防衛省，ディフェンスリサーチセンター，2007年）。

「小国の核は大国の軍事的影響力を無効にするのか？―9.11とインド国会襲撃事件後の対パキスタン外交を例に―」『防衛学研究』第39号，日本防衛学会，2008年。

「インドは脅威か？」『政治学論集』第25号，学習院大学大学院政治学研究科，2012年。

「インド軍大増強で日本の安全保障が変わる」『季報』Vol. 56, 日本戦略研究フォーラム, 2013年。

“India's Military Modernization and the Changing US-China Power Balance”, *Asia Pacific Bulletin,* No.192（Washington, D. C.: East West Center, 2012）.

国際政治・日本外交叢書⑰

検証　インドの軍事戦略

――緊張する周辺国とのパワーバランス――

2015年2月20日　初版第1刷発行　〈検印省略〉

定価はカバーに
表示しています

著　者　長　尾　　賢
発行者　杉　田　啓　三
印刷者　藤　森　英　夫

発行所　株式会社　ミネルヴァ書房
607-8494 京都市山科区日ノ岡堤谷町1
電話代表　(075)581-5191
振替口座　01020-0-8076

亜細亜印刷・新生製本

ISBN978-4-623-07102-9
Printed in Japan

人名索引

あ　行

か　行

さ　行

た　行

な　行

は　行

ま　行

ら・わ　行

事項索引

あ 行

か 行

さ　行

た　行

な　行

は　行

ま　行

や　行

ら・わ　行

欧　文

引用・参考文献

英語書籍

Anwar, Muhammad, *Friends near Home: Pakistan's Strategic Security Options* (Bloomington: Author House, 2006).

Bajpai, Kanti P., P. R. Chari, Pervaiz Iqbal Cheema, Stephen P. Cohen and Sumit Ganguly, *Brasstacks and Beyond: Perception and Management of Crisis in South Asia* (New Delhi: Manohar, 1995).

Bakshi, G. D., *The Rise of Indian Military Power: Evolution of an Indian Strategic Culture* (New Delhi: KW, 2010).

Barua, Pradeep P., *The State at War in South Asia* (University of Nebraska Press, 2005).

Basrur, Rajesh M., *Minimum Deterrence and India's Nuclar Security* (Stanford University Press, 2006).

Bhonsle, Rahul K., *Securing India: Assessment of Defence and Security Capabilities* (New Delhi: Vij Books, 2009).

Bhushan, Chandra, *Terrorism and Separatism in North-East India* (New Delhi: Kalpaz, 2004).

Bose, Sumantra, *Kashmir: Root of Conflict, Paths to Peace* (Harvard University Press, 2003).

Byman, Daniel, *Deadly Connections: States that Sponsor Terrorism* (Cambridge University Press, 2005).

Byman, Daniel and Matthew Waxman, *The Dynamics of Coercion: American Foreign Policy and the Limits of Military Might* (Cambridge University Press, 2002).

Chadha, Vivek, *Low Intensity Conflicts in India: An Analysis* (New Delhi: Sage, 2005).

Chandran, D. Suba, *Limited War: Rivisiting Kargil in the Indo-Pak conflict* (New Delhi: India Research Press, 2005).

Chari, P. R., Pervaiz Iqbal Cheema and Stephen P. Cohen, *Four Crises and a Peace Process: American Engagement in South Asia* (Washington, D.C.: Brookings, 2007).

Chari, P. R., Pervaiz Iqbal Cheema and Stephen Philip Cohen, *Perception, Politics and Security in South Asia: The compound crisis of 1990* (New York: RoutledgeCurzon, 2003).

Cheema, Pervaiz Iqbal, *The Armed Forces of Pakistan* (Oxford University Press, 2003).

Clancy, Tom and Anthony Zinni, *Battle Ready* (New York: Berkley Books, 2004).

Clinton, Bill, *My Life* (New York: Alfred A. Knopf, 2004).

Cloughley, Brian, *A History of the Pakistan Army War and Insurrections: Third Edition* (Oxford University Press, 2006).

Cloughley, Brian, *War, Coup & Terror: Pakistan's Army in Years of Turmoil* (New York: Skyhorse, 2008).

Cohen, Stephan P. and Sunil Dasgupta, *Arming without Aiming: India's Military Modernization*

(New York: Brookings, 2010).

Crenshaw, Martha, "Coercive Diplomacy and the Response to Terrorism", in Robert J. Art and Patrick M. Cronin, eds., *The United States and Coercive Diplomacy* (Washington, D.C.: US Institute of Peace Press, 2003).

Das, Gautam, *China Tibet India: The 1962 War and The Strategic Military Future* (New Delhi: HAR-ANAND, 2009).

Das, Gautam and M. K. Gupta-Ray, *Sri Lanka Misadventure: India's Military Peace-Keeping Campaign 1987–1990* (New Delhi: Har-Anand, 2008).

Davis, Paul K., *Effects-Based Operations: A Grand Challenge for the Analytical Community* (Santa Monica, CA : RAND, 2001) (http://www.rand.org/content/dam/rand/pubs/monograph_reports/2006/MR1477.pdf).

Dhar, Anuj, *CIA's Eye on South Asia* (New Delhi: Manas, 2009).

Dixit, J. N., *India's Foreign Policy Challenge of Terrorism: Fashioning New Interstate Equations* (New Delhi: Gyan, 2008).

Eirsing, Robert G., *Kashmir: In the Shadow of War* (New York: M. E. Sharpe, 2003).

Fair, C. Christine, *Urban Battle Fields of South Asia: Lessons Learned from Sri Lanka, India, and Pakistan* (Santa Monica, CA : RAND, 2004) (http://www.rand.org/content/dam/rand/pubs/monographs/2004/RAND_MG210.pdf).

Fair, C. Christine, *Limited Conflicts Under the Nuclear Umbrella: India and Pakistani Lesson from the Kargil Crisis* (Santa Monica, CA : RAND, 2001) (http://www.rand.org/pubs/monograph_reports/MR1450.html).

Fair, C. Christine and Karthik Vaidyanathan, "The Practice of Islam in Pakistan and the Influence of Islam on Pakistani Politics", Rafiq Dossani and Henry S. Rowen eds., *Prospects for Peace in South Asia* (Stanford University Press, 2005), pp. 75–138.

Freedman, Lawrence ed., *Strategic Coercion: Concept and Cases* (Oxford University Press, 1998).

Ganfuly, Sumit and Devin T. Hagerty, *Fearful Symmetry: India-Pakistan Crises in the Shadow of Nuclear Weapons* (University of Washington Press, 2005).

George, Alexander L., *Forceful Persuasion: Coercive Diplomacy as an Alternative to War* (Washington, D. C.: United States Institute of Peace Press, 1991).

George, Alexander L. and William E. Simons eds., *The Limits of Coercive Diplomacy: Second Edition* (Boulder, Colorado: Westview Press, 1994).

Ghosh, P. A., *Ethnic Conflict in Sri Lanka and Role of Indian Peace Keeping Force (I.P.K.F.)*, (New Delhi: A. P. H., 1999).

Gilpin, Robert, *War & Change in World Politics* (Cambridge University Press, 1981).

Guha, Ramachandra, *India After Gandhi: The History of the World's Largest Democracy* (New York: Harper Collins Publishers, 2007).

Gunaratna, Rohan, *Indian Intervention in Sri Lanka: The Role of India's Intelligence Agency* (Colombo: South Asian Network on Conflict Research, 1993).

Hammes, Thomas X., *The Sling and The Stone: on War in The 21st Century* (St. Paul: Zenith Press, 2006).

Hoyt, Timothy D., *Military Industry and Regional Defense Policy: India, Iraq, and Israel* (New York: Routledge, 2007).

Hussain, Wabir, "Bhutan's Response to the Challenge of Terrorism", S. D. Muni eds., *Responding to Terrorism in South Asia* (New Delhi: Manohar, 2006), pp. 269–300.

Jain, B. M., *India's Defence and Security: Intera Regional Dimensions* (Jaipur: INA Shiree, 2008).

Jakobsen, Peter Viggo, *Western Use of Coercive Diplomacy after the Cold War: A Challenge for Theory and Practice* (New York: Palgrave Macmillian, 2002).

Jamal, Arif, *Shadow War: The Untold Story of jihad in Kashmir* (New York: Melville House Printing, 2009).

Jones, Archer, *Elements of Military Strategy: An Historical Approach* (Westport, CT : Greenwood, 1996) Amazon kindle version.

Kapur, Harish, *Foreign Policies of India's Prime Ministers* (New Delhi: Lancer, 2009).

Karnad, Bharat, *India's Nuclear Policy* (London: Praeger Security International, 2008).

Kasturi, Bhashyam, "The State of War with Pakistan", Daniel P. Marston and Chandar S. Sundaram eds., *A Military History of India and South Asia: From the East India Company to the Nuclear Era* (Indiana University Press, 2007).

Khan, J. A., *Air Power and Chanllenge to IAF* (New Delhi: APH, 2004).

Khanna, V. N., *Foreign Policy of India: 6th Edition* (New Delhi: Vikas, 2007).

Khasru, B. Z., *Myths and Facts Bangladesh Liberation War: How India, U.S., China, and the U.S.S.R. Shaped the Outcome* (New Delhi: Rupa, 2010).

Khurana, Gurpreet S., *Maritime Forces in Pursuit of National Security: Policy Imperative for India* (New Delhi: Institute for Defence Studies and Analyses, 2008).

Kumar, Raj, *Encyclopedia of Military Systems in India: Military System of Independent India volume 8* (New Delhi: Commonwealth, 2004).

Kumaraswamy, P. R., "India and Israel: Emerging Partnership", Sumit Ganguley eds., *India as an Emerging Power* (London: Frank Cass Publishers, 2009), pp.192–206.

Lavoy, Peter R. eds., *Asymmetric Warfare in South Asia: The Causes and Consequences of the Kargil Conflict* (Cambridge University Press, 2009).

Malik, V. P., *Kargil: From Surprise to Victory* (New Delhi: HarperCollins Publishers India joint venture with The India Today Group, 2006).

McDermott, Rose, *Risk-Taking in International Politics : Prospect Theory in American Foreign Policy* (The University of Michigan Press, 2001).

Merom, Gil, *How Democracies Lose Small Wars* (Cambridge University Press, 2003).

Mohan, C. Raja, *Crossing the Rubicon: The Shaping of India's New Foreign Policy* (New Delhi: Penguin Books, 2003).

Mohan, P. V. S. Jagan and Samir Chopra, *The India-Pakistan Air War of 1965* (New Delhi: Manohar 2005).

Musharraf, Pervez, *In the Line of Fire: A Memoir* (London: Pocket Books, 2006).

Naidu, G. V. C., *The Indian Navy and South East Asia* (New Delhi: KW, 2000).

Pant, Harsh V., *Contemporary Debates in Indian Foreign and Security Policy: India Negotiates Its Rise in the International System* (New York: Palgrave Macmillan, 2008).

Pape, Robert A., *Dying to Win* (New York: Random House, 2005).

Pape, Robert A., *Bombing to Win: Air Power and Coercion in War* (Cornell University Press, 1996).

Paul, T. V., *Asymmetric Conflicts: War Initiation by Weaker Powers* (Cambridge University Press, 1994).

Peters, John E., James Dickens, Derek Eaton, C. Christine Fair, Nina Hachigian, Theodore W. Karasik, Rollie Lal, Rachel M. Swanger, Gregory F. Treverton and Charles Wolf, Jr., *War and Escalation in South Asia* (Santa Monica, CA : RAND, 2006) (http://www.rand.org/content/dam/rand/pubs/monographs/2006/RAND_MG367- 1 .pdf).

Praval, K. C., *Indian Army: After Independence* (New Delhi: Lancer, 1987).

Raghhavan, Srinath, "A Bad Knock: The War with China, 1962", Daniel P. Marston and Chandar S. Sundaram, *A Military History of India and South Asia : From the East India Company to the Nuclear Era* (Indiana University Press, 2007).

Rajagopalan, Rajesh, *Fighting Like A Guerrilla: The Indian Army and Counterinsurgency* (New Delhi: Routledge, 2008).

Raman, B., *The Kaoboys of R&AW: Down Memory Lane* (New Delhi: Lancer, 2007).

Roy-Chaudhury, Rahul, *India's Maritime Security* (New Delhi: KW, 2000).

Roy-Chaudhury, Rahul, *Sea Power & Indian Security* (London: Brassey's, 1995).

Santos, Anne Noronha Dos Santos, *Military Intervention and Secession in South Asia: The Case of Bangladesh, Sri Lanka, Kashmir, and Punjab* (Westport Connecticut: Praeger Security International, 2007).

Sardeshpande, S. C., *Assignment Jaffna* (New Delhi: Lancer, 1992).

Sawhney Pravin, *The Defence Makeover: 10Myths that shape India's image* (New Delhi: Sage, 2002).

Schelling , Thomas C., *Arms and Influence* (Yale University Press, 1966).

Schendel, Willem Van, *A History of Bangradesh* (Cambridge University Press, 2009).

Sethi, Manpreet, *Nuclear Strategy: India's March Towards Credible Deterrence* (New Delhi: KW, Centre for Air Power Studies, 2009).

Sharma, M. D., *Pramilitary Force of India* (New Delhi : Kalpaz, 2008).

Silva, K. M. de, *Regional Powers and Small State Security: India and Sri Lanka, 1977–90* (The Woodrow Wilson Center Press, The Johns Hopkins University Press, 1995).

Singh, Depinder, *Indian Peacekeeping Force in Sri Lanka* (New Delhi: Natraj, 2001).

Singh, Harkirat, *Intervention in Sri Lanka: The IPKF Experience Retold* (New Delhi: Manohar, 2007).

Singh, Jasjit, *Indian Aircraft Industry* (New Delhi: KW, 2011).

Singh, Jasjit, *Defence from the Skies: Indian Air Force through 75 years* (New Delhi: KW, 2007).

Singh, Jasjit eds., *Kargil 1999: Pakistan's Fourth War for Kashmir* (New Delhi: KW, 1999).

Singh, Jaswant, *In Service of Emergent India: A Call to Honor* (Indiana University Press, 2007).

Singh, K. R., *Maritime Security for India: New Challenges and Responses* (New Delhi: New Century, 2008).

Singh, Mithilesh K., *Military Strength of India and Pakistan* (New Delhi: PPH, 2009).

Singh, Sukhwant, *India's Wars since Independence* (New Delhi: Lancer Publishers, 2009).

Sinha, S. P., *Lost Opportunities: 50 Years of Insurgency in the North-east and India's Response* (New Delhi: Lancer, 2007).

Sisson, Richard and Leo E. Rose, *War and Secession: Pakistan India and the Creation of Bangladesh* (University of California Press, 1990).

Smith, Rupert, *The Utility of Force: The Art of War in the Modern World* (London: Penguin Books, 2005).

Sood, V. K. and Pravin Sawhney, *Operation Parakram: The War Unfinished* (New Delhi : Sage, 2003).

Sridharan, E. eds., *The India-Pakistan Nuclear Relationship: Theories of Deterrence and International Relations* (New Delhi: Routledge, 2007).

Sugandha, *Evolution of Maritime Strategy and National Security of India* (New Delhi: Decent Books, 2008).

Sundaram, Chandar S., "The Indian National Army, 1942–1946: A Circumstantial Force", Daniel P. Marston and Chandar S. Sundaram eds., *A Military History of India and South Asia: From the East India Company to the Nuclear Era* (Indiana University Press, 2007), pp.131–138.

Talbott, Strobe, *Engaging India: Diplomacy, Democracy, And The Bomb* (Washington, D.C.: Brookings, 2004).

Tanham, George K., *Indian Strategic Thought: An Interpretive Essay* (Santa Monica, CA : RAND, 1992) (http://www.rand.org/content/dam/rand/pubs/reports/2007/R4207.pdf).

Tanham, George K and Marcy Agmon, *The Indian Air Force: Trend and Prospects* (Santa Monica, CA : RAND, 1995) (http://www.rand.org/content/dam/rand/pubs/monograph_reports/2006/MR424.pdf).

Tellis, Asyley J., *dogfight!: India's Medium Multi-Role Combat Aircraft Decision* (Washington,

D.C.: Carnegie Endowment, 2011) (http://carnegieendowment.org/files/dogfight.pdf).

Toft, Ivan Arreguin, *How Weak Win Wars?* (Cambridge University Press, 2005).

Verma, Bharat, G. M. Hiranandani and B. K. Pandey, *Indian Armed Forces* (New Delhi: Lancer, 2008).

Vohra, Bharat, *Defence Economics* (New Delhi: Sumit Enterprises, 2010).

Zartman, I. William eds., *Negotiating with Terrorists* (Boston: Martinus Nihoff Publishers, 2003).

Zenko, Micah, *Between Threats and War: U.S. Discrete Military Operations in The Post-Cold War World* (Stanford University Press, 2010).

英語論文

Anand, Vinod, "PLA Navy's Anti-Ship Ballistic Missile: Challenge to India" (New Delhi: Vivekananda International Foundation, 18 Jan. 2011) (http://www.vifindia.org/article/2011/january/18/%EF%BB%BFPLA-Navy-Anti-Ship-Ballistic-Missile-Challenge-to-India).

Armitage, L. Richard and Joseph S. Nye, "The U.S.-Japna Alliance-Getting Asia Right through 2020-" (Centre for Strategic and International Studies, 2007) (http://csis.org/files/media/csis/pubs/070216_asia2020.pdf).

Behera, Laxman K. Behera, "India's Defence Budget 2011–12", *IDSA Comment* (Institute for Defence Studies and Analyses, 7 Mar. 2011) (http://www.idsa.in/idsacomments/IndiasDefenceBudget2011-12_lkbehera_070311).

Davis, Anthony and Rahul Bedi "Pressure from India leads to Bhutan insurgent crackdown", *Jane's Intelligence Review* (Jane's Information Group, February 2004), pp. 32–35.

Fair, C. Christine, "Militant Recruitment in Pakistan: Implications for Al Qaeda and Other Organizations", *Studies in Conflict & Terrorism* (Taylor & Francis, 2004) (http://home.comcast.net/~christine_fair/pubs/AQ_pak.pdf), pp. 489–504.

Gause Ken, "Inside India's national security apparatus", *Jane's intelligence Review* (Jane's Information Group, August 2002), pp. 36–39.

Hammes, Thomas X., USMC Retired, "Fourth Generation Warfare Evolves Fifth Emerges", *Military Review* (Combined Arms Center, US Army, May–June 2007).

Illustrated Weekly India, "Tense Vigil–Photo Feature of Nathu La" (Bharat-Rakshak) (http://www.bharat-rakshak.com/LAND-FORCES/History/1962-71/271-Tense-Vigil.html).

Kaplan, Robert D., "Center Stage for the Twenty-first Century: Power Plays in the Indian Ocean", *Foreign Affairs* (Council of Foreign Relations, March/April 2009), pp. 16–32.

Khurana, Gurpreet S., "Aircraft Carriers and India's Naval Doctorine", *Journal of Defence Studies* (Institute for Defence and Analyses, Summer 2008) (http://www.idsa.in/jds/ 2 _ 1 _2008_AircraftCarriersandIndiaNavalDoctrine_GSKhurana).

Kumar, Kamlesh, "Chinese Quest for a Naval Base in the Indian Ocean–Possible Options for China" (National Maritime Foundation, 8 Feb. 2010) (http://www.maritimeindia.org/Commentaries/

Chinese-Quest-for.html).

Kumar, Praveen, "External Linkages and Internal Security: Assessing Bhutan's Operation All Clear", *Strategic Analysis*, (Institute for Defence Studies and Analyses, Jul.-Sep. 2004), pp. 390–400 (http://www.idsa.in/system/files/strategicanalysis_pkumar_0904.pdf).

Kumar, Vinod, "A Cold Start: India's Response to Pakistan-Aided Low-Intensity Conflict", *Strategic Analysis* (Institute for Defence Studies and Analyses, May 2009).

LadwigIII, Walter C., "A Cold Start for Hot Wars?: The Indian Army's New Limited War Doctrine", *International Security* (President and Fellows of Harvard College and the Massachusetts Institute of Technology, Winter 2007/08), pp.158–190 (http://belfercenter.ksg.harvard.edu/files/IS3203_pp158-190.pdf).

Lind, William S., Keith Nightengale, John F. Schmitt, Joseph W. Sutton and Lieutenant Colonel Gary I. Wilson, "The Changing Face of War: Into the Forth Generation", *Marine Corp Gazette: Professional Journal of U.S. Marine* (Quantico, Virginia: US Marine Corp Association, 1989).

Mack, Andrew, "Why Big Nations Lose Small Wars: The Politics of Asymmetric Conflict", *World Politics* (The Johns Hopkins University Press, Jan. 1975), pp. 175–200.

Major, Fali H., "Indian Air Force in the 21st Century: Challenges and Opportunities", *Journal of Defence and Studies* (Institute for Defence and Analyses, Summer 2008) (http://www.idsa.in/jds/ 2 _ 1 _2008_IndianAirForceinthe21stCentury_FHMajor).

Manoharan, N., "National Security Decision Making Structures in India: Lessons from the IPKF Involvement in Sri Lanka", *Journal of Defence Studies* (Institute for Defence Studies and Analyses, Octorber 2009), pp. 49–63 (http://www.idsa.in/system/files/jds_ 3 _ 4 _nmanoharan.pdf).

Marks, Thomas A., "Jammu & Kashmir: State Response to insurgency-The Case of Jammu", *Faultlines: Writing on Conflict and Resolution volume 16* (Institute for Conflict management, 2005) (http://www.satp.org/satporgtp/publication/faultlines/volume16/Article%201.pdf).

Natarajan, V., "The Sumdorong Chu Incident" (Bharat Rakshak) (http://www.bharat-rakshak.com/LAND-FORCES/History/1972-99/286-Sumdorong-Incident.html).

Official History," The Chola Incident" (Bharat-Rakshak) (http://www.bharat-rakshak.com/LAND-FORCES/History/1962-71/270-Chola-Incident.html).

Qadir, Shaukat, "An Analysis of the Kargil Conflict 1999", *RUSI Journal* (Royal United Research Institute, April 2002), pp. 24–30.

Satoru Nagao,"India's Military Modernization and the Changing U. S.-China Power Balance", *Asia Pacific Bulletin*, No. 192 (East West Center, 14 December 2012) (http://www.eastwestcenter.org/publications/india%E2%80%99s-military-modernization-and-the-changing-us-china-power-balance).

Sukumaran, R., "The 1962 India-China War and Kargil 1999: Restrictions on the Use of Air Power", *Strategic Analysis* (Institute for Defence and Stdies, July-Sep. 2003), pp. 332-356 (http://www.idsa.in/system/files/strategicanalysis_sukumaran_0903.pdf).

Venugopalan, Urmila, "Harbouring ambitions: China invests in Indian Ocean ports", *Jane's Intelligence Review* (Jane's Information Group, November 2009), pp. 28-33.

Verma, A. K., "Naxal Threat in India: A long & Arduous Battle lies Ahead" (South Asia Analysis Group, 2009) (http://www.southasiaanalysis.org/papers36/paper3526.html).

邦訳書籍

G・ジョン・アイケンベリー著，鈴木康雄訳『アフターヴィクトリー――戦後構築の論理と行動―』(NTT 出版，2004年)。

ケネス・ウォルツ著，河野勝，岡垣知子訳『国際政治の理論』(勁草書房，2010年)。

ビル・エモット著，伏見威蕃訳『アジア三国志―中国・インド・日本の大戦略―』(日本経済新聞社，2008年)。

カウティリア著，上村勝彦訳『実利論　上・下』(岩波書店，1984年)。

金谷治訳『孫子』(岩波書店，1963年)。

メアリー・カルドー著，山本武彦，渡部正樹訳『新戦争論―グローバル時代の組織的暴力―』(岩波書店，2003年)。

ヘンリー・A・キッシンジャー著，岡崎久彦監訳『外交　上・下』(日本経済新聞社，1996年)。

カール・フォン・クラウゼヴィッツ著，篠田英雄訳『戦争論　上』(岩波書店，1968年)。

カール・フォン・クラウゼヴィッツ著，日本クラウゼヴィッツ学会訳『戦争論　レクラム版』(芙蓉書房出版，2001年)。

ゴードン・A・クレイグ，アレキサンダー・L・ジョージ著，木村修三，五味俊樹，高杉忠明，滝田賢治，村田晃嗣訳『軍事力と現代外交―歴史と理論で学ぶ平和の条件―』(有斐閣，1997年)。

M・V・クレヴェルト著，佐藤佐三郎訳『補給線―ナポレオンからパットン将軍まで―』(原書房，1980年)。

高坂正堯，桃井真共編『多極化時代の戦略　上　核理論の史的展開』(財団法人日本国際問題研究所，1973年，37～72ページ) (Glenn H. Snyder, "Deterrence by Denial and Punishment", Davis B. Bobrow eds., *Components of Defence Policy* (Chicago: Rand Mcnally & Company, 1965), pp. 209-237の邦訳)。

スティーブ・フィリップ・コーエン著，堀本武功訳『台頭する大国インド―アメリカはなぜインドに注目するのか―』(明石書店，2003年)。

ゴードン・コレーラ著，鈴木南日子訳『核を売り捌いた男』(ビジネス社，2007年)。

トーマス・シェリング著，河野勝監訳『紛争の戦略―ゲーム理論のエッセンス―』(勁草書房，2008年)。

ジョン・シャイ，トーマス・W・コリア「革命戦争」ピーター・パレット編，防衛大学校「戦

争・戦略の変遷」研究会訳『現代戦略思想の系譜―マキャベリから核時代まで―』（ダイヤモンド社，1989年）703～742ページ。

ビバン・チャンドラ著，栗谷利江訳『近代インドの歴史』（山川出版社，2001年）。

P・N・チョプラ著，三浦愛明訳『インド史』（法藏館，1994年）。

ロン・ノルディーン Jr. 著，江畑謙介訳『現代航空戦史事典―軍事航空の運用とテクノロジー―』（原書房，1988年）。

ピーター・ハークレロード著，熊谷千寿訳『謀略と紛争の世紀―特務部隊・特務機関の全活動―』（原書房，2004年）378～446ページ。

リデル・ハート著，森沢亀鶴訳『戦略論　上・下』（原書房，1971年）。

コリン・パウエル，ジョゼフ・E・パーシコ著，鈴木主税訳『マイ・アメリカン・ジャーニー――統合参謀本部議長時代編　1989－　―』（角川文庫，2001年）。

サミュエル・ハンチントン著，鈴木主税訳『文明の衝突』（集英社，1998年）。

ウィリアムソン・マーレー，マクレガー・ノックス，アルヴァン・バーンスタイン編著，石津朋之，永末聡監訳，歴史と戦争研究会訳『戦略の形成　上―支配者，国家，戦争―』（中央公論新社，2007年）。

バーバラ・D・メトカーフ，トーマス・R・メトカーフ著，河野肇訳『インドの歴史』（創土社，2006年）。

W・モーマイヤー（元戦術空軍司令官）著，藤田藤幸訳『ベトナム航空戦―超大国空軍はこうして侵攻する―』（原書房，1982年）。

レオ・E・ローズ著，山本真弓監訳，乾有恒訳『ブータンの政治―近代化の中のチベット仏教王国―』（明石書店，2001年）。

日本語書籍

石津朋之・永末聡・塚本勝也編著『戦略原論―軍事と平和のグランド・ストラテジー―』（日本経済新聞出版社，2010年）。

伊豆山真理「インドのシビリアン・コントロール」堀本武功，広瀬崇子編『現代南アジア３―民主主義への取り組み―』（東京大学出版会，2002年）219～244ページ。

伊藤融「地域紛争とグローバル・ガバナンス―2002年印パ危機と国際社会の反応―」内田孟男，川原彰編著『グローバル・ガバナンスの理論と政策』（中央愛岳出版部，2004年）235～254ページ。

伊藤正徳『帝国陸軍の最後１〈進攻編〉』（角川文庫，1973年）。

伊藤正徳『連合艦隊の最後―太平洋開戦史―』（光人社，1993年）。

井上あえか「カシミール―分割されざる渓谷―」武内進一編『国家・暴力・政治』（アジア経済研究所，2003年）79～108ページ。

井上恭子「インド北東地方の紛争―多言語・多民族・辺境地域の苦悩―」武内進一編『国家・暴力・政治』（アジア経済研究所，2003年）43～78ページ。

井上恭子「まだ『春雷』はとどろいている」広瀬崇子，近藤正規，井上恭子，南埜猛編著『現代

インドを知るための60章』（明石書店，2007年）88～92ページ。

江畑健介『アメリカの軍事戦略』（講談社現代新書，1996年）。

岡本幸治『インド世界を読む』（創成社，2006年）。

片岡徹也編著，戦略研究学会編『戦略論体系③　モルトケ』（芙蓉書房出版，2002年）。

門倉貴史『インドが中国に勝つ』（洋泉社，2006年）。

茅原郁生『中国エネルギー戦略』（芦書房，1996年）。

茅原郁生編『中国軍事用語辞典』（蒼蒼社，2006年）。

茅原郁生編著『中国の軍事力―2020年の将来予測―』（蒼蒼社，2008年）。

賀来弓月『インド現代史―独立後五〇年を検証する―』（中公新書，1998年）。

木田秀人『湾岸戦争』（陸戦学会，1999年）。

「軍事研究」編集部編『ソ連地上軍』（Japan Military Review, 1989年）。

児島襄『朝鮮戦争Ⅰ』（文春文庫，1984年）。

近藤則夫編『現代南アジアの国際関係』（アジア経済研究所，1997年）。

佐渡龍己『テロリズムとは何か』（文藝春秋，2000年）。

関川夏央，恵谷治，NK 会編『北朝鮮軍動く―米韓日中を恫喝する瀬戸際作戦―』（文藝春秋，1996年）。

多良俊照『入門ナガランド―インド北東部と先住民を知るために―』（社会評論社，1998年）。

伊達宗義監修，堤昌司「軍事史学上の名著を読む　毛沢東『人民戦争論』」『歴史群像』1999年秋・冬号（1999年11月）。

塚本勝一『朝鮮半島と日本の安全保障』（朝雲新書，1978年）。

塚本勝一『現代の諜報戦争』（三点書房，1986年）。

塚本勝一『超軍事国家―北朝鮮軍事史―』（亜紀書房，1988年）。

塚本勝一，寄村武敏「間接侵略とは―序論」塚本勝一編著『目に見えない戦争　間接侵略』（朝雲新書，1990年）。

塚本勝一『北朝鮮　軍と政治』（原書房，2000年）。

塚本勝一『自衛隊の情報戦―陸幕第二部長の回想―』（草思社，2008年）。

土山實男『安全保障の国際政治学―焦りと傲り―』（有斐閣，2004年）。

西原正，堀本武功編『軍事大国化するインド』（亜紀書房，2010年）。

西脇文昭『インド対パキスタン―核戦略で読む国際関係―』（講談社現代新書，1998年）。

日本国際問題研究所編『南アジアの安全保障』（日本評論社，2005年）。

服部実「新しい戦争―不正規戦争―」高坂正堯，桃井真共編『多極化時代の戦略　下　さまざまな模索』（財団法人日本国際問題研究所，1973年）371～429ページ。

平山修一『現代ブータンを知るための60章』（明石書店，2005年）。

防衛大学校・防衛学研究会編『軍事学入門』（かや書房，1999年）。

陸戦学会戦史部会編『現代戦争史概説　上・下巻』（陸戦学会，1982年）。

ワールドフォトプレス編『世界の戦車』（光文社文庫，1985年）。

日本語論文

秋山昌廣「インド洋の海洋安全保障と日印協力の展開—我が国海洋戦略の欠如—」『国際安全保障』第35巻第2号（国際安全保障学会，2007年9月），57～76ページ。

和泉洋一郎「中印国境戦争の概要」『陸戦研究』2012年2月号，103～117ページ，2012年3月号，53～75ページ。

伊豆山真理，小川伸一「インド，パキスタンの核政策」『防衛研究所紀要』第5巻第1号（防衛研究所，2002年8月），42～72ページ。

伊藤融「『カシミール』をめぐるアイデンティティと安全保障観の変容」『国際安全保障』第35巻第2号（国際安全保障学会，2007年9月），77～95ページ。

伊藤兵馬「アメリカ外交における南アジア政策の転換—第三次インド・パキスタン戦争が与えた影響—」『防衛学研究』第43号（日本防衛学会，2010年9月），33～54ページ。

浦野起央「インド洋・ガルフ地帯における軍事バランス」『国際問題』181号（国際問題研究所，1975年4月），21～32ページ。

小川伸一「米印原子力協定の意義と課題」『国際安全保障』第35巻第2号（国際安全保障学会，2007年9月），11～33ページ。

片山善雄「低強度紛争概念の再構築」『防衛研究所紀要』第4巻第1号（2001年8月）（http://www.nids.go.jp/publication/kiyo/pdf/bulletin_j4-1_4.pdf）。

清田智子「インド海軍の主力艦開発—軍事技術発展のインド・モデル構築に向けて—」『海外事情』平成23年（2011年）2月号（拓殖大学海外事情研究所），144～160ページ。

溜和敏「核兵器保有をめぐる国内要因論の再検討—インドによる1998年の核実験を事例に—」『国際安全保障』第38巻第3号（国産安全保障学会，2010年12月），44～59ページ。

長尾賢「非対称戦における報復のルール」『政治学論集』（学習院大学大学院政治学研究科，2004年），51～105ページ。

長尾賢「小国の核は大国の軍事的影響力を無効にするのか？—9.11とインド国会襲撃事件後の対パキスタン強制外交を例に—」『防衛学研究』第39号（2008年9月），121～142ページ。

西脇文昭「南アジアにおける核兵器等の拡散と不拡散」『新防衛論集』第28巻第4号（防衛学会，2001年3月），34～51ページ。

広瀬崇子「インドの安全保障と印パ関係の新局面」『国際問題』542号（国際問題研究所，2005年5月），34～46ページ。

広瀬崇子「序　南アジアの国際関係」『国際安全保障』第35巻第2号（国際安全保障学会，2007年9月），1～10ページ。

堀本武功「印中関係の現状と展望」『国際問題』568号（国際問題研究所，2008年1・2月），58～66ページ。

宮坂直史「低強度紛争への米国の対応」『国際安全保障』第29巻第2号（2001年9月）。

向和歌奈「核不拡散体制の逆説的な含意」『国際安全保障』（第35巻第4号，2008年3月），51～67ページ。

村主道美「防衛と抑止の諸問題」『学習院大学　法学会雑誌』第46巻第1号（学習院大学，2010

年９月），229～306ページ。

吉崎知典，道下徳成，兵頭慎治，松田康博，伊豆山真理「交渉と安全保障」『防衛研究所紀要』第５巻第３号（防衛研究所，2003年３月），96～154ページ（http://www.nids.go.jp/publication/kiyo/pdf/bulletin_j 5 - 3 _ 4 .pdf）。

吉田修「インドの対中関係と国境問題」『境界研究』第１号（北海道大学スラブ研究センター，2010年），57～70ページ。


「アンダマン海におけるミャンマーと中国の動向について」海洋政策研究財団『海洋安全保障情報月報』2005年８月号（海洋政策研究財団），18ページ（http://www.sof.or.jp/jp/monthly/monthly/pdf/200508.pdf#page＝21）。

「中国の『真珠の数珠繋ぎ』戦略とグワダル港（パキスタン）の戦略的価値」海洋政策研究財団『海洋安全保障情報月報』2006年３月号（海洋政策研究財団），19～22ページ（http://www.sof.or.jp/jp/monthly/monthly/pdf/200603.pdf#page＝20）。

「インド海軍司令官，インドは海洋大国になると言明」『海洋安全保障情報月報』2006年８月号（海洋政策研究財団），５ページ（http://www.sof.or.jp/jp/monthly/monthly/pdf/200608.pdf#page＝７）。

「海外論調　タジキスタンにおけるインド軍事基地の戦略的意義について」『海洋安全保障情報月報』2006年８月号（海洋政策研究財団），９ページ（http://www.sof.or.jp/jp/monthly/monthly/pdf/200608.pdf#page＝11）。

データベース・ホームページ，マスメディア等
Bharat Rakshak（http://www.bharat-rakshak.com/）.
Global Security（http://www.globalsecurity.org/military/library/policy/army/fm/ 3 - 0 /ch 4 .htm）.
Institute for Conflict Managemen homepage（http://www.satp.org/satporgtp/countries/india/states/jandk/data_sheets/annual_casualties.htm）.
Stockholm International Peace Research Institute database（http://www.sipri.org/databases）.
The International Institute of Strategic Studies, *The Military Balance*.

Aviation Week（http://www.aviationweek.com/aw/）
BBC（http://www.bbc.co.uk/news/）
Defense News（http://www.defensenews.com/）
Financial Times（http://www.ft.com/home/asia）
Indian Express（http://www.indianexpress.com/）
NDTV（http://www.ndtv.com/）
The Economic Times（http://economictimes.indiatimes.com/）
The Hindu（http://www.hinduonnet.com/）

The Times of India（http://timesofindia.indiatimes.com/）

青木謙知著『戦闘機年鑑　2009-2010』（イカロス出版，2009年）。

グロニンゲン大学のアンガス・マディソン氏が公表している1950年代から2009年までの人口，GDP のデータベース（http://www.ggdc.net/MADDISON/oriindex.htm）。

マイク・ライアン，クリス・マン，アレグザンダー・スティルウェル『世界の特殊部隊—戦術・歴史・戦略・武器—』（原書房，2004年）。

木津徹編『世界の海軍　2014-2015』（海人社，2014年）。

『世界の戦闘車両　2006〜2007』（ガリレオ出版，2006年）。

NHK「シリーズ日米安保50年　第３回　“同盟”への道」（2010年12月11日放送）。

NHK「シリーズ日米安保50年　第４回　日本の未来をどう守るか」（2010年12月11日放送）。

NHK「NHK スペシャル・インドの衝撃　第１回　膨張する軍事パワー」（2009年５月24日放送）。

産経新聞（http://sankei.jp.msn.com/）

公文書

History Division, Ministry of Defence Government of India, “Official History of the 1971 India Pakistan War”（http://www.bharat-rakshak.com/LAND-FORCES/History/1971War/280-War-History-1971.html）.
History Division, Ministry of Defence Government of India, “The History of the Conflict with China, 1962”（1992）（http://www.bharat-rakshak.com/LAND-FORCES/Army/History/1962War/PDF/）.
Indian Army Headquarters Army Training Command, *Indian Army Doctrine Part 1-3*（2004）.
Indian Army Headquarters Army Training Command, *Doctrine For Sub Conventional Operation Part 1-2*（2006）.
Integrated Headquarters Ministry of Defence（Navy）Government of India, *Freedom Use of Seas: India's Maritime Military Strategy*（2007）.
Liberalion War Musium（http://www.liberationwarmuseum.org/）.
Ministry of Defence Government of India, *Annual Report*（http://mod.nic.in/reports/welcome.html）.
Ministry of Defence Government of India, *Defence Procurement Procedure and Manual*（http://mod.nic.in/dpm/welcome.html）.
Ministry of Home Affairs Government of India, *Annual Report*（http://www.mha.nic.in/uniquepage.asp?Id_Pk=288）.
National Intelligence Council, *Mapping Global Future*（Pittsburgh, PA: Government Printing Office, 2004）（http://www.foia.cia.gov/2020/2020.pdf）.
Office of the Secretary of Defense, *Annual Report to Congress: Military and Security Develop-*

ments Involving the People's Republic of China 2010 (2010) (http://www.defense.gov/pubs/pdfs/2010_CMPR_Final.pdf).

Press Information Bureau Ministry of Defence Government of India (http://pib.nic.in/release/rel_min_search.asp?kwd=&pageno=1&minid=33).

The Kargil Review Committee, *From Surprise to Reckoning: The Kargil Reveiw Committee Report* (New Delhi : Saga, 2000).

United States of America Department of Defense, *Quadrennial Defense Review Report* (http://www.defense.gov/qdr/).

United States of America, Joint Chief of Staff, *The National Military Strategy of United States of America 2011: Redefining America's Military Leadership* (2011) (http://www.jcs.mil/content/files/2011-02/020811084800_2011_NMS_-_08_FEB_2011.pdf).

防衛省「平成26年度以降に関わる防衛計画の大綱について」(2013年) (http://www.mod.go.jp/j/approach/agenda/guideline/2014)。

防衛省『日本の防衛　防衛白書』(各年版) (http://www.mod.go.jp/j/publication/wp/index.html)。

米国戦略爆撃調査団著，大谷内一訳・編『ジャパニーズ・エア・パワー　米国戦略爆撃調査団報告　日本空軍の攻防』(光人社，1996年)。

(米公刊戦史普及版) F・N・シューベルト，T・L・クラウス編，滝川義人訳『湾岸戦争　砂漠の嵐作戦』(東洋書林，1998年)。

(米公刊戦史普及版) リチャード・P・ハリオン著，服部省吾訳『現代の航空戦　湾岸戦争』(東洋書林，2000年)。

図表一覧

第三章　スリランカ介入

第四章　カルギル危機

終章　インドの戦略，将来の注目点